Georg Kreis

Der Weg zur Gegenwart

Die Schweiz im neunzehnten Jahrhundert

Birkhäuser Verlag
Basel · Boston · Stuttgart

Die Schweiz - ein organisch gewachsener Staat?
Der Baumsymbolik der Lithographie aus der Zeit um 1900 liegt ein organisches Entwicklungsverständnis zugrunde. Sie orientiert sich am Vorgang des föderativen und territorialen Wachstums, das 1815 weitgehend abgeschlossen ist. Im 19. Jahrhundert aber setzt das *innere Wachstum* ein, der Ausbau der Schweiz zu einem modernen demokratischen Staat. Dieses Wachstum erscheint nachträglich ebenfalls als organisch und in einem Masse folgerichtig, wie dies in der Zeit selbst nicht von allen Beteiligten gesehen werden konnte. Träger dieser zumeist umstrittenen Entwicklung waren die Volksbewegung und die parlamentarischen Auseinandersetzungen, die auf der vorderen und hinteren Umschlagseite abgebildet sind.

Das vorliegende Begleitbuch zur Fernsehserie «Der Weg zur Gegenwart» wurde in Zusammenarbeit mit der +SRG und auf der Basis des für die Fernsehserie verwendeten Materials hergestellt.

CIP-Kurztitelaufnahme der Deutschen Bibliothek
Kreis, Georg:
Der Weg zur Gegenwart: d. Schweiz im 19. Jh./Georg Kreis. – Basel; Boston; Stuttgart: Birkhäuser, 1986.
ISBN 3-7643-1744-2

Umschlaggestaltung und Typographie:
Albert Gomm swb/asg
Maquette: Justin Messmer

ISBN 3-7643-1744-2

Inhaltsverzeichnis

Vorwort

Man kann sich auf die verschiedensten Arten mit Geschichte beschäftigen: Man kann die Vergangenheit mit der Gegenwart vergleichen, um festzustellen, wie anders (einfacher, schöner, besser) es früher gewesen sei, und sich in diese andere Welt entführen zu lassen. Man kann aber auch umgekehrt im Vergangenen das Gegenwärtige suchen und feststellen, dass es vieles schon damals gegeben und dass sich die Welt inzwischen eigentlich wenig verändert habe.
Ein anderer Weg ist die Beschäftigung mit der Geschichte als eigenem Problembereich: Geschichte nicht als Pflichtstoff, der vor allem als Datenberg bewältigt werden muss, sondern als Denkaufgabe, welche die Vorgänge aus ihren *inneren Gegebenheiten* zu verstehen sucht. Diese Art, mit Geschichte umzugehen, steht zwar nicht in direkter Beziehung zur Gegenwart, sie dient aber ihrem Verständnis in weit stärkerem Masse, weil sie über den äusseren Vergleich hinaus eine Betrachtungsweise einübt, die auch bei der Auseinandersetzung mit der Gegenwart wichtig ist.
Die vorliegende Schweizergeschichte soll durchaus auf die verschiedensten Arten genutzt werden können. Man soll zum Beispiel im Abschnitt über die Kinderarbeit oder über die Anfänge der Bundesverwaltung feststellen können, wie ganz anders die Verhältnisse früher gewesen sind. Umgekehrt soll in den frühen Debatten etwa um den Eisenbahnbau oder um die Wegrationalisierung von Arbeitsplätzen durchaus gespürt werden, dass ähnliche Fragen uns auch heute noch beschäftigen. Andererseits soll man aus diesem Buch auch elementarstes Faktenwissen (gewissermassen die staatsbürgerliche Notration) beziehen können. Das Wichtigste aber ist: Die hier präsentierte Dokumentation soll die *persönliche* Auseinandersetzung mit den wesentlichsten *gesellschaftlichen* Vorgängen der Vergangenheit (und damit auch der Gegenwart) ermöglichen.
In den letzten Jahren sind mehrere neue Schweizergeschichten publiziert worden (vgl. Seite 9). Warum soll diesen eine weitere zur Seite gestellt werden? Anlass für die Ausarbeitung dieser Geschichte war der Auftrag der Schweizerischen Radio- und Fernsehgesellschaft (SRG), das Drehbuch für eine dreisprachige und zwölfteilige Fernsehserie über die Schweiz im 19. Jahrhundert zu verfassen (vgl. Nachwort). Der Auftrag ging davon aus, dass im vorangegangenen Jahrhundert die Grundlagen für die gegenwärtige Staats- und Gesellschaftsordnung geschaffen worden seien. Das 19. Jahrhundert ist in jedem Fall die ihm geschenkte Beachtung wert. Nachdem es zunächst als die hohe Zeit der Staatsgründung besonders gepflegt worden war, geriet es in den doppelten Schatten einerseits der zeitgeschichtlichen Interessen für das 20. Jahrhundert und andererseits der intensivierten Erforschung des 18. Jahrhunderts.

Die Einteilung nach Jahrhunderten ist eine Hilfskonstruktion. Der Geschichtsverlauf kümmert sich wenig um Kalenderzählungen. Das 19. Jahrhundert dauert von 1798 bis 1914: von der Helvetischen Revolution bis zum Ausbruch des Ersten Weltkrieges. Seine *einheitsbildenden Wesenszüge* sind die industrielle Revolution und das damit verbundene bürgerliche Fortschrittsdenken. Beides ist vorher – im 18. Jahrhundert - ansatzweise bereits vorhanden, und beides wirkt auch nach 1914 unter veränderten Bedingungen weiter. Im 19. Jahrhundert aber sind es die Dominanten. Die Teile 2–12 des vorliegenden Buches sind dieser Zeit gewidmet. Im ersten Teil ist, damit das Neue überhaupt ermessen werden kann, von den letzten Jahrzehnten des 18. Jahrhunderts die Rede.
Auch wenn der präsentierte Zeitraum bereits als sehr begrenzt erscheint, mussten weitere Eingrenzungen vorgenommen werden. So konnte der heute bestehenden Tendenz, die allgemeine zivilisatorische Entwicklung in der Form des privaten *Alltagslebens* breit darzustellen, nur beschränkt gefolgt werden. Wohl wird da und dort auf gesellschaftsverändernde Errungenschaften (Einführung des Telegraphs, des Autos etc.) hingewiesen. Im Zentrum aber steht die Entwicklung des schweizerischen *Staatswesens.* Der Staat wird allerdings nicht als selbständige und feststehende Grösse verstanden, sondern als stets wandelbares Produkt der auf ihn einwirkenden politischen Kräfte. Es ist geradezu ein Leitmotiv unserer Darstellung, dass der Staat eine *gestaltbare Struktur* aufweist. Deren Gestaltung vollzieht sich in der Regel nicht harmonisch, sondern im Konflikt. Was rückblickend vielleicht als organische Entfaltung erscheint, musste erkämpft werden. Die staatliche Ordnung wurde jeweils erst auf wachsenden Druck breiter Bewegungen weiterentwickelt.
Bekanntlich läuft die Zeit nicht immer gleich schnell. Es gibt Beschleunigungsphasen, wie es Stagnationsphasen gibt. Nach unserer Vorstellung wurde die Entwicklung bis etwa zum Jahr 1870 durch *drei gestaffelte Anläufe* vorangetragen. In den letzten Jahrzehnten des 19. Jahrhunderts strebten *drei weitere Anläufe* parallel zueinander die Überwindung bestehender Verhältnisse an. Diese Gliederung ist ein Entwurf und zugleich eine Schematisierung. Diese kann wie jede Schematisierung erkenntnisfördernd wirken oder, sofern sie gedankenlos übernommen wird, dem Verständnis auch eher im Wege stehen.
Gibt es überhaupt so etwas wie eine einheitliche Schweizergeschichte? Müsste man nicht vielmehr von 25 verschiedenen kantonalen Schweizergeschichten reden? Die Schweiz entwickelte sich nicht in allen Landesteilen in gleicher Weise. Auf *regionale Sonderentwicklungen*, die es gerade in der schweizerischen Vielfalt in hohem Masse gibt, kann nicht eingegangen werden. Hingegen sollen möglichst alle Kantone und möglichst verschiedene Regionen zur Veranschaulichung der *allgemeinen Entwicklung* berücksichtigt werden (vgl. das Ortsnamenregister als Hinweis auf die regionale Streuung dieser Darstellung).
Durch serielle Anreihungen von gleichartigen Fakten (z. B. von Bankgründungen oder Streiks) oder von gleichartigen Bildern (z. B.

von Vogteischlössern, Schul- und Postgebäuden) soll zum Ausdruck gebracht werden, dass es sich um weit verbreitete, eben allgemeine Erscheinungen handelt. Das Buch möchte den Leser dazu anregen, dass er in seiner Umgebung die analogen Phänomene registriert und zu ihnen – in Kenntnis der damit verbundenen Geschichte – ein bewusstes Verhältnis gewinnt.
Die Darstellung versucht, ansatzweise auch die Akzente und Perspektiven der regional unterschiedlichen *Geschichtsbilder* zu berücksichtigen und die Schweizergeschichte nicht nur aus der Sicht eines Landesteils, im gegebenen Fall aus deutschschweizerischer Sicht, zu betrachten. Die nötige geistige Auseinandersetzung mit den Eigenheiten der anderen Regionen und Landesteile beginnt damit, dass man diese überhaupt zur Kenntnis nimmt.
Wird auch den verschiedenen *sozialen Standpunkten* Rechnung getragen? Das Jahrhundert wird weder «von oben» noch «von unten» betrachtet. Den Staatsmännern wird mit Zurückhaltung das Wort erteilt, und es rücken immer wieder Repräsentanten breiterer Bevölkerungsschichten ins Bild. In Gegenüberstellungen soll gezeigt werden, dass die Vergangenheit (wie die Gegenwart) unterschiedlich erfahren und gesehen wird. Der fortlaufende, teils erzählende, teils erklärende und argumentierende Text will einen Überblick geben und gewisse Vorgänge verständlich machen. Die mitgelieferten Materialien dagegen sollen den direkten Umgang mit Geschichte ermöglichen und zu eigenen Überlegungen anregen.
Die Darstellung ist bestrebt, die *neueste Forschung* (ihre Fragestellungen wie ihre Ergebnisse) einzubeziehen. Dank der Hilfsbereitschaft verschiedener Kollegen kann sie sich sogar auf Arbeiten abstützen, die noch nicht publiziert sind.
Auf diese Weise kann die ohnehin lange Zeit etwas abgekürzt werden, die jeweils verstreicht, bis die breitere Öffentlichkeit die erarbeiteten Forschungsergebnisse zur Kenntnis nimmt und in ihr Bild integriert. Eine solche Darstellung kommt nicht ohne einen gewissen Pflichtstoff aus. Da und dort konnten aber auch komplementäre Akzente gesetzt werden, indem etwa das Problem der grossen Tunnelbauten nicht am Beispiel des St. Gotthard, sondern am Hauenstein und am Simplon abgehandelt wird. In anderen Fällen wurde bewusst Bekanntes wiederaufgenommen, doch - wie im Fall von Jeremias Gotthelf oder Albert Anker - von einer neuen Seite her beleuchtet.
Der zur Verfügung stehende Raum gestattet es indessen nicht, auf *historiographische Kontroversen* einzugehen. Bekanntlich gibt es keine Geschichte als solche. Es gibt zwar objektive Fakten, ein Geschichtsbild entsteht aber erst durch die zwangsläufig subjektive Verbindung dieser Fakten. Die Kombinationen sind das Ergebnis einer Interpretation – einer Vision. Diese in einer nachvollziehbaren Weise zu entwickeln, darin besteht die eigentliche Aufgabe des Historikers. Die zu jedem Kapitel abgedruckten Beiträge, die von besonderen Kennern bestimmter Spezialfragen verfasst worden sind, sollten vor allem diese interpretatorische Dimension der Geschichte zum Ausdruck bringen und zugleich

zeigen, dass selbst ein scheinbar so beschränkter Bereich wie die Schweizergeschichte des 19. Jahrhunderts nur unter Beizug von mehreren Spezialisten kompetent abgehandelt werden kann. Den Verfassern dieser speziell für dieses Buch geschriebenen Beiträge sei für ihre Mitwirkung sehr gedankt.
Vor allem ist auch dem von der Fernsehproduktion eingesetzten Beratergremium zu danken. Ihm gehörten an: Raffaello Ceschi (TI), Jean-Claude Favez (GE), Markus Mattmüller (BS), Beatrix Mesmer (BE) und Roland Ruffieux (FR). Die wertvollen Ratschläge und Hinweise, die von dieser Seite eingingen, kamen auch der Buchausgabe zugute. Wichtig waren die begleitenden Gespräche mit Erich Gruner (BE), der sich zu einem früheren Zeitpunkt mit einem ähnlichen Projekt befasst hatte. Bei der eigentlichen Zusammenstellung der Dokumentation konnte ebenso wertvolle Hilfe beansprucht werden von Fridolin Kurmann (BS) und Marie-Claude Jequier (VD) für die Teile 1 und 2, Hans-Ulrich Jost (BE/VD), Lucien Leitess (ZH) und Kaspar Birkhäuser (BS) für die Teile 3 und 4, Franz Bächtiger (BE) und Paul W. Huber (BS) für Teil 5, Paul Kramer (ZH) und Heidi Borner (BS) für Teil 6, Paul Hugger (BS/ZH) und Martin Schaffner (BS) für Teil 8, Gérald Arlettaz (BE), Linus Bühler (ZH) und Albert Tanner (ZH/BE) für Teil 9, Paul-Henri Arni (GE) und Rudolf Vetterli (ZH) für Teil 10, Brigitte Schnegg (BE), Regina Wecker (BS) und Irène Zweifel (BE) für Teil 11, Hans Hirter (BE) für Teil 12. Bei der Schlussredaktion stellte Ursula Nussbaumer ihre sehr geschätzte Hilfe zur Verfügung, wofür ihr hier herzlich gedankt sei. Dank gebührt schliesslich auch den Mitarbeitern des Fernsehens, den Ressortverantwortlichen Roy Oppenheim, Jacques Senger und Enzo Pelli wie dem Realisator Paul Siegrist und seiner Assistentin Fabiana Buetti. Einige Überlegungen zur Fernsehproduktion und zur Bilddokumentation finden sich im Nachwort zu diesem Band.

Georg Kreis
(Universität Basel)

Gesamtdarstellungen zur Schweizergeschichte

Die in den letzten Jahren erschienene Literatur zu den *Spezialgebieten* wird am Ende der jeweiligen Kapitel aufgeführt. Hier soll lediglich auf die allgemeine Literatur hingewiesen werden.

Ulrich Im Hof, Geschichte der Schweiz. Stuttgart 1974, 3. Aufl. 1981. Der überarbeitete Text dieses Taschenbuches ist 1984 als illustrierter Band (bei Kürz Küsnacht) erschienen.

Handbuch der Schweizergeschichte, Bd. 2. Zürich 1977. Mit Beiträgen von *Ulrich Im Hof, Andreas Staehelin, Daniel Frei, Jean Charles Biaudet, Erwin Bucher, Hans von Greyerz und Hans Ulrich Jost.*

Geschichte der Schweiz und der Schweizer, 3 Bde. Lausanne/Basel/Bellinzona 1982. Die Redaktion dieses in drei Sprachen erschienenen Werkes besorgten *Jean-Claude Favez, Beatrix Mesmer und Romano Broggini.* Die das 19. Jh. betreffenden Beiträge wurden von *François de Capitani, Georges Andrey und Roland Ruffieux* verfasst.

Ältere Gesamtdarstellungen in französischer bzw. italienischer Sprache: *William Martin/Pierre Béguin,* Historie de la Suisse. Lausanne 1980. – *Guido Calgari,* Storia della Svizzera. Lugano 1969.

Gesamtdarstellungen zu besonderen Bereichen der Schweizergeschichte: *Jean-François Bergier,* Die Wirtschaftsgeschichte der Schweiz. Von den Anfängen bis zur Gegenwart. Zürich 1983. – *Othmar Birkner,* Bauen und Wohnen in der Schweiz 1850– 1920. Zürich 1975. – *Edgar Bonjour,* Geschichte der schweizerischen Neutralität. Vier Jahrhunderte eidgenössische Aussenpolitik. Basel 1964–1970. 6 Bde. – *Hans Brugger,* Die schweizerische Landwirtschaft 1850 bis 1914. Frauenfeld 1978. – *Die Schweizerische Bundesversammlung 1848–1920.* Hrsg. von Erich Gruner. Bern 1966. 2 Bde. – *Erich Gruner,* Die Arbeiter in der Schweiz im 19. Jahrhundert. Soziale Lage, Organisation, Verhältnis zu Arbeitgeber und Staat. Bern 1968. – *Erich Gruner,* Die Parteien in der Schweiz. Geschichte, neue Forschungsergebnisse, aktuelle Probleme. Bern 1977. – *Albert Hauser,* Schweizerische Wirtschafts- und Sozialgeschichte, von den Anfängen bis zur Gegenwart. Zürich 1965. Damals in der Schweiz. Kultur, Geschichte, Volksleben der Schweiz im Spiegel der frühen Photographie. Mit Texten von *Fritzsche, Geissler, Killer, Kreis, Mesmer.* Frauenfeld 1980. – *Max Mittler,* Die Schweiz im Aufbruch. Das 19. Jahrhundert in zeitgenössischen Berichten. Zürich 1982. – Die Schweiz um die Jahrhundertwende. Erinnerungen an die gute alte Zeit. Gesamtredaktion *Hans Peter Treichler.* Zürich 1985.

Die folgenden Arbeiten sind bloss scheinbar auf einen speziellen Aspekt ausgerichtet und im Gegenteil darum bemüht, Erklärungen für den Gesamtverlauf der Entwicklung zu finden:

Hansjörg Siegenthaler, Kapitalbildung und sozialer Wandel in der Schweiz 1850–1914. In: Jahrbücher für Nationalökonomie und Statistik 193/1978, S. 1–29. *Derselbe,* Entscheidungshorizonte im sozialen Wandel. In: Schweizerische Zeitschrift für Geschichte 33/1983, S. 414–431. – *Derselbe,* Die Schweiz 1850–1914. In: Handbuch der europäischen Wirtschafts- und Sozialgeschichte Bd. 5. Stuttgart 1985. S. 443–473.

Der an der Universität Zürich lehrende Wirtschaftshistoriker spürt die feinen Zusammenhänge zwischen den ökonomischen Konjunkturen (dem Wechsel von Wachstums- und Schrumpfungsphasen) und dem jeweils herrschenden politischen Klima auf. Diese Arbeiten sind die eigentlich innovative Leistung der jüngeren Historiographie der Schweizergeschichte. Einzeluntersuchungen werden diesen Entwurf noch ausbauen und insbesondere die Phasenübergänge auf die Kombination trendumkehrender Faktoren hin untersuchen müssen. Die aufgezeigten Entwicklungszusammenhänge werden im künftigen Verständnis der Schweizergeschichte eine wichtige Stellung einnehmen.

Berner Schultheissenthron – Zeugnis des alteidgenössischen Absolutismus
Die bereits bestehenden Standesunterschiede verschärften sich noch im Laufe des 17. und 18. Jahrhunderts. Auch die Schweiz war vom absolutistischen Zeitgeist geprägt. So selbstherrlich die regierenden Familien auch waren, sie verstanden sich doch als Regenten einer Republik. Zeichen der Republik war das Liktorenbündel mit den zusammengebundenen gleichartigen Stäben. Die Krone aber, die auch heute noch das Wappen auf Berns staatlichem Briefpapier ziert, ist nicht Ausdruck monarchischer Gesinnung, sondern der kantonalen Souveränität, der gemeinsamen Freiheit gegen aussen.

Teil 1

Landvögte und Freiheitsbäume

Die Zeit vor 1798

Bastille-Sturm vom Quatorze Juillet 1789
Dieses Ereignis wurde auch in der Schweiz zur Kenntnis genommen. Weniger wegen der Tatsache, dass ein Grossteil der schweizerischen Besatzungstruppe dabei umkam, sondern wegen des symbolischen Wertes dieses Sturmes: Er kündete das nahe Ende des absolutistischen Zeitalters an.

1790 erhält die Berner Regierung den folgenden Spitzelbericht aus Paris:
Ich halte es nicht für möglich, dass Ihr Euch lange vor der Krankheit Frankreichs bewahren könnt, wenn wir nicht selbst gesunden oder ein Arzt uns dazu verhilft. Die Propaganda ist eifrig, dass Ihr nicht das einzige Land sein werdet, dessen Volk die Verfassung ändern wird. Dieses ist keine gewöhnliche Revolution. Es ist eine Art von Religion, die ihre Fanatiker und ihre Apostel hat.

1798 – Untergang der Alten Eidgenossenschaft: In jedem Handbuch wird dieser Vorgang als markanter Einschnitt der Schweizergeschichte verzeichnet. Er wird als wichtig erachtet, weil mit ihm eine Epoche zu Ende geht. Uns ist er vor allem darum wichtig, weil er eine neue Epoche eröffnet – das 19. Jahrhundert! Der Aufbruch von 1798 wird zwar nicht sehr weit führen. Aber er macht einen Modernisierungswillen sichtbar, der manches schon anstrebt, was später erst im Laufe des 19. und 20. Jahrhunderts verwirklicht wird. Bevor von diesem Aufbruch die Rede sein kann, müssen wir zur Kenntnis nehmen, welche Verhältnisse durch diesen Aufbruch überwunden werden. Abzuklären ist auch die Frage, wodurch dieser Aufbruch ausgelöst worden ist.
Man kann die *Helvetische Revolution* von 1798 als Produkt der *Französischen Revolution* von 1789 verstehen – oder missverstehen. Gewiss: Nicht nur damals, auch vorher und nachher ist die

kleine Schweiz den Einflüssen ausgesetzt, die von den grossen Nachbarstaaten ausgehen. Warum aber waren breite Teile der schweizerischen Bevölkerung für die französischen Revolutionsparolen überhaupt empfänglich? Wie kam es, dass die Franzosen einer Schweiz, die oft als freies Land und als älteste Demokratie besungen worden ist, Freiheit und Gleichheit – *liberté und égalité* – in Aussicht stellen konnten?

Drei verschiedene Herrschaftsformen der Schweiz vor 1798

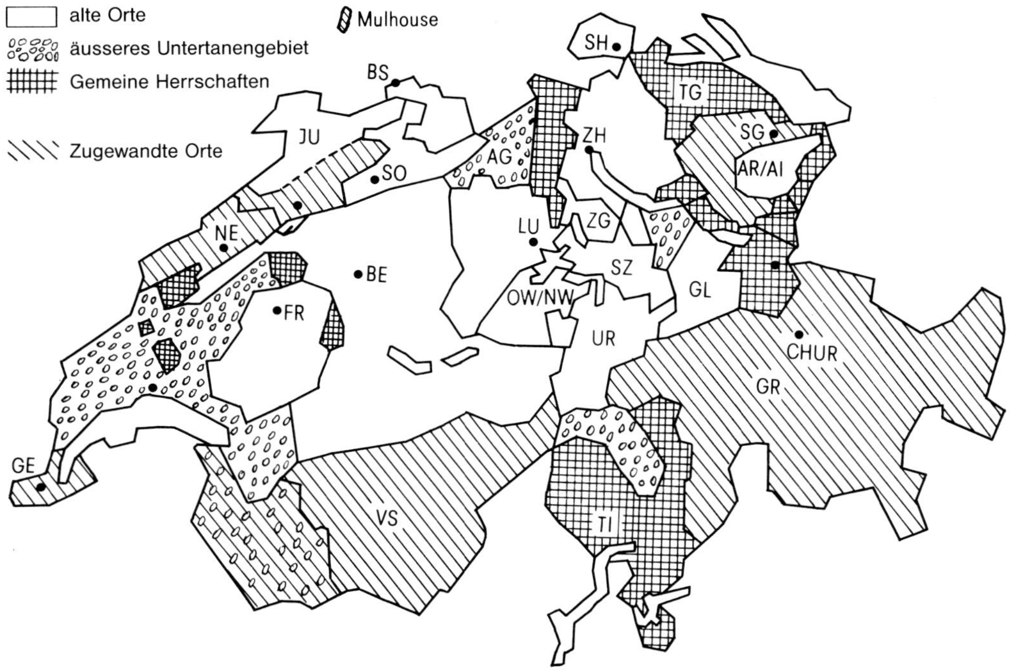

‹Einkommensverhältnisse›
Zuweilen wurden die Ämter den Meistbietenden überlassen. 1760 zechten in Zug die Wahlmänner 14 Tage lang auf Kosten zweier Landvogteikandidaten. Die Besoldung eines Landvogtes war an sich bescheiden, das Einkommen aber trotzdem hoch: Die Einkünfte gewann er zur Hauptsache aus Bussen, etwa bei Übertretungen der Wirtshausordnung oder bei Waldfrevel, und aus Gebühren, die er zum Beispiel in Erbfällen oder bei Kaufverträgen erheben konnte. Die regelmässig fälligen Ertragsabgaben wie das Fasnachtshuhn machten nur einen kleinen Teil des Einkommens aus. Die Landvögte waren Verwaltungsbeamte und Richter in einer Person. Sie herrschten als Väter – und die Untertanen hatten als Kinder zu gehorchen. Die Untervögte wurden aus der Dorfbevölkerung rekrutiert. Als Vertreter des obrigkeitlichen Herrschaftssystems verfügten auch diese über Macht und Einfluss. Ihre Stellung nützten sie, wie Heinrich Pestalozzis Erziehungsroman ‹Lienhard und Gertrud› zeigt, zuweilen auch, um im Verein mit Angehörigen der ländlichen Oberschicht dunkle Geschäfte zu betreiben (vgl. Text über die lokalen Betrügereien).

Lange Finger
Von den Thurgauern heisst es, sie hätten ‹lange Finger›. Dieser Spruch bezog sich aber nicht auf die thurgauische Bevölkerung, sondern auf die Thurgauer Vögte, die offenbar gerne dies und jenes mitlaufen liessen …

1.1 Der schweizerische Absolutismus

Frei war die Alte Eidgenossenschaft vor allem gegen aussen, frei von fremden Herrschern. Eine innere Freiheit im heutigen Sinne gab es nicht. Weder Versammlungsfreiheit noch Niederlassungs- und Gewerbefreiheit und schon gar keine Pressefreiheit. Das politische Mitbestimmungsrecht war in den meisten Orten auf eine dünne Oberschicht beschränkt.

Die *Alte Eidgenossenschaft* bestand aus verschiedenen Territorien mit zum Teil unterschiedlichen Herrschaftsformen. Die regierenden Familien der 13 Stadt- und Landorte geboten in den meisten Fällen über zwei bis drei Arten von Untertanenlanden: über das eigene Territorium (z.B. das Züribiet, das Baselbiet, usw.), über die im Turnus verwalteten *Gemeinen Herrschaften* (z.B. den Thurgau, grosse Teile des Aargaus und des Tessins) und über später erobertes oder gekauftes Untertanengebiet (z.B. die Leventina im Falle Uris oder Werdenberg im Falle von Glarus). Aber auch innerhalb der örtischen Zentren gab es mehrere Abstufungen. Man unterschied zwischen regimentsfähigen und gewöhnlichen Bürgern, Ewigen Einwohnern, Habitanten und Hintersassen.

Ende des 18. Jahrhunderts lebten etwa 90 Prozent der Bevölkerung auf dem Land. Und die Landbevölkerung lebte in engster

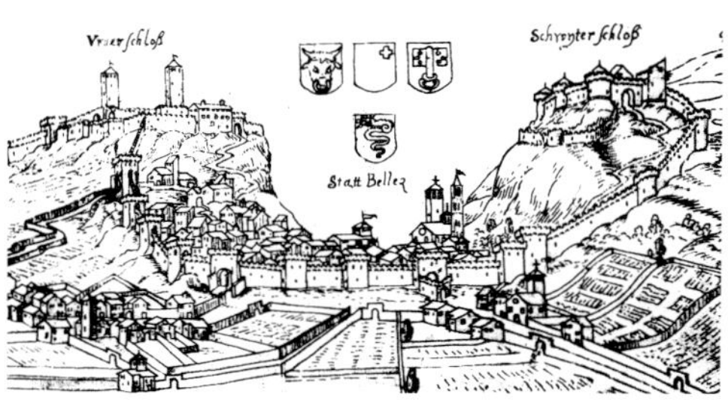

Abhängigkeit von den kantonalen Hauptorten. Diese Orte waren natürlich wesentlich kleiner als heute: Bern beispielsweise zählte 11000 Einwohner, Basel 15000 Einwohner, Altdorf hingegen schon damals etwa 2000 Einwohner.
Stellvertretend für die städtischen und ländlichen Obrigkeiten herrschten die *Landvögte* über die politisch unmündigen Untertanen der Landschaft. Zum Teil wohnten sie noch auf den mittelalterlichen Vogteischlössern, zum Teil zogen sie es auch vor, auf moderneren und entsprechend komfortableren Landsitzen oder gar in der Stadt zu wohnen. Die Schlösser blieben aber in jedem Fall als Symbole der Herrschaft und als feste Plätze für Krisenfälle bestehen.

Vogteischlösser – Herrschaftssitze und Unterdrückungssymbole:
Kleine schweizerische Bastillen
Oben: Bellinzona (TI), Wimmis (BE);
Mitte: Aigle (VD), Farnsburg (BL);
Unten: Grüningen (ZH) und Frauenfeld (TG). An den Schlosswänden wurden, wie das Beispiel von Wimmis zeigt, die Wappen der herrschenden Orte angebracht. In vielen Fällen, zum Beispiel auch in Frauenfeld, findet man auch Wappenfriese der Landvögte.

Lokale Betrügereien als Kehrseite des obrigkeitlichen Verwaltungssystems
Der Michel erzählte, wie er unter (Arnheims) Grossvater für den Vogt und die andern Bauern aus der Schloss-Scheuer ganze Sak voll Korn ab den Garben getreten, und an Sailern in den Schlossgraben herunter gelassen, und von da ins Wirtshaus getragen, wo das Ablager war; – wie er wohl hundertmal des Nachts die Schlosszeichen ab den besten Eichen und Tannen gezimmert, und den Bauren geholfen, sie als eigen Holz in die Säge zu führen; – wie sie hundertmal im Wirtshaus mit den Schlossknechten um Werkzeug, Sailer, Sak, Korb und dergleichen gespielt und gesoffen; – wie noch itzt viele Bauren Kleider mit solchen gestohlenen Säken gefüttert tragen, und ganze Räder und halbe Wägen und halbe Pflüge, und eine Menge Naben, Pflugeisen, Stosskarren, Tragbahren, Güllenfass, Weinfass, Bierfass in den Bauernhäusern stehen, die das Schlosszeichen haben, oder doch zeigen, dass es ausgekratzt und ausgehauen worden …

Schwörordnung
Mindestens einmal, bei Bedarf, d. h. in unruhigen Zeiten, sogar mehrmals jährlich mussten die Untertanen dem Vertreter der Obrigkeit Gehorsam schwören. Das Bild zeigt die Erneuerung des Gehorsamseides (dem hier offensichtlich nur die Männer unterworfen sind) in Le Landeron 1786, das damals noch nicht zur Schweiz gehörte. Gerade in jener Zeit aber bestanden diesbezüglich keine Unterschiede zwischen der republikanischen Schweiz und dem monarchischen Neuenburg. Bei der damals wesentlich stärkeren Religiosität gingen die Leute, denen man solche Eide abverlangte, wirkliche Bindungen ein, verpfändeten sie doch mit ihrem Versprechen ihr Seelenheil.

Bild links: Auftritt des Landvogts in Werdenberg

1.2 Die kleinen Leute – zumeist namenlose Schicksale

Etwa 60–85 Prozent der Landbevölkerung lebten als Taglöhner oder Tauner, wie sie auch genannt wurden: als Kleinbauern, Landarbeiter, Kleinhandwerker und ländliche Heimarbeiter. Die historische Forschung hat sich erst in jüngerer Zeit mit dieser Masse namenloser Schicksale zu beschäftigen begonnen und deren Leben rekonstruiert. Auf Grund des neuesten Kenntnisstandes lässt sich folgendes Gespräch entwickeln:

Das imaginäre Interview

In den Dörfern bestehen beträchtliche soziale Unterschiede
Hier die Besitzverteilung im Dorf Triengen (LU): 11% der Grundbesitzer verfügen über fast die Hälfte (49%) des Landes. In die restliche Hälfte (51%) teilt sich der grosse Rest, nämlich 89% der Grundbesitzer. Die Bauern besitzen mindestens 3 ha Land und verfügen über das zur Bebauung nötige Zugvieh. Sie sind in vielen Fällen die Arbeitgeber der Tauner. Sie haben einen Anteil von rund 15% der gesamten Landbevölkerung und bilden die dörfliche Oberschicht.

Friedolin Emmenegger aus Triengen (LU), Vater von sechs Kindern, verfügt über zwei kleine Äckerchen, einen Pflanzplätz neben dem Haus und Nutzungsrechte auf der Allmend, wo er vor allem Kartoffeln pflanzt. Im weiteren besitzt er eine Kuh, zwei Ziegen und Hühner. Hingegen hat er weder Ochs noch Pferd. Braucht er ein Zugtier, so muss er es bei einem Grossbauern ausleihen.

Herr Emmenegger, haben Sie von Ihrem landwirtschaftlichen Ertrag leben können?
Wenn ich die verschiedenen Abgaben mitrechne, insbesondere auch die Schuldenzinse, so genügte der Ertrag nicht, um meine Familie ernähren und zugleich eben die verschiedenen Abgaben erbringen zu können. Statt 2 hätte ich mindestens 3 ha Ackerland haben müssen.

Wie haben Sie denn trotzdem leben können?
Wir haben unser Einkommen eben mit Spinnen und Weben aufgebessert. Wie die meisten Kleinbauern meiner Zeit habe auch ich am Webstuhl gearbeitet. Zudem ging ich oft als Taglöhner zu Grossbauern. Die Kinder mussten selbstverständlich auch mitarbeiten.

Interessierten Sie sich dafür, wie die Regierung die Staatsgeschäfte führte?
Die Obrigkeit erlebte ich in der Person des Landvogts. Alle zwei Jahre haben sie einen anderen geschickt. Ich ging ihnen aus dem Weg, wo ich konnte. Einmal im Jahr musste ich ihnen das Fasnachtshuhn bringen. Manche Landvögte waren die meiste Zeit in der Stadt. Sie überliessen viele Geschäfte dem Untervogt. Wir hatten einen Schuft von einem Untervogt. Dem hätten wir am liebsten die Hacke über den Kopf gehauen. Der hat uns überall nachspioniert und kontrolliert, ob wir nicht gegen die zahlreichen Vorschriften verstiessen. Nicht einmal Holz auflesen durfte man im Wald.

Gingen die Kinder denn nicht zur Schule?
Nein, sie mussten arbeiten, zudem gab es keine Schule. Im Religionsunterricht haben sie ein wenig lesen gelernt.

Was gab es bei Ihnen zu essen?
Habermus, Erbsmus, Apfelmus. Uns genügten also die Löffel. Fleisch kam selten auf den Tisch. Wichtig waren auch die Kartoffeln. Täglich tranken wir sodann unseren Kaffee. Den mussten wir zwar kaufen, aber er tat uns gut. Besonders beim Weben.

Warum haben Sie eigentlich einen Zehnten abgeben müssen?
Warum? Das war schon immer so. Damit finanzierten die Herren die Ämter, die Spitäler und zum Teil wohl auch ihre eigenen Unternehmen.

Haben Sie sich in der Politik engagiert?
Ich weiss nicht, was das ist.

7 Säcke zu wenig
Normalerweise konnte ich mit einem Jahresertrag von 19 Säcken Korn rechnen. Davon musste ich 2 Säcke als Zehnten abgeben, 1 Sack war der Gegenwert für den Bodenzins, 3 Säcke musste ich als neues Saatgut beiseite stellen. Es blieben also 13 Säcke. 20 Säcke brauchte ich für die Ernährung der Familie; es fehlten mir also 7 Säcke, die musste ich kaufen, d.h. ich musste sie durch Heimarbeit verdienen; zudem hatte ich Schuldzinsen im Gegenwert von drei weiteren Säcken zu bezahlen; es fehlten mir in meiner Rechnung also 10 Säcke oder eben eine Hektare Land.

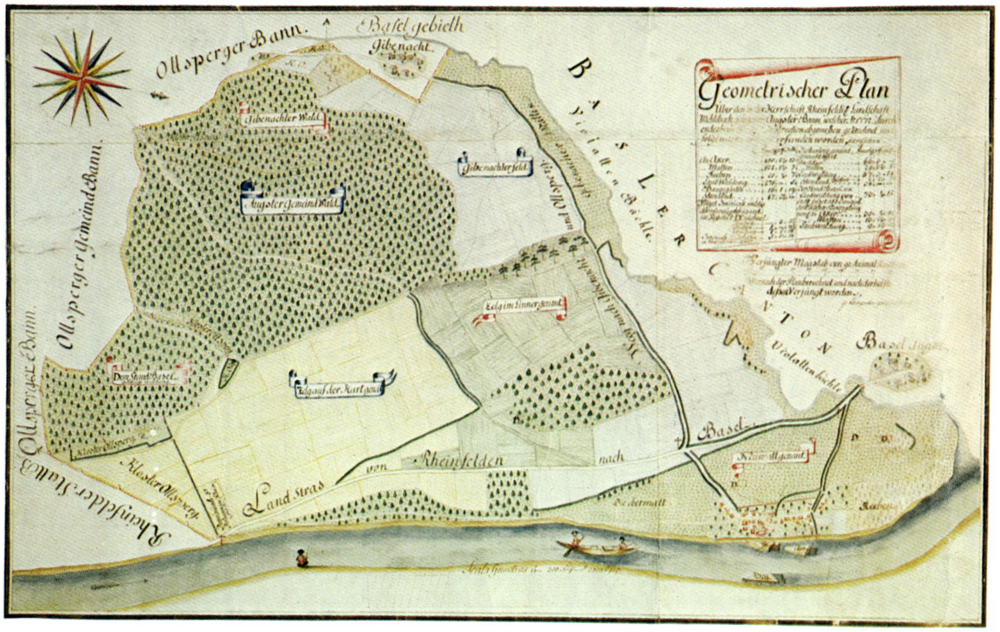

Flurplan von Kaiseraugst aus dem Jahr 1772
Der Plan zeigt deutlich den Gartenbereich am Dorfrand und die drei Zelgen, in die die damalige Landwirtschaft aufgeteilt war.

1.3 **Alte Strukturen - neue Bedürfnisse**

Bauern und Tauner waren in ein seit dem Mittelalter geltendes Bewirtschaftungssystem eingeordnet: in die *Dreifelder- oder Dreizelgenwirtschaft*. Das Ackerland wurde im wechselnden Dreijahresrhythmus angebaut: In einem ersten Jahr mit Wintergetreide (Korn, Dinkel, Weizen), in einem zweiten Jahr mit Sommergetreide (Roggen, Hafer, Bohnen) und im dritten Jahr wurde die Zelg brach liegen gelassen, damit sich der Boden erholen konnte. Auf dem Brachland liess man das Vieh weiden, wodurch es gedüngt wurde.
Die Standorte der einzelnen Grundstücke entschieden, was wo und wann angebaut werden durfte. Während die wenigsten Tauner auf jedem Zelg ein Stück Land hatten, besassen die Bauern in der Regel in allen drei Zelgen Land. Da aus Ersparnisgründen nur wenige Flurwege die Zelgen durchquerten, mussten die Ernten jeweils gleichzeitig durchgeführt werden. Die Eröffnung der Ernte wurde von der Kanzel der Dorfkirche verkündet. Neben dem Landvogt war auch der *Landpfarrer*, der natürlich auch städtischer Herkunft war, ein wichtiger Funktionär der Obrigkeit. Im Sonntagsgottesdienst, dessen Besuch obligatorisch war, verlas er jeweils die Mandate.
Bauern und Tauner strebten eine intensivere Nutzung des Bodens an. Es gelang ihnen, einzelne Parzellen einzuhagen und separat, d.h. unabhängig von der Zelgordnung, zu bewirtschaften. Dies durfte aber nur mit Bewilligung der Obrigkeit und des Zehntherrn geschehen. Da die Landleute in den neuen Einschlägen meistens etwas anbauten, was wie Heugras weniger wert oder wie Kartoffeln gar nicht abgabepflichtig war, sperrten sich die Zehntherren gegen diese Neuerungen. Auch die Allmend, die bisher durch den allgemeinen Weidgang gemeinsam genutzt worden war, teilte man

Basler Zehntmandat von 1762
Unser Obrigkeitlicher Willen ist, dass, da die Zeit wieder vorhanden, dass die Fruchten, welche durch die Güte Gottes gewachsen, wieder können eingesammelt und geerntet werden, solche Einsammlung mit Dankbarkeit gegen Gott und übrigens auch also beschehe, dass einem jeden davon das Seinige getreulich zukomme, hiemit auch der Zehnden gewissenhaft aufgestellt und gegeben werde.

Untertanen-Revolten in der Zeit vor der französischen Revolution

Verfassungskämpfe
Genf 1704/07
Zürich 1713, 1761/62
Luzern 1725, 1760/70
Zug 1728/36
Graubünden 1728/37
Appenzell AR 1732/34
Bern 1749
Freiburg 1781/82
Appenzell IR 1784

Untertanenrevolten
Toggenburg gegen Abt von St. Gallen 1696, 1712
Luzern Landschaft gegen Rat 1712
Leventina gegen Uri 1712/13, 1755
Winterthur gegen Zürich 1716/19
Wilchingen gegen Schaffhausen 1717/29
Werdenberg gegen Glarus 1719/22
Lausanne gegen Bern 1723
Bistum Basel 1726/40
Neuenburg 1748/68
Einsiedeln gegen Schwyz 1764/67
Freiburg 1781
Stein am Rhein gegen Zürich 1783/84
Stäfa gegen Zürich 1794/95

Faido 1755: Blutgericht der Urner über die aufrührerischen Leventiner

Als Faido 1955 zum 200. Jahrestag eine Gedenkfeier für die ‹Märtyrer der Freiheit› durchführte, wurden auch die ehemaligen Unterdrücker eingeladen. Die Urner Regierung nahm die Einladung an und bezeugte die späte Erkenntnis, es habe gewissermassen einer historischen Gesetzmässigkeit der Schweizer Geschichte entsprochen, dass die Untertanenländer ihre Fremdherrschaft abzuschütteln versucht hätten.

nach und nach auf. An dieser Aufteilung waren vor allem die Tauner interessiert, die oft kein Vieh besassen und denen folglich die Weidmöglichkeiten nichts nützten. Einmal im Besitz eines Stücks Allmend, konnten sie es mit Kartoffeln und Hülsefrüchten und Gespinstpflanzen bebauen. Die Bauern, denen die Allmend vormals sehr nützlich war, stimmten der Aufteilung nur zu, wenn man ihnen ein ihrem Besitz entsprechend grosses Stück überliess. Wer mehr hatte, sollte noch mehr erhalten.
Die Städte monopolisierten den Markt der landwirtschaftlichen Produkte. Der *Marktzwang* galt, zumindest im Herrschaftsbereich der Zunftstädte, auch für die industriellen Produkte: Unter Androhung empfindlicher Strafen wurde der Landbevölkerung untersagt, ihre Produkte an einen anderen Ort als in der Stadt zu verkaufen. Je grösser das wirtschaftliche Wachstum auf dem Lande war, desto weniger wollte man sich dort die städtische Bevormundung gefallen lassen.

1.4 Untertanenrevolten

Die vielen Tauner dachten nicht an Revolution, obwohl gerade sie Grund zur Unzufriedenheit gehabt hätten. Sie waren erst im letzten Moment dabei, als die alteidgenössische Schweiz schon wankte. Hingegen lehnten sich Kaufleute, Wirtsleute, lokale Amtsleute der ländlichen Oberschicht schon früh gegen die Obrigkeit auf, wenn diese ihre Zentralgewalt auf Kosten der lokalen Selbstverwaltung

Anmerckung: A Lucerner- B Urner- C Underwaldner- D Urserer-Trouppen und Fahnen. E Ein Capuciner. G Herr Landschreiber. H Ein Geistlicher. I Ein Capuciner. L Die Rebellische Livener. 1 Pannerherr Furno. 2 Lands-Houbtmann Urs. 3 Conselier Satori. No. 1, 2, 3, seynd die Rädelsführer, welche durch das Schwerdt hingerichtet worden seynd.

ausdehnte. Angehörigen der ländlichen Oberschicht gelang es in solchen Fällen vorübergehend, auch breitere Schichten zu mobilisieren. 1755 zum Beispiel im Tessin: Die Talschaft der Leventina sah sich 1754 durch verschärfte Kontrollmassnahmen der Urner Obrigkeit – es ging um die Verwaltung von Mündelgeldern – in ihrem Selbstverwaltungsrecht eingeschränkt. Sie berief sich auf ihre alten Privilegien und kündigte den Herren von Altdorf den Gehorsam auf. Die unblutige Revolte brach jedoch vor dem heranrückenden Expeditionskorps der Urner schnell zusammen. Der Aufstand war schlecht organisiert, die Aktion spontan und unvorbereitet. Wieder Herr der Lage, befahlen die Urner alle Männer des Tales auf den 2. Juli 1755 nach Faido. Den Leventiner Untertanen und Bundesgenossen, die in früheren Waffengängen Schulter an Schulter mit Uri gekämpft hatten, wurden fortan das Tragen von Waffen verboten, ihr Versammlungsrecht wurde aufgehoben, sie durften keine öffentlichen Ämter mehr ausüben und konnten nicht mehr an den Einkünften des Solddienstes teilhaben. Anschliessend mussten die versammelten Männer barhäuptig und mit ‹gebogenen Knyen› der Hinrichtung dreier ihrer Führer beiwohnen. Die Leventiner mussten künftig in ihren Schreiben an die Urner die Anrede «An die Erlauchtesten und Mächtigsten, unsere Allergnädigsten Herren» und die Schlussformel «Allerergebenste und treueste Diener und Untertanen» verwenden. Uri konnte damit rechnen, dass die übrigen Orte der alten Eidgenossenschaft Verständnis für das harte Vorgehen gegen die Untertanen aufbrachten.

Die Leventina war kein Einzelfall. Im Laufe des 18. Jahrhunderts kam es an den verschiedensten Orten der Alten Eidgenossenschaft zu spontanen und lokal begrenzten Untertanenrevolten. Die Aufständischen beriefen sich auf alte Privilegien und versuchten, die fortschreitende Entmündigung durch die zentralen Orte aufzuhalten.

Die Obrigkeit stand vor der grundsätzlichen Frage, ob sie dem Druck, der von den Veränderungsbestrebungen ausging, nachgeben oder mit verstärktem Gegendruck begegnen sollte. In den meisten Fällen wählte sie den letzteren Weg. Aufständischen blühte das gleiche Schicksal wie den Anführern der Leventiner Unruhen. Hingerichtet wurden zum Beispiel:

1723 *Major Davel* in Lausanne, weil er die Waadt von der Berner Herrschaft befreien wollte,

1740 der 70jährige Bauernführer *Pierre Péquignat* im fürstbischöflichen Jura,

1749 der begüterte und gebildete Berner Burger *Samuel Henzi* und zwei Mitverschworene,

1770 in Zürich Pfarrer *Johann Heinrich Waser*, nachdem er zwei Obervögte der Unterschlagung bezichtigt und Schriften verbreitet hatte, die als verräterisch galten,

1881 der Freiburger *Pierre Nicolas Chenaux*; er war bereits seit Tagen tot, als man ihm das Haupt abschlug, um es zur Abschreckung am Romonttor zu befestigen.

Strafpredigt für ungehorsame Untertanen 1755

Arme und elende Livener Landsleuth, erkennet endlich in welche Extremität ihr euch gesetzt, und lasset euch inskünftige nicht mehr gelüsten dergleichen Excess zu begehen (...) Wisset ihr denn das Gesetz Gottes nicht, welches sagt: Gebet dem Kayser, was des Kaysers ist, und Gott, was Gottes ist. Und ihr dörfet euch ohne die geringste Ursach erfrechen, wider euere rechtmässige Obrigkeit, die euch bis dahin mit so viel Affection, Gewogenheit und Liebe geregieret und beschützet hat, zu empören, wider solche die Waffen zu ergreifen, und Ihro nach dem Leben zu stellen, auch Ihren Repräsentanten auf eine so freche Weise zu arrestieren (...) Wenn jemalen in das könftige in diesem Land die geringsten Spuren eines Aufstands vermerkt würde, so würden sie mit gleichen Kräften und Macht bereitet seyn, die Verstöhrung, mit welcher man euch dermalen verschonet, zu exequieren, und euch denn völlig zu vertilgen.

Das samtliche Livenervolk solle bey Gott und allen Heiligen schweeren, alles beyzutragen, um das Aufnehmen und Nuzen des Urnerlandes zu beförderen: «Wir Livener, in Betrachtung gegenwärtiger schlimmen Aufruhr, schweeren und versprechen mit diesem Eid uns gänzlich zu unterwerfen und zu gehorsamen, ohne einigen Widerspruch, sowohl als uns Gott helfe und alle Heiligen.»

Denkmal für Major Davel in Lausanne, 1898

Der Waadtländer Rebell erhielt wie zahlreiche andere Nationalhelden im ruhigen 19. Jahrhundert einen öffentlichen Ehrenplatz.

Hinrichtung des Bauernführers Péquignat 1740
Der Herrschaftsstil in gewissen Kantonen entsprach durchaus dem des Fürstbistums Basel.

DISCOURS

SUR L'ORIGINE ET LES FONDEMENS DE L'INEGALITE' PARMI LES HOMMES.

Par JEAN JAQUES ROUSSEAU

CITOYEN DE GENÈVE.

Non in depravatis, fed in his quæ bene fecundum naturam fe habent, confiderandum eft quid fit naturale. ARISTOT. Politic. L. 2.

A AMSTERDAM,

Chez MARC MICHEL REY.

MDCCLV.

J. J. Rousseau: Du Contrat Social, Amsterdam 1762
L'homme est né libre, et partout il est dans les fers (...) Si l'on recherche en quoi consiste le plus grand bien de tous (...), on trouvera qu'il se réduit à deux objets principaux, la liberté et l'égalité. (...) La liberté ne peut subsister sans l'égalité.

Andere wurden zu lebenslänglichem Kerker verurteilt, in die Verbannung geschickt oder, wie der Zuger Joseph Anton Schuhmacher, den fürstlichen Nachbarn als Galeerenhäftling übergeben. Wer gegen Angehörige regierender Familien klagte, riskierte, selbst wenn sich die Vorwürfe als berechtigt erwiesen, als Unruhestifter bestraft zu werden, die politischen Rechte, sofern er welche besass, zu verlieren und sein Einkommen einzubüssen.

1.5 Die Aufklärung

Die herrschende Unzufriedenheit führte, nachdem in Frankreich die Revolution ausgebrochen war, auch in der Schweiz zu bleibenden Ergebnissen. Verstärkt wurde die alte Unzufriedenheit zunächst durch die Ideen der Aufklärung, die weitgehend ebenfalls aus Frankreich einströmten. Man las *Diderot*, der seinen Zeitgenossen verkündete: «Kein Mensch hat von der Natur das Recht erhalten, über andere zu befehlen.» Man beherzigte *Voltaire*, der an den Büchern den grossen Vorzug pries, dass sie belehrten, ohne dass man vor ihnen erröten müsse. Viel gelesen und diskutiert wurden die Schriften des Genfer Bürgers *Jean Jacques Rousseau*, die davon ausgingen, dass die Verhältnisse ursprünglich gut gewesen, bevor sie von der Zivilisation denaturiert worden seien. In seiner Schrift «Über den Ursprung und die Grundlagen der Ungleichheit unter den Menschen» – sie war im Jahr des Massakers von Faido erschienen – schrieb Rousseau: «Der Erste, der ein Stück Boden einzäunte und dabei auf den Gedanken kam zu sagen, das gehört mir, und Menschen fand, die einfach genug waren, dies zu glauben, der war der wirkliche Begründer der zivilisierten Gesellschaft.»

Die Obrigkeit versuchte die Verbreitung dieser Bücher, aber auch der zahlreichen kleineren Flugschriften revolutionären Inhalts, zu verhindern. Anfänglich stellte sie für Hinweise Prämien in Aussicht, sie musste aber schon bald von diesem Vorgehen wieder absehen, weil sie zu viele Anzeigen erhielt. Was ihr an unerwünschter Literatur in die Hände fiel, übergab sie dem Henker und liess sie öffentlich verbrennen. Die Zensur vermochte jedoch die Ausbreitung des aufklärerischen Gedankengutes nicht einzuschränken. Etwa von 1770 an finden wir über das ganze Gebiet der Alten Eidgenossenschaft verstreut Debattierklubs, Lesezirkel, patriotische Gesellschaften, Freimaurerlogen, ökonomische und gemeinnützige Gesellschaften, die sich der neuen Gedanken annehmen. Die Leselust oder, wie andere sagten, Lesesucht breitete sich aus. Die Untertanenrevolten waren in der lokalen Isolation erstickt worden. Den aufklärerischen Debattierklubs gelang es hingegen, untereinander Kontakt aufzunehmen.
Hier verschmolzen die alten Forderungen nach *regionaler Autonomie* mit der neuen Lehre von der *natürlichen Gleichheit.*

Agenten?
Die Obrigkeit warnte ganz besonders vor fremden ‹Colporteurs› oder im Lande herumgehenden Krämern.
Dieser Verkäufer handelte mit Wanzen- und Flohsalbe (als Mittel gegen eine andere Plage der Zeit). Doch wer garantierte, dass er nicht auch heimlich politische Schriften verteilte?

1.6 Unter dem Einfluss der Französischen Revolution

Die revolutionären Vorgänge im benachbarten Frankreich beeinflussten die weitere Entwicklung in der Schweiz. Stärker als der Sturm auf die Bastille dürfte der Beschluss der Nationalversammlung vom 4. August 1789 gewirkt haben, der die alte Feudalordnung beseitigte. Die Leibeigenschaft wurde abgeschafft, die Herrenrechte aufgehoben, die gutsherrliche Gerichtsbarkeit beseitigt, der Zehnte zum Teil aufgehoben, zum Teil in Geld umgewandelt. Die Privilegien von Adel und Klerus wurden aufgehoben und die Gleichheit der Steuerpflicht verkündet. Diese Beschlüsse zeigten den schweizerischen Untertanen neue Perspektiven. Sie weckten die Hoffnung, alte Forderungen endlich durchsetzen zu können.
In der vielfältig mit Frankreich verbundenen, französischsprachigen Westschweiz war die Ausstrahlung der französischen Revolution besonders stark. Im Sommer 1791 wurden in Ouchy, Vevey, Yverdon, Moudon und Rolle zum zweiten Jahrestag des Bastillesturmes Bankette abgehalten, Verbrüderungsfeste nach französischem Vorbild.
Die gnädigen Herren von Bern reagierten schroff auf diese subversiven Festlichkeiten. Sie setzten eine Untersuchungskommission ein, entsandten Besatzungstruppen, verboten die französischen Zeitungen und schüchterten mit exemplarischen Strafen die Bevölkerung ein: Zwei Lausanner Ratsherren wurden zu 25 Jahren Festungshaft in Aarberg verurteilt. Amadeus Laharpe, ein Vetter des berühmten Frédéric César Laharpe, wurde in Abwesenheit zum Tode verurteilt, seine Güter wurden beschlagnahmt. Andere wurden verbannt, verloren ihre Ämter oder hatten Bussen zu entrichten.

Mandat gegen aufrührerische Schriften von 1790
Da einige übelgesinnte, in fremder Bottmässigkeit sich aufhaltende Personen sich bestreben, durch allerhand Mittel und Wege, verschiedene aufrührerische gedrukte und andere Schriften in Unseren Landen auszustreuen, solche auch durch falsche und verführerische Vorgebungen zu unterstützen und befördern suchen, so haben wir Unserer Obrigkeitlichen Vorsorge angemessen erachtet. Unsere liebe und getreue Angehörige und Unterthanen vor dergleichen feindseligen und ihrem eigenen Besten so nachteiligen Absichten und verwegenen Versuchen hiermit landesväterlich zu verwarnen (...). Von sämtlichen Unseren lieben und getreuen Angehörigen und Unterthanen erwarten Wir zuversichtlich, dass sie diese Unsere wohlgemeinte Warnung sorgfältigst in Obacht nehmen, diese Unsere Verordnung genau befolgen und sich durch ihr ferneres Betragen Unserer unausgesetzten landesväterlichen Huld und Obrigkeitlichen Wohlwolles noch fernerhin würdig erzeigen werden. Geben d. 23. Weinmonat 1790.

Unaufgefordert sandten viele Gemeinden den Berner Herren Ergebenheitsadressen, in denen sie erklärten, dass sie entweder unter der glücklichen Herrschaft der Berner Exzellenzen leben oder andernfalls sterben wollten: «Vos très humbles et très obéissants serviteurs, fidèles respecteux et dévoués sujets de l'Etat déclarent qu'ils veulent vivre sous l'heureux Gouvernement de Leurs Excellences, nos souverains Seigneurs, ou mourir.»

Sind Kartoffeln eine neue Getreidesorte?
Jean-Rodolphe Martin, Pastor in Mézières, stellte 1790 die Rechtmässigkeit des neu eingeführten Kartoffelzehnten in Frage. Die Kartoffeln würden nicht in die Kategorie des Getreides, sondern in die des Gemüses fallen. Er wurde deswegen von der Berner Polizei wegen Hochverrats verhaftet und erst nach vier Monaten Haft wieder entlassen. Am 13. April 1791 wurde seine Rückkehr zum Anlass einer Demonstration gegen die Berner Herrschaft.

In der Waadt, die 250 Jahre lang zum bernischen Herrschaftsbereich gehörte, lebten 80 Prozent der Bevölkerung von der Landwirtschaft. Das agrarische Milieu war zunächst eindeutig weniger empfänglich für die neuen Ideen als das kleinstädtische. Der Veränderungswille machte sich zuerst vor allem in den Kreisen der Handwerker, Kaufleute, Fabrikanten und Bankiers bemerkbar. Das aufstrebende Bürgertum traf sich regelmässig in seinen *Cercles professionnels* und in den Wirtshäusern und formte mit diesen Treffen sein Standesbewusstsein. Diese Leute beanstandeten,

- dass weiterhin Wegzölle erhoben würden, obwohl der inzwischen überflüssig gewordene Geleitschutz, der ursprünglich der Grund für diese Gebühr war, aufgehoben wurde,
- dass die Strassen einseitig zu Gunsten der Verbindungen mit Bern ausgebaut und die Strassen nach Frankreich und Italien vernachlässigt würden,
- dass die Berner Gesetzgebung den Waadtländer Weinbau einschränke,
- dass die Waadt bewusst als Agrarland gehalten würde und die geltenden Bestimmungen Industrie und Handel behindern würden.

Die revolutionären Vorgänge in Frankreich strahlten auch auf die *deutsche Schweiz* aus. Die industrialisierten Landgebiete waren für die neuen Ideen besonders empfänglich. In den Gegenden, wo

Revolutionsfest von La Chaux-de-Fonds im Jahre 1792
Anhänger der revolutionären Ideale versammeln sich in Jacobinermützen um einen Freiheitsbaum.

Gewerbe und Industrie zu allgemeinem Wohlstand geführt hatten und der Lebensstandard demjenigen der Städter ziemlich nahe kam, – etwa in den hablichen Dörfern am Zürichsee – da empfand die vermögend und selbstbewusst gewordene ländliche Oberschicht die Unstimmigkeit zwischen alter Ordnung und neuen Verhältnissen besonders stark. 1794 wurde in Stäfa eine Petition entworfen. Sie forderte,

- dass die städtische Verfassung auch für das Landvolk gelten solle,
- dass das Landvolk nicht weiterhin durch den städtischen Marktzwang benachteiligt sein solle,
- dass auch die Söhne der Landbevölkerung (von den Töchtern ist keine Rede) Zugang zur höheren Bildung erhalten sollen,
- dass die Städter bei der Besetzung höherer Offiziersränge nicht bevorzugt würden,
- dass die Städte in gleicher Weise wie das Landvolk mit Steuern belastet würden.

Die Petition wurde aber nicht eingereicht. Man wollte sie weiter prüfen, liess sie heimlich auch in anderen Gemeinden zirkulieren. Der Regierung blieb dies natürlich nicht verborgen, sie liess Hausdurchsuchungen durchführen, nahm Verhaftungen vor. Bittschriften wurden zu jener Zeit als Vergehen gegen das Treuegebot verstanden und als erste Schritte in Richtung Aufruhr. Nach abgeschlossener Untersuchung wurden über 70 Personen mit Geld- und Ehrenbussen bestraft, drei wurden aus der Schweiz verbannt und mussten versuchen, im Elsass eine neue Existenz aufzubauen. Zürich durfte – ohne dies ausdrücklich verlangt zu haben – von den beiden Untertanenstädten Winterthur und Stein am Rhein sowie von zahlreichen Gemeinden aus dem rein bäuerlichen Gebiet Ergebenheitserklärungen entgegennehmen. Nach damaligen Begriffen reagierte Zürich milde auf die Vorfälle in Stäfa.

Im Züribiet erinnerte man sich eben auch an die alten Freiheiten, die von der zentralen Obrigkeit eingeschränkt worden waren. Man verlas in Küsnacht, Meilen und andernorts öffentlich Kopien alter Urkunden und forderte die Obrigkeit auf, die darin verbrieften Rechte wieder anzuerkennen. Die Forderung nach Wiederherstellung mittelalterlicher Rechte, die eine beschränkte *Gemeindeautonomie* garantiert hatten, verband sich mit den neuen *naturrechtlich* begründeten Forderungen der Aufklärung und der französischen Revolution.

In Stäfa liess man trotz den Einschüchterungsversuchen der Stadt nicht locker. Im Mai 1795 setzte die Gemeindeversammlung eine Kommission ein, welche die alten Urkunden studieren und von der Regierung Auskunft darüber verlangen sollte, warum und wann diese ihre Kraft verloren hätten. Die Obrigkeit zitierte hierauf einzelne Männer nach Zürich. Diesen Aufgeboten wurde aber aus Furcht vor Verhaftung keine Folge geleistet. Jetzt reagierte die städtische Obrigkeit mit einer militärischen Expedition. Sie entwaffnete die Leute von Stäfa und nahm wieder Verhaftungen vor. Einige der Gesuchten flohen ins Bündnerland oder ins Elsass. Stäfa

Gebt uns eine Verfassung!
(Aus dem Memorial von Stäfa 1794)
[Da ist] keiner, der nicht die Konstitution von Zürich über alles erhebt, weil sie dem Bürger alle Rechte des Erwerbes zugesteht und ihn vor willkürlicher Regierung und drückenden Auflagen sichert und alle Stände in Gleichgewicht setzt. Nur bedauert es jeder Landmann, dass diese Konstitution innert die Mauern der Stadt vergraben und das Landvolk davon ausgeschlossen ist. Eine solche Konstitution ist nicht nur in Ansehung der Regierung, sondern auch in Hinsicht auf den Erwerb aller Volksklassen notwendig, daher der Mangel derselben die erste allgemeine Klage ist. Dass wir auch ohne dieselbe bis dahin väterlich und wohl regiert wurden, das haben wir dem gütigen Himmel und der Grossmut edler Menschen zu danken. Aber wer kann uns dafür Bürge sein, dass Volksliebe und Gemeinnützigkeit auf immer die herrschende Tugend der Obrigkeit sei oder dass die Obrigkeit nicht dem Despotismus der Zünfte nachgeben müsse, der schon seit Jahrhunderten dem Landvolk zusetzte und immerhin bemüht ist, seine Vorteile zu vergrössern? Wie billig ist desnahen der Zuruf: Landesväter! Gebt uns eine Konstitution, die den Bedürfnissen des Landes angemessen ist, und sorget für derselben Garantie!

Häftling wird Senator
Johann Jakob Bodmer, Seckelmeister der Gemeinde Stäfa, Präsident der Urkunden-Kommission, 1795 zu lebenslänglichem Kerker und 500 Florin Busse verurteilt, 1798 befreit und als helvetischer Senator gewählt.

Was Landvogt von Diesbach dem Geheimenrat von Bern 1797 berichtet
Oktober 1797 aus Bonmont:
Die Bauern stehen in engem Kontakt mit den französischen Nachbarn. Sie handeln mit den Franzosen mit Vieh und Holz, sie nehmen Arbeiter daher. Weil wir in unserem Land wenig Chirurgos haben, bedienen sich unsere Leute derer ihrer Nachbarn. Und diese können gefährliche Propagandisten sein.
November 1797 aus Chardonne sur Vevey:
Das Land ist voll Agenten, sie gehen unter Vorwand, Freunde des Landbaus zu sein, den Bauern nach und reden von Abschaffung der Lehen, Zinse und Zehnten.
Dezember 1797 aus Lausanne:
Im Gasthof zum Falken hat eine Gesellschaft bei starkem Weingenuss über die ‹Tyrannei der Regierung› disputiert und unanständige Lieder gesungen.

musste für die Unkosten der Expedition aufkommen, das Haupt der Bewegung, Bodmer, wurde zum Tode verurteilt. Doch wurde, nachdem sich Pestalozzi und Pfarrer Lavater in einer Kampagne für dessen Begnadigung eingesetzt hatten, das Urteil bloss symbolisch vollstreckt – was aber der alte Mann bis zuletzt nicht wusste.
Wie im Vorjahr trafen wieder Ergebenheitserklärungen anderer Landgemeinden ein. Und wie in den Leventiner-Unruhen wären die meisten anderen Orte – allen voran Bern – bereit gewesen, notfalls ihre Truppen (gewissermassen die interkantonalen mobilen Polizeikräfte) an den Zürichsee zu senden. Wen wundert es, dass die Zürichsee-Gemeinden drei Jahre später im Kampf gegen die Franzosen Bern nicht zu Hilfe kommen wollten. (Über 12000 wollte Zürich 1798 aufbieten, doch nur jeder zehnte Mann folgte dem Aufgebot.) Glarus und Schwyz, Zürichs historische Gegenspieler, wollten zwischen der Seegemeinde und der Stadt vermitteln. Zürich verstand das Angebot jedoch als Einmischung und verbat sich jegliche Vermittlung mit Hinweis auf seine gottgegebenen Obrigkeitsrechte.
Noch zu Beginn des Jahres 1798 war jede Begnadigung der Verurteilten von Stäfa abgelehnt worden. Erst als die französischen Truppen an der Grenze standen, wurde plötzlich eine Generalamnestie ausgesprochen. Die Eingekerkerten wurden freigelassen, die Bussen zurückbezahlt, die konfiszierten Güter zurückgegeben, die Waffen wieder ausgehändigt, ebenso die alten Urkunden.
Nach 1791 war in der Waadt vorübergehend wieder einigermassen Ruhe eingetreten. Die Repression brachte Bern kurzfristige Erfolge, und die Schreckensherrschaft Robespierres dämpfte etwas die Anziehungskraft, die von der französischen Republik ausging. Die Spannungen verstärkten sich erst 1797 wieder. Frankreich intensivierte seine Propaganda. Den schweizerischen Untertanen erschien der nun wieder ordentlich regierte und militärisch erfolgreiche Nachbarstaat mehr denn je als Vorbild und möglicher Retter.
Als General Bonaparte im November 1797 durch die Schweiz reiste, wurde er in der Waadt mit Vivatrufen empfangen. In Lausanne übergaben ihm drei junge Frauen einen Blumenkranz und sagten Verse auf. Der Berner Regierung wurden etwa die folgenden Lobrufe hinterbracht: «Vive Bonaparte! Vive le héros de la liberté! Vive le libérateur de la Valteline! A bas les tyrans! A bas les ours!»

1.7 Die Helvetische Revolution

Noch vor dem Einmarsch französischer Truppen wollten die Baselbieter, durch die revolutionsfreundliche Haltung einiger Basler Ratsherren ermuntert, den Lauf der Geschichte etwas beschleunigen. Sie zogen vor Vogteischlösser und forderten die Herausgabe alter Freiheitsbücher. Darob gingen auch ein paar Schlösser in Flammen auf. Am 17. Januar 1798 wurde in Liestal ein Freiheitsbaum errichtet. Solche Bäume, die bereits früher als Symbol der Erneuerung verehrt worden waren, dienten seit den Tagen der Französischen Revolution als handgreifliches Zeichen der wiedererlangten Freiheit und Gleichheit.

Das imaginäre Interview

Fredéric César La Harpe, 1754–1838, aus Rolle, Dr. iur., 1784 Erzieher am russischen Hof, 1785 wegen Veröffentlichung revolutionärer Broschüren entlassen, bis 1798 in Frankreich, fordert Befreiung der Waadt durch die Franzosen und die Bildung eines Staates, dem ausser der Waadt das Unterwallis, der Jura und das preussische Neuenburg angehören sollten. 1798 wehrt er sich aber gegen den Plan, die Schweiz in drei Teile aufzuteilen. Im April 1798 wird er Mitglied des helvetischen Direktoriums. 1800 wird er der Verschwörung gegen Napoleon verdächtigt und gefangengenommen. Er begibt sich erneut ins französische Exil und kehrt erst 1815 wieder in seine Heimat zurück.

Monsieur La Harpe, Sie verkörpern wie kein Zweiter die waadtländische Revolution. Welches war ihre Rolle?
Leider muss ich Sie enttäuschen, ich war gar nicht dabei. Als Waadtländer und Berner Untertan hätte sich meine Berufstätigkeit mit einer untergeordneten Stellung begnügen müssen. Darum nahm ich eine Stelle als Hauslehrer am russischen Hof an. Eigentlich wäre ich lieber nach Amerika ausgewandert. Über die Vorgänge in der Heimat haben mich meine Freunde genauestens unterrichtet.

Warum waren Sie in diesen Jahren nicht in die Waadt zurückgekehrt?
Bern hat mich verbannt, ich musste in Frankreich leben, glücklicherweise verfügte ich über ganz gute Beziehungen zum Direktorium ...

... Beziehungen, die Sie benützten, um Frankreich gegen die Schweiz aufzustacheln. Es gibt Leute, die sagen, Sie hätten ihr Vaterland verraten.
Mein Vaterland? War das mein Vaterland, wo man mir nicht einmal Rechtsgleichheit gewährte? Wo die Freiheit herrscht, ist mein Vaterland. Ich habe genug Patriotismus gegenüber meiner Heimat bewiesen, indem ich ihr half, nach 250 Jahren der Sklaverei ihre Mündigkeit wiederzuerlangen. Ich bin ein waadtländischer und kein bernischer Patriot.

Ist die «ursprüngliche Mündigkeit» unter Savoyardischer Herrschaft nicht ein Mythos?
Nein, das lasse ich mir nicht in Frage stellen. Damals hatte die Waadt doch einige Freiheiten. Die wollten wir wiederhaben. Wir waren ja nicht die einzigen, die solches wollten.
Da gab es doch die Leventiner. Ihre Lage entsprach, ohne genau die gleiche zu sein, einigermassen der unsrigen. Unter der Herrschaft der Urner hatten sie nach und nach ihre alten Rechte verloren. Und diese Rechte wollten sie doch mit ihrem Aufstand zurückgewinnen.

Eine letzte Frage: Bereuen Sie es nachträglich nicht, Frankreich ins Land gerufen zu haben? Sie wissen, wie sich die französische Truppe in unserem Land aufgeführt hat.
Ich habe das Verhalten unserer Befreier beklagt und verurteilt. Wir dürfen aber bei allem nicht vergessen, dass die Berner Oligarchie schuld am ganzen Unglück war.

Gereimtes für den auswärtigen General:
Man spricht wohl stark im fernen Land
die Schweiz sei ein beglückter Stand.
Jedoch sie haben's nicht verstandt:
Die Städt' sind frei und nicht das Land.

Reaktionen der Bevölkerung
Bericht des Landvogtes Fischer, Aarau, nach Bern
Alle Landleute von meinem Amt, so sich dahin begeben, werden in jede(r) Pintenschenk(e) und besonders Bäckerstuben gegen die Obrigkeit aufgehetzt, und auch am Donnerstag, bei dem Bundschwur, mischten sich die Weiber von Aarau unter die Zuschauer (und) sagten ihnen, diese Ceremonie sei unbedeutend, sie könne doch den Umsturz ihrer Regierung nicht hindern. Allenthalben sind es die Weiber, selbst in den Bäckerstuben, wo ihre Männer ruhige Zuhörer sind, welche die Revolution predigen.

Zur gleichen Zeit versammelten sich die Gesandten der Kantone im damals bernischen Aarau. Ziel dieser *Tagsatzung* war: die Erneuerung der alten Bünde, die vor über 200 Jahren zum letzten Mal erneuert und wegen der konfessionellen Zwiste in der Zwischenzeit nicht mehr bekräftigt worden waren. Doch warum mussten ausgerechnet jetzt diese Bünde wieder beschworen werden? Man wollte gegen aussen wie gegen innen, gegenüber Frankreich wie gegenüber den revolutionären Kräften im eigenen Land, Einigkeit und Entschlossenheit demonstrieren. Das Ziel wurde nur teilweise erreicht. Basel blieb weg, andere Kantone, insbesondere Glarus und Appenzell, waren nur halbherzig dabei. Meinungsverschiedenheiten mussten vor allem in der Frage ausgeräumt werden, ob das ganze Volk, also auch die Untertanen, in den Schwur einbezogen werden sollten. Dieser Vorschlag drang jedoch nicht durch. Man fürchtete, die Landleute würden bei dieser

Der Kult der Freiheitsbäume
Die Anhänger der alten Welt spotteten über diese Symbolik, es handle sich bezeichnenderweise um einen Baum ohne Wurzeln und um einen (Freiheits-)Hut ohne Kopf. Hier die Verbrüderungsfeier auf dem Münsterplatz vom 22. Januar 1798. Unter dem Druck der Vorgänge auf der Landschaft hatte Basel am 20. Januar 1798 die alten Untertanenverhältnisse auf seinem Territorium aufgehoben. Bürger Pfarrer Johann Jakob Faesch hielt die Festpredigt: «Welche grosse, ausserordentliche, erstaunungswürdige Begebenheiten zeichnen das Ende dieses Jahrhunderts aus! Gleich einem gewaltigen Sturme, der Meere thürmet und Wälder aus den Wurzeln reisst, eilet der Geist der Zeiten von der *Seine* berühmten Gestaden, durch Europens blühende Gefilde über wilde Ströme und ewig beeiste Gebürge bis an des unermesslichen Oceans entfernteste Inseln. Lange sahen wir nur von ferne den täglich neuen Wunder-Scenen zu. (...) Endlich schlug sie

Gelegenheit auf alte Forderungen zurückkommen. So blieb denn der Erneuerungsschwur ein Schwur unter den Vertretern der regierenden Oberschicht. Nach vierwöchigen Verhandlungen war man endlich in der Lage, den Eid am 25. Januar 1798 unter freiem Himmel zu erneuern. Bern stellte die militärische Kulisse: 4 Kompanien und 12 Kanonen. Anschliessend offerierte es den ‹Lieben Miteidgenossen und Herren Ehrengesandten› ein Bankett. Der Schwur von Aarau hätte dem eidgenössischen Geist neues Leben geben sollen. In Wirklichkeit war er aber nicht mehr als ein bald verglimmendes Aufleuchten der Alten Eidgenossenschaft.
Am Tag nach dem Bundesschwur traf in Aarau die Botschaft ein, dass auch in der Waadt die Revolution ausgebrochen sei. Schon am 28. Dezember 1797 hatte Frankreich mit einem öffentlichen Erlass allen Waadtländern, die sich mit Klagen an Frankreich gewendet hatten oder noch wenden würden, Schutz zugesichert. Ermuntert durch diese Garantie, formulierten die Waadtländer Patrioten erneut Petitionsschriften und liessen sie von Gleichgesinnten unterzeichnen. Ermuntert auch durch die Präsenz französischer Truppen jenseits der Schweizergrenze, verwirklichten sie schliesslich das seit langem angestrebte Ziel: Sie proklamierten die

Lemanische Republik. Auf ihren grünen Fahnen standen die Worte ‹République Lémanique›. Die erste Fahne war in der Nacht auf den 24. Januar 1798 an einem Haus an der *Place de la Palud* gehisst worden, wo der *Cercle des négociants et fabricants* seine Zusammenkünfte abhielt. Die grüne Farbe sollte später gesamtschweizerisch eine der Staatsfarben der Helvetik werden.
Erst jetzt – am 25. Januar 1798 – überschritten die französischen Truppen die Grenzen. Da die Invasoren im Namen der Freiheit auftreten konnten, durften sie damit rechnen, in den schweizerischen Untertanengebieten mit offenen Armen empfangen zu werden. Warum glaubte Frankreich diese ‹Hilfe› leisten zu müssen? Frankreich verfolgte natürlich eigene Ziele: Die Schweiz war ein Zufluchtsort der französischen Monarchisten. Allein auf Berner Boden hatten sich über 1000 royalistische Emigranten aufgehalten. Mit der Eroberung der Schweiz wollte Frankreich auch seinen innenpolitischen Feind treffen. Frankreich war ferner daran interessiert, die strategisch wichtigen Alpenpässe unter seine Kontrolle zu bringen. Die Schweiz sollte wie Oberitalien und Holland als sogenannte Schwesterrepublik in ein System von ausbeutbaren Satellitenstaaten integriert werden. Die französischen Armeen konnten in der wohlhabenden Schweiz neu ausgerüstet werden. Mit den geraubten Staatskassen wurde zum Teil Napoleons Ägyptenfeldzug finanziert. – Die französische Armee zog vier Tage nach der Ausrufung der Lemanischen Republik in Lausanne ein, verlangte 4000 Mann Hilfstruppen und auferlegte der Bevölkerung eine Zwangsanleihe von 700 000 Francs. Lustlos und widerwillig kamen die Waadtländer diesen Forderungen nach. Der anfänglichen Begeisterung folgte Bestürzung.
Nachdem die beiden anderen aristokratischen Stände Solothurn und Fribourg am 4. März 1798 kapituliert hatten, musste Bern den Kampf gegen die französischen Invasoren allein aufnehmen. Die

auch für uns die im Rathschlusse der ewigen Weisheit festgesetzte Stunde. Wie wichtig, bedenklich und gefährlich war besonders unsere Lage in der vergangenen Woche! Welche fürchterliche, gewitterschwangere Wolken stunden tosend über unserem Scheitel! Aber siehe, die Sonne der brüderlichen Liebe zertheilte sie alle, und Freiheit und Gleichheit vereinigen heute alle Glieder des Staates unter die schützenden Flügel der beglückenden Eintracht. Welcher Freund des Vaterlandes freuet sich nicht mit entzückendsten Empfindungen dieses schönen, herrlichen Tages! (. . .) Begnüget euch nicht bloss zum Baume der Freiheit mit frohlockendem Jubel zu schauen. Nein, euer Geist dringe über dieses sinnliche Bild hinauf zum Throne der Gottheit, den Geber aller guten und aller vollkommenen Gaben.»

Bericht an Karl Müller-Friedberg, Landvogt im Toggenbug
Eben heisst es, zu Aarau haben die aristokratischen Stände für den Krieg gestimmt. Was machen unsere Gesandten? Werden diese auch für den Krieg stimmen, da wir den Frieden so nothwendig haben? Wer wird ziehen? Die blauen Röcke nicht. Ist es wirklich an der Zeit, dass der grossen Frankenrepublik getrotzt werde? Nur Despoten können noch so was rathen, werden aber sicher ihren Lohn erhalten.

Bericht von Barbara Hess-Wegmann
Dieser gefasste Beschluss wurde von der zürcherischen Regierung der Stadt auf den Zünften und der ganzen Landschaft in feierlichen Proklamationen von der Kanzel angekündet; allein hier zeigte zum ersten Mal das unzufriedene Volk am See sein Missfallen an den Massnehmungen der Regierung ungescheut. Zu Talwil wurde die Proklamation in der Kirche ausgepfiffen; zu Stäfa fieng man so zu lachen und husten an, dass das Vorlesen nicht mehr verstanden wurde.

Trüllmusterung
Die Landleute waren 1798 wenig motiviert, ein Land zu verteidigen, in dem sie nicht als vollwertige Bürger galten.

«Wir kommen als Freunde, nicht als Eroberer!»
Payerne, 28. Februar. Der Divisionsgeneral Brune an die Bevölkerung des Kantons Bern und der andern Teile der helvetischen Eidgenossenschaft: Die braven Soldaten, die ich die Ehre habe zu kommandieren, sind gezwungen, einen Teil eures Gebietes zu betreten; schöpfet daraus keinen Argwohn, sie sind eure Freunde, eure Brüder; sie stehen unter den Waffen gegen die Tyrannei, die euch unterdrückt. Eure Bedrücker, eure grausamsten Feinde werden sich rühren, um euch die Furcht einzuflössen, dass die französische Republik diesen Anlass ergreifen werde, um ihr Gebiet auf Kosten des euern zu vergrössern. Eure edlen, hochherzigen Seelen werden diese hinterlistigen Einflüsterungen von sich weisen.
Nein, die französische Republik will nichts von alledem sich aneignen, was zur helvetischen Eidgenossenschaft gehört. Weder der Ehrgeiz noch die Habgier werden den Schritt entehren, den ich heute in ihrem Namen tue. Nicht als Eroberer, nur als Freund der würdigen Nachkommen Wilhelm Tells, nur um die schuldigen Räuber eurer Souveränität zu strafen, befinde ich mich in diesem Augenblicke mitten unter euch.
Fern sei also von euch jede Sorge um eure persönlich Sicherheit, euer Eigentum, euren Gottesdienst, eure politische Unabhängigkeit um die Integrität eures Gebietes! Die französische Regierung, deren Organ ich bin, verbürgt sich euch; und ihre Befehle werden gewissenhaft von meinen Waffenbrüdern beobachtet werden; ich schwöre darauf bei ihrer Liebe zur Freiheit und bei dem Ruhm, mit dem sie sich, für dieselbe kämpfend, bedeckt haben.
Seid frei! Die französische Republik ladet euch dazu ein; die Natur befiehlt es euch; und um es zu sein, braucht ihr nur zu wollen!

Sieg und Niederlage
Bei *Neuenegg* erfochten die bernischen Truppen am 5. März 1798 einen glänzenden Sieg, bei *Fraubrunnen* und im *Grauholz* hingegen wurden sie von den Angreifern geschlagen.

Unrühmliches Ende bei Fraubrunnen
(aus einem vaterländischen Geschichtswerk, Ernst Oberländer, Basel 1930)
Auf der einen Seite scheiterte die ganze Sache an der Unvernunft der gänzlich demoralisierten Truppen. Statt dem ergangenen Befehl zu gehorchen, sich am Grauholz zu versammeln, zogen die Soldaten nach Fraubrunnen. Mit ihnen lief alles Volk der Umgegend, Männer, Weiber, Kinder, bewaffnet mit Sensen, Gabeln und allen möglichen Geräten (...).
Schon am frühen Morgen hatten diese Leute von Fraubrunnen her den Kanonendonner gehört und eine tiefe Verzagtheit hatte die Soldaten ergriffen. Viele fielen auf die Knie und beteten; andere hängten sich Amulette um, im guten Glauben an deren Zauberkraft, die sie vor dem Verderben schützen sollte. Das waren nicht mehr die alten Eidgenossen, die im Angesicht des nahenden übermächtigen Feindes gewachsen waren, die mit wilder, ungestümer Kraft sich auf den Gegner stürzten, ihn unter ihren wuchtigen Hieben zermalmend.

Trauriger Sieg bei Neuenegg
Mit Bajonett und Gewehrkolben arbeiteten die Berner und machten nieder, was ihnen in den Weg kam. Sie erschlugen die feindlichen Kanoniere an ihren Geschützen. Diesem Wüten waren die Franzosen nicht gewachsen. Erschrocken wandten sie sich zur Flucht. Wie die leibhaftigen Teufel waren die Berner hinter ihnen drein. Um drei Uhr nachmittags sprengte von Bern her ein Dragoner mit dem ausdrücklichen Befehl zur Einstellung der Feindseligkeiten. Bern war inzwischen gefallen und Schauenburg bereits in die Stadt eingerückt.
Wie eine Bombe platzte diese Nachricht mitten in den Siegesjubel hinein, die Soldaten weinten vor Wut und drohten den Offizieren. Sie beschuldigten die Regierung des Verrats, und es war schwer, ihnen begreiflich zu machen, dass jeder weitere Kampf nutzlos sei. Einzelnen Abteilungen musste der Befehl zum Rückzug dreimal zugeschickt werden. Sie hatten die Schlacht gewonnen, und gleichwohl war das Vaterland verloren.

bedrohten Orte hatten keine 5000 Mann Hilfstruppen erhalten. Zum Teil liessen sich die anderen Stände von ihren eigenen Sicherheitsinteressen leiten, zum Teil weigerte sich das Landvolk, dem Mobilisationsbefehl zu folgen.
In den Monaten Februar/März 1798 wurden in der ganzen Schweiz Republiken ausgerufen: im Unterwallis, im Greyerzerland, im Toggenburg, im Aargau, in Luzern, im Tessin, im Rheintal und in Sargans, in den werdenbergischen Gemeinden, in Schaffhausen, in Appenzell, im Thurgau. Die Schweiz der Landvögte und Untertanenrevolten und die Schweiz der aufklärerischen Zirkel wurde zu einer Schweiz der Freiheitsbäume. Am 4. April 1798 gab es auf Schweizerboden kein einziges Untertanengebiet mehr. Die Schweiz – das waren nun vorübergehend 40 Landschaften, die als gleichberechtigte Republiken den Schweizerbund fortführen wollten.
Die zahlreichen lokalen Selbständigkeiten sollten nun aber durch eine vereinheitlichende Verfassung zusammengebunden werden. Unter dem massiven Druck der französischen Truppen mussten die kantonalen Räte im Laufe des Monats März einer diktierten Einheitsverfassung zustimmen. Die Kantone waren sodann aufgefordert, die Vertreter für die gesamtschweizerischen Kammern, den Senat und den Grossen Rat, zu wählen. Wiederum in Aarau, wo die letzte Tagsatzung der Alten Eidgenossenschaft abgehalten worden war, wurde am 12. April 1798 der neue Staat proklamiert: die *eine und unteilbare Helvetische Republik*. Der Basler Peter Ochs, neben La Harpe der bedeutendste Vorkämpfer der Revolution, verkündete als erster Präsident des helvetischen Senats die Gründung der Helvetischen Republik: «Bürger, die von euch gewählten Gesetzgeber haben den ersten, so lange gewünschten Schritt auf ihrer künftigen Laufbahn getan. Dieser wichtige Tag belebt unsere Hoffnungen, zerstreut unsere Besorgnisse und ist uns das sichere Pfand unseres künftigen Glücks, dessen wir gewiss sind, wenn ihr Mitbürger durch euer Betragen unsere Bemühungen unterstützt. Es leben diejenigen, die heute den Mut hatten, mit Speichern ohne Frucht, Zeughäusern ohne Geschütz, und Schätzen ohne Geld ihre Unabhängigkeit zu verkünden!» Hiermit konnte für die Schweiz das 19. Jahrhundert beginnen. Allerdings mit leeren Vorratskammern, leeren Kassen und in Gegenwart französischer Bajonette.

Das Diktat der Befreier
In der St. Galler Laurenzenkirche zum Beispiel wurde der einberufenen Bürgerschaft erklärt, dass die Ablehnung der Verfassung Krieg bedeute. Die Annahme der Verfassung hatte mit Stillschweigen und ohne Handerheben zu erfolgen. Schliesslich wurde von Frankreich nicht einmal diejenige Verfassung für verbindlich erklärt, die gutzuheissen sie zuvor ultimativ gefordert hatte, sondern eine andere Variante, die dem französischen Direktorium besser beliebte.

Hinweise auf weiterführende Literatur
Jean-Charles Biaudet/Marie-Claude Jequier, Correspondance de Frédéric-César de la Harpe sous la République Helvétique. Neuchâtel 1982/85. 2 vol. – *François de Capitani,* Zum Entstehen einer politischen Oeffentlichkeit in der Schweiz. Die Mitglieder und Gäste der Helvetischen Gesellschaft 1761–1797. Bern 1983. – *Ulrich Im Hof,* Aufklärung in der Schweiz. Bern 1970. – *Ulrich Im Hof,* Die Helvetische Gesellschaft 1761–1798. Spätaufklärung und Vorrevolution in der Schweiz. Bern 1983. – *Fridolin Kurmann,* Das Luzerner Suhrental im 18. Jahrhundert: Bevölkerung, Wirtschaft und Gesellschaft der Landvogteien Büron/Triengen und Knutwil. Luzern 1985. – *Markus Mattmüller,* Bauer und Tauner im schweizerischen Kornland um 1700. In: Schweizer Volkskunde 1980.

François de Capitani
(Historisches Museum Bern)

Eine neue Sicht der Zeit vor 1798

Lange betrachtete man die Zeit zwischen der heroischen Reformationsepoche und den grossen Revolutionen von 1798/1848 als ein Zeitalter ohne nennenswerte Ereignisse, ohne Höhepunkte und ohne eigene Dynamik. Fixiert auf das ‹Nouveau Régime› des 19. Jahrhunderts erblickte das Auge des Historikers im ‹Ancien Régime› kaum eigenständige Entwicklungslinien.
Zwei grosse Forschungsbereiche haben in den letzten Jahrzehnten unser Bild der Zeit vor 1798 grundlegend verändert: die Erforschung der Wirtschafts- und Sozialgeschichte einerseits, die Entdeckung einer bisher ungeahnten Mentalitätsgeschichte andererseits. Auf dem Hintergrund einer stürmischen demographischen und wirtschaftlichen Entwicklung zeigen sich auch scheinbar unveränderte Institutionen in einer neuen Perspektive; Aufklärung, nicht verstanden als Gedankenspiel weniger erlauchter Geister, sondern als Bahnbrecher einer modernen Massenkultur, wird zu einem entscheidenden Phänomen der neuzeitlichen Kulturgeschichte. So wird im Lichte der neueren Forschung aus einer dürren Epoche des Übergangs ein brodelndes Zeitalter, dem unsere Gegenwart mit vielen Entwicklungssträngen eng verbunden bleibt.

Wenn neue Verhältnisse herrschten, musste dies auch durch eine neue Fahne zum Ausdruck gebracht werden. Die Schweiz erhielt eine Tricolore; der obere Streifen war ursprünglich grün (Bundesbriefarchiv Schwyz).

Teil 2

Der Entwurf einer besseren Schweiz

1798–1803

Der äussere Anlass des Zusammenbruchs der *Alten Eidgenossenschaft* war die Intervention der französischen Armee; der innere Grund dagegen lag darin, dass die politische und rechtliche Ordnung nicht mehr den gesellschaftlichen Gegebenheiten entsprach. Ohne auswärtige Hilfe hätten sich die aus den inneren Verhältnissen hervorgegangenen Freiheits- und Gleichheitsbewegungen nicht durchsetzen lassen. Die fremden Helfer waren aber zugleich eine ernsthafte Gefährdung der angestrebten Freiheit. Die französischen Befreier begnügten sich nicht damit, die *Alte Eidgenossenschaft* wegzufegen. Sie wollten auch bei der Neugestaltung der Schweiz das entscheidende Wort führen.

Aufteilung des Berner Bären in vier Kantone.

Die Bevölkerung der ehemaligen Untertanengebiete will bei der Schweiz bleiben!
Das provisorische Komitee von Mendrisio und Balerna an das helvetische Direktorium, 9. Juni 1798: Das Volk von Mendrisio und Balerna, als es Eure Untertanen war, verhielt sich immer treu. Nur die Gewalt, die Furcht und die Intrige haben es für einen Moment von Euch loslösen können. Aber vom Moment an, da es seine Ketten hat erneut sprengen und frei reden können, hat es nicht aufgehört, laut und einstimmig auszurufen: Ich war Schweizer, ich will Schweizer sein und will als Schweizer sterben.

Die Leventiner würden sogar gerne dem Kanton Uri angegliedert werden!
Der helvetische Justizminister an die provisorische Regierung der Leventina, 7. Juni 1798: Euern Wunsch, mit dem vormaligen Kanton Uri vereinigt zu werden, können wir nicht erfüllen. Das soll Euch aber nicht tief bekümmern. Denn durch die Vereinigung aller Teile Helvetiens zu einem einzigen und unteilbaren Staat befinden sich alle Bürger unter dem gleichen Gesetz und der gleichen Verwaltung. Wenn auch vormals die Örtlichkeiten wegen der besseren oder schlechteren gesellschaftlichen Organisation unterschiedlich interessant waren, jetzt müssen alle diese Unterschiede verschwinden. Sorgt darum dafür, dass alle diese Voreingenommenheiten abgelegt werden.

2.1 Die Strukturen des neuen Staates

General Brune wollte die Schweiz zunächst in drei voneinander unabhängige Republiken aufteilen: *Rhodanien* hätte die Waadt, das Wallis und das Tessin umfasst; die Innerschweiz wäre zu einem *Tellgau* zusammengefasst worden, und der Rest hätte die Republik *Helvetien* gebildet. Schon bald sah man von dieser Aufteilung jedoch ab und teilte das Gebiet in 18 Kantone ein: Uri, Schwyz, Unterwalden und Zug wurden als Kanton *Waldstätten* zusammengefasst, Glarus und Sargans bildeten den Kanton *Linth,* St. Gallen und Appenzell den Kanton *Säntis*; der Kanton *Baden* entstand aus einem Teil der Gemeinen Herrschaften, die Kantone *Lugano und Bellinzona* aus einem anderen.
In Paris wollte man das Tessin ursprünglich der Cisalpinischen Republik (Norditalien) zuschlagen, doch sprachen sich die meisten Tessiner entschieden für ein Verbleiben bei der Schweiz aus. Sie wollten nicht nur frei, sondern auch Schweizer sein – ‹liberi e svizzeri›. Der Kanton Bern wurde in vier Kantone aufgeteilt: den Berner *Aargau*, das *Oberland*, die Waadt (als Kanton *Leman*) und das verbleibende *Bern*. Weiter gehörten dazu: Basel, Freiburg, Luzern, Schaffhausen, Solothurn, Thurgau, Wallis und Zürich. 1799 kam auch noch Graubünden hinzu. Neuenburg blieb als Fürstentum des Königs von Preussen unangetastet. Genf dagegen wurde von Frankreich einverleibt. Die territoriale Zusammensetzung der Schweiz hing ganz vom Willen Frankreichs ab. 1802 sollte es Frankreich gefallen, das Wallis wieder von der Schweiz abzutrennen.
Die Kantone durften keine eigenen Verfassungen haben. Sie wurden zu Verwaltungsbezirken degradiert. Da sie eine weitere

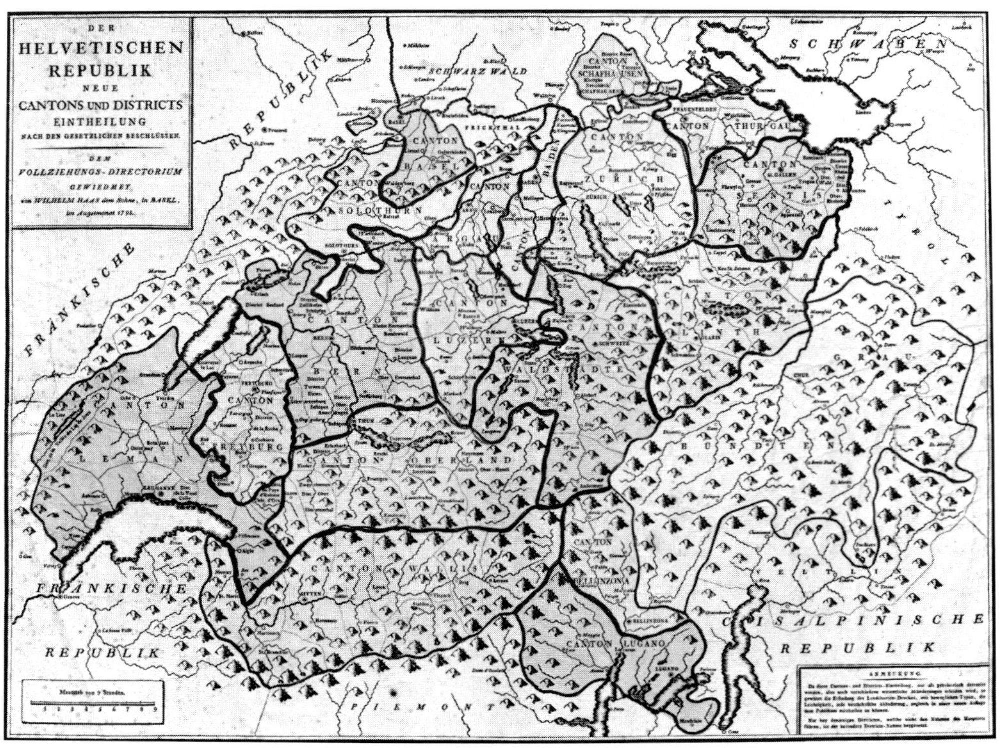

Kantons- und Distrikteinteilung der Helvetischen Republik.

Das erste aus Volksvertretern gebildete schweizerische Parlament.

‹**Alle Glieder der gleichen Familie**›
(Aus dem Allianzvertrag vom 28. September 1798) Ihr seid jetzt nicht mehr Bürger dieses oder jenes Tales, das mit dem Nachbartal rivalisiert oder verfeindet ist. Ihr seid nun alle Helvetier, alle Glieder der gleichen Familie, welches auch Eure Sprache ist, Eure Kultur und Euer Brauchtum. Alle Bürger haben Teil am gleichen Recht, ob sie am Säntis wohnen oder am Genfersee, in Basel oder Lugano. Das gesamte Gebiet Helvetiens steht nun für die Unternehmen aller offen. Es gibt keine Monopole, keine Privilegien und keine Schranken mehr, ausser denen, welche die Natur uns auferlegt.

Besetzung durch französische Truppen oder eben die Aufteilung der Schweiz verhüten wollten, liessen sie sich schliesslich in den helvetischen Einheitsstaat einordnen. Aarau wurde Hauptstadt. Hier tagte das erste eidgenössische Parlament, eine vom Volk gewählte Volksvertretung anstelle der alten Ständeversammlung, der Tagsatzung.
Die politischen Vorrechte waren aufgehoben, alle – das heisst alle Männer – hatten die gleichen Bürgerrechte. Es gab keine Kantonsregierungen mehr, es gab nur noch eine Zentralregierung. Wie wurde sie gebildet? Die Urversammlungen der Bürger wählten die Wahlmänner, das Wahlkorps wählte die Senatoren und Grossräte, und die beiden Kammern wählten das Direktorium, die Landesregierung. Auch die Gerichte wurden vom Volk gewählt. Wir haben also eine Volksherrschaft mit Delegation der Gewalt *von unten nach oben*. Die Verwaltungsseite wurde allerdings im umgekehrten Verfahren zusammengestellt, *von oben nach unten*, mit der Konsequenz, dass die Gemeinden ihre Beamten nicht frei wählen durften. Besonders diese Neuerung stiess in den ehemaligen Landsgemeindekantonen auf Widerstand. Wie wir noch sehen werden, auch in Nidwalden.
Die alte Verschiedenheit der Kantone wurde ersetzt durch eine verordnete Einförmigkeit. Einheit und Unteilbarkeit sollten auch durch uniforme Kleidung zum Ausdruck kommen. In manchem und insbesondere in der Symbolik ahmten die helvetischen Republikaner die Franzosen nach. Ein wichtiger Punkt unterschied sie jedoch von ihrem Vorbild: Sie kamen ohne Rachejustiz und ohne Guillotine aus.
Auch unter der neuen Ordnung wurden den Bürgern wieder Gehorsamseide abgenommen. «Ich schwöre, der Sache der Freiheit und Gleichheit mit aller Pünktlichkeit zu dienen, gegen die alten Familienvorrechte einzustehen, mit gerechtem Hass gegen

Auch die neuen Senatoren erhielten eine Einheitsuniform.

August 1798: Eidesleistungen auf den neuen Staat an allen Orten der Schweiz, hier zum Beispiel in St. Gallen.

Die Helvetische Republik wählte den Tyrannenmörder und Freiheitshelden Tell als offizielles Emblem der Briefköpfe und Staatssiegel. Die Freiheit wurde aber weniger als individuelle Freiheit aufgefasst. Der einzelne hatte sich dem als freiheitlich verstandenen System unterzuordnen.

Das Rutenbündel in den Händen Wilhelm Tells ist das Symbol der Regierungspolitik der Helvetischen Republik: Nur in der straffen Einheit ist man stark. Die Kantone sind wie die Stäbe gebündelt. In der Einheit sollen die neuen Projekte verwirklicht und die noch vorhandenen Widerstände der Aristokraten und übrigen Anhänger der alten Kantone überwunden werden. Die Aristokratie erscheint hier als Krone, Zepter und zerbrochenes Joch zu Füssen des Freiheitshelden Tell.

jede Art von Willkür.» Waren die Bürger nicht genauso unfrei wie die Untertanen, die ihren Landvögten schwören mussten? Der Unterschied bestand darin, dass die Bürger des neuen Staates auf eine Ordnung verpflichtet wurden, die freiheitlich und gleichheitlich sein wollte. Diese Ordnung konnte allerdings nur dank der Anwesenheit fremder Truppen aufrecht erhalten werden.

2.2 **Die besetzte Schweiz**

Was hatte der Kommandant der französischen Interventionsarmee bei seinem Grenzübertritt den Schweizern zugerufen? «Fern sei von Euch jede Sorge um Eure persönliche Sicherheit, Euer Eigentum, Eure Religion, Eure politische Unabhängigkeit, Eure territoriale Integrität; die französische Regierung verbürgt sie Euch!» Solches zu versprechen war eines – etwas anderes war, dass Frankreich nicht daran dachte, Europa gratis zu befreien. Die Franzosen kassierten eine enorme Kriegssteuer, sie requirierten zentnerweise Güter für ihre Armee, und sie belasteten die Privathaushalte mit Zwangseinquartierungen. Sogar die Kriegführenden gaben sich Rechenschaft über das Elend, das sie über die Schweiz brachten. Der französische Gesandte Pichon schrieb am 20. November 1799 nach Paris: «Citoyen Minister, allein Urseren, ein kleines Dorf, das sie kaum auf der Karte finden, hat etwa während eines Jahres gegen 700000 Mann ernährt und beherbergt, was etwa 2000 Mann im Tag ausmacht.»

Im allgemeinen liess die Bevölkerung diese Plünderungen über sich ergehen. Der ruhmreiche Widerstand der Nidwaldner, den die Chronik jener Jahre verzeichnete, hatte andere Gründe.

Kriegssteuer
Erlass des Regierungskommissärs Lecarlier vom 8. April 1798

Der Regierungscommissair bei der Armee der fränkischen Republik in der Schweiz, Erwägend, dass es die höchste Gerechtigkeit sey, dass die fränkische Republik schleunig die Schadloshaltung für die beträchtlichen Kosten erhalte, welche die Sendung einer Armee in die Schweiz veranlasst hat, die dazu bestimmt ist, die Freunde der Freiheit zu beschützen und den Herausforderungen der Oligarchie ein Ende zu machen;
Ersucht den Obergeneral zu befehlen, wie folgt:
Artikel 1. Es wird von den Kantonen Bern, Freiburg, Solothurn, Luzern und Zürich eine Kriegs-Steuer von 15 Millionen fränk. Livres, und von dem Kapitel in Lucern und den Abteien St. Urban und Einsiedeln eine Kriegs-Steuer von 1 Million erhoben.
Art. 2. Diese Kriegs-Steuer wird ausgetheilt, wie folgt:
Der Kanton Bern zahlt 6 Millionen,
Der Kanton Freiburg zahlt 2 Millionen,
Der Kanton Solothurn zahlt 2 Millionen,
Der Kanton Lucern zahlt 2 Millionen,
Der Kanton Zürich zahlt 3 Millionen.
Art. 4. Die Kriegs-Steuer von 15 Millionen wird einzig durch die alten Regenten, in welchen Kantonen sie wohnen und wo auch ihre Güter liegen mögen, durch die Familien der erwähnten Regenten und durch die Schatzmeister der Regierungen bezahlt.
Art. 5. Man versteht unter den alten Regenten diejenigen, welche zur Zeit des Einmarsches der fränkischen Armee in die Schweiz das Stimm- oder Gerichtsbarkeits-Recht bei irgend einer der damals vorhandenen Gewalten hatten. Dergleichen sind die Mitglieder der Räte, die Land-Vögte etc. etc.
Art. 18. In Ermanglung der Bezahlung auf die bestimmte Zeit, werden schleunige und strenge Masregeln gegen jeden Steuermäsigen ergriffen werden; von izt an werden 12 Geisseln aus dem Kanton Bern, und 8 aus dem Kanton Solothurn genommen werden.
Art. 19. Die Geisseln aus dem Kanton Bern sind [folgen 12 Namen]; die aus dem Kanton Solothurn sind [folgen 8 Namen]. Die besagten Geisseln werden nach Strasburg oder Hüningen geführt werden.

Plünderung

Bern hatte etwas über 15 Millionen Franken in bar entrichtet. Dazu kam die Plünderung des Zeughauses. 431 Geschütze, 23 000 Flinten, 10 000 Karabiner und die dazugehörende Munition wurden von den Franzosen in Besitz genommen. Als Beute wurden ferner die grossen Salz- und Weinvorräte behandelt. Der französische Agent Rouhière verkaufte aus dem Kornhauskeller zugunsten der französischen Staatskasse 400 000 Mass der besten Waadtländer Weine; 283 000 Mass aus dem deutschen Teil des Staates Bern tranken die Franzosen aus. Der Wert dieser Weinvorräte betrug 424 068 Franken. Der Verlust des Staates durch Plünderung des Zeughauses wurde auf 6 236 000 Fr. veranschlagt.

Zu den geraubten Schätzen gehörten auch drei Berner Bären. Man schickte sie nach Paris und errichtete im Bärengraben zwei Freiheitsbäume.

Schaffhauser Rheinbrücke, im April 1799 von den Franzosen angezündet und von den Österreichern beschossen.

Lieferungen der bernischen Gemeinden und Privaten im März und April 1798
501 120 Kg. Brot
183 312 Kg. Fleisch
8931 Pfund Salz
302 Klafter Holz
1 005 660 Kg. Heu
50 255 Rationen Hafer
433 317 Liter Wein
25 903 Portionen Branntwein
964,5 Pfund Kerzen
34 765 Kg. Stroh
4201 Pferde
364 268 Franken in bar, meist Wirtshausschulden.

Zwangstribute, Zwangseinquartierungen, Zwangsarbeit.
Rechts: Schanzenbau im Frondienst.

Das Arsenal Schweiz
Französischer Oberkriegskommissär Rouhière an Finanzminister Ramel, 17. Dezember 1798:
[Die Schätze Helvetiens] haben sogar dazu gedient, 3 Millionen für den Feldzug Bonapartes [nach Aegypten], 1 500 000 Fr. für den rückständigen Sold der italienischen Armee, abgesehen von den nach Cisalpinen geschickten 400 000 Fr., zu liefern, und doch haben wir uns während mehr als acht Monaten selbst erhalten. Die Kavalerie ist neu beritten, die ganze Armee ist genährt, gekleidet, besoldet worden, ohne dass es die [französische] Republik einen Pfennig gekostet hätte. Die Armee hat sogar die Mittel, sich noch eine Zeit lang selbst zu genügen, sowohl durch den Restbetrag in ihrer Kasse, als durch das, was man aus dem noch ausstehenden Rest der Kontributionen ziehen kann.

Befreit uns von den Befreiern!
Unterstatthalter Steiner von Winterthur im März 1798 an das helvetische Direktorium: Von Tag zu Tag nimmt die Erbitterung der Leute gegen ihre Quäler und Bezwinger zu, und wenn die fränkischen Truppen nicht bald unsere Gegenden verlassen, so tritt Verzweiflung an die Stelle von Vernunft, wo dann weder die Stärke der Beredsamkeit, noch die Macht der Waffen zurückschrecken würde, sich selbst Genugtuung, vielleicht auf eine fürchterliche Art, zu verschaffen. – Können Sie, Bürger Direktoren, die fränkischen Truppen aus unsern Gegenden entfernen, ach, so tun Sie es; der Himmel wird Sie dafür belohnen; Millionen Segenswünsche werden aus mancher Hütte für Ihr Wohl und Glück zum Himmel emporsteigen; Retter, Väter des Vaterlandes wird man Sie nennen, Wiederbringer des Friedens, des Glücks und der Ruhe.

Kirchenvogt Franz Betschart aus Muotathal erlebt 1799 die russische Armee
Kamen eine grosse Menge Reuter, so dass es bey 7 bis 8000 Pferd gerechnet hat mit den Bagagepferden und Muhleseln, musste man ihnen Kässtück und Erdöpfel herschaffen. Die Russen fingen an, das Heuw aus den Stählen, alle Leden von den Zimmern wegzureissen und stahlen Vieh und Käs und an vielen Orten raupten selbe die Häuser ganz aus und fingen an, die Oepfel ab den Bäumen, die Erdöpfel aus den Gärten wie auch die Rüben gänzliche auszuwühlen, dass viele Leute nichts mehr überkommen täten.

Begegnung mit einer fremden Welt
Sonntag 18. August geh' ich Abends mit meiner Frau aus und wie wir vor den Hof kommen, reitet ein Männchen vorbei in einem blauen Hemd, mit einem grossen Bart, und das ist weiss Gott ein Kosak, deren einige tausend auf Befehl des russischen Kaisers tausend Stunden weit von hier aufgesessen sind, um nach der Schweiz zu reiten und das französische Ungeziefer fortzutreiben, weil die Schweiz schläft, die Mücken sich nicht selbst verjagen kann und also des Bären bedarf, der die Mücken wohl todt schlagen wird (. . .)
Alles trägt ein wildfremdes Aussehen. Auf einer Wiese grasen die Pferde, einzelne Kosaken mit langen Lanzen bewachen sie. Nebenan befindet sich ihr Lager. Die bärtigen Kerls in braunen und blauen Hemden und Plumphosen haben ein sonderbares Aussehen, sie sind über die Massen schmutzig. Die Offiziere sind etwas besser gekleidet. Die niedrigen, in der Eile geflochtenen Hüttchen von Weiden und Strauchwerk, in denen die Kosaken campiren, sehen aus wie Hundeställe; oben an denselben sind kleine Heiligenbilder von Blech angebracht, denen sie grosse Ehrfurcht erweisen und die nicht berührt werden dürfen. (David Hess, Zürich)

Die Schweiz wurde vorübergehend zum Schlachtfeld Europas
Glarus, 5. Oktober. In dem gestrigen Treffen haben die Russen einige tausend Mann an Toten, Verwundeten und Gefangenen verloren. Auch heute früh haben die Franken viele getötet und 1200 Gefangene gemacht. In Glarus liegen 1400 und im Muottenthal 600 blessierte Russen. Unter den Toten ist auch der General der Kosaken, nebst mehreren Offizieren. Auch wurde der russische Kriegskommissär gefangen und die Kriegskasse nebst vieler Bagage und ungefähr 500 Pferden samt vielen mit Mehl beladenen Maultieren erbeutet. Unter den Gefangenen befinden sich auch einige österreichische Offiziere und Soldaten. (Neue Zürcher Zeitung, 8. Oktober 1799. Auszug aus einem Schreiben des helvetischen Regierungskommissärs im Kanton Linth)

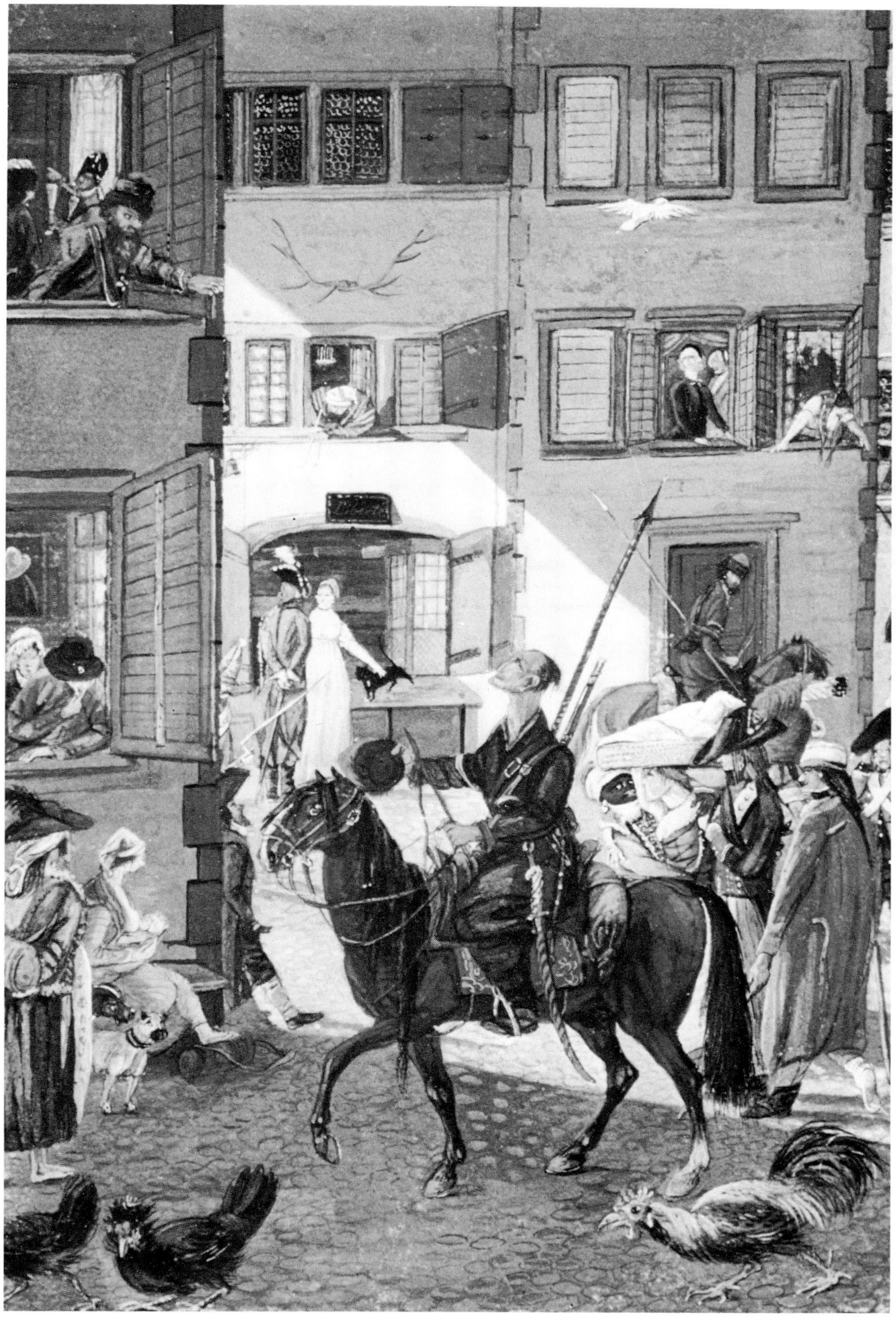

Kosaken in Zürich.

2.3 **Der Aufstand von Nidwalden**

Nachdem die Innerschweiz schon die helvetische Verfassung abgelehnt und sich schliesslich nur auf militärischen Druck hin untergeordnet hatte, brachen im September 1798 in Nidwalden erneut Unruhen aus. Von Geistlichen dazu ermuntert, verweigerten die Bauern von Nidwalden den Verfassungseid, wie er in den übrigen Teilen der helvetischen Republik bereits abgelegt worden war.

Man war bereit, auf das Kreuz, die Heiligen oder die Vorväter zu schwören, aber nicht auf ein Regime, das Klöster aufhob und deren Güter einzog. Der Inhalt des Eides war an sich harmloser Natur, es handelte sich um ein Treueversprechen gegenüber dem Vaterland. Es erwies sich aber als politischer Fehler, die in solchen Eiden übliche Anrufung Gottes wegzulassen. Dieser Akt politischer Unklugheit wurde als Missachtung der Religion verstanden.

Das neue Regime war aber weniger antikirchlich eingestellt, als man glaubte oder glauben machen wollte. Lediglich der obligatorische Kirchgang wurde aufgehoben und einige Vorrechte der Geistlichkeit wurden eingeschränkt. Wer ohne gegen die neue Ordnung zu polemisieren die christliche Religion lehrte, genoss sogar ausdrücklich den Schutz der Republik. Statt den Eid bei Trommelklang und Revolutionsliedern angesichts eines Freiheitsbaumes zu beschwören, hätte man in Nidwalden es wie die Obwaldner halten können, die den Eid in der Kirche im Rahmen eines Te Deums und bei Glockengeläut ablegten.

Wir dürfen aber die religiöse Problematik in diesem Konflikt, so wichtig sie war, nicht überbewerten. Die Furcht, in der Glaubensfreiheit eingeschränkt zu werden, war nur ein Grund neben anderen. Man kann auch nicht sagen, die Revolte sei durch

Land und Leute von Unterwalden
Der Canton Unterwalden hatte mit Inbegriff der Weiber und Kinder, etwa 20tausend Seelen; – darunter möchten etwa 7tausend streitbare Männer gewesen seyn. Wenn man durch den Kanton reisete, so bemerkte man fast keine Menschen, denn die mehresten lebten auf den Bergen und in ihren abgelegenen Hütten. Die Viehzucht war ziemlich bey ihnen betrieben, und da dieser Kanton drey starke Seen hat, so war das ebene Land kostbar, und nie war der Ackerbau bey ihnen bedeutend, sie assen statt Brot ihren leichten Käse; ihr Getränk war Obstwein, hie und da traf man in den Wirthshäusern Elsasser-Weine an.

Aus Nidwalder Sicht ein unvorteilhafter Austausch zweier Freiheiten
Und nun kam die grosse Nation und wollte uns Freyheit und Gleichheit mit Feuer und Schwert aufdringen, und Waldstätter, die wir ursprünglich frei waren, und der wir selbst den Ton angaben nach Freyheit zu streben; sie nahm uns eine Freyheit, die wir seit Jahrhunderten ungestört genossen, und bot uns eine andere dafür dar, die in der reinen, ächten Übersetzung heisst – Sklaverey.

Stans-Stad wurde auch von der Seeseite angegriffen. Bilder, die das Elend von Nidwalden dokumentieren wollten, zirkulierten schon bald in der ganzen Schweiz und unterstützten die Sammelaktionen, die zu Gunsten der Nidwaldner Bevölkerung durchgeführt wurden (Zeitgenössische Darstellung).

Stans-Stad – Ruinen nach dem Aufstand.

drückende Okkupationslasten ausgelöst worden, denn bis zum September 1798 befanden sich gar keine fremden Truppen in Nidwalden. Den Landsgemeindebauern erschien die Helvetik nur von der negativen Seite. Sie brachte nicht wie den Waadtländern oder den Thurgauern Freiheit und Gleichstellung, sondern eine Einschränkung des Selbstbestimmungsrechtes, die Fremdherrschaft eines zentralistischen Beamtenstaates. Durch die Landsgemeinde waren die Innerschweizer bereits ein gewisses Mass an demokratischer Selbstbestimmung gewohnt. Diese Selbstbestimmung war zwar in Wirklichkeit stark eingeschränkt durch Familienherrschaft und Abhängigkeiten verschiedener Art. Dennoch scheint das Bewusstsein, etwas zu sagen zu haben, vorhanden gewesen zu sein. Das Repräsentativsystem der Helvetik schränkte das direkte Mitspracherecht stark ein. Mit der Helvetik verloren sie auch die traditionellen Einkünfte aus den Solddiensten und vor allem die Einkünfte aus den Tessiner Vogteien. Hinzu kam, dass die Innerschweizer Bauern keine Feudalabgaben zu leisten hatten. Deren Abschaffung konnte darum für sie auch nicht als Anreiz gelten, einen Umsturz zu begrüssen. Im Gegenteil, in den Debatten um die Zehntfrage wehrten sich ihre Vertreter zusammen mit den Städtern gegen eine radikale Lösung.
Die Nidwaldner widersetzten sich den Befehlen, die aus Aarau kamen. Sie verweigerten die Freilassung der gefangengenommenen Beamten der Republik und die Auslieferung der Rädelsführer. Auf Ersuchen der helvetischen Regierung marschierten nun französische Truppen gegen die aufständischen Innerschweizer. Die Nidwaldner wurden von einer kleinen Schar Schwyzer und Urner gegen eine zehnfache Übermacht unterstützt. In den erbitterten Kämpfen, an denen sich auch einheimische Frauen beteiligten, fielen 3000–4000 Franzosen, auf seiten der Aufständischen zählte man 435 Tote (292 Männer, 118 Frauen und 25 Kinder).

Feld- und Schlachtlied der katholischen Schweizer
(wieder gesungen an der Gedächtnisfeier von 1898 nach der Komposition des Musikdirektors Arnold)
Hör' o Himmel, hör' o Erde!
Hört der Schweizer reinster Schwur!
Gottes Ehr' und unsre Herde
Wollen wir beschützen nur.
Hört es, Feinde! hört es, Freunde!
Wir sind keines Menschen Feinde;
Zwingt zum Streit uns aber Not,
Soll auch teu'r sein unser Tod.

General Schauenburgs Kampfbericht an General Jordy:
Gegen 6 Uhr abends waren wir vollständig Meister dieser Gegend, die zum grössten Teil verbrannt und verwüstet ist. Es war unmöglich, dem Wüten der Soldaten ein Ende zu setzen, weil mehrere ihrer Kameraden umgebracht worden waren. Wir hatten grosse Verluste, und dies war unvermeidlich wegen der unglaublichen Besessenheit dieser tollkühn kämpfenden Menschen. Mehrere Priester und auch eine grössere Zahl Frauen sind auf dem Platz liegen geblieben. Alle Bewaffneten sind umgekommen. Es war einer der heissesten Tage, die ich erlebt habe. Man kämpfte mit Knüppeln. Man zerschmetterte sich mit Felsbrocken. Man kämpfte auf dem See. In einem Wort – man setzte alle Mittel ein, um sich umzubringen.

Ein kleines Buch zu einem grossen Kampf
1939 erschien in der Serie ‹Tornister-Bibliothek› eine kleine Schrift über den Freiheitskampf der Nidwaldner. General Guisan schrieb im Vorwort dazu: «Dieses kleine Buch ist dazu bestimmt zu zeigen, dass ein Volk, so klein es auch sei und so stark der Gegner auch sein mag, trotzdem in der Lage ist, die grössten Opfer für eine Sache aufzubringen und jederzeit dazu bereit ist, seine Unabhängigkeit, seine Freiheit, dieses Gut, ohne welches das Leben nicht mehr lebenswert wäre, zu behaupten.»
Die Offiziersverschwörung, die 1940, wenn der Bundesrat kapituliert hätte, den Verteidigungskampf gegen die Truppen des Dritten Reiches hätte auslösen wollen, wählte ‹Nidwalden› als Losungswort für den Ernstfall.

Gegen die brutale Niederwerfung des Aufstandes erhoben sich entschiedene Proteste. Der protestantische Pfarrer Johann Kaspar Lavater, der gewiss kein Anhänger der alten Ordnung war, schrieb an die Adresse Frankreichs: «Grosse Nation, das ist, Ihr Agenten derselben, Ihr hattet die unerhörte Frechheit, die freien demokratischen Kantone zur Annahme Euerer Konstitution mit trutzender, hohnsprechender Waffengewalt zu zwingen, sie, die Jahrhunderte, ehe Frankreich an Demokratie dachte, demokratischer waren, als Eure kolossale Republik je werden kann. Ihr vergasst Euch so sehr, sankt so tief in Ehrlosigkeit herab, über dieses friedliche, glückliche Hirtenvölklein wie Wölfe über eine Heerde Schafe herzufallen, – um ihnen ihre goldne Freiheit zu rauben, um ihnen, wie es ihnen dünken musste, eine Freiheit in falschen Assignats aufzumorden.» Natürlich wurden solch freimütige Worte trotz der theoretischen Pressefreiheit unterdrückt. Der französische Kommissär Rapinat verbot bei Deportation und Stockhieben jede Kritik an den Franzosen. Auch dem alten Lavater blieb die Deportation nicht erspart.

Die Regierung rief die Bevölkerung dazu auf, zu Gunsten der notleidenden Nidwaldner eine freiwillige Liebessteuer zu bezahlen. Sie beauftragte Heinrich Pestalozzi, im ehemaligen Frauenkloster zu Stans eine Armenanstalt zu eröffnen. Gleichzeitig veranstalteten verschiedene städtische Hilfsvereine Sammelaktionen (Gemälde von Konrad Grob, 1879).

Vier Wochen später mussten die Nidwaldner inmitten ihrer zerstörten Häuser doch noch den Bürgereid schwören – vor einem Freiheitsbaum. Der Winkelriedfigur, die den Stanser Hauptbrunnen ziert, waren zuvor Speer und Schwert abgenommen, sie war symbolisch entwaffnet worden.

Wie ist der Aufstand der Nidwaldner zu beurteilen? Die militärische Leistung der Aufständischen war beeindruckend, der Krieg als solcher hingegen unsinnig. Man liess sich von falschen Gerüchten zum Kampf hinreissen, man rechnete mit österreichischer Hilfe, die nicht kam und nie hätte kommen können. Wie die Niederlage exemplarisch abschrecken sollte, hatte auch der Widerstand einen hohen Symbolwert. Der Kampf setzte ein Zeichen. Einerseits zeigte er, dass der altschweizerische sagenhafte Kampfesmut noch vorhanden war, andererseits demaskierte er die sogenannten Befreier und machte das Wesen der Fremdherrschaft für alle erkennbar.
Die Lage der Bevölkerung verschlimmerte sich noch, als auch

österreichische und russische Truppen in die Schweiz eindrangen, um auf schweizerischem Boden die Franzosen zu bekämpfen. Österreichische Truppen überquerten unter dem Kommando Erzherzogs Karl im April 1799 den Rhein. Bei Zürich besiegten sie im Juni 1799 die französische Armee, die von General Masséna befehligt wurde. Infolge der französischen Niederlage beherrschte die helvetische Regierung nur noch die westliche Hälfte des Landes. Von Italien her wollte der russische General Suworow im September 1799 mit seiner Armee gegen die Zentralschweiz vorstossen. Nach vierwöchigen Gewaltsmärschen über mehrere Alpenpässe verliess er nach schweren Verlusten im Oktober 1799 die Schweiz wieder über die Luziensteig.

Auch heute noch erinnern zahlreiche Ortsbezeichnungen an Suworows Alpenüberquerung.

2.4 **Die gescheiterte Finanzreform**

In diesen kriegerischen Zeiten war es schwierig, zum Teil sogar unmöglich, die anspruchsvollen Reformprojekte der Helvetik zu verwirklichen. In den Monaten Mai und Juni 1798 befassten sich die gesetzgebenden Räte mit der Steuerfrage, das heisst mit der Frage, wie die versprochene Aufhebung des Zehnten verwirklicht werden konnte. Sollte man eine schrittweise Ablösung anstreben, wie es die Reformpartei der *Republikaner* vorschlug? Oder sollte eine sofortige Abschaffung beschlossen werden, wie es die Revolutionspartei der *Patrioten* forderte?

Was den *grossen Zehnt* auf Getreide, Heu, Wein etc. betraf, konnten sich die helvetischen Räte nur auf die provisorische Regelung einigen, dass in diesem Jahr der Zehnt einstweilen nicht einzuziehen sei. Wie die Frage im kommenden Jahr gelöst werden sollte, blieb völlig offen. Der *kleine Zehnt* dagegen wurde ohne grosse Opposition ersatzlos gestrichen. Er betraf vor allem das Obst und Gemüse und den Flachs. Die Aufhebung der *persönlichen Unfreiheiten* wie Leibeigenschaft, Heirats- und Todfallssteuern war von Anfang an unbestritten.

Zehnthäuschen ‹La Balance› in Asuel (Ajoie). Solche Überreste aus dem Feudalzeitalter finden sich heute noch an vielen Orten der Schweiz.

Die beiden Kammern konnten sich am 10. November 1798 endlich einigen, wie der grosse Zehnt abzulösen sei. Die Lösung war allerdings paradox: Nach dem neuen Gesetz sollte der Staat auf *seine eigenen* Zehntansprüche gegen niedrige Entschädigung verzichten. Zugleich musste er aber den *privaten* Gläubigern eine hohe Entschädigung garantieren. Fazit: Der Staat verzichtete auf einen grossen Teil seiner Einnahmen und verpflichtete sich zugleich zu neuen Ausgaben.

Die zurückgestellten Ansprüche auf den grossen Zehnten verteilten sich wie folgt: 40 Prozent wären an den Staat gegangen, 23 Prozent wären in Privatkassen geflossen und 31 Prozent gemeinnützigen Institutionen zugute gekommen: Kirchen, Spitälern, Klöstern. Für sie waren diese Einnahmen lebenswichtig; fielen sie aus, musste der Staat ihre Aufgaben übernehmen.

Der Beschluss vom November 1798 wurde aber nie verwirklicht. Denn kaum war die lange Debatte durchgestanden, wurde das Land – wie bereits dargelegt – erneut vom Krieg überzogen. Zwei Jahre später, im September 1800, wurde die Zehntaufhebung von 1798 wieder rückgängig gemacht. Diese Massnahme hatte heftige Reaktionen zur Folge. Als erste rebellierten die Baselbieter Bauern des Distrikts Gelterkinden. Dem Regierungsstatthalter *Heinrich Zschokke* gelang es nicht, das ‹irrende Volk› zur Vernunft zu bringen und es zur Tugend des Gehorsams zurückzuführen. So mussten schliesslich französische Truppen eingesetzt werden.

Die Hoffnung von 1798
(Louis Reymond 1798 im ‹Régénérateur›): Oh nein, guter Landsmann, Du, der Du seit Jahrhunderten mit Deiner Arbeit Schweiss die Erde benetzest und die Früchte den Weichlingen und Korrupten überlässt. Du wirst nun den Lohn Deiner Arbeit nicht mehr von denen geraubt sehen, die Dich nur mit Verachtung und Undankbarkeit belohnen. Bearbeite nun Dein Feld in Frieden, ohne Furcht, die Nachkommen Deiner früheren Unterdrücker auf die Ernte stürzen zu sehen wie ein Raubvogel auf eine friedfertige Taube. Denn jetzt hast Du Deine Würde wiedererlangt, jetzt kannst Du Dein Haupt, das lange unter dem schändlichen Joch gebeugt war, erheben.

Aus der Zehntdebatte im Hevetischen Grossen Rat in Aarau Mai/Juni 1798

Rellstab (Patr. ZH): Wir sind vom Volk hergesandt, um das alte morsche Feudalgebäude einzureissen, und jetzt schickt man sich an, es wieder zu befestigen. Wir weichen nicht von der Stelle, bis ein auf wahre Gleichheit gegründetes Steuersystem entworfen ist. Der Landmann soll nicht einseitig belastet werden. Wenn er den Zehnten bezahlen muss, sollen alle Bürger ihn bezahlen müssen.

Kuhn (Rep. BE): Bürger Gesetzgeber, auch wir sind für die Abschaffung der Feudallasten, denn sie hemmen eine gesunde Staatswirtschaft, die Frage ist nur: Mit oder ohne Entschädigung? Die Zehnten sind zu einem erheblichen Teil an persönliches Eigentum geknüpft. Unsere Verfassung verlangt Respekt vor dem Privateigentum, und dieser Respekt ist der edelste Zug unseres Nationalcharakters.

Carrard (Rep. VD): Wir sollten Sorge tragen, dass wir nicht die Quelle abschneiden, durch die sich der Staat erhalten kann. Gebt acht, dass beim Einreissen des Feudalgebäudes nicht diejenigen erschlagen werden, denen Ihr Vorteile zuwenden wollt!

Jomini (Patr. FR): Wir müssen den Egoismus ersticken. Dem Luxus und dem Handel soll man Steuern auferlegen, ohne allerdings die Handelsfreiheit zu beeinträchtigen. Es ist unvermeidlich, dass es Unzufriedene gibt, allein, wenn das Vaterland etwas erfordert, dürfen wir nicht kleinlich sein.

Michel (Rep. Oberland): Wie sollte z. B. das Kloster Interlaken, welches nicht zur Nährung der Schwelgerei und des Lasters, sondern zur Verpflegung der Armen und Kranken des Oberlands gestiftet ist, ohne die Zehnten sich je erhalten können? Wie Geistliche, Schulen usf. besoldet werden?

Matty (Rep. Oberland): Die Anhänger der sofortigen und gänzlichen Abschaffung des Zehnten vergessen, dass wir Oberländer uns schon lange von der Zehntbelastung losgekauft haben. Jetzt eine unentgeltliche Abschaffung beschliessen, wäre eine Ungerechtigkeit uns gegenüber.

Secrétan (Patr. VD): Woraus, wird man mich fragen, woraus soll die Nation die Loskaufssumme bezahlen? 1. Aus den allgemeinen Auflagen, und 2. aus den Auflagen auf die Reichen, auf die, welche bis jetzt noch keinen Teil der Nationallasten getragen haben und 3. schliesslich aus dem Ertrag der Nationalgüter.

Zimmermann (Rep. AG): Hätten wir schon ein festgesetztes Steuersystem, wüssten wir, auf welche Art und wie viel wir von den Staatsbürgern zur Erhaltung des Staats fordern könnten. So aber müsste es sehr tadelnswert sein, den ganzen Staat dem blossen Ungefähr preiszugeben. Wir wissen es alle, dass dank unseren französischen Freunden die öffentlichen Kassen leer sind. Wir wissen ebenfalls, dass wir keine Vorräte mehr haben und der Handel darniederliegt. Dagegen wissen wir nicht, was uns noch bevorsteht.

Näf (Patr. ZH): Auf die Versicherung hin, welche General Brune in einer Proklamation dem Volk gab, «dass nämlich alle Herrschaftsrechte, Lehen und Zehnten sollen aufgehoben sein», hat das Volk die Verfassung freudig angenommen. Darf das Volk nun nicht erwarten, dass dieses Versprechen unverzüglich verwirklicht wird?

Neue Protestbewegung

Die Waadtländer Bauern geduldeten sich etwas länger, 1802 brachen aber auch in der Waadt Revolten aus. Vier Jahre hatten sie vergeblich darauf gewartet, dass, wie versprochen, die Zehnten abgeschafft würden. In Frankreich war die feudale Rechtsordnung in einer Nacht (am 4. August 1789) weggefegt worden, und hier schien alles beim alten zu bleiben. Ihrer Meinung nach verstiess die weitere Erhebung des Zehnten gegen Treu und Glaube. Sie

Landarbeiter: Ausschnitt aus dem Plan des Landgutes von Chablière (1771).

wollten keine theoretische Gleichheit, keine abstrakte Freiheit, sie erwarteten konkrete Erleichterungen. Sie waren zwar Anhänger des neuen Regimes, aber auch sie litten unter der Bürokratie der neuen Herren. Sie hätten den Loskauf von den Feudallasten an Ort und Stelle arrangieren können und waren deswegen mit einigen Gutsherren in Verhandlung. Im neuen Einheitsstaat konnten aber nur gesamtschweizerische, einheitliche Lösungen getroffen werden.

Die Bauern der neuen Protestbewegung nannte man die ‹*bourla-papey*›, die brûle-papiers, die Papierverbrenner. Warum? Sie zogen vor die Schlösser und in die Städte und forderten die Herausgabe der Akten, welche die Abgabepflichten verzeichneten. Da und dort holten sie sich die Papiere – auch gewaltsam – und verbrannten sie. Die aufgebrachten Bauern unternahmen grössere Protestmärsche, im Mai 1802 beispielsweise zogen rund 1500 Bauern nach Lausanne. Ihre Hüte waren mit Blumen und Bändern geschmückt. Als fröhliche und heitere Gesellschaft zogen sie hinter einer grünen Fahne einher und trugen erbeutete Aktenstücke aufgespiesst auf ihren Bajonetten und Heugabeln mit sich. Ihr Schlachtruf lautete: «Friede den Menschen, Krieg den Papieren!»

In Zürich wünschte man eine exemplarische Bestrafung der aufständischen Waadtländer, denn nur so könne man verhindern, dass es bei den Zürcher Bauern zu ähnlichen Revolten käme. Die helvetische Regierung hätte indessen auch ohne diese Ermahnung Truppen nach der Waadt entsandt. Vier Jahre zuvor waren die französischen Truppen, die jetzt als Unterdrücker zurückkehrten, als Befreier bejubelt worden. Die französische Armee trat offiziell als Ordnungskraft auf, inoffiziell aber schürte sie die Unzufriedenheit mit der Absicht, die Waadt von der helvetischen Republik zu lösen.

Die Aufständischen
(Tagebuchnotiz vom 20. Februar 1802)
Der Bäcker, der aus La Sarraz zurückgekommen ist, hat berichtet, dass man in der letzten Nacht in die Archive des Schlosses eingedrungen sei und einen Teil der Papiere des Barons von Gingins in die Venoge geworfen habe. Der Rest sei auf den Mauremont gebracht und in einem Freudenfeuer verbrannt worden. Cardinaux von Mont-la-Ville, der Anführer der Bewegung, habe dem Bürgermeister bedeutet, er müsse gewisse Dokumente nach Lussery bringen, andernfalls komme er selbst mit den *Bourla-Papay*. Während man beriet, was weiter zu tun sei, hätten ein paar Männer, durch den Gesandten von Cardinaux dazu aufgefordert, das Gemeindehaus aufgebrochen und die Archivtruhen geleert. Auch in Villars sei ein Freudenfeuer entfacht worden, in manchen Herzen aber, so schien es, musste die Reue unterdrückt werden.

Ein Opfer
(Madame d'Aruffens, geb. Golowkin, am 5. Mai 1802 an eine Freundin)
150 bewaffnete Männer sind um 7 Uhr hierher gekommen, haben die Archive geöffnet und sogleich in der Mitte des Hofes ein Feuer angezündet, während dazu die Trommeln erklangen und Rufe der Menge erschallten. Es ist der vierte Aufmarsch seit gestern abend. Wir haben alles befürchtet. Bis jetzt hat uns Gott beschützt. Wir müssen ihn inständig bitten, dass er in seiner Güte geruhe, uns vor allem Übel zu bewahren. Unsere bescheidende Vorratskammer ist völlig geleert worden. Diese Truppe wird auch andernorts umgehen. Zeigen Sie diesen Brief Herrn P., er wird wissen, was damit machen. Ich bin halb tot und hab' nicht die Kraft, Ihnen noch mehr zu berichten . . .

Der Anführer der Bourla-Papey, Louis Reymond, wurde in Abwesenheit zum Tode verurteilt; seine Vereinigung ‹Amis de la Liberté› und sein Blatt ‹Le Régénérateur› waren bereits zuvor verboten worden. Doch plötzlich trat eine Wende ein. Bonaparte, damals erster Konsul von Frankreich, befahl den Rückzug der in der gesamten Schweiz stationierten Truppen. Die Föderalisten und Anhänger der alten Standesordnung erhoben sich sogleich gegen die Regierung der Helvetischen Republik. Die Kantone Uri, Schwyz, Unterwalden, Glarus und Appenzell kehrten zu ihrer Landsgemeindeordnung zurück. Die helvetische Regierung musste in sichere Regionen fliehen. Nachdem bereits Aarau und Luzern Regierungssitz gewesen waren, musste die Regierung jetzt von Bern nach Lausanne verlegt werden.
Die Waadt war nun das einzige Territorium, das der helvetischen Regierung verblieb. Die aufständischen Bauern und ihr Anführer, Louis Reymond, sahen sich plötzlich begnadigt. Und ein Ausnahmegesetz erklärte, dass in der Waadt die Feudallasten für immer und unentgeltlich abgeschafft seien!

Die Regierung
(Der Regierungskommissar am 7. Mai 1802 an die Bürger des Kanton Léman und insbesondere der Distrikte von Morges, Aubonne, Oron, Orbe, Lausanne und Rolle)
Mit heftigem Schmerz und tiefer Empörung vernehme ich, in welchem Masse Ihr schuldig geworden seid. Müssen denn Plünderung und Brandstiftung die Revolution des Kanton Léman entehren, und dies in einem Moment, da eine definitive Verfassung das Schicksal unseres Vaterlandes sichern, die Schwächen der provisorischen Regierung beheben, den Triumph der Freiheit und einer weisen Gleichheit sichern wird. Kehrt heim in Eure Häuser, unterwerft Euch Euren Behörden, gehorcht dem Gesetz. Ich kann reuige und friedfertige Bürger anhören, aber gegen bewaffnete Rebellen kenn ich nur die Gewalt der Waffen, und die Strafe wird furchtbar sein.

Schulbegeisterung
(zeitgenössisches Lied auf die Melodie ‹Freut Euch des Lebens›)
Es brucht jez nur e guten Kopf
Und Flyss, so kann en arme Tropf
So wyt ab wie der rychist cho,
Wenn er si Sach verstod.
Das hat die neu Regierig g'macht
Die nur für eusers Besti wacht,
Si nimmt si drum de Schulen zerst
Mit allem Ifer a.

2.5 Die ebenfalls gescheiterte Bildungsreform

Die Helvetik mass der Bildung – theoretisch wenigstens – grosse Bedeutung bei. Wollte man den Bürger für mündig erklären, musste man auch dafür besorgt sein, dass er über ein Minimum an Bildung verfügte. Oder in der Ausdrucksweise der Zeit: Wenn jeder der Reihe nach Steuermann sein durfte, musste der ganzen Mannschaft daran gelegen sein, dass es keinem im Schiff an Kenntnissen zur Führung des Steuers fehlte.

Das imaginäre Interview

Philipp Albert Stapfer (1766–1840),
Sohn des Berner Münsterpfarrers, nach ausgedehnten Reisen Professor an der Berner Akademie, 1798 als Berner Gesandter nach Paris, dann Minister der Künste und Wissenschaften. 1800–1803 als Schweizer Gesandter in Paris, dann Rückzug aus dem politischen Leben.

Herr Stapfer, Sie vertreten die Helvetische Republik . . .
Ich würde es vorziehen, wenn man mich nicht mit diesem Regime gleichsetzen würde. Ich hätte mich glücklich geschätzt, wenn in den Jahren der Helvetik meine Vorhaben verwirklicht worden wären, man hat aber nicht auf mich hören wollen.

Gut, Sie sind zwar nicht Mitglied des Direktoriums, aber immerhin Minister gewesen.
Minister, ja, der Künste und der Wissenschaften, und als solcher war ich leider eine Randerscheinung . . .

Ihnen unterstand aber das gesamte Bildungswesen, die Schulen . . .
Gewiss, und wieviel hätte es zu tun gegeben! Die Stadtschulen entsprachen einigermassen den elementarsten Anforderungen, aber auf dem Land und insbesondere in den ehemaligen Untertanengebieten – Sie machen sich keine Vorstellung. Viel zu viel Kinder, obwohl die meisten die meiste Zeit wegblieben! Viel zu kurze Schulzeiten! Mit Einpaukern, die zuweilen selbst kaum schreiben konnten, in engen, dunklen, stickigen Stuben. – Und was waren die Lehrmittel? Die Bibel, der Katechismus, das Gesangbuch!

Ihr Erziehungsprogramm setzte sich zum Ziel, die Menschen aus dem Zustand der Unwissenheit herauszuziehen. Wie haben Sie dies verwirklichen wollen?
Zuerst brauchten wir Lehrer. Ich habe je eine Schule mit zwei Lehrern für eine Bevölkerungseinheit von 500 Menschen vorgesehen, in jedem Kanton einen Erziehungsrat, in dem einsichtsvolle und tugendhafte Familienväter die Schulaufsicht führten; in jedem Distrikt sodann einen Unterkommissar. Die Schulen hätten mindestens zweimal jährlich inspiziert werden sollen. Die Lehrer hätten natürlich gut ausgebildet, gut besoldet und Staatsbeamte sein müssen, keinem Nebenverdienst mehr nachgehen und insbesondere keine Pensionäre mehr halten dürfen.

Gab es so etwas wie eine Schulpflicht?
Die Schulpflicht haben wir eingeführt, wenigstens auf dem Papier. Wer sein Kind nicht zur Schule schickte, hätte bestraft werden sollen. Bedürftigen wäre das Schulgeld erlassen worden, Wohlhabende hätten einen Mehrbeitrag bezahlt. Nach dem Elementarunterricht wären die Zöglinge mit Pflanzen, Ackergerät, Maschinen, mit Handel und Buchhaltung vertraut gemacht worden. Jedes Vierteljahr hätte ein Arzt die Schule besuchen und die jungen Menschen in der Ernährungslehre unterweisen sollen. Religionsunterricht, Verfassungskunde, Turnunterricht hätte nicht fehlen dürfen. Und nur mit einem Abschlusszeugnis hätte man in der Politik wahlberechtigt sein sollen.

. . . hätte sollen. Warum wurden Ihre Pläne nicht verwirklicht?
Im Grossen Rat kam die notwendige Mehrheit nicht zustande. Es gab auch damals noch zuviele unaufgeklärte, dem Hergebrachten verpflichtete Geister. Einige waren sicher froh, dass die helvetische Staatskasse so ziemlich leer war. Auch wenn sich eine Mehrheit für meine Schulreform gefunden hätte, mangels Geld hätte sie trotzdem nicht verwirklicht werden können.

Ihre Anstrengungen beschränkten sich wohl nicht auf die Grundschule?
Freilich nicht, meine Volksveredelungsprojekte hätten noch mehr vorgesehen: Lehrerseminarien, eine schweizerische Universität, eine Landesbibliothek, wie es sie heute gibt, eine helvetische Volkszeitung, doch das Volk hat eben nicht begriffen, dass Wissen Macht ist. Die bescheidene Zahl Buchhändler, die es in der damaligen Schweiz gab, belegt das niedrige Bildungsniveau.

Das wird wohl nicht in allen Regionen gleich gewesen sein.
Das war in der Tat von Kanton zu Kanton verschieden. In den ehemaligen Untertanengebieten und der Innerschweiz gab es, wie wir feststellen mussten, nicht einen einzigen Buchhändler. Die Waadt bildete allerdings eine Ausnahme.

Argumente gegen die Schule
Stapfer ist ein Idealist und ein Utopist.
Die neue Schule wird dem Glauben schaden.
Der Unterricht hält die Kinder von der Arbeit ab. Mit der Einführung der Schulpflicht müsste der Staat auch für den damit verbundenen Einkommensausfall der Eltern aufkommen.
Die Schulpflicht steht im Widerspruch zu der mit der Revolution in Aussicht gestellten Freiheit.
Die Zentralvögte von Aarau sollen sich nicht in Gemeindeangelegenheiten einmischen.
Kleine Schulklassen sind zu teuer. Zudem wächst das Ansehen des Lehrers mit der Grösse der Klasse.

Minister Stapfer über eine universitäre Zentral-Anstalt, November 1798

Die unglückliche Trennung der Cantone und der Geist der Ausschliessung und des Eigennutzes haben zu tiefe Wurzeln geschlagen, als dass ihre gänzliche Ausrottung durch irgend ein anderes als das langsam, aber sicher wirkende Mittel einer öffentlichen, allgemeinen und gleichförmigen vaterländischen Erziehung bewerkstelliget werden könnte. Die jungen Helvetier, welche sich irgend einem Zweige öffentlicher Arbeiten zu widmen gedenken, müssen aus allen Gegenden der Republik in einer Centralanstalt zusammenströmen. Hier werden sie unter den Augen der Nation zu ihrer Bestimmung heranreifen.
Hier werden sie in den Jahren, wo der Kopf für Belehrung, das Herz für freundschaftliche Gefühle offen ist, mit Jünglingen der verschiedensten Cantone und Culturgrade Verbindungen eingehen, und aus dem gemeinschaftlichen begeisternden Unterrichte aufgeklärter und patriotisch gesinnter Lehrer Grundsätze und Entschlüsse wieder nach Hause tragen, welche bald in die entlegensten Thäler unseres Vaterlandes Einheit der Absichten und Gesinnungen verbreiten müssen.
Dieses Institut wird der Brennpunkt der intellectuellen Kräfte unserer Nation, das Verschmelzungsmittel ihrer noch immerfort bestehenden einzelnen Völkerschaften und der Stapelort der Cultur der drei gebildeten Völker seyn, deren Mittelpunkt Helvetien ausmacht.
Es ist vielleicht bestimmt, deutschen Tiefsinn mit fränkischer Gewandtheit und italiänischem Geschmack zu vermählen, und den Grundsätzen der Revolution durch ihre Vereinigung mit den Lehren einer Ehrfurcht gebietenden Rechtschaffenheit unwiderstehbaren Eingang in die Herzen der Menschen zu verschaffen.

So wenig die helvetische Regierung für das Schulwesen tun konnte – indem sie Unterkunft und Betriebsgelder zur Verfügung stellte, machte sie es Heinrich Pestalozzi in einer wichtigen Phase seines Schaffens immerhin möglich, 1800–1803 in Burgdorf eine Schule und ein Lehrerseminar zu führen. Sinnigerweise war die neue Bildungsstätte im alten Landvogteischloss untergebracht.

2.6 **Der Untergang der Helvetik**

Auf den Zusammenbruch der *Alten Eidgenossenschaft* folgte der Zusammenbruch der Helvetik. Dem Untergang ging aber ein langsamer *Nieder*gang voraus. Kraft und Glaubwürdigkeit des neuen Regimes litten unter den Kämpfen, die sich die *Unitarier* (Anhänger des Einheitsstaates) und die *Föderalisten* (Anhänger des Staatenbundes) lieferten. In zweieinhalb Jahren erlebte die Schweiz vier Staatsstreiche. Als Napoleon im Sommer 1803 die französischen Truppen aus der Schweiz abzog, brach sogleich ein offener Bürgerkrieg aus. Dies gab Napoleon den erwünschten Anlass für eine neue Intervention. Am 30. September 1803 präsentierte er diese Intervention als angebliche *Mediation*, das heisst als Vermittlung.
Wenig später liess Napoleon an die siebzig Abgeordnete nach Paris kommen. Am 19. Februar 1803 legte er ihnen eine neue Verfassung vor: die Mediationsakte. Bonaparte erwies sich als Kenner der Schweiz. Die Mediationsakte brach mit der Idee der Einheitlichkeit und Unteilbarkeit der Helvetischen Republik und griff die föderalistische Tradition der Alten Eidgenossenschaft

Innere Streitigkeiten
Nach dem Krieg der Franzosen gegen die Schweizer, dem Krieg zwischen Franzosen und Österreichern und Russen 1802 auch noch Krieg unter den Schweizern.
Interne Streitigkeiten in der ‹unteilbaren› Republik verschärften sich von 1800 an. Aus der ‹République indivisible› wurde eine ‹République invisible›.

Napoleon kündigt seine Vermittlung an, 30. September 1802
Bewohner Helvetiens!
Im Lauf des 10. Jahres (der französischen Revolutionszählung) wünschte Eure Regierung, dass man die kleine Anzahl französischer Truppen zurückziehe, die in Helvetien war. Die französische Regierung ergriff diesen Anlass gerne, um Eure Unabhängigkeit zu ehren. Allein, bald nachher haben sich Eure Parteien mit neuer Wut in Bewegung gesetzt; das Schweizerblut ist von Schweizerhänden vergossen worden.
Ihr habt Euch drei Jahre gezankt, ohne Euch zu verstehen. Wenn man Euch länger Euch selbst überlässt, so werdet Ihr Euch noch drei Jahre morden und Euch ebensowenig verstehen. Eure Geschichte beweist auch, dass Eure inneren Kriege nie anders als durch die wirksame Dazwischenkunft Frankreichs enden konnten.

Es ist wahr, ich hatte den Entschluss gefasst, mich nicht mehr in Eure Angelegenheiten zu mischen. Allein, ich kann, ich darf nicht unempfindlich bleiben beim Unglück, dessen Raub Ihr seid; ich komme auf meinen Entschluss zurück. Ich will der Vermittler Eures Streites sein, und meine Vermittlung wird wirksam sein. Jeder vernünftige Mann muss überzeugt sein, dass die Vermittlung, welche ich auf mich nehme, für Helvetien eine Wohltat der Vorsehung ist.

Bildergeschichte als Politpropaganda

Die Schweizerkuh ist die schweizerische Eidgenossenschaft und ihr Kälblein Nidwalden. Fremde Gäste melken und misshandeln die ruhig wiederkäuende Kuh, nachdem sie derselben mit schönen Worten und Liebkosungen geschmeichelt haben. «So gilt es nicht!» hatte es im Norden und Osten herübergetönt, «lasst die Kuh gehen! auch wir trinken gern Milch!» Es waren die Österreicher und die Russen, welche den zuerst Gekommenen, den Franzosen, die Kuh wieder entreissen wollten, was derselben neue Qualen bereitete. Aber umsonst! Die Kuh musste schliesslich den ersten Gästen erliegen und das letzte Bild zeigt uns, wie drei französische Offiziere oder Beamte die besten Stücke in einem Kessel sieden und sich daran erlaben. «Arme Schweizerkuh», so lautet der Text zu diesem Bilde, «so musstest du denn geopfert werden; wohl krönt ein trauriges Ende das angefangene Werk der Bosheit. Die fremden Gesellen, nachdem sie dich zu Tode geplagt und gemolken, bereiten jetzt das Henkermahl aus deinen magern Überbleibseln.» (David Hess)

‹**Über die Schweiz nachgedacht**›
Napoleon anlässlich einer Audienz von Vertretern der schweizerischen Verfassungskommission (Consulta), die zur Entgegennahme der Mediationsakte nach Paris gereist war:
Je mehr ich die Geographie, die Geschichte und die Gewohnheiten Eures Landes studiert habe, desto stärker bin ich überzeugt, dass es nicht einer zentralen Regierung und einheitlichen Gesetzgebung unterworfen sein sollte. Es braucht verschiedene Regierungen in einem so unterschiedlichen Land. Das foederalistische System ist den Interessen der grossen Staaten zuwider, denn es zersplittert deren Kraft. Es ist den kleinen Staaten aber sehr günstig, denn es lässt ihnen ihre natürliche Stärke. Zürich wird von den Zürchern verteidigt, Bern von den Bernern, die kleinen Kantone werden die Kinder Wilhelm Tells haben.
Es ist unvermeidlich, dass Sie Ihre Kantone nach der alten Ordnung reorganisieren, allerdings mit dem Unterschied, dass alle die gleichen politischen Rechte haben, dass die Städte auf ihre Privilegien über ihre ehemaligen Untertanen verzichten und die Patrizier auf ihre Vorrechte gegenüber ihren Mitbürgern.
Die kantonalen Reorganisationen, ich wiederhole es, sollen sich vollziehen nach den Sitten, der Religion und den Meinungen eines jeden Kantons. Die Gemeinden der kleinen Kantone können nach ihrem Belieben ihre Alpstreitigkeiten regeln. Die grossen Städte und grossen Kantone sollen bei ihrer Organisation den Interessen ihrer Industrie Rechnung tragen und dann mit ihrer Weitsicht und ihrer alten Rechtschaffenheit regieren.

Die Vergangenheit liess sich auf dem Verordnungsweg nicht abstreifen, wohl aber ein Teil ihrer äusseren Erscheinung
Die gesetzgebenden Räthe haben beschlossen: Dass das Wort Herr bei allen Autoritäten abgeschafft bleiben, und dass statt diesem (!) der Gleichheit widerstrebenden Ausdrucke überall das schöne und simple Wort Bürger gebraucht werden solle. Beschlossen vom G. Rath den 25. April 1798. Angenommen vom Senat den 28. gleichen Monats.

1755 waren die Briefe an die Herren von Altdorf noch mit folgender Anrede versehen gewesen: «Dennen Hochgeachten, Hochedellgebohrnen, Gestrengen, Frommen, Fürnemmen, Fürsichtigen, Hoch- und Wohlweysen Herren, Herren Landammann und Geheimen Rath Löbl. Standts Ury, Unsern Insonders Hochgeachteten Gnädigen Herren und Obern in Altdorff.»

wieder auf. Man hat sie darum auch die *kleine Restauration* genannt.
In der Verfassung von 1803 figurierten die einstigen Untertanenländer Aargau, Thurgau, Tessin und Waadt und die ehemaligen zugewandten Orte St. Gallen und Graubünden als selbständige Kantone. Für Graubünden bedeutete die engere Verbindung mit der Eidgenossenschaft die endgültige Preisgabe seiner Stellung als selbständige europäische Macht.
Die politische Gleichberechtigung, die individuellen Rechte, die Handels- und Niederlassungsfreiheit blieben in der neuen Verfassung erhalten. Diese Rechte wurden erst mit der *grossen Restauration* von 1815 abgebaut.

2.7 Erfolge und Misserfolge

Die Mediationsakte von 1803 setzte der längst darniederliegenden Helvetischen Republik ein Ende. Das zentralistische Experiment, das beinahe vier Jahre gedauert hatte, endete mit einem Misserfolg. Der Schriftsteller David Hess sah sich darum berechtigt, von der Helvetik ein äusserst negatives Bild zu zeichnen (vgl. seine Geschichte von der guten Kuh). Heute wird die Helvetik entschieden positiver beurteilt, als dieses Pamphlet es getan hat und es im ganzen 19. Jahrhundert getan worden ist.
Die Helvetik war der erste Anlauf zur Begründung der modernen Demokratie in der Schweiz. Sie war der Idee der *Rechtsgleichheit* verpflichtet, hob den Zunftzwang auf und führte die *Handels- und Gewerbefreiheit* und zugleich die *Niederlassungsfreiheit* ein. Blosse Theorie blieb indessen (wie das Beispiel Lavater gezeigt hat) die *Meinungs- und Pressefreiheit*. Neuartig war das Bestreben, mit breit angelegten Fragebogenaktionen *Grundlagenkenntnisse* für eine fundierte Staatspolitik zusammenzutragen. Die helvetische Regierung veranlasste die Vereinheitlichung der *Kalenderrechnung*.

Nicht verwirklicht wurde die Ablösung der *Feudallasten*, ebensowenig die *Bildungspläne*. Blosses Papier blieben ferner die *Vereinheitlichungsversuche* im Bereich der Münzen, der Masse und Gewichte und des Post- und Zollwesens.
Die permanenten Verfassungskämpfe zwischen Zentralisten und Föderalisten sind zu den negativen Erscheinungen der Helvetik zu zählen, man kann sie aber auch als Wegbereiter für die Entwicklung verstehen, die zur Staatsgründung von 1848 geführt hat.
Die Anstrengungen für eine bessere Schweiz entsprangen einem Idealismus, der beschwingend und zugleich etwas naiv war. Die Pioniere glaubten, mit administrativen Verordnungen gewachsene Realitäten beseitigen zu können. Indessen bedeutete der Entwurf einer besseren Schweiz nach der Verkalkung des Ancien Régime der Anfang einer nationalen Wiedergeburt. Die Helvetik verstand sich selbst als Frühling, als Regeneration. Nachdem aber auf diesen Frühling kein Sommer und keine Ernte folgten, begnügen sich heute die wohlwollenden Urteile mit einem andern Bild: Die Leistungen der Helvetik werden mit einer Herbstsaat verglichen; sie habe unter an sich schon ungünstigen Verhältnissen stattgefunden und unter der Kälte des darauf folgenden Winters der Restauration noch stärker gelitten, sei aber im nachfolgenden Frühling, in der Regeneration von 1830, doch noch aufgegangen.

Minister Stapfer blickte mit Zuversicht ins neue Jahrhundert
Wir müssen uns die Übel der Revolution als ein Gewitter vorstellen, nur der Kurzsichtige zagt dabei und verhüllt oder versteckt sich ängstlich; der besser Belehrte erwartet dankbar, dass sich die Luft reinige und lässt sich nicht mutlos machen, wenn der Sturm in seiner Pflanzung etwas verdirbt oder der Regen die gute Erde verschwemmt.

Marie-Claude-Jequier
(Musée de l'Ancien Evêché, Lausanne)

Eine neue Sicht der Helvetischen Revolution

Es gibt wenige Epochen der Schweizergeschichte, wie übrigens auch der französischen, die zu so vielen leidenschaftlichen Urteilen geführt haben, ob sie nun aus den alten oligarchischen Kantonen oder aus den in der Revolution entstandenen Kantonen stammten. Nacheinander haben die Radikalen, die Sozialisten und sogar die Kommunisten sich auf die Ideen von 1789 und 1798 berufen. Die Urteile der Historiker bleiben nicht unbeeinträchtigt von deren politischem Engagement und sozialen Herkunft. Ein Monnard, Dierauer oder Rufer sehen den Untergang des Ancien Régime trotz der Leiden, die er für einen Teil der Bevölkerung gebracht hat, als unvermeidlich und positiv. Ein Feller dagegen trauert eher der verlorenen Grösse Berns nach.
Die heutige Geschichtsschreibung der Revolution spiegelt die neuesten Tendenzen der historischen Forschung. Es werden weniger die im wesentlichen bekannten Ereignisse in Erinnerung gerufen (noch manche Punkte sind zwar ungeklärt geblieben), man ist viel mehr bestrebt, die wirtschaftlichen und sozialen Umstände und die führenden Persönlichkeiten kennenzulernen. Unter diesem neuen Blickwinkel wird die Helvetische Republik, die als dunkle und freiheitstötende Periode erscheinen könnte, als Feld der Auseinandersetzung verstanden, wo Altes und Neues zusammenstossen.
Gewiss hat die belastende Gegenwart der französischen Truppen die Arbeit der neuen politischen Klasse vergiftet und gelähmt, die trotz der unmöglichen Ausgangslage, der fehlenden Finanzen und des Krieges bestrebt war, einen nationalen Konsens zu finden, und dies zum ersten Mal in der Geschichte der Schweiz. Ihrer Zeit voraus, glaubten die Männer der Helvetik eine neue, freie und gleichheitliche Schweiz zu errichten. Der Sprung war zu heftig, der Partikularismus zu ausgeprägt – entsprechend hart war der Fall. Die moderne Schweiz verdankt ihnen allerdings viel.

Hinweise auf weiterführende Literatur
Biaudet/Jequier, vgl. Teil 1 – *Daniel Frei,* Die Förderung des schweizerischen Nationalbewusstseins nach dem Zusammenbruch der alten Eidgenossenschaft. Zürich 1964. – *Adolf Gasser,* Der Irrweg der Helvetik. In: Gasser. Ausgewählte historische Schriften 1833–1983, Basel 1983 (ehem. 1947). – *Alfred Rufer,* La Suisse et la Révolution française. Paris 1974 (ehem. 1927).

Wasserräder wurden – auch in der Schweiz – schon seit Jahrhunderten eingesetzt, vor allem für die einfachen Formen der Kraftübertragung, zum Bewegen etwa von Mühlsteinen oder Schmiedehämmern. Neu ist dagegen nach 1800 der Anschluss komplizierter Maschinen mit verfeinerter Mechanik: von Spinnmaschinen und Webmaschinen. Und schon bald sollte sich ein Teil der *Textilindustrie* auf die Reparatur und Konstruktion solcher Maschinen spezialisieren und sich zur *Maschinenindustrie* entwickeln. Hier die nach 1805 am Rande der Zürcher Stadtbefestigung eingerichtete Baumwollspinnerei ‹Neumühle› von Hans Caspar Escher.

Teil 3

Wasserräder und Schützenfeste
1814–1830

Der unter besonders schwierigen Umständen unternommene Versuch der Helvetischen Republik, die aristokratisch regierte, föderalistische Schweiz über Nacht in einen egalitären und zentralistischen Staat zu verwandeln, scheiterte. Die ‹kleine Restauration› von 1803 hatte die zentralstaatliche Organisation rückgängig gemacht. Napoleons Sturz 1814 hatte eine weitergehende, die eigentliche *Restauration* zur Folge und insbesondere die Aufhebung der 1798 gewonnenen Gleichstellung aller Bürger. Auch diesmal sollte die kleine Schweiz von den grossen europäischen Vorgängen nicht unberührt bleiben. 1814 witterten die Herrschaften, die 1798 von der Macht verdrängt worden waren, Morgenluft. Die Urner zum Beispiel wollten die Leventina wiederhaben. Es stellte sich die Frage, ob das alte Landvogteiensystem wieder hergestellt werden sollte.

Verletzung der schweizerischen Neutralität
Im Dezember 1813 verletzten die alliierten Mächte bei ihrem Marsch nach Paris die schweizerische Neutralität. Ihre Truppen überquerten den Rhein bei Eglisau, Laufenburg, Rheinfelden und Basel, zogen durch die Schweiz, und verliessen sie wieder bei Pruntrut, Les Verrières und Genf.

3.1 Verfassungen und Grenzen

In den Beratungen des neuen Bundesvertrages gab der Artikel, der die Wiederherstellung der alten Untertanenverhältnisse verbieten sollte, zu besonders heftigen Diskussionen Anlass. Die erste Fassung lautete: «Zur Beibehaltung der Eintracht und Ruhe im Vaterland sollten keine mit den Rechten eines freien Volkes unverträglichen Untertanenverhältnisse in der Schweiz hergestellt werden.»

So hiess Zürich zum Beispiel diese Fassung gut und sah darin auch eine Garantie der inneren Ruhe. Bern indessen wehrte sich gegen diese als revolutionär taxierte Bestimmung. Der Artikel könne beim gewöhnlichen Volk zu vielen höchst schädlichen Missdeutungen Anlass geben und der irrigen Meinung Vorschub leisten, jeder Bürger dürfte tun und lassen, was ihm beliebe. Alle Regierungen, die erblichen wie die vom Volk gewählten, hätten Untertanen, nur dass man sie jetzt Angehörige oder Mitbürger nenne. In Wirklichkeit sei doch jedermann Untertan, ob Tagsatzungsgesandter oder Taglöhner. Bern verstand diesen Artikel zudem als Einmischung in innerkantonale Angelegenheiten. Freiburg und Solothurn nahmen eine ähnliche Haltung ein.

Nach zähen Verhandlungen einigte man sich schliesslich auf eine Formulierung, welche zwar die Wiederherstellung von Untertanenverhältnissen nicht verbot, aber festhielt, dass es keine Untertanenverhältnisse mehr geben und darum «auch der Genuss der politischen Rechte nie das ausschliessliche Privilegium einer bestimmten Klasse der Kantonsbürger sein könne.»

Die Gestaltung der innerstaatlichen Ordnung war weitgehend den Kantonen überlassen. Dies führte zu einem seltsamen Nebeneinander von verschiedenen Herrschafts- und Verfassungsformen. Alles in allem dominierte zunächst der konservative, ja restaurative, an den vorrevolutionären Idealen orientierte Geist, der die Zeit wieder zurückstellen wollte. Die Politik der geheimen Räte entzog sich der Kontrolle durch das Volk.

1815 wird in Wien Europa ein neues Kleid geschneidert
Die alten Abzeichen der kirchlichen und weltlichen Fürsten fallen vom Himmel. Die «gottgewollte Ordnung» wird aber von Politikern, die mit ihren Scheren bereitstehen, zurechtgestutzt. Ausschlaggebend sind die reelle Macht und das Geschick, Mächte zu kombinieren oder gegeneinander auszuspielen.

Mit der Aufnahme von Wallis, Neuenburg und Genf zählte die Eidgenossenschaft nun 22 Kantone. Diese neuen Kantone hatten allerdings bereits zuvor engere Verbindungen zur Schweiz gehabt. Neuenburg blieb trotz seinem Bundesbeitritt preussischer Besitz.
Im Bundesvertrag von 1815 garantierten sich die Kantone gegenseitig ihre Gebiete. Dieser Gewährleistung war ein langer Streit um die Frage vorausgegangen, ob die Waadt und der Berner Aargau selbständig bleiben dürften oder wieder in den Kanton Bern einverleibt werden sollten. Bern erhielt im Sinne einer Entschädigung das Gebiet des ehemaligen Fürstbistums Basel. Damals war es eine Selbstverständlichkeit, dass die von einer solchen Verteilung direkt betroffene Bevölkerung nicht um ihre Meinung gefragt wurde.
In Wien, wo die Neuordnung Europas geregelt wurde, entschieden die Mächte auch über das Schicksal der Schweiz. Im März 1815 hielt eine ihrer Erklärungen ausdrücklich fest, dass die immerwährende *Neutralität* dem allgemeinen Interesse der europäischen Staaten entspreche und die Schweiz die Gebiete zurückerstattet oder überlassen erhalte, die zur Sicherstellung ihrer Unabhängigkeit nötig seien. In Wien kümmerte man sich aber auch um den inneren Ausgleich: Die neuen Kantone Aargau, Waadt, Tessin und St. Gallen wurden angewiesen, den alten Kantonen Schwyz, Unterwalden, Uri, Glarus, Zug und Appenzell-Innerrhoden eine Abfindungssumme zu bezahlen. Auch die Jurafrage wurde in Wien ‹gelöst› und Genf erhielt das Gebiet von Versoix, das ihm eine freie Militär- und Handelsverbindung mit der Eidgenossenschaft garantierte. Die heutigen Grenzen der Schweiz sind somit 1815 festgelegt oder bestätigt worden.

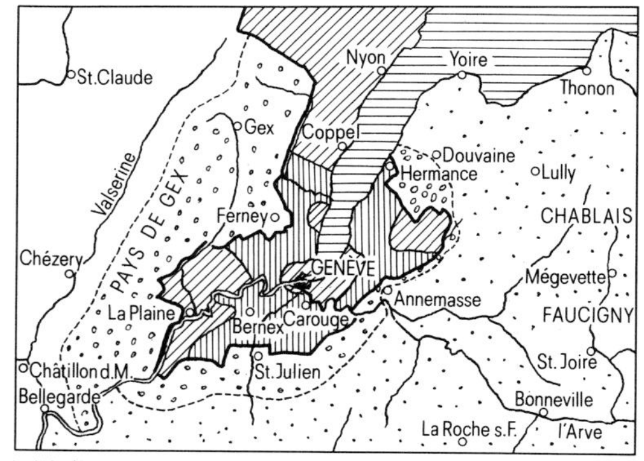

Gebietszuwachs von 1815/16
Freizonen von 1815/16
Freizonen von 1860

Pictet de Rochemont bemühte sich in Paris, seinem Kanton einen weiteren Gebietszuwachs zu verschaffen. Frankreich gewährte aber nur eine Zurückverlegung der französischen Zollgrenze. Es entstanden die *zollfreien Zonen* im Pays de Gex und im sardischen Grenzgebiet. Dem Genfer Diplomaten verdankt man auch die ausdrückliche Anerkennung der schweizerischen Neutralität durch die europäischen Grossmächte. Sie bildet noch heute die grundlegende Maxime unserer Aussenpolitik.

Wiederherstellung des alten Tagsatzungs-Parlamentes
Der ‹Nationalrat› der Helvetischen Republik wurde aufgehoben, man begnügte sich wieder mit einem Rat aus Kantonsgesandten, einem Ständerat. Jetzt waren aber auch die Gesandten der jungen Kantone dabei. Schwierig war es, die Versammlung überhaupt zusammenzuführen, und nicht weniger schwierig, gemeinsame Lösungen zu entwickeln. Der Fortbestand der Eidgenossenschaft war wegen der inneren Konflikte in höchstem Masse gefährdet. Die Beratungen, die als «lange Tagsatzung» in die Geschichte eingingen, fanden in Zürich – im Zunfthaus ‹Zur Meise› – statt und dauerten vom April 1814 bis zum August 1815. Schliesslich hiess eine bescheidene Mehrheit von 13 2/2 Ständestimmen (von insgesamt 22) den neuen Bundesvertrag gut. Auch nach dessen Verkündigung drohte der Bund mehrmals wieder auseinanderzubrechen. Ohne kräftige Nachhilfe der alliierten Mächte wäre selbst die elementarste Einigung nicht zustande gekommen.

Bundesvertrag von 1815
Zwei Fragen werden in diesem bloss 15 Artikel umfassenden Vertrag besonders ausführlich geregelt: Die kantonalen Beiträge an die militärische Landesverteidigung und die Regelung allfälliger Streitigkeiten zwischen den Kantonen. Mit diesem Vertrag garantierten sich die Kantone gegenseitig ihre Verfassungen und ihr Gebiet. Damals bestanden mindestens drei verschiedene Verfassungstypen:
Städtisch-patrizisch-zünftische Verfassungen: Bern, Luzern, Freiburg, Solothurn, Schaffhausen, Zürich, Basel, Neuenburg, Genf.
Landsgemeindeverfassungen: Uri, Schwyz, Unterwalden, Glarus, Zug, Appenzell.
Demokratisch-repräsentative Verfassungen: Aargau, Thurgau, Waadt, St. Gallen, Tessin.

Kommentar der hohen Mächte zum ersten Entwurf einer schweizerischen Bundesverfassung vom 10. Mai 1814
Dieser Entwurf entspricht in glücklicher Weise den wohlwollenden Absichten der alliierten Mächte. Diese wünschen, dass sich die Schweiz endlich von sich aus in den Zustand der Ruhe und der Unabhängigkeit erhebe. Nachdem alle Mittel der Versöhnung aufgebracht sind und beträchtliche Zeit dafür verwendet worden ist, kommen jetzt keine neuen Meinungsverschiedenheiten mehr in Frage, und auch keine neuen Fristverlängerungen. (Die hohen Mächte mussten sich allerdings noch volle 15 Monate gedulden, bis sich ihr Wunsch erfüllen sollte.)

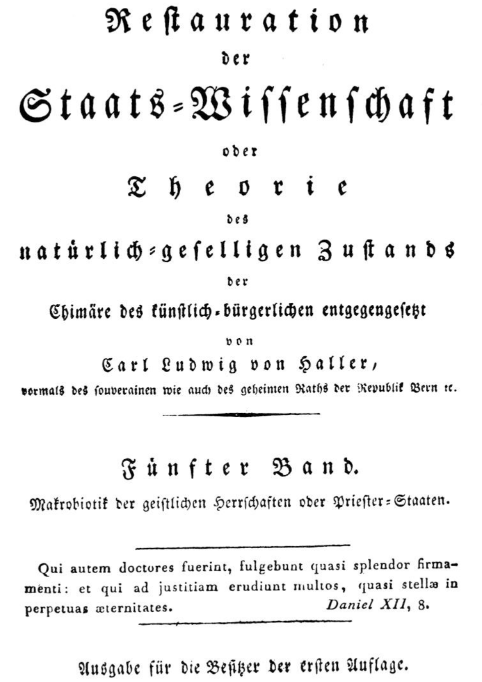

Restauration
der
Staats-Wissenschaft
oder
Theorie
des
natürlich-geselligen Zustands
der
Chimäre des künstlich-bürgerlichen entgegengesetzt
von
Carl Ludwig von Haller,
vormals des souverainen wie auch des geheimen Raths der Republik Bern rc.

Fünfter Band.
Makrobiotik der geistlichen Herrschaften oder Priester-Staaten.

Qui autem doctores fuerint, fulgebunt quasi splendor firmamenti: et qui ad justitiam erudiunt multos, quasi stellæ in perpetuas æternitates. *Daniel XII*, 8.

Ausgabe für die Besitzer der ersten Auflage.

Mit dem Berner *Karl Ludwig von Haller* stellte die Schweiz einen international beachteten Theoretiker des autoritären Staatsgedankens. Sein Hauptwerk gab der Epoche den Namen: Restauration. Haller verkündete: «Nicht Freiheit und Gleichheit sind der natürliche Zustand des Menschen, sondern Herrschaft und Dienstbarkeit, durch die Ungleichheit der Kräfte begründet. Es ist ein Naturgesetz, dass der Mächtigere herrscht, dass der Schwächere sich ihm anschliesst und unterwirft.» Haller fand wenig Anklang und verliess die Schweiz.

3.2 **Der wirtschaftliche Fortschritt**

So konservativ die Restauration in politischen Belangen war – im Administrativen und Wirtschaftlichen verfolgte sie dagegen einen modernisierenden Kurs. Bereits um 1800 war die Schweiz – gemessen an ihrer Bevölkerung – eines der am stärksten industrialisierten Länder der Welt. Zu einem grossen Teil verdankte die Textilindustrie ihren weiteren Aufschwung der napoleonischen Kontinentalsperre, die vorübergehend die englische Konkurrenz ausschaltete. Die Textilindustrie war aber immer noch Heimindustrie, und es wurde noch von Hand gesponnen und gewoben.

Nach der Aufhebung der Kontinentalsperre wurden die in England entwickelten und mit Wasserkraft angetriebenen Spinnmaschinen zu einer schweren Bedrohung für die schweizerische Textilindustrie. Die neuen Maschinen konnten gleichzeitig mehrere und zudem bessere Fäden spinnen. Die Unternehmer waren gezwungen, sich der neuesten Entwicklung anzupassen. Wie aber gelangten sie zum nötigen *know how*? Mit Abwerbung, Werkspionage und Schmuggel: Ausländische Maschinenbauer wurden angeworben, begehrte Maschinen im Ausland heimlich abgezeichnet oder auf verbotenen Wegen aus England in die Schweiz gebracht.

Die Entwicklung der schweizerischen Textilindustrie lässt sich an der Geschichte der *Familie Honegger* aus Rüti exemplarisch aufzeigen. Vater Honegger unterhielt um 1811 neben seiner Landwirtschaft zunächst zwei Spinnmaschinen, die er mit kleiner Wasserkraft antreiben konnte. Die Honegger mussten, als sie sich zwei weitere Maschinen anschafften, die Antriebskraft aus der stärker fliessenden Jona beziehen. Um einer möglichen Konkurrenz

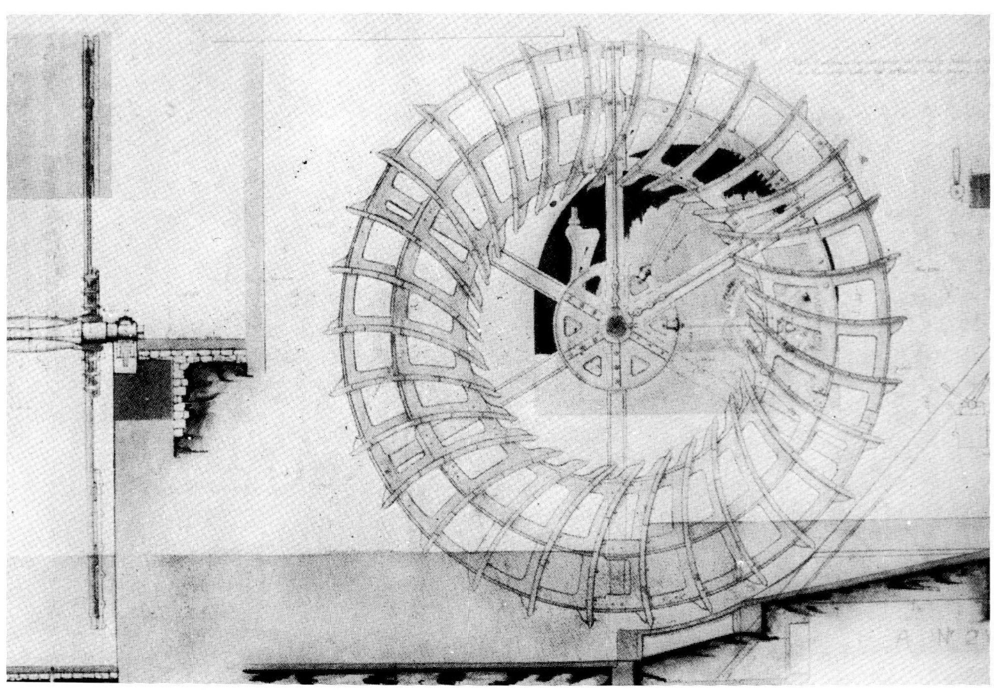

Wasserräder in Sorvilier (JU). Rechts: Weiterentwicklung von Escher-Wyss aus dem Jahre 1871.
Von den rund 200000 mechanisierten Spindeln, die um 1827 im Kanton Zürich in Betrieb waren, wurden 13% noch von Hand, 85% durch Wasserkraft und 2% bereits mit Dampfmaschinen angetrieben.

Stolze Selbstdarstellung des Honegger-Imperiums.

Das Unternehmen Escher-Wyss in Zürich machte eine ähnliche Wandlung durch. Zuerst war es eine Spinnerei. Dann stellte es Spinnmaschinen her. Und schliesslich spezialisierte es sich auf die Herstellung und Verbesserung des Antriebssystems, das heisst der Wasserräder. Schon bald interessierten sich andere Betriebe für die verbesserten Wasserräder: Mühlen, Holzsägereien, Schleifereien, Papierfabriken. Escher-Wyss lieferte und lernte bei der Montage die übrigen Einrichtungen der belieferten Betriebe kennen und war in kurzer Zeit in der Lage, auch weitere Maschinen zu bauen.

zuvorzukommen, erwarben sie die Wasserrechte der Jona bis an die Kantonsgrenze.
Der Sohn, Caspar Honegger, wurde ein erfolgreicher Grossunternehmer. Als Kind hatte er allerdings das Leben auch von der rauhen Seite kennengelernt: Zunächst als Hirtenbub, barfuss im morgendlichen Reif, mit Sehnsucht darauf wartend, seine kalten Füsse in einen warmen Kuhdreck stecken zu können. Dann als Öler, Lampenputzer und Heizer in der väterlichen Spinnerei, von 4 Uhr morgens bis 8 Uhr abends, dann als Aufseher und technischer Leiter.
Inzwischen hatte man in England begonnen, auch die Webstühle zu mechanisieren. 1834 folgte Honegger einer Einladung der Gemeinde Siebnen und errichtete eine Fabrik mit 50 mechanischen Webstühlen, die er aus England hatte kommen lassen. Das war die erste mechanische Weberei, die in der Schweiz Bestand hatte. Der Mechanisierung der Spinnerei und der Weberei folgte 1842 als dritte Etappe die Angliederung einer eigenen mechani-

Mechanischer Webstuhl von Caspar Honegger.

Der grosse Flussreichtum begünstigte die Mechanisierung der Textilindustrie. Statt grosse Industrieballungen waren – wie am Beispiel des Kantons Zürich ersichtlich – dezentrale Fabrikstandorte möglich. Anderseits kam es zu einer starken Massierung von Fabrikbetrieben im Raume zwischen Wetzikon und Uster. Was der französische Geograph Elisé Reclus 1884 festhielt, hatte seine Anfänge in der Zeit der Restauration: «Östlich von Zürich und Uster gibt es wichtige Fabrikationszentren. Das Bächlein der Aa, das kaum breiter als 3 Meter ist und auf eine Länge von ungefähr 8 Kilometern kaum 100 Meter Gefälle vom Pfäffikersee zum Greifensee hat, ist von etwa dreissig Fabriken so gut genutzt, dass man ihm im Volksmund den Namen ‹Millionenbach› gegeben hat.» Heinrich Kunz, der ‹Bauele-Heiri›, errichtete 1815 an diesem Bach eine mechanische Spinnerei und legte damit das Fundament für ein Unternehmen, das ihn innert dreissig Jahren zum grössten Spinnereiunternehmer des Kontinents machte: Um 1850 liefen über 150000 Spindeln für den ehemaligen Kleinbauernsohn, der jetzt als Spinnerkönig ein Millionenvermögen machte.

schen Werkstätte. Der nach eigenen Entwürfen konstruierte ‹Honegger-Stuhl› erwies sich als grosser Erfolg. Aus dem Textilfabrikanten wurde ein Maschinenfabrikant.

Das imaginäre Gespräch am runden Tisch

Die Teilnehmer sind historisch belegt: Jakob Stutz, Jg. 1801, Lehrer und Schriftsteller; Karl Abegg, Jg. 1810, Maschinen-Ingenieur und Direktor bei Escher-Wyss; Johann Jakob Vest, Jg. 1786, Notar und Vorsteher der Basler Spinnwettern-Zunft. Auch die geäusserten Ansichten sind durch zeitgenössische Schriften belegbar.

Stutz: In dieser Darstellung wird wohl die technische Entwicklung der Textilindustrie gezeigt, der soziale Aspekt dieses Prozesses hingegen völlig übergangen. Man hätte neben der Gewässerkarte eine weitere Karte zeichnen können mit den bevölkerungsreichen Gegenden, den Menschenreservoirs, den künftigen Arbeiterarmeen, die in den Fabriken konzentriert und kaserniert worden sind.

Abegg: Das Los der Fabrikler, das wir bedauerten, wäre ohne unsere Unternehmungen nicht besser gewesen, im Gegenteil. Die Fabriken haben die Armen, die es bereits gab, bloss angezogen und beschäftigt. Ohne uns wären sie nur der Allgemeinheit zur Last gefallen. Ein Kollege hatte so unrecht nicht, als er seine Fabrik als Armenhaus bezeichnete, das die Gesellschaft nichts kostet und die untersten Volksklassen zur Arbeit anhalte und an Ordnung gewöhne . . .

Stutz: Was für eine Ordnung! Bis zu 16 Stunden haben wir schon als Kinder täglich arbeiten müssen, in den wenigen Schulstunden, die man uns gönnte, sind wir aus Müdigkeit eingeschlafen. Beim Spinnerkönig Kunz wurde Tag und Nacht gearbeitet, um Mittag und Mitternacht war jeweils Schichtwechsel, auch für uns Kinder. Der Caspar Honegger war an sich schon recht; der protestantische Fabrikant betrieb aber nicht einfach aus Nächstenliebe Entwicklungshilfe in der katholischen March, ihm war das unruhige Oberland einfach zu riskant für seine Weberei. Honeggers Lebenslauf, der sich auf die eingängige Formel ‹Vom Hirtenbüblein zum Grossunternehmer› bringen lässt, könnte sodann falsche Vorstellungen über die damaligen Aufstiegschancen erwekken. Die wenigsten haben von der Mechanisierung der Industrie profitiert, den meisten wurde im Gegenteil durch den sogenannten Fortschritt Arbeit und Brot wegrationalisiert, das war die Kehrseite der herrlichen Produktionssteigerung.

Abegg: Wenn wir unser Geld nicht investiert und damit aufs Spiel gesetzt hätten, wäre die einheimische Industrie der ausländischen Konkurrenz nie gewachsen gewesen. Am Schluss hätten wir dann

Der ausserordentlich hohe Anteil der Kinderarbeit (annähernd 50%) in der Schweiz geht erst in der zweiten Hälfte des 19. Jahrhunderts zurück. Die Frauenarbeit jedoch nahm weiter zu. (Grafik aus ‹Die Schweiz›, Ex Libris 1975)

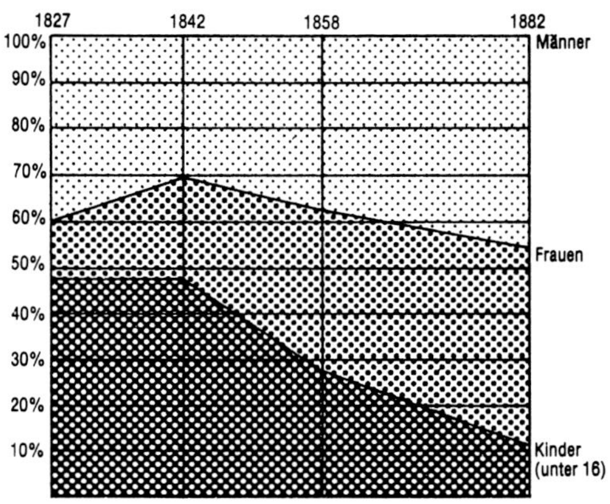

Kinderarbeit
Der kleine Caspar Honegger war nicht das einzige Kind, das arbeitete. Zu seiner Zeit waren in Zürich 50 Prozent der Arbeitskräfte der Textilindustrie Jugendliche unter 16 Jahren. Vgl. Max Lemmenmeier: Alltag der ‹Fabriklerkinder› am ‹Millionenbach›. In: Arbeitsalltag und Betriebsleben. Zürich 1981

ganz zusammenpacken können. Mein Freund Sulzer hat völlig recht, wenn er sagt: «Von dem Tag an, wo du stille stehst, gehst du rückwärts.»

Vest: Man wollte eben schon lange nicht mehr auf uns hören. Der unersättliche Spekulationsgeist der Unternehmer zerstörte uns ehrbaren Zünftlern unsere Existenzgrundlage noch ganz und ruhte nicht, bis alle Handwerker in seinen Fabrikationsgefängnissen eingesperrt waren. Die Erfindung in der Mechanik machte unser Preissystem kaputt und zerstörte unsere wohldurchdachten Lohn- und Arbeitsordnungen. Die moderne Industrie nahm keine Rücksicht, sie zersetzte die achtungswerteste Klasse der bürgerlichen Gesellschaft: nämlich die Handwerker! Die moderne Industrie verdrehte vielen den Kopf, so dass sie ihren ehrlichen Beruf vernachlässigten, nach Höherem strebten und dann zugrunde gingen.

Abegg: Dass Herr Vest so klagt, begreife ich, er und seinesgleichen waren zum Untergang bestimmt, weil sie sich nicht anpassen konnten. Was haben diese nicht alles unternommen, weil sie die Zeit anhalten wollten. Ihre überholte Zunftordnung hinderte sie daran, richtige Erträge zu erwirtschaften. Das Zunftregiment und überhaupt unsere Regierungsform befanden sich in einem höchst schädlichen Gegensatz zu den Entwicklungsbedürfnissen des neuzeitlichen Kapitalismus. Da durfte ein Bürstenmacher nicht zugleich Kammacher, ein Küfer nicht zugleich Kübler, ein Degenschmied nicht auch Messerschmied sein, die Friseure mussten das Rasieren dem Chirurgen überlassen. Auf dem Basler Markt durfte vor 10 Uhr niemand gezogenes Hanf kaufen, ausser die Seilermeister des Kantons. Ihr schriebt Euch die Zahl der Lehrlinge vor, verlort Euch in kleinlichem Zank. Die Hutmachter klagten gegen die Sattler, weil diese ebenfalls Tschakos anfertigten. Warum diese Schranken? Warum kein Wettbewerb? Im Appenzell beispielsweise hatte sich die Gewerbefreiheit völlig bewährt. Von Kaspar Zellweger hörte ich, wie da erfolgreich eine Fabrik von Hornkämmen angelegt worden war. Jedes Gewerbe hätte sich doch schnell zu einer Fabrikation umwandeln können . . .

Vest: Und dabei unseren altbürgerlichen Lebenszusammenhang zerstören können. Damit wurde wohl der Geldfluss, aber auch die Verschwendung angekurbelt. Ich rede hier nicht nur als Zünftler und Städter. Wie sah's denn draussen auf dem Land aus? Auch dort wurden die Fundamente des Lebens zerstört. Der Weg, sich durch ländlichen Fleiss und ländliche Arbeitsamkeit in unserer Mitte zu einer selbständigen, häuslichen Existenz zu erheben, wurde für eine sehr grosse Volksmenge immer schmaler und enger gemacht.

Abegg: Sie predigen den Verzicht. Wir waren und sind für den Fortschritt und die Freiheit, die den Wohlstand herbeiführt. Wir haben in unserem Betrieb schon 1831 eine Kranken-, Invaliden- und Sterbekasse eingeführt, später schufen wir eine Suppenanstalt für unsere Arbeiter. Ohne Geld sind keine Sozialleistungen möglich.

3.3 **Landwirtschaft und Pauperismus**

Die Mehrheit der Bevölkerung war um 1830 noch immer in der Landwirtschaft tätig, einer Landwirtschaft, die in diesen Jahren ebenfalls einen tiefgreifenden Wandel erfuhr. Die landwirtschaftliche Arbeit wurde rationalisiert und zum Teil mechanisiert. Die Bodennutzung erfuhr entsprechend eine Intensivierung. Eine rationellere Bewirtschaftung des Bodens wurde möglich, nachdem auch die alte Regelung der Dreifelderwirtschaft aufgehoben worden war. Die Zehnten, das heisst die Naturalsteuer, wurde in Schulden umgewandelt, die mit Geld nach und nach abgelöst werden konnten, wie dies heutzutage mit Hypotheken möglich ist. Auf diese Weise konnten sich die Bauern mit der Zeit vom Zehnten befreien. Eine weitere Änderung: Man lernte den Wert des Stallmists kennen und begann deshalb, das Vieh auch den Sommer über im Stall zu füttern.

Loblied auf den Stallmist
Der deutsche Experte Johann Nepomuk Schwerz: Die Zubereitung und, ich kann wohl sagen, die Fabrikation dieser köstlichen Substanz scheint mir in keinem Lande, das ich kenne, oder von dem ich etwas gelesen habe, so wohlverstanden und gut betrieben zu sein, als in einem Teile der Schweiz, namentlich in dem Kanton Zürich.

Der Getreideertrag wurde zwar gesteigert, doch die Bauern stellten mehr und mehr auf Viehwirtschaft um. Das Kornland begann zu vergrasen, aus einem gelben Mittelland wurde mehr und mehr auch ein grünes Mittelland. Dies hatte einen Anstieg der Milchproduktion zur Folge, und dies wiederum eine Ausdehnung der Käseproduktion, die vormals bloss auf den Alpen betrieben worden war. Es entstanden die sogenannten *Talkäsereien*. Der Schweizer Käse wurde nun im grossen Umfang zur Exportware. Er gelangte vor allem nach Deutschland und Italien. Frankreich war durch Schutzzölle gesperrt.

Trotz der verschiedenen Fortschritte war die Landwirtschaft nicht in der Lage, die schnell wachsende Bevölkerung zu ernähren. Auch die aufkommende Industrie konnte nicht die gesamte Überbevölkerung absorbieren. Was geschah mit ihr?

Ein Teil wanderte aus, doch davon wird erst später die Rede sein. Ein anderer Teil zog als heimatloses Landproletariat bettelnd und stehlend durch das Land. Es gab eigentliche Bettlerrouten. Eine führte zum Beispiel von Bern über Biel nach Neuenburg und zurück nach Bern. Der Staat musste sich mit dieser Massenarmut beschäftigen. Der Kanton Waadt führte zum Beispiel eine umfassende Abklärung durch. Die Untersuchung kam zum Schluss, dass 18926 der 177938 Kantonsbürger armengenössig waren, also über 10 Prozent. Während städtische Distrikte wie Lausanne, Vevey, Nyon durchschnittlich nur 6–7 Prozent Arme aufwiesen, lagen viele Landbezirke bei einem Durchschnitt von 15–20 Prozent und erreichten die für Grossbritannien typische Ziffer von einem Armen auf fünf Bewohner. Von den rund 19000 Waadtländer Armen waren annähernd 40 Prozent unter 16 Jahren, und von ihnen lebte mehr als ein Viertel ausserhalb der Familie.

Ehemalige Talkäserei in Kiesen bei Thun, heute Nationales Milchwirtschaftliches Museum.

Jeremias Gotthelf über die Milchschwemme
Sobald das Vieh im Stalle war, gab es Dünger, dicken und dünnen, fleissig und verständig ward er angewandt, die Felder trugen alle Jahre mehr ab. Das urbare Land erweiterte sich (. . .) ebenso mehrte sich der Viehstand und namentlich die Kühe. (. . .) Mit den Kühen mehrte sich die Milch, denn es greift alles ineinander, und eines entsteht aus dem andern auf gar seltsame Weise, und oft so fein, dass das menschliche Auge die Fäden nicht einmal sieht, viel feiner als Kühe und Milch (. . .) Man hatte Milch bis über die Ohren, manches Weib ertrank fast darin, manches Weib schüttete (sie) ins Mistloch (. . .), die anständigeren Schweine aus bessern Häusern lebten fast von lauter Nidle (. . .) Man kam auf den Gedanken, ob die Milch von Kühen, welche mit Gras aus Ställen gefüttert würden, nicht ebensogut zum Käsen tauge als die Milch von Kühen, welche auf Alpen zur Weide gingen. Da Gedanken unsichtbar sind, so kann man nicht sagen, wem er zuerst kam. (Die Käserei in der Vehfreude, 1850).

Gemeinnützige Gesellschaften und Wohltätigkeitsvereine bemühten sich, mit tatkräftiger Hilfe – Sammlungen und Gründungen von Armenerziehanstalten –, aber auch mit wissenschaftlichen Studien, dem Armenproblem Herr zu werden. Der Pauperismus, wie man die Verelendung auch nennt, blieb jedoch ein Massenphänomen, bis die Industrialisierung in der zweiten Häfte des 19. Jahrhunderts zusätzliche Arbeitsplätze schuf – und zugleich in ihrer ersten Phase eine weitere Form von Armut mitverursachte.

Porträts von Heimatlosen.

Eine zeitgenössische Stimme zur Massenarmut
Neu an dieser Armut ist, dass sie erblich ist. Die Kartoffelehen, wie man die Ehen der Unterstützungsbedürftigen auch nennt, sind die Kessel, in denen die Armut gebraut wird und aus denen immer grössere Ströme armer Menschen fluten. Darum müssten wir den Armen das Heiraten so schwierig wie möglich machen.

3.4 **Binnenzölle und Dampfschiffe**

Mit dem Aufschwung von Industrie und Handel erlebte auch das Transportwesen einen eindrücklichen Aufschwung. Gegen aussen war die Schweiz durch keinen richtigen Zollschutz abgeschirmt. Im Inneren hingegen wurden der Handel und der Durchgangsverkehr durch über 400 Binnenzölle, die von den Kantonen und sogar von Gemeinden erhoben wurden, auf Schritt und Tritt erschwert. Wertvolle Zeit ging beim Abwickeln der Zollformalitäten verloren. Die Ware musste gewogen, zuweilen sogar umgeladen werden. Auch wegen der Öffnungszeiten der Zollbüros ergaben sich oft längere Wartezeiten.
Diese Zollgebühren waren in manchen Kantonen die einzigen Einnahmequellen, nötige Einkünfte, um das Strassennetz auszubauen und zu unterhalten und um die Unkosten des Armenwesens zu finanzieren.

Freundnachbarliche Wegsperrung oder Kantönligeist (Karikatur von Friedrich Walthard).

Luzern	Graubünden	Tessin
12 fl.	13 3/5 fl.	34 Lire
10 fl. 5 ß.	10 fl. 32 ß.	28 Lire 13 3/4 S.

Ausschnitt aus einer grossen Umrechnungstabelle.

Hinweis auf Wegzoll an der Bündner Zollgrenze zu Beginn des 19. Jahrhunderts «. . . solchen abzuweren ist bey Hoher Straff verbotten.»

Die verschiedensten Längen-, Hohl- und Gewichtsmasse

Eine im Auftrag der Tagsatzung durchgeführte Erhebung ergab beispielsweise die folgenden Wartezeiten: Lenzburg 1/4 Stunde, Murgenthal 2–6 Stunden, Aarberg 1 1/2 Stunden, Gümmenen 2 Stunden, Lausanne ca. 6 Stunden. Der Versuch, an der Handelsstrecke Rorschach-Genf die Zollschranken abzubauen, scheiterte am Egoismus und der Einsichtslosigkeit der Kantone – scheiterte mit anderen Worten am Kantönligeist.
Zum Wirrwarr der zahlreichen Zollverordnungen kam der Wirrwarr der Mass- und Währungseinheiten. Die Schweiz hatte elf verschiedene Ellenmasse und eine Unmenge verschiedener Masse für Getreide und Flüssigkeiten. Im Münzwesen herrschte dieselbe Vielfalt: Der *Louis d'or* galt in Graubünden 13 3/5 Gulden à 70 Blutzger oder 60 Kreuzer, in Luzern 12 Gulden à 40 Schillinge, im Tessin 34 Lire à 20 Soldi austriaci. Eine Umrechnungstabelle aus einem Reisehandbuch von 1818 erteilte den weisen Rat: Der Reisende muss bei seinem Eintritte in die Schweiz, wenn er im Lande eine Tagreise beginnen will, vorher auf der Karte nachsehen, durch wie viele und welche Kantone der Weg geht, um zu wissen, welcherlei Münzen er bedürfe, und diejenigen, welche er schon gebraucht, oder erst noch brauchen wird, dort, wo sie hoch verpönt sind, recht verborgen halten.
Wen wundert es, dass unter diesen Umständen der internationale Handelsverkehr die Schweiz mied und wenn möglich umfuhr. So sparte man Gebühren und, was noch wichtiger war, Zeit! Selbst die einheimischen Kaufleute zogen ausländische Routen vor, auf denen zwar ebenfalls Weggebühren zu bezahlen waren, aber keine Binnenzölle erhoben wurden. Die St. Galler zogen den Brenner dem Lukmanier oder dem Gotthard vor; für die Basler und Genfer

Die bürokratischen und steuerlichen Behinderungen standen im Gegensatz zu den Bestrebungen, durch die Verbesserung der Verkehrswege, durch den Bau sogenannter Kunststrassen und Brücken den Handelsverkehr zu fördern. Hier die Simplonstrasse .

erwies sich der Umweg durch das Ausland als vorteilhaft. Der Transport von Basel nach Genf dauerte länger als der Weitertransport von Genf nach Genua. Die bürokratischen und steuerlichen Behinderungen standen im Gegensatz zu den Bestrebungen, durch die Verbesserung der Verkehrswege, durch die Errichtung sogenannter Kunststrassen und durch den Bau von Brücken den Handelsverkehr zu fördern.

Der Wassertransport – auf Seen wie Flüssen – behielt seinen wichtigen Platz. Den Segelschiffen drohte allerdings ein gefährlicher Konkurrent: das Dampfschiff. 1823 wurde auf dem Genfersee das erste Dampfschiff in Betrieb genommen, wenige Jahre später von *Escher-Wyss* das erste schweizerische Dampfschiff gebaut.

Wer die Alpen überqueren wollte, war nicht mehr auf die schmalen Saumpfade angewiesen, er konnte jetzt befahrbare Strassen benützen, zum Beispiel über den Simplon, den Gotthard, den Splügen. Die Alpen wurden aber auch für den Tourismus erschlossen.

3.5 **Alpentourismus**

Rigi-Kulm war das Mekka des jungen Alpentourismus. Das Gästebuch verzeichnete 1816 294 Gäste, davon waren über ein Drittel Engländer. 1827 zählte man 1489 Gäste, und 1870 wurde die Rigi von 40000 Personen zu Fuss, zu Pferd und in Tragsesseln erstiegen. Eine zeitgenössische Tafel wies die Besucher an: «From this unique vantage point you can enjoy the most fascinating light and colour effects!» Auf der Rigi, dem schweizerischen Olymp, konnte man sich dem faszinierenden Lichtzauber hingeben – unten im Tal jedoch wuchsen die Spannungen zwischen den voranschreitenden und den konservierenden Kräften. Die 1815 festgelegte Staatsordnung passte immer weniger zu der Gesellschaft, denn diese hatte sich inzwischen durch die Entwicklung in Industrie, Landwirtschaft und Handel stark verändert.

Das erste Dampfschiff in der Schweiz, 1823
Der Amerikaner *Church*, Konsul der Vereinigten Staaten in Frankreich, liess das erste Dampfschiff der Schweiz auf dem Genfersee erbauen und gab ihm den Namen *Wilhelm Tell*. Ein zeitgenössischer Bericht hält fest: «Als der *Wilhelm Tell* diese Rundfahrt zum ersten Mal machte, war das Erstaunen der Uferbewohner beim Anblick dieser neuen Schiffahrt ohne Segel und Ruder grenzenlos. Alles eilte herbei und bezeugte durch Geschrei und tausend Demonstrationen seine Überraschung; wenig fehlte, so hätte man über Hexerei gezetert. Manche glaubten, der Teufel einzig könne diese wunderbare Maschine treiben; man sah an gewissen Orten manche sich bekreuzen, den Gottesdienst verlassen, sogar einen von seinen Pfarrkindern verlassenen Priester ans Ufer eilen. Man sah auch Schiffer, wie sie, um den Vorzug der neuen Schiffahrt zu verkleinern, dem *Wilhelm Tell* mit Rudern folgen wollten; aber schon in zwei Minuten liess er sie weit hinter sich. Da liessen sie die Ruder fahren und folgten bewundernd seinem Laufe mit den Blicken.»

Hymnus auf das Dampfboot
Aus der Pionierzeit des Dampfschiffes und den Jahren des schwärmerischen Fortschrittglaubens stammt das folgende Lied von Adam Friedrich Molz, 1826 gedichtet anlässlich «der ersten Beschiffung des Bielersees mit einem Dampfboot» auf die Melodie «Auf, auf, ihr Brüder, und seid froh».

Willkomm, willkomm, zum ersten Mal
Im schönen See von Biel;
Du Wunderwerk der Geisteskraft,
Die Grosses durch den Menschen schafft:
Wir jauchzen dir zum Ziel!
Rausch mächtig her und vogelschnell
Durch die erstaunte Fluth!
Dir sind, auf ungehemmter Bahn,
Die Elemente unterthan:
Luft, Woge, Feuersgluth.
Und du, in freier Seen Schoss,
Gar freundlich ausgeschmückt,
Du bringst dem Kaufmann Gut und Geld,
Der Wandrer schauet Gottes Welt
An deinem Bord, entzückt.

Sonnenaufgang

LEVER DU SOLEIL – SUNRISE

1. Mai 5^{11}	1. Juni 4 [illegible]	1. Juli 4^{34}	1. August 5^{04}	1. September 5 [illegible]	1. Oktober 6^{23}
6. Mai 5^{04}	6. Juni 4 [illegible]	6. Juli 4^{38}	6. August 5 [illegible]	6. September 5 [illegible]	6. Oktober 6^{30}
11. Mai 4^{56}	11. Juni 4 [illegible]	11. Juli 4^{42}	11. August 5^{17}	11. September 5 [illegible]	11. Oktober 6^{36}
16. Mai 4^{50}	16. Juni 4^{30}	16. Juli 4^{46}	16. August 5^{23}	16. September 6^{04}	16. Oktober 6^{44}
21. Mai 4^{44}	21. Juni 4^{30}	21. Juli 4^{51}	21. August 5^{30}	21. September 6^{10}	21. Oktober 6^{52}
26. Mai 4^{40}	26. Juni 4 [illegible]	26. Juli 4^{56}	26. August 5^{36}	26. September 6^{17}	26. Oktober 6^{58}
31. Mai 4^{36}		31. Juli 5^{03}	31. August 5^{43}		31. Oktober 7^{06}

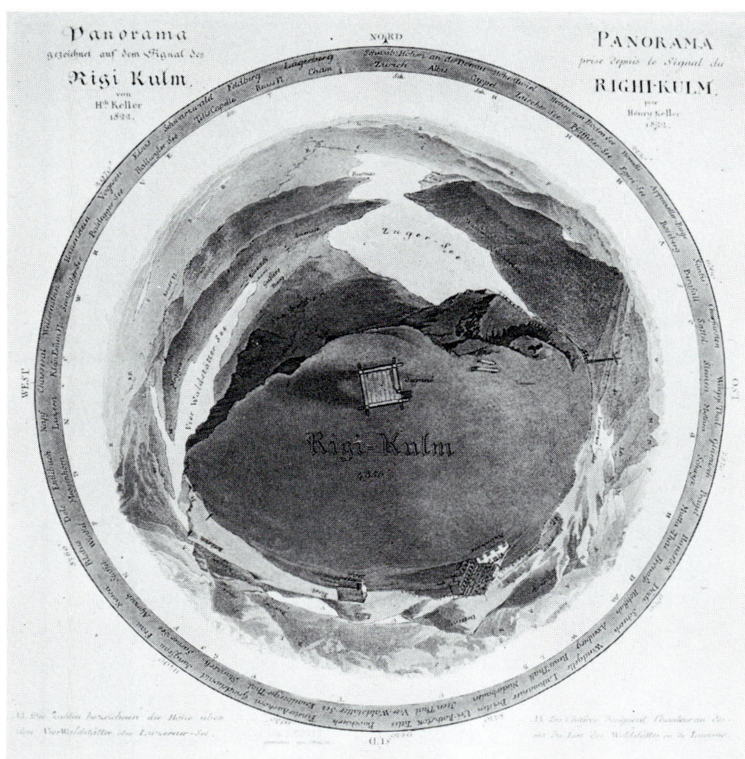

Der Besuch in der Sennhütte, um 1820 (Ch. Meichelt nach G. Danzer).

Die Schweizer – ein Volk von Hirten?
Die Touristen, fast ausschliesslich wohlhabende Ausländer, interessierten sich für die bereits in der zweiten Hälfte des 18. Jahrhunderts durch den Geist der Aufklärung im Ausland bekanntgemachte Schönheit der Berglandschaft. Sie interessierten sich aber auch für die Sitten und Gebräuche des Hirtenvolkes und liessen sich gerne die archaischen Produktionsmethoden der Alpkäsereien vorführen.

3.6 Das junge Vereinswesen

Trotz der Restauration von 1815 wirkte das Erbe der Aufklärung fort. Als freiheitlich gesinnte, *liberale* Bewegung rang es der *konservativen* Vorherrschaft immer mehr Terrain ab. Der Liberalismus war nicht eine rein ideelle Bewegung, er hatte auch die aufstrebenden wirtschaftlichen Kräfte auf seiner Seite – war weitgehend mit diesen identisch. Er forderte Handels- und Niederlassungsfreiheit, also die Abschaffung der 1815 wieder eingeführten Zunft- und Marktmonopole. Und er forderte Versammlungs- und Meinungsäusserungsfreiheit, die Öffentlichkeit der politischen Debatten. Das bedeutete die Öffnung der Parlamente und vor allem die Garantie der Pressefreiheit.
Bereits in der Ära der Restauration entwickelte sich eine öffentliche politische Kultur, die im Gegensatz zum anfänglich vorherrschenden Geist der Konservativen stand und gewissermassen eine erweiterte Fortführung der kleinen Bildungsgesellschaften des 18. Jahrhunderts war. Es entstanden Kunstvereine, Musikvereine, Sängervereine, Turnvereine, Historische Vereine, Schützenvereine. Ihre wesentliche Leistung bestand darin, dass sie am Ort, wo sie wirkten, eben eine politisch bedeutsame Öffentlichkeit herstellten und dass sie sich im Laufe der Jahre in gesamtschweizerischen Dachorganisationen verbanden. Damit wurden sie zu mächtigen Förderern des gesamtschweizerischen Nationalbewusstseins und zu Wegbereitern des Bundesstaates. In diesen Vereinen versam-

Schützenlied
(nach Melodie: Wir fühlen uns zu jedem Tun entflammt)
Als Vater Tell der grosse Held und Schütze
Von Sohnes Haupt den Apfel schoss,
Da zuckte von des gleichen Pfeiles Spitze
Ein Schauer durch den Fürstentross.
Brüder, so bebet vor zischendem Blei
Jetzt noch, wie damals, die Tyrannei.

Zweckbestimmung des 1824 in Aargau gegründeten eidgenössischen Schützenvereins
Ein Band mehr zu ziehen um die Herzen der Eidgenossen, die Kraft des Vaterlandes durch Eintracht und nähere Verbindung zu mehren und nach eines Jeglichen Vermögen gleichzeitig zur Förderung und Vervollkommnung der schönen, sowie zur Vertheidigung der Eidgenossenschaft höchst wichtigen Kunst des Scharfschiessens beizutragen: das mag der Zweck des eidgenössischen Schützenvereins sein.

melten sich die auf Veränderung drängenden Bürger. Neben der Wirtschaft war auch der Patriotismus in jener Zeit eine zukunftorientierte Kraft.

1821 entstand der *Sempacherverein*. Jedes Jahr veranstaltete er an einer anderen historischen Stätte der Eidgenossenschaft eine patriotische Gedenkveranstaltung. Auf diese Weise sollten die Zeitgenossen ermuntert werden, ähnliche Heldentaten zu vollbringen wie ihre Vorväter, wenn das Vaterland dazu aufrufen sollte. Der Geistliche, der 1826 in Sempach die Ansprache hielt, vertrat offenbar Auffassungen, die von einem Teil der Zuhörerschaft als zu konservativ taxiert wurden. Der Redner soll nämlich gegen die Aufklärungsgedanken und gegen die Idee der Volksbildung gepredigt haben, und zwar mit dem Argument, dass Tell und Winkelried Helden geworden und auch nicht zur Schule gegangen seien. Angehörige der Studentenverbindung *Zofingia* nahmen an dieser Feier teil. Ihnen war aber verwehrt worden, zum Lob von Freiheit und Vaterland das Wort zu ergreifen. Als Störenfriede mussten sie durch die Polizei vom Platze verwiesen werden. Die erboste Jugend führte dann mit einer ‹alternativen› Veranstaltung eine eigene Vaterlandsfeier durch.

In der 1819 gegründeten *Zofingia* waren Studenten vereinigt, die mit dem Regime der Restauration unzufrieden waren und ein fortschrittliches Vaterland wünschten; ein Land, das gegenüber dem konservativen Ausland mutiger auftreten, geeinigt und nicht vom Kantönligeist beherrscht sein sollte. Die Zofinger trugen anfänglich keine äusseren Kennzeichen und legten Wert darauf, nicht mit den deutschen Burschenschaften gleichgesetzt zu werden.

Im Juli 1830 wurde das fünfte gesamtschweizerische *Schützenfest* – damals nannte man es Freischiessen – in Bern durchgeführt. Das Treffen begann mit einer Verstimmung, weil das Berner Patriziat anfänglich sämtliche Lieder und Trinksprüche dieses Festes einer schriftlichen Vorzensur unterwerfen wollte. Schliesslich konnte aber die eidgenössische Eintracht wieder hergestellt werden. Die

Statuten der 1819 gegründeten Zofingia
Art. 1: Der Zofinger-Verein hat zum Zweck das Wohl des Vaterlandes.
Art. 2: Er knüpft zwischen den Studierenden der verschiedenen Teile der Schweiz Bande der Freundschaft und Verbrüderung zur Begründung eines nationalen Sinnes und zur Erwerbung der Tugenden und Kenntnisse, deren sie wegen ihres Zweckes bedürfen.

Feurige Reden in Bern 1830
(nach zeitgenössischem Bericht von M.A. Feierabend) Da war es, wo der edelste und reinste Republikaner der Schweiz, Landammann Sidler von Zug, den schweigenden Gefühlen in der heiligsten Begeisterung seiner freimüthigen, von Liebe zum Vaterlande und seiner Unabhängigkeit durchglühten Rede Luft machte und die grosse Ahnung über die künftige Bedeutung dieser Schützenfeste die gerührten Gemüther der horchenden Eidgenossen durchzog. Sidlers Wort galt der Freiheit des gesammten Vaterlandes, seiner kräftigen Haltung nach Aussen, dem Feuer, das der Schütze in seiner Büchse entzündet und unter die Feinde schleudern würde, dem Feuer, das er mannhaft für die Nation in der Brust bewahrt. Ein Zeitungskorrespondent jener Zeit glaubt, es werden ein Paar Diplomaten während der Rede den Essig am Salat etwas scharf gefunden haben.

Eidgenössisches Schützenfest in Bern 1830.

Tagsatzung bewies, dass sie dem Volk nicht fremd war, indem sie am grossen Schützenmahl teilnahm. Besonders herzlich waren Begrüssung und Freundschaftsbezeugungen unter den Schützen der vormaligen bernischen Untertanengebiete – der Waadt und des Berner Aargaus. Die Waadtländer hatten ihren aargauischen Brüdern bereits ein Fässchen ‹gute Landeskraft› entgegengesandt, um sie zu grüssen und deren Reisedurst zu stillen. Aus allen Teilen des Landes wurden für den Gabentempel grosszügige Beiträge gestiftet; aus den entferntesten Alpentälern, wie zeitgenössische Quellen berichten, trafen gewaltige Laib Käse und schmucke Rinder ein. Abgesehen von den Gaben konnten die Schützen als Ausweis und Erinnerungsstück ihre Ehrenmeldungen nach Hause tragen. In diesen Tagen wurden etwa 130000 Schüsse verschossen.

Auseinandersetzungen in der Öffentlichkeit

Im Kampf um die bürgerlichen Freiheiten nahm der Kampf um die Pressefreiheit eine besonders wichtige Stellung ein. Die Presse war anfänglich einer strengen Zensur unterstellt oder überhaupt nicht zugelassen. Uri, Unterwalden und Wallis, aber auch das urbane Genf verboten noch in den zwanziger Jahren das Herausgeben von Zeitungen. Auch Basel verfügte 1823, nachdem es von den lieben Miteidgenossen gemahnt worden war: «Zur Vermeidung jeglicher Unannehmlichkeiten ist die Herausgabe von Zeitungen in Basel verboten.» Die untenstehende Karikatur auf das Luzerner Pressegesetz von 1829 dokumentiert den damaligen Gegensatz: Der Zeichner war ein Angehöriger der Liberalen, die Gezeichneten waren Angehörige der konservativen Partei. Die Veröffentlichung solcher Karikaturen lösten Reklamationen aus, auch Proteste des Auslands. Die Schweiz hatte sich den fremden Mächten gegenüber verpflichtet, in ihrem eigenen Gebiet keine solchen Angriffe auf die Ordnung der Restauration zu dulden. Doch auch die Gegenseite, das Lager der Konservativen, polemisierte mit Karikaturen. Diese Produkte dürften die freudige Zustimmung der Mächte gefunden haben. Der Konservative David Hess – wir kennen bereits seine Karikaturen auf die Helvetik – zeichnete 1831 den liberalen Zeitgeist als Teufel, weil er die starke Stellung der Kirche in Frage stellte, für Volkssouveränität eintrat und Pressefreiheit forderte. Eine ganz besondere Aufmerksamkeit genoss die liberale Appenzeller-Zeitung: Sie wurde als ‹Unrath› bezeichnet.

Ein Denkmal der Konservativen

Während man in Sempach das Andenken an einen Verteidigungskrieg pflegte und mit der Erinnerung an den früheren Sieg gegen das alte zum Widerstand gegen das neue Österreich ermunterte, wollte das auf Initiative des Obersten Carl Pfyffer von Altishofen 1821 in Luzern errichtete Löwendenkmal eine andere Form des alteidgenössischen Kriegertums ehren: das Söldnerwesen, das sich in den Dienst der absolutistischen Monarchien gestellt hatte. Der liberalen Schweiz war dieses Monument restaurativen Geistes ein Ärgernis. Die Luzerner *Zofingia* boykottierte die Denkmaleinweihung und fuhr demonstrativ nach Küssnacht in die Hohle Gasse, um dort des Tyrannenmörders Tell zu gedenken. Im Kreise der *Zofingia* soll ferner erwogen worden sein, dem steinernen Löwen nächtlicherweise eine Tatze abzumeisseln.

3.7 **Die Juli-Revolution**

Ein liberaler Gesinnungsfreund aus Deutschland
Hier sehe ich zum ersten Mal ein freies Volk, das sich selbst bewacht. Wenn solches in Paris, München oder Wien geschähe, müsste die Armee eingriffsbereit aufgestellt sein. Fahren Sie so fort, meine lieben Schweizer! Sie haben eine schöne, grosse Aufgabe.

Im Juli 1830 erhob sich die Pariser Bevölkerung zum bewaffneten Kampfe, nachdem König Karl X. die Pressefreiheit abgeschafft, das Parlament aufgelöst und eine den Erwartungen widersprechende Wahlverordnung erlassen hatte. Die alte Bourbonenmonarchie wurde weggefegt. Louis Philippe bestieg als Bürgerkönig den Thron, revidierte die Verfassung und führte eine Liberalität ein, die vor allem dem unternehmerischen Bürgertum entgegenkam. Diese Ereignisse wirkten sich auch auf die benachbarten Länder aus: auf Belgien, Italien, Deutschland und selbst auf das ferne Polen. Und einmal mehr beschleunigten diese ausländischen Vorkommnisse auch die Vorgänge in der kleinen Schweiz. Wie aber schon bei der Helvetischen Revolution von 1798 festgestellt worden ist, konnte der Einfluss nur wirken, weil die inneren Verhältnisse dafür empfänglich waren. Wie eigenständig der schweizerische Liberalismus war, zeigt das Beispiel des Tessins. Noch vor Ausbruch der Pariser Unruhen hiessen die Tessiner Bürger bereits am 4. Juli 1830 einen liberalen Verfassungsentwurf gut; und die anschliessenden Neuwahlen sollten eine liberale Mehrheit ergeben. Noch heute erinnert ein Denkmal im *Palazzo Civico* von Lugano an diesen historischen Moment. Seine Inschrift lautet: «Die Herrschaft der Wenigen räumt den Platz der Gleichheit, der Missbrauch weicht vor der Ordnung und dem Gesetz und die besiegte Diktatur unterwirft sich der Volkssouveränität.»
Wenige Wochen und Monate später fanden in anderen Kantonen ebenfalls liberale Revolutionen statt. Sie eröffneten eine neue Ära: die der *Regeneration*. Der deutsche Emigrant Ignaz Paul Vital Troxler, der seit 1819 in der Schweiz lebte, frohlockte in einem von der *Appenzeller-Zeitung* am 14. August 1830 veröffentlichten Artikel: «Irret nicht! das Jahr 1814 ist vorüber, was damals ging, geht jetzt nicht mehr. Wir sind um 16 Jahre älter und um manche Erfahrung reicher. Wir zählen 1830. Mitternacht ist vorbei, der Tag bricht an. Die Eule flieht ächzend in die Finsterniß des Waldes und der Mensch wacht auf und begrüsst mit Wonneschauer die aufgehende Sonne der Humanität.»

Revolutionsdenkmal im Palazzo Civico
1938 von José Belloni geschaffen. Der Künstler lebte in Montevideo, sein Vater war wie zahlreiche andere Tessiner in der zweiten Hälfte des 19. Jahrhunderts ausgewandert, vgl. Teil 9.6.

Hinweise auf weiterführende Literatur
Arbeitsalltag und Betriebsleben. Zur Geschichte industrieller Arbeits- und Lebensverhältnisse in der Schweiz. Zürich 1981.
Rudolf Braun: Sozialer und kultureller Wandel in einem ländlichen Industriegebiet im 19. und 20. Jahrhundert. Zürich 1965.
Jürg Brühwiler: Der Zerfall der Dreizelgenwirtschaft im schweizerischen Mittelland. Zürich 1975.
Pio Caroni: Zur Bedeutung des Warentransportes für die Bevölkerung der Passgebiete. In: Geschichte der Alpen in neuer Sicht. Basel 1979.
Pierre Caspard: La Fabrique-Neuve de Cortaillod. Entreprise et profit pendant la révolution industrielle 1752–1854. Fribourg 1979.
Beat Henzirohs: Die eidgenössischen Schützenfeste 1824–1849. Freiburg (Diss. 1976).
Albert Tanner, Spulen–Weben–Sticken. Die Industrialisierung in Appenzell Ausserrhoden. Zürich 1982.

Die Revolution erreicht die Rigi
Der deutsche Emigrant Ludwig Snell, Lehrer, Publizist, später Professor in Zürich und Bern, verbrachte im Juni 1830 mit seinem Bruder, dem Rechtsgelehrten Wilhelm Snell, und einer Schar jüngerer Freunde einige Tage auf der Rigi. Dazu ein zeitgenössischer Bericht:
Mitten in dieses fröhliche Gewimmel traf auf einmal die Nachricht von dem Ausbruch der Julirevolution. Man kann sich leicht den Enthusiasmus denken, mit welchem das grosse Ereignis von dieser nicht unbedeutenden Schaar geschäftloser, politisch aufgeregter Männer begrüsst wurde. Sogleich wurden von den Zürchern regelmässige Staffetten nach Zug und Luzern und Korrespondenzen nach Zürich organisiert (...) Auf dem Staffel wurde eine förmliche Rigizeitung auf drei großen Schiefertafeln zum Frommen der Reisenden, deren Zahl in jenem Sommer ungewöhnlich gross war, eingerichtet. Die französische Redaktion besorgte Ulrich, die englische L. Snell und die deutsche W. Snell. Viele vornehme Engländer, meistens Torys und Franzosen, die unmittelbar vom Gotthard herab auf den Rigi kamen, erhielten durch diese Zeitungen die erste Kunde von den Vorfällen in Paris. Possierlich waren die langen Gesichter und die starren Blicke, mit welchen die meisten Fremden vor den schwarzen Tafeln wie vor dem Tribunal des Rhadamanthus standen; oft wurde die Kreideschrift ausgewischt und mensonge hingekratzt, dann aber sogleich wieder erneuert und wenn den Ungläubigen von Ulrich und Snell allen Ernstes bedeutet wurde, daß alles buchstäblich wahr sei, so eilten sie, wie von einem bösen Geiste getrieben, den Berg hinab. Nachdem einst L. Snell einen englischen Lord von der Wahrheit der Berichte überzeugt hatte, rief dieser aus: «Jetzt muß ich fort nach England, der Teufel wird dort auch bald eintreffen.»

Hans Ulrich Jost
(Universität Lausanne)

Eine neue Sicht der Restauration

Unter dem Einfluss einer vor allem politisch geprägten Geschichtsschreibung erschienen die ersten dreissig Jahre des 19. Jahrhunderts als rückschrittlich, d.h. als «restaurativ». Damit war man allerdings einer Sichtweise verhaftet, die nur die äusserste Oberfläche jener Zeit berührte. Bei einer die sozialen und ökonomischen Aspekte berücksichtigenden Betrachtung erscheint uns diese «Restauration» geradezu als Phase tiefgreifender Modernisierung, die entscheidend den Durchbruch der Schweiz zur Industrienation vorantrieb. Es war die Zeit der ersten Welle der Fabrikgründungen, der Erschliessung wichtiger Transportwege, des Einsatzes der ersten Dampfschiffe. Die grösseren Städte, auch wenn sie noch verbissen an ihren unnütz gewordenen Stadtmauern festhielten, gingen durchaus an die Modernisierung der Verwaltung des Landes und öffneten zudem im Innern jene sozialen Räume (Promenaden, Theater, Museen, Gesellschaftshäuser, Zeitungen, Kassen), die zu den wichtigsten Aufmarschgebieten des neuen Bürgertums zu zählen sind. Und schliesslich ermöglichte die Reorganisation der Akademien die Ausbildung jener Intelligenz, die dann nach 1830 im nachhinein jenem Wandel politisch Ausdruck gab, den man, geblendet vom Diskurs eines K. L. von Hallers, beiläufig zu übersehen pflegte.

Ob im richtigen Moment jeweils die Bürgerschaft zusammenströmt und sich die nötigen Wortführer einfinden? Verschiedene Schübe der schweizergeschichtlichen Entwicklung sind von Volksbewegungen ausgelöst und getragen worden, so auch der ‹zweite Anlauf› von 1830. Hier die Volksversammlung vom 22. Wintermonat 1830 in Uster, an der 12000 Menschen teilgenommen haben sollen.

Teil 4

Der zweite Anlauf
1830–1847

1830/31 trat die Landbevölkerung an verschiedenen Orten der Schweiz zu sogenannten Volkstagen zusammen: in Weinfelden (Thurgau), in Wohlenschwil (Aargau), in Sursee (Luzern), in Uster (Zürich), in Wattwil und Altstätten (St. Gallen), im solothurnischen Balsthal, in Fribourg und Lausanne, im bernischen Münsingen und im Unterwallis. Sie protestierte mit kraftvollen Demonstrationen gegen die rechtliche Zurücksetzung, die sie 1815 gegenüber den herrschenden Familien der Hauptorte wieder hatte hinnehmen müssen. Diese Bewegungen überwanden – zum Teil für immer und vollständig, zum Teil nur momentan – die Zeit der *Restauration* und leiteten die Zeit der *Regeneration* ein.

4.1 Die liberalen Volksbewegungen

Durch die Juli-Revolution, die vor allem die französische Monarchie, aber auch die Regime anderer Länder erschüttert hatte, wurde die Position der liberalen Kräfte schlagartig verbessert. Aktiv waren die schweizerischen Liberalen schon längst gewesen – als Erbwalter der von der Helvetischen Republik hinterlassenen Ideale und als Kräfte, die aus wirtschaftlichen Motiven sozusagen zwangsläufig in Opposition zum engen System der Restauration gerieten und darum den zweiten Anlauf vorbereiteten. Wie schon vor 1798 wurde auch diese Bewegung von der ländlichen Oberschicht geführt: von Advokaten, Müllern, Wirten, Lehrern. Im Kanton Solothurn trat der Oltener Stadtschreiber und Kaufmann *Josef Munzinger* als Führer der Liberalen auf. 18 Jahre später gehörte er dann dem ersten Bundesrat an. Der führende Kopf der Tessiner war der Lehrer *Stefano Franscini*. Auch er wurde 1848 Bundesrat. Ein dritter künftiger Bundesrat (von ihm wird noch die Rede sein) trat erst etwas später, aber um einiges radikaler auf den Plan: der Nidauer Advokat *Johann Ulrich Ochsenbein*, der aus dem gleichen provinzial-städtischen Milieu stammte.

Der Forderungskatalog, den der Oltener Josef Munzinger 1830 in Balsthal verlas, gibt einen repräsentativen Überblick über die Zielsetzungen der Regenerationsbewegung (vgl. nebenstehende Liste). Die konservative Stadtregierung ging auf diese Forderungen erst ein, als die Liberalen drohten, den Landsturm zu mobilisieren. Der Konflikt zwischen Konservativen und Liberalen war nicht nur ein Stadt-Land-Konflikt, sondern ein Konflikt zwischen Hauptstadt und Provinzialstädten, zum Beispiel zwischen Solothurn und Olten

Aus den Regenerationsforderungen von 1830
1. Die Souveränität des Volkes soll ohne Vorbehalt ausgesprochen werden. 2. Die entworfene Verfassung ist dem Volk vorzulegen. 3. Die Bürger sollen ungeachtet ihres Einkommens wählbar sein. 4. Die Grossratssitzungen sollen öffentlich sein. 5. Zwei Drittel der Vertretung sollen der Landschaft zukommen. 6. Die Lebenslänglichkeit der Aemter soll wegfallen.

Balsthaler Volkstag vom 22. Dezember 1830
Munzinger verliest den Forderungskatalog. (Gemälde von Joachim Senn, vorne rechts hat sich der bekannte Solothurner Maler Martin Disteli porträtiert).

Balsthaler-Lied
(von Johann Lüthy, Oberbuchsiten)

I ha mim Läbe nüt so g'seh,
Si mir uff Balsthal g'fahre.
Die alte Herre vo Solothurn,
Hei g'seit, mir syge Narre,
Dirlumdei und so muess's sein.

Dreitusig stande dört parat,
E jede meint, er chöm zue spat,
Der Munzinger uff der Stäge,
«Dia alte Herre muesse wäg,
Me nimmt se bi de Chräge!»

Ein Hosenlupf mit den Aristokraten
Im Hintergrund die einstürzende Stadtbefestigung Solothurns, Symbol der Standesschranke zwischen Stadt und Land. (Zeichnung Martin Disteli).

Umgehung der kantonalen Pressezensur
Ohne Presse hätte die liberale Bewegung nie stark werden können. Da die solothurnischen Liberalen im eigenen Kanton ihre Meinung nicht frei äussern konnten, publizierten sie ihre Revisionsforderungen ausserhalb des Kantons, zum Beispiel im Aargauer ‹Schweizerbote›, in der ‹Appenzeller Zeitung› und im ‹Nouvelliste Vaudois›. Diese Publikationen mit ihrem liberalen Gedankengut schleusten sie in ihren eigenen Kanton.
Sie kämpften gegen die bestehende Wahlordnung, welche die städtischen und einkommensstarken Bürger begünstigte, sie wehrten sich gegen die einseitige Zusammensetzung der Parlamente, gegen die Aemterhäufung, und sie forderten die Gewaltenteilung.

oder Basel und Liestal. In einigen Landkantonen gab es aber auch *ländliche* Vorherrschaften über benachteiligte Landgebiete. Zum Beispiel im Wallis: Das Oberwallis mit bloss 43 Prozent der Gesamtbevölkerung verfügte über 57 Prozent der Landratssitze und hatte als Minderheit die Mehrheit in der Regierung. Doch die Erschütterungen von 1830 brachten im Wallis zunächst keine Veränderung. Die Regeneration setzte sich im ersten Anlauf in elf Kantonen durch: in Zürich, Bern, Luzern, Solothurn, Freiburg, Schaffhausen, St. Gallen, im Aargau, Thurgau, Tessin und in der Waadt.

Überwundene Spaltung
In Schwyz ist es wegen der parlamentarischen Untervertretung von *Ausserschwyz* nur vorübergehend, vom März 1831 bis zum September 1833, zu einer Kantonstrennung gekommen. Ein Relikt dieser Episode: Das Brustschild «Cant. Schwyz, äusseres Land» wird heute vom Bezirksweibel der March getragen.

‹Sturmbock seiner Zeit›
Ein anderer bekannter Regenerationsführer war Thomas Bornhauser. Nach einer Kindheit in sehr bescheidenen Verhältnissen studierte er Theologie und wurde Pfarrer. Er engagierte sich im jungen Vereinsleben der liberalen Bewegung und in den Verfassungskämpfen von 1830 und 1848. Seinen Mitbürgern rief er zu: «Die Zeit ist gross, Thurgauer! Seid nicht klein!» Dass die Sitzungen des Grossen Rates im Sommerhalbjahr in Bornhausers Heimatort Weinfelden abgehalten werden, geht auf das damalige Wirken des ‹Sturmbocks› zurück.

Andauernde Trennung
Die Trennung des Kantons Basel ist ein Produkt der Regenerationsbewegung, beziehungsweise ein Produkt der konservativen Stadtherrschaft. Die Landschaft forderte eine ihrer Bevölkerung entsprechende Vertretung im Grossen Rat. Dies hätte aber eine Majorisierung der Städter bedeutet, zählte doch die Bevölkerung der Landschaft rund 40000, die der Stadt nicht einmal 20000 Einwohner. Die Stadt gab so weit nach, dass sie beiden Teilen je eine Hälfte der Ratssitze zugestanden hätte. Der Landpartei genügte dieses Angebot nicht. Die Stadt glaubte die Situation meistern zu können, indem sie die unbotmässigen Gemeinden ausschloss. Mit einer erdrückenden Mehrzahl gründeten diese aber hierauf einen eigenen Kanton. Das Gefecht an der Hülftenschanz vom August 1833 besiegelte dann nach dreijährigem Ringen die Trennung. Insgesamt kamen rund 80 Menschen in diesem Bürgerkrieg ums Leben. Die Tagsatzungsmehrheit stellte sich auf die Seite der Landschaft. Sie hatte bereits in einem früheren Zeitpunkt Friedenstruppen in die Region geschickt, dann die gänzliche Trennung beschlossen und schliesslich auch bei der Vermögensteilung ein wichtiges Wort mitgeredet. – Auch im konkreten Sinn pikante Einzelheit dieser Karikatur: Der Bauer sticht mit seiner grossen Gabel genau in jene Orte, die bei Basel-Stadt bleiben wollten, nämlich Reigoldswil, Diepflingen und Gelterkinden.

4.2 **Die Emigranten**

Vor dem Zugriff des konservativen Europa flüchteten zahlreiche Anführer der liberalen und republikanischen Bewegungen in die Schweiz und lebten hier als Emigranten. In den liberalen Kantonen wurden sie gut aufgenommen, und von hier, von schweizerischem Territorium aus, kämpften sie weiter für die Befreiung ihrer Vaterländer. Von Nyon und Genf startete eine internationale Freischarenbrigade nach Savoyen. Dort wollten sie die sardisch-piemontesische Königsherrschaft durch eine Republik ersetzen. Unter den rund 100 Mann befand sich ein grosser Anteil polnischer Freiheitskämpfer, die nach einem misslungenen Aufstand aus Warschau geflohen waren. Trotz der Unterstützung durch die sympathisierende Genfer Bevölkerung nahm das Unternehmen ein schnelles Ende und löste sich auf.
Die mächtigen Nachbarn verlangten in diesem wie in anderen Fällen die Ausweisung der Emigranten und unterstrichen ihre Forderung mit Blockadedrohungen. Anderseits brachten die Flüchtlinge kein Verständnis dafür auf, dass die Schweiz sie nicht ungehindert vom Asylland aus weiterkämpfen liess und immer wieder Emigranten auch auswies. Die Eidgenossenschaft wäre sogar verpflichtet gewesen, alle agitierenden Emigranten auszuliefern. Diese Verpflichtung konnte man jedoch umgehen, indem man den Emigranten ein schweizerisches Bürgerrecht verlieh. In manchen Fällen ging man diesen Weg.
Der bekannte Fall des Prinzen *Louis Napoleon*, Neffe Napoleon Bonapartes, lag allerdings ein wenig anders. Auf Schloss Arenenberg aufgewachsen, erhielt der populäre, sich demokratisch gebende Prinz das Ehrenbürgerrecht des Kantons Thurgau. 1836 versuchte er, Frankreichs Regierung (die Juli-Monarchie) zu stürzen.

Der Staatsstreich misslang, und der Thurgau-Franzose kehrte wieder in die Schweiz zurück. Als Frankreich seine Auslieferung forderte, wäre die Schweiz bereit gewesen, ihr Asylrecht sogar militärisch zu verteidigen. Der Konflikt löste sich aber, da Louis Napoleon die Schweiz von sich aus verliess.

Der künftige Monarch des Zweiten Kaiserreichs kann nicht als typischer Repräsentant der liberalen Emigration gelten. Der Deutsche *Georg Herwegh* hingegen war ein echter Vertreter der liberalen Bewegung. 1843 wurde der Dichter und Liedermacher (wie wir ihn heute nennen würden) Bürger der Gemeinde Augst im jungen Kanton Baselland, für eine Einkaufsgebühr von 1100 Franken und einen Feuereimer. In den Akten hiess es über den Flüchtling: «Seine Stellung ist derart, dass sein ökonomisches Fortkommen auf völlig selbständigem Fuss beruht.» Die Baselbieter fürchteten sich nicht vor dem Zorn der deutschen Fürsten. Sie zeigten Mut nicht nur zur Humanität, sondern auch Mut zur Politik.

Die Aktivitäten der Emigranten waren zwar eine aussenpolitische Belastung – innenpolitisch aber wirkte sich deren Anwesenheit fruchtbar aus, zumal viele von ihnen in ihrem Heimatland der geistigen Elite angehört hatten. Hier wirkten sie vor allem an den Universitäten und in den Volksschulen. Der Unterricht an den 1833/1834 gegründeten Universitäten von Zürich und Bern wurde grösstenteils von deutschen Emigranten bestritten. In Zürich waren anfänglich *sämtliche* Lehrstellen mit Deutschen besetzt. Der

Herwegh-Denkmal in Liestal.

Neue Hochschulen für eine neue Schweiz

Während Jahrhunderten hatte die Schweiz nur eine Hochschule: die 1460 gegründete Universität Basel. 1833 wurde eine zweite in Zürich und 1834 eine dritte in Bern gegründet. In der französischen Schweiz wurden die Akademien, die vor allem der theologischen Ausbildung gedient hatten, erst später in Universitäten umgewandelt: 1873 in Genf, 1890 in Lausanne und 1909 in Neuenburg. Die Universität Freiburg entstand 1889 (vgl. Teil 6). Die erste Abbildung der Berner Universität von 1835 zeigte aus Prestigegründen nicht das Kloster, wo die alte Hohe Schule untergebracht war, sondern das Gymnasium.

Die Schweiz – ein totes Volk
Der Genuese *Giuseppe Mazzini* gab im schweizerischen Exil eine Zeitung mit dem Titel ‹Die junge Schweiz› heraus. Das Blatt sah in der schweizerischen Neutralität nur eine Verhaltensregel, die der Schweiz vom monarchistischen Europa auferlegt worden sei, um aus den Eidgenossen ein totes Volk zu machen:
«Das Wort Neutralität allein ist es, das dein Mitgefühl verbannt hat, das dein Herz dem Unwillen und der Entrüstung verschliesst. (. . .) Noch einmal wird der Henker Italiens Ruhe wieder herstellen, noch einmal werden die Söhne des unglücklichen Polen das blutende Warschau verlassen und an die Türen der Völker klopfen; und du, hinter deiner Neutralität verschanzt, wirst den Leichenzug der niedergetretenen Völker vorüberziehen lassen und ihnen sagen: Meine Schwestern, ich bin neutral.» (Nr. 60, 23. Januar 1836).

Medizinprofessor *Johann Lucas Schönlein* kam aus Würzburg, der Naturphilosoph und erste Universitätsrektor *Lorenz Oken* aus Offenburg, der Staatsphilosoph *Ludwig Snell* stammte aus Nassau. Neben vielen anderen sei auch der bekannte Schriftsteller *Georg Büchner* erwähnt, der für kurze Zeit als Privatdozent für vergleichende Anatomie in Zürich lehrte. Hierher hätte auch der umstrittene deutsche Bibelkritiker *David Friederich Strauss* berufen werden sollen. Ausserhalb der Universität wirkten die deutschen Emigranten als Lehrer an den verschiedenen Kantonsschulen und als führende Persönlichkeiten im Bereich der Lehrerausbildung. Das Aarauer Lehrerseminar wurde vom Badenser *Philipp Nabholz* geleitet, das Küsnachter Lehrerseminar durch den Württemberger *Ignaz Thomas Scherr.*

4.3 Die Volksschulen

Die Liberalen setzten sich sehr dafür ein, dass auch die Kinder der städtischen Unterschicht und der Landbevölkerung eine Grundausbildung in Lesen, Schreiben und Rechnen erhielten. Ihre Parole lautete ‹Volksbildung ist Volksbefreiung›. Schon *Ludwig Snell* (vgl. Teil 3) predigte 1830 seinen Studenten, dass man, wenn man den Staat regenerieren wolle, zuerst das Schulwesen reformieren müsse, damit in den neuen Schulen ein neues, aufgeklärtes Geschlecht heranwachse. *Stefano Franscini* klagte über das unterentwickelte Bildungswesen im Tessin, wo 1835 etwa 40 Prozent der Bevölkerung weder lesen noch schreiben konnte. Es fehlte an ausgebildeten Lehrern, an Schulbüchern, an Schulräumen. Es gab weder ein Schulobligatorium noch eigentliche Schulräume, und dies nicht nur im Kanton Tessin. Dort waren die Verhältnisse aber besonders schlecht. Franscini (der Verfasser eines wichtigen statistischen Werkes) rechnete aus, dass es auf die gleiche Bevölkerungszahl in Appenzell-Ausserrhoden und in Genf mehr als doppelt so viele Schüler gab und im Kanton Waadt sogar mehr als dreimal so viele.
1831 erklärte die Tessiner Kantonsregierung den Primarschulunterricht für obligatorisch, doch die Gemeinden wollten oder konnten kein Geld für die Schaffung von Schulen ausgeben. Der Hauptteil ihres Geldes musste für den Bau und den Unterhalt der Zufahrtsstrassen zum Gotthard verwendet werden. Erst von 1836 an stand im Kantonsbudget ein kleiner Posten für die Erziehung zur Verfügung: 30000 Lire, das heisst 5 Prozent der Kantonsausgaben. Nun konnte der Staat mit einigem Erfolg auch ein Aufsichtsrecht ausüben.

Das imaginäre Interview

Ignaz Thomas Scherr, 1801 in Württemberg geboren, Direktor der Zürcher Blinden- und Taubstummenanstalt, Redaktor der ‹Neuen Zürcher Zeitung›, 1832 Seminardirektor in Küsnacht (ZH), 1833 Verfasser des Zürcher Schulgesetzes.

Herr Scherr, Sie haben sich sehr für die Schaffung von Landschulen eingesetzt. Ich nehme an, dass die Bevölkerung Ihnen dafür dankbar war.
Im Gegenteil, fürchterliche Drohungen wurden gegen mich ausgestossen, man

wollte mich sogar in den See werfen, wenn ich nachts aus der Stadt heimkehrte, so dass sich die Seminaristen veranlasst sahen, mich jeweils abzuholen. Die Bauern waren misstrauisch gegen Reformen, und einige Geistliche – protestantische wie katholische – verstärkten dieses Misstrauen, denn sie waren ihrerseits verärgert, weil wir die Schulen von der Kirche ablösen und vom Staat geführt haben wollten. Sie sagten, die Schule gefährde die Religion, weil wir zum Buchstabieren und Lesenlernen nicht mehr den kirchlichen Kathechismus verwendeten, sondern besser geeignete und eigens dafür entwickelte Lesebücher. Auch einige Stadtherren flüsterten den Bauern ein: Was brauchen eure Kinder solche Sachen zu lernen, davon könnt ihr nicht leben, solches taugt nicht für den gemeinen Mann.

Aber die Regierung stand doch auf Ihrer Seite?
Die Kantonsregierung schon, aber in einigen Gemeinden gab es Aufruhr. Die Bauern erklärten aufs bestimmteste, sie nähmen die neuen Schulgesetze nicht an, und würden sich gegen jeden Zwang verteidigen. Die Regierung setzte dann Landjäger ein, nahm Verhaftungen vor, und die Bauern mussten ihre Kinder wieder zur Schule schicken.

War also vor allem die ‹rückständige› Landbevölkerung gegen das Schulobligatorium?
Unsere Schulen wurden nicht weniger heftig von Fabrikanten und Eltern bekämpft, besonders als die Regierung den Primarschülern die Fabrikarbeit und den Absolventen der folgenden Repetierschulen die Nachtarbeit verbot.

Die Eltern hätten doch über die verbesserten Bildungsmöglichkeiten ihrer Kinder erfreut sein können.
So einfach war das freilich nicht. Sie waren zum Teil auf die Einkünfte ihrer Kinder angewiesen, dann waren sie der Meinung, die Kinder gingen in der schulfreien Zeit besser in die Fabrik statt auf die Gasse. Wir dürfen auch nicht vergessen, dass die neue Schule Geld kostete und den Gemeinden finanzielle Mehrbelastungen brachte. Durch das Verbot der Kinderarbeit in Fabriken fühlten sich die Fabrikler gegenüber den Bauern und Gewerbetreibenden benachteiligt, denn diese konnten ihre Kinder nach Belieben zur Arbeit anhalten. Die Reaktion auf meine Schulreform war ein verständliches, aber ähnlich unvernünftiges Sichaufbäumen wie der Widerstand jener Jahre gegen die weitere Mechanisierung der Textilindustrie.

Nach Ihren Ausführungen bekommt man den Eindruck, Ihre Schulreform sei ein Misserfolg gewesen.
Nicht doch, die Widerstände waren im Grunde bloss Randerscheinungen. Seit die liberale Verfassung des Kantons Zürich von 1831 in Art. 20 die Sorge für die Vervollkommnung des Jugendunterrichts dem Volk und seinen Stellvertretern zur Pflicht gemacht hatte, erlebte unsere Schule eine rapide Verbesserung. Ich verweise nur auf den Schulbericht Hottinger aus dem Jahr 1830. Der zeigt, welche Misstände überwunden werden mussten und von uns doch in erstaunlich kurzer Zeit auch überwunden werden konnten. Wenige Jahre später hatten wir die notwendigen Gesetze, die notwendigen Bücher und bereits einen grossen Teil der notwendigen Lehrer. Im Seminar Küsnacht haben wir in acht Jahren 221 neue Lehrer ausgebildet, in der gleichen Zeit baute man im Kanton 93 neue Schulhäuser. – Die schon in der Helvetik aufgekommene Parole «Volksbildung heisst Volksbefreiung» fand schliesslich gerade auf dem Land immer mehr Anhänger.

Der Zürcher Schulinspektor Johann Jacob Hottinger 1830 über seine Schulbesuche
Ich traf Schulen mit 190 Kindern unter einem Lehrer und vier Stunden Schulzeit. Ich sah und hörte, wie in einem halben Tag die kleinen Kinder nicht mehr als ein Wort buchstabieren mussten, in der Zwischenzeit aber müssig sassen, woher es kam, dass viele im ersten Jahre kaum recht die Buchstaben kennen lernten. Einige wenige (Lehrer) abgerechnet, kann keiner das Gelesene erklären, oder eine Verstandesübung vornehmen, auch fehlen dazu noch völlig die notwendigen Bücher.

Über die Fabrikarbeit:
Man denke sich Kinder von 6 bis 12 Jahren, die von 5 bis 8 Uhr Morgens in der Fabrik gearbeitet haben, von 8 bis 11 Uhr in der Schule, nach der Schule sogleich wieder in der Fabrik, um ein Uhr wieder in der Schule, und hernach wieder an der Arbeit bis zum späten, oft sehr späten, Feierabende; und ich frage: Lässt sich von einem solchen Schulbesuche auch nur das Geringste erwarten? Ist es den armen, durch Arbeit und für ihr Alter durch allzu kurzen Schlaf ermatteten, Kindern zu verargen, wenn sie die Schulzeit für eine wohlthätige Ruhezeit betrachten und, statt zu lernen, schlafen?

Der Schulkampf
Die Konservativen wollten eine vom kirchlichen Prinzip durchhauchte Schule. (Zeichnung von Martin Disteli).

Die Kapellen des verstaatlichten Bildungswesens
Nach 1830 entstanden in den meisten Gemeinden besondere Schulhäuser. Neben der Kirche waren sie der andere dominierende Bau des Dorf- und Ortsbildes.
Hier als Beispiele die Schulhäuser von Oberdorf (BL), Watt (ZH), Oberwil (BL).

Die Schulmänner der Regenerationsjahre verstanden sich als Fortsetzer des in der Helvetik begonnenen Werkes. Was damals Minister Stapfer (vgl. Teil 2) nicht verwirklichen konnte und in der Restauration nicht fortgesetzt wurde, sollte nun von neuem begonnen und vollendet werden. Und es *konnte* nun auch verwirklicht werden – dank der in der Schweiz ansässigen Emigranten.

4.4 Die konservativen Gegenbewegungen

Die Liberalen glaubten an die Unaufhaltsamkeit des von ihnen vorangetriebenen Fortschritts, und sie meinten in ihrem Kampf für eine moderne Zukunft das Volk auf ihrer Seite zu haben. Auf den Aufbruch von 1830 folgten aber Rückschläge sowohl im wirtschaftlichen wie im politischen Bereich.
Im November 1832 wurde in Uster die wenige Wochen zuvor eingerichtete Maschinenweberei *Pfister & Korrodi* gestürmt und in Brand gesteckt. Der Versuch, den Brand zu löschen, scheiterte am Widerstand der Maschinenstürmer. Etwa 300 Leute waren zusammengeströmt, die meisten, um als unbeteiligte das Schauspiel zu erleben. 75 der direkten Teilnahme verdächtigte Personen wurden verhaftet und die meisten von ihnen mit zum Teil exemplarisch harten Urteilen bestraft. Zu ähnlichen Ausschreitungen war es schon in England gekommen, und wenige Jahre später sollte aus denselben Gründen in Schlesien der grosse Weberaufstand ausbrechen.
Es war kein Zufall, dass die Aktion und der Volksauflauf auf den zweiten Jahrestag des Volkstages fiel, der 1830 in Uster (vgl. erstes Bild dieses Kapitels) abgehalten worden war. Damals hatte man nicht nur eine liberale Verfassung, man hatte auch ein Verbot der Webmaschinen gefordert. Die Heimarbeiter der Gegend waren verbittert. Nachdem ihnen durch die Umstellung der Spinnindustrie von Hand- auf Maschinenproduktion die herkömmliche Arbeit weggenommen worden war, hatten sie von der Handspinnerei auf Handweberei umgestellt. Jetzt sahen sie sich durch die aufkommende Fabrikweberei auch in dieser Sparte bedroht. Anfänglich hatte sich die Umstellung gelohnt, zumal die ganze Familie in die

Brand von Uster 1832.

Produktion eingespannt war. Die Heimarbeiter hatten sich auf Kredit neue und weitere Heimwebstühle gekauft, dann fielen die Preise wegen der Fabrikkonkurrenz zusammen. Die Fabrikmaschinen woben nicht nur schneller, sondern auch präziser. Und die Heimweber sassen da mit ihren noch nicht abbezahlten Webstühlen.
Die Weber hatten zuerst den ordentlichen Weg beschritten – mit einer Petition – und erneut ein Maschinenverbot gefordert. Die

Exemplarische Härte gegenüber den Maschinenstürmern von Uster
Ein Angeklagter, für den der Staatsanwalt die Enthauptung beantragt hatte, wurde zu 24 Jahren Ketten verurteilt. Fünf Angeklagte verurteilte man zu 18jähriger Kettenstrafe, fünf zu 10jähriger und eine ganze Reihe zu weiteren kürzeren Freiheitsstrafen; ferner wurden ihnen die Aktivbürgerrechte entzogen und die Verfahrenskosten auferlegt. C. Studer, der Lithograph der hier abgebildeten Verhaftungsszene gehörte zu den heimlichen Sympathisanten der Revoltierenden; seine Darstellung zielt darauf ab, den Betrachter mitleidig zu stimmen.

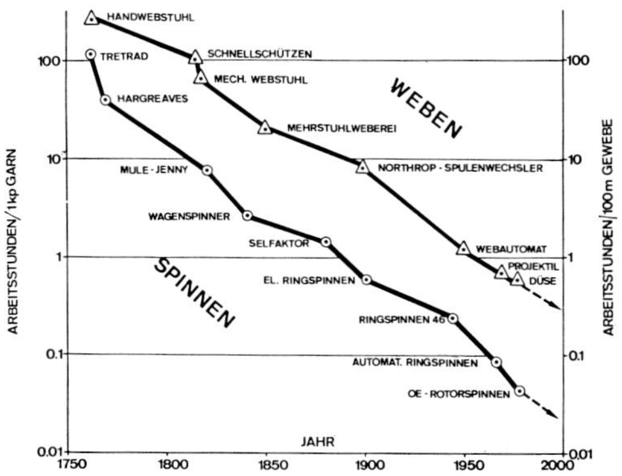

Mechanisierung, Automatisierung und Rationalisierung schritten auch nach dem November 1832 weiter.

Regierung aber stellte sich auf den Standpunkt, dass die liberale Verfassung die Gewerbefreiheit garantiere und darum keine Einschränkungen angeordnet werden könnten. Dass die eine Art, diese Freiheit zu nutzen, die andere – die Gewerbefreiheit der Heimweber – beseitigte, wollten und konnten die Behörden nicht einsehen. Andererseits konnten aber auch die Verzweiflungstaten das Problem der fortschreitenden Mechanisierung, der Rationalisierung und Aufhebung traditioneller Verdienstmöglichkeiten nicht lösen.

1833 scheiterte sodann der Versuch, mit einer Bundesreform der Schweiz eine den modernen Bedürfnissen angepasste Staatsform zu geben. Am Beispiel Luzerns lässt sich besonders deutlich zeigen, wie in diesen Jahren die Gegenbewegung einsetzte. Die Luzerner Stimmbürger lehnten die liberale Verfassungsrevision ab, obwohl der Kanton damals von Liberalen regiert war und Luzern im Falle einer Annahme Hauptstadt der Schweiz geworden wäre. Auf konservativer Seite war der neue Bundesentwurf von der Geistlichkeit energisch bekämpft worden, weil er den Fortbestand der Klöster nicht ausdrücklich garantiert, anderseits aber die Niederlassungsfreiheit gewährt und darum die katholischen Kantone nicht vor der freien Zuwanderung kirchenfeindlicher Leute geschützt hätte.

Der Verfassungsentwurf wurde übrigens auch von Liberalen abgelehnt, weil er zuvor durch zahlreiche Abstriche verwässert worden war. In wirtschaftlichen Kreisen bedauerte man es, dass nun die längst erwartete Vereinheitlichung der Münzen, Masse und Gewichte und die Freizügigkeit im Austausch aller Boden- und Industrieprodukte sowie die Aufhebung der Transitzölle nicht zustande kam. Da die vereinheitlichende Bundesrevision scheiterte, blieb es einstweilen beim schwierigen Nebeneinander von regenerierten und konservativen Kantonen und Kantonsteilen. In dieser Pattsituation herrschte ein leicht störbares Gleichgewicht zwischen Liberalen undd Konservativen, zwischen fortschrittsgläubigen und traditionsorientierten Gesellschaften, zwischen wirtschaftlich blühenden Industriekantonen und wirtschaftlich eher rückständigen Agrarkantonen.

Appell an die Eidgenossen von Einsicht und Bildung

Kasimir Pfyffer, Luzerner Anwalt, Präsident der Neuen Helvetischen Gesellschaft, 1831:

Aus der innigsten Ueberzeugung wünschen jetzt alle Eidgenossen von Einsicht und Bildung ein vollkommeneres Bundesgesetz; sie sehen ein, dass die jetzige schwache Vereinigung der Kantone keine gemeinsame Schöpfung, keine National-Unternehmung möglich macht, dass die Industrie in den engsten Spielraum eingeschlossen, der Handel überall gehemmt, und den geistigen Kräften der grösste und edelste Reiz, das Bewusstsein für eine Nation zu arbeiten, fehlt; sie sehen nun, dass in dieser Zerrissenheit die Schweiz stets schwach, ohnmächtig und kraftlos in der Mitte der andern Staaten erscheinen muss. (...) Das sehen alle Eidgenossen ein und wünschen daher einen Bundesstaat und keinen Staatenbund.

Bundesrevision um 1833

Die folgenden Jahre brachten sogar Verschiebungen zugunsten des alten Lagers. 1841 konnten die Konservativen in Luzern (dank der liberalen Verfassung) auf völlig legalem Weg die Liberalen aus der Regierung verdrängen. Zuvor waren schon in Zürich – und dort alles andere als legal – die Konservativen an die Macht gekommen. Seminardirektor Scherr wurde infolge dieses Machtwechsels sogleich entlassen. Die verurteilten Maschinenstürmer von Uster dagegen wurden begnadigt. In Zürich wie in Luzern war die kirchenfeindliche Kulturpolitik der Liberalen auf Widerstand gestossen. Das Volk hing an seiner Kirche, in der es sich seelisch und geistig geborgen fühlte, und setzte sich zur Wehr. Beiden Fällen – dem zürcherischen wie luzernischen – war weiter gemeinsam, dass die Konservation die von den Liberalen geschaffenen politischen Instrumente gegen die Liberalen selber einsetzten: die Petitionen, Volkstage, Volksabstimmungen – aber auch die gängige liberale Argumentation: die Berufung auf die Volkssouveränität, das heisst auf den Willen des Volkes als der obersten Instanz.

4.5 **Die Radikalisierung**

Die in den vierziger Jahren eintretende Radikalisierung nahm in den Kantonen Aargau und Luzern besonders scharfe Züge an. Im Aargauer Grossen Rat waren den Katholiken zunächst gleichviel Vertreter garantiert wie den Protestanten. Da der protestantische Bevölkerungsanteil aber grösser war, forderte und erhielt er durch die Verfassungsrevision vom Januar 1841 eine Vertretung nach Kopfzahl. Diese Änderung erbitterte die Katholiken und löste an mehreren Orten und insbesondere im Freiamt Aufstände aus. Nach einem kurzen Gefecht bei Villmergen waren die Aargauer Regierungstruppen jedoch schnell wieder Herr der Lage. Diese wurden

Postulate der konservativen Gegenbewegung (Zusammenstellung aus verschiedenen Quellen)
Wir wollen die katholische Religion als Religion unserer Väter uneingeschränkt erhalten. Darum muss die Oberaufsicht über das Schulwesen der Kirche zurückgegeben werden. Die liberale Regierung hat es sogar gewagt, Absolventen aus dem Seminar des Antichristen Scherr anzustellen. Die Gemeinden sollen ihre Lehrer selbst wählen dürfen. Aber da gibt es noch manch anderes: Wir wollen die alten Masse und Gewichte wieder verwenden dürfen. Wir wollen uns nicht die Freiheit nehmen lassen, dort zu bauen, wo wir bauen wollen. Wir sind gegen den Ueberfluss an Gesetzen, Verordnungen, Reglementierungen, gegen die Herrschaft der Aemter und der Büros. Es wird noch so weit kommen, dass wir Advokaten anstellen müssen, wenn wir unser Recht verstehen und verteidigen wollen. – Aber das Wichtigste ist unsere Religion.
Bild: Die grosse katholische Volksversammlung in Baden vom 29. Dezember 1840.

Ablehnung der Bundesrevision 1833
Das Luzerner Volk lehnte den Entwurf der neuen Bundesverfassung mit 11 412 gegen 7307 Stimmen ab. Angenommen hatten eigentlich bloss 1448 Bürger, doch wurden, wie damals üblich, die 5859 unentschuldigt Abwesenden zu den Annehmenden gezählt. Diese Volksbefragung war fakultativ. Es gab damals keine eidgenössischen Volksabstimmungen. Der eigentliche Entscheid über die Verfassungsrevision wurde von den Tagsatzungsgesandten gefällt. Diese stimmten gemäss der Instruktionen, die sie von ihren Regierungen beziehungsweise Kantonsparlamenten erhalten hatten. Vor dem Entscheid betonte der österreichische Staatskanzler Metternich erneut, dass Österreich Kraft seiner Eigenschaft als Mitunterzeichner der Neutralitätsgarantie von 1815 in der Schweiz keinerlei Veränderung zulassen würde: Die Eidgenossenschaft müsse ein Bund freier Staaten bleiben und habe nicht das Recht, sich in einen vereinten Freistaat mit zentraler Regierung zu verwandeln.

übrigens von Regierungsrat *Friedrich Frey-Hérosé* befehligt, der 1848 ebenfalls dem ersten Bundesrat angehören sollte.
Die Liberalen waren überzeugt, dass dieser Aufstand von den Klöstern angezettelt worden sei. Der liberale Katholik *Augustin Keller*, Seminardirektor in Wettingen, beantragte im Grossen Rat die Aufhebung der acht aargauischen Klöster. Er bezeichnete sie als Beeinträchtigung der Religiosität des Volkes und drohte, dass das Volk die Klöster aufheben werde, wenn Parlament und Regierung es nicht täten. Der Grosse Rat hiess mit grossem Mehr (115:19 Stimmen) den Antrag gut. Mönche und Nonnen erhielten bescheidene Pensionen zugesprochen, sie mussten aber mitten im Winter ihre Klöster verlassen. Das Klostervermögen wurde Staatsvermögen.

Nächtliche Vertreibung der Nonnen

Die Aufhebung der Klöster bedeutete eine eindeutige Verletzung des Bundesvertrages von 1815, die Tagsatzung wies darum den Aargau an, die Massnahme rückgängig zu machen. Da sie ihre Weisung aber nicht militärisch durchsetzen konnte und auch nicht durchsetzen wollte, musste sie sich mit der zugestandenen Wiederherstellung der vier Frauenklöster zufrieden geben. Die Männerklöster blieben aufgehoben. Damit duldete die Tagsatzung einen offensichtlichen Rechtsbruch. Wenig später erwartete Augustin Keller, dass die Tagsatzung nicht nur einen Rechtsbruch dulde, sondern sogar selbst einen begehe: Er beantragte die Aufhebung und Ausweisung des Jesuitenordens (vgl. unten Abschnitt 4.6). Dieser Orden sei für ein konfessionell gemischtes Land politisch gemeingefährlich, weil er keinen konfessionellen Waffenstillstand kenne. Die von ihm ausgehende Unruhe berühre die ganze Schweiz, darum sei die Jesuitenfrage nicht bloss eine kantonale Angelegenheit. Die Tagsatzung lehnte Kellers Antrag mit grossem Mehr ab. Die Konservativen – insbesondere diejenigen Luzerns – erbitterte es, dass über diese Frage, die eindeutig in die Kompetenz der Kantone und nicht der Tagsatzung fiel, überhaupt beraten wurde. Die Luzerner Konservativen setzten die im eigenen Lager nicht unumstrittene Berufung der Jesuiten durch. Luzern wollte damit zeigen, dass es sich nicht dreinreden lasse. Die Jesuitenberufung hatte also vor allem politische Motive und war erst in zweiter Linie religiös motiviert.
Sieben Jesuiten kamen nach Luzern und nahmen ihre Tätigkeit auf: in der theologischen Fakultät, im Priesterseminar und der Pfarrfiliale. Die Schulen blieben ausgeklammert, und in der Lehrbuchfrage behielt der staatliche Erziehungsrat das letzte Wort. Dieser Beschluss stärkte gesamtschweizerisch nicht, wie man meinen könnte, die Konservativen; er stärkte vielmehr deren erbittertsten Feinde: die Radikalen.
Den damaligen Liberalen und Radikalen war die Regeneration ihrer Kantone nur Etappenziel. Endziel war die Regeneration der gesamten Schweiz und über diesen Weg auch die Regeneration der konservativen Kantone! Im Dezember 1844 versuchten Luzerns Radikale, unterstützt von Freiwilligenverbänden aus den Kantonen Aargau, Solothurn und Baselland, mit einem Gewaltsstreich die konservative Regierung abzusetzen. Im Frühjahr 1845 drang unter

dem Oberkommando des Berner *Ulrich Ochsenbein* ein zweiter Freischarenzug von gut 4000 Mann erneut in luzernisches Kantonsgebiet. Auch Ochsenbein sollte übrigens dem ersten Bundesrat von 1848 angehören. Je ein Drittel der Teilnehmer waren Luzerner und Aargauer, die übrigen waren aus den Kantonen Bern, Solothurn und Baselland zugezogen. Die als Befreiungsaktion verstandene Expedition stiess aber bei der Bevölkerung wider Erwarten auf wenig Sympathie. In Folge der schlechten Organisation der unentschlossenen Angreifer konnten die Regierungstruppen den Angriff abwehren. Bei Malters geriet ein Teil der fliehenden Freischaren in einen Hinterhalt. Etwa die Hälfte des Korps wurde gefangengenommen, etwa 100 Freischärler fanden den Tod. Die liberalen Kantone beteuerten, mit diesem Unternehmen nichts zu tun gehabt zu haben. Indessen stellte die Luzerner Regierung fest, dass erbeutete Kanonen und Pulverwagen aus dem Aarauer Zeughaus stammten.
Während die konservativen Luzerner ihren unerwarteten Sieg über die Freischaren dem Beistand Gottes zuschrieben, gab es auch auf der Seite der Radikalen Leute, die Steigers Rettung und Leus Untergang (vgl. die separaten Texte) als göttliche Fügung verstan-

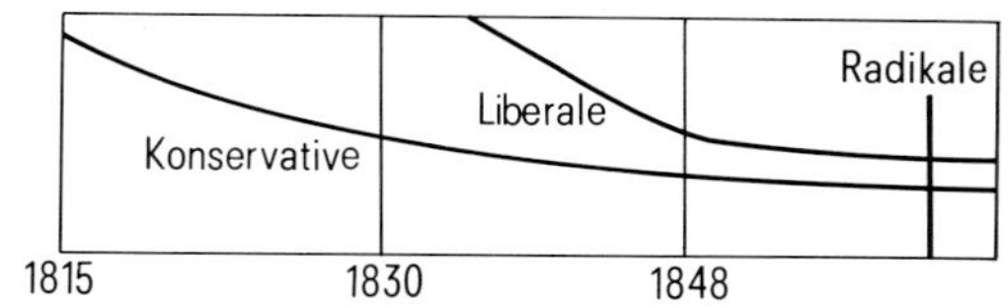

Konservative, Liberale, Radikale
Vor 1830 konnte man zwei politische Richtungen unterscheiden: die Konservativen und die Liberalen. Nach 1830 wuchs aus der liberalen Bewegung eine dritte Richtung: die Radikalen. Ihre Nachfahren sind – freilich in manchem stark verändert – die heutigen Freisinnigen. Auch die nach 1830 überrollten Konservativ-Liberalen haben ihre Nachkommen: die ausgesprochen föderalistisch eingestellten Liberalen in den Kantonen Genf, Neuenburg, Basel und Waadt.

Das imaginäre Interview

Henri Druey, waadtländischer Staatsmann, 1799–1855; zunächst Advokat in Moudon, 1828 Grossrat, 1831 Staatsrat, 1845 Präsident der neugebildeten radikalen Regierung, 1848 Bundesrat.

Herr Druey, Sie waren also ein Radikaler . . .
1830 kämpfte ich mit den Liberalen, dann aber schritt ich konsequent weiter auf der einmal eingeschlagenen Bahn und liess die lau und lahm gewordenen Liberalen hinter mir zurück.

Mit diesen Leuten sassen Sie aber mehrere Jahre zusammen in der Waadtländer Kantonsregierung.
1845 haben wir sie aber aus der Regierung vertrieben. Diese rechtschaffenen Biedermänner waren unsere eigentlichen Gegner, sie waren schlimmer als die Jesuiten, die ich hasste und zugleich doch schätzte.

Das müssen Sie uns erklären.
Klar ist, warum ich die finsteren Mächte des verstockten Konservatismus und des Ultramontanismus hasste. Warum sie mir aber zugleich willkommen waren? Die Jesuiten gaben uns die Möglichkeit, gegen sie zu hetzen, und das erleichterte uns Radikalen die Machtübernahme; in der Waadt schon 1845, im Bund dauerte es etwas länger.

Als Radikaler waren Sie Zentralist, Sie wollten den Einheitsstaat.
Gewiss. Ich bekämpfte den Kantönligeist und fühlte mich zuerst als Schweizer und erst in zweiter Linie als Waadtländer wie auch meine radikalen Gesinnungsgenossen sich zuerst als Schweizer fühlten und erst in zweiter Linie als Berner, Thurgauer, Solothurner oder Tessiner. Das Volk in seiner Gesamtheit und nicht die Kantonsvertreter sollte die Politik bestimmen. Ich kämpfte mit glühendem Herzen für die Freiheit, ich ging aber nicht von einem individuellen, sondern von einem gemeinschaftlichen Freiheitsverständnis aus.

Ihre Politik brachte aber Unruhe ins Land.
Das störte uns nicht, wir waren sicher, dass die Zukunft uns gehören werde.

Die Zukunft sollte Ihnen – teilweise wenigstens – tatsächlich Recht geben. 1848 gehörten auch Sie dem ersten Bundesrat an. Allerdings mussten Sie sich in einigen Punkten Ihren gemässigten Regierungskollegen unterwerfen.

Lösegeld für Kriegsgefangene
Die Luzerner Regierung erklärte sich bereit, die nichtluzernischen Gefangenen gegen eine Loskaufsumme von 350 000 Franken wieder freizulassen. Mit den Lösegeldern wurden die Unkosten beglichen, die der Luzerner Staatskasse infolge der Unruhen entstanden waren. Während die ausserkantonalen Freischärler, wie das dargestellte Verhör eines Berner Teilnehmers deutlich zeigt, nichts zu befürchten hatten; sahen sich die gefangengenommenen Luzerner wegen Hochverrats angeklagt; ihr Anführer, der Arzt *Robert Steiger* , wurde sogar zum Tode verurteilt, konnte dann aber nach Zürich entkommen.

Ein politischer Mord
Josef Leu, Landwirt in Ebersol, populärer Bauernpolitiker und katholischer Demokrat, Grossrat und Erziehungsrat. Er hatte 1842 die Berufung der Jesuiten beantragt. In der Nacht auf den 20. Juli 1845 wurde er von einem heruntergekommenen Bauern, der wegen der Teilnahme am ersten Freischarenzug bestraft worden war, ermordet.

den. Die katholischen Kantone wollten sich aber nicht allein auf den Beistand Gottes verlassen. Unter dem Eindruck der Freischarenzüge nahmen die sieben Orte Uri, Schwyz, Unterwalden, Luzern, Zug, Freiburg und Wallis frühere Besprechungen wieder auf und schlossen sich unter der Führung des Luzerner Regierungsrates *Konstantin Siegwart-Müller* im Dezember 1845 zu einem *Sonderbund* zusammen. Bereits zuvor hatten sich die liberalen Kantone in Erwartung der konservativen Gegenbewegung zu einem *Schutzverein* zusammengeschlossen. Der katholisch-konservative Sonderbund ging aber weiter. Er bildete einen Kriegsrat, der beauftragt war, die Souveränitäts- und Territorialrechte der verbündeten Kantone zu sichern. Der Sonderbund rechnete mit ausländischer Hilfe. Vom österreichischen Staatskanzler, Fürst Metternich, erwartete man, dass er Waffen und Geld zur Verfügung stelle.
Diese bundeswidrige Vereinigung wollten die Liberalen nicht dulden. In der Tagsatzung vom August 1846 wiesen sie darauf hin, dass der Sonderbund sowohl defensiven als auch offensiven Zielen dienen könnte und sein Fortbestehen den Fortbestand der Eidgenossenschaft gefährde. Die Konservativen verurteilten dagegen die laue Haltung, ja die stille Komplizenschaft der liberalen Kantone mit den Freischärlern. Der Auflösungsantrag der Liberalen fand aber keine Mehrheit, der Staat im Staat blieb einstweilen bestehen. Es bedurfte aber nur kleiner Verschiebungen, und die Waagschale neigte sich auf die andere Seite. Die Vorgänge in Genf und St. Gallen brachten im Mai 1847 diese Verschiebungen. Und so trat die Tagsatzung im Juli 1847 mit veränderten Mehrheitsverhältnissen zusammen.

Niederlage der Konservativen in St. Gallen
Im Kanton St. Gallen siegten im Mai 1847 die Liberalen über die Konservativen. In der vorangegangenen Amtszeit hatten sich die Liberalen und die Konservativen mit je 75 Grossratsmandaten die Waage gehalten. Jetzt gelang es den Liberalen, der Gegenpartei zwei Sitze abzunehmen. Damit wurde St. Gallen zum Schicksalskanton. Die liberale Grossratsmehrheit beauftragte den Tagsatzungsgesandten, inskünftig für die Ausweisung der Jesuiten und die Auflösung des Sonderbundes zu stimmen. So kam schliesslich gesamtschweizerisch eine Mehrheit für die beiden Anträge zustande.
Schicksalsbezirk innerhalb des Schicksalskantons war der katholische Bezirk Gaster, der, entgegen allen Erwartungen, ausschliesslich Liberale in den Grossen Rat wählte. Und Schicksalsgemeinde innerhalb des Schicksalsbezirkes war die Gemeinde Amden, wo Rivalitäten innerhalb dem Geschlecht der Gmür den Ausschlag gaben. Gegenüber dem konservativen Familienzweig war – zu Unrecht, wie sich nachher herausstellte – der Vorwurf erhoben worden, er hätte sich mit Mehlspekulationen unrechtmässig bereichert und Reisegelder verschleudert. In einem gewissen Sinn verdanken die Liberalen ihren Sieg diesem Streit: zuerst in Amden, dann im Bezirk Gaster, dann im Kanton St. Gallen und schliesslich in der Tagsatzung. Verdankt also die Schweizergeschichte den Durchbruch einer für sie wichtigen Entwicklung den Gmürs von Amden?
Von grösserer Bedeutung als dieser Familienzwist waren die allgemein labilen Verhältnisse in der damaligen Schweiz und die sich schliesslich durchsetzende Stosskraft der Radikalen. Auch ein anderes Ereignis hätte den Durchbruch auslösen können. Und dennoch ist es bemerkenswert, dass in einer Schicksalsfrage gemäss dem staatlichen Aufbau der Eidgenossenschaft Bürger einer kleinen Gemeinde den Ausschlag geben konnten.

4.6 Der Bürgerkrieg

Die schweizerischen Liberalen und Radikalen verstanden sich als Teil einer europäischen Bewegung. Im Gegensatz zu ihren ausländischen Gesinnungsgenossen mussten sie aber nicht als Opposition agieren. Die Vertreter der liberalen Kantone konnten als Staatsmänner gegen die Restaurationsordnung von 1815 antreten und sich für eine liberale Bundesverfassung einsetzen.
Im Juli 1847 versammelte sich turnusgemäss die Tagsatzung in Bern. Ulrich Ochsenbein, der vormalige Freischarenkommandant, führte als Regierungspräsident des Vorortes Bern das Tagsatzungspräsidium und eröffnete in Anwesenheit des diplomatischen Korps die Session in der Heiliggeistkirche.
Der radikale Politiker nützte den Moment, um erneut eine zeitgemässe Bundesverfassung zu fordern. Wie zu erwarten, stand in den weiteren Verhandlungen die Rechtmässigkeit des Sonderbunds der katholischen Orte zur Debatte. Der vorgebrachte Vermittlungsvorschlag hatte keine Chance. Er wollte den Sonderbundskantonen wirksame Bundeshilfe gegen allfällige weitere Freischarenzüge zusichern und erwartete als Gegenleistung die Auflösung des Separatbündnisses. Die 7 1/2 Sonderbundskantone sprachen der Tagsatzungsmehrheit im vornherein das Recht ab, ihnen verbindliche Weisungen zu erteilen. Schliesslich stimmten 12 2/2 Stimmen für die Auflösung des Sonderbundes. Das noch an Preussen gebundene Neuenburg und der Halbkanton Basel-Stadt enthielten sich der Stimme. Im Ständemehr wurden und werden die Stimmen der Halbkantone nur gezählt, wenn der andere Halbkanton gleich stimmt.

Politisierte Kartoffelkrankheit
Als 1847 die Kartoffelkrankheit ausbrach, sollen die Sonderbundsanhänger die kranken Kartoffeln ‹Freischärler› und die Anhänger der Radikalen die gleichen Kartoffeln ‹Sonderbündler› genannt haben.

Niederlage der Konservativen in Genf
Im Mai 1847 nahmen die Genfer Bürger mit 5547 gegen 3187 Stimmen eine neue Verfassung an. Die Verfassungsrevision, die vor allem die radikale Volkswahl des Regierungsrates einführte, bildete den Abschluss eines mehrmonatigen Umwälzungsprozesses. Die Unruhen hatten begonnen, als sich Genfs konservative Regierung weigerte, in der Tagsatzung für die Auflösung des Sonderbundes zu stimmen. Unser Bild zeigt die Zusammenstösse vom Oktober 1846. Die Genfer Radikalen, welche sich von der radikalen Regierung der Waadt unterstützt sahen, erzwangen mit einem bewaffneten Aufstand die Demission des konservativen Regimes und entwarfen die schliesslich gutgeheissene Verfassung. *James Fazy*, Führer der Genfer Radikalen, verkündete: Mit dem heutigen Tag ist endlich verwirklicht, was J.J. Rousseau, Bürger unserer Stadt, vor einem Jahrhundert gefordert hat. Art. 1 der neuen Verfassung hält fest: ‹Die Souveränität gehört dem Volk; alle politischen Kompetenzen sind nur Delegationen dieser obersten Autorität.› Von dieser Doktrin werden nur die in Genf lebenden Menschen profitieren können. Der Regierungswechsel wird sich aber auch auf die eidgenössische Politik auswirken. Die Kirchturmpolitik, die in unserem Kanton geherrscht hat, wird nun ersetzt durch den helvetischen Geist. Und dieser ist solidarisch mit den anderen liberalen und radikalen Kantonen der Eidgenossenschaft (sinngemäss nach zeitgenössischen Quellen).

‹Mit den Forderungen der Zeit in Einklang bringen›
Ochsenbein in seiner Eröffnungsansprache zur Tagsatzung vom Juli 1847: Unser Staat gleicht einem Schiff, welches zusammengefügt aus wurmstichigen Balken eines früheren Schiffbruches, ohne Steuerruder und Magnetnadel schwerfällig dahintreibt. Hier, Ihr Boten der Stände, hier Hand anzulegen und den Bund in Einklang zu bringen mit den Forderungen der Zeit, mit den Begriffen und Gefühlen des Volkes, das ist Eure heilige, unabweisbare Pflicht.

Die Jesuiten
Die Jesuiten galten als Elitetruppe, die im Auftrag der konservativen Katholiken dem wahren Glauben zum Sieg verhelfen und gegen die antiklerikalen Uebergriffe auf die katholische Kirche verteidigen sollte. In der Schweiz, vor allem in Freiburg, in Schwyz und im Wallis, waren damals etwa 80 Jesuiten tätig. Ein Verbot hätte auch diese Kantone getroffen. Von den Radikalen wurden die Jesuiten als dämonische Dunkelmänner und als Drahtzieher dargestellt wie die nebenstehende Karikatur «Sonderbündlerische Anführer und Angeführte – Schüsset i Gottes Name!» zeigt. Bekanntlich stellte der junge Gottfried Keller 1843 seine Dichtkunst in den Dienst der Diffamationskampagne:

Hu, wie das krabbelt, kneipt und kriecht,
Pfui, wie's so infernalisch riecht!
Jetzt fahre hin, du gute Ruh'!
Geh, Grete, mach das Fenster zu:
Sie kommen, die Jesuiten!

Von Kreuz und Fahne angeführt,
Den Giftsack hinten aufgeschnürt,
Der Fanatismus ist Profoss,
Die Dummheit folgt als Betteltross:
Sie kommen, die Jesuiten!

Vor dem Hintergrund dieser antiklerikalen Propaganda erschien das gewaltsame Vorgehen der Radikalen als gerechtfertigt.

Der von den Radikalen geforderte Auflösungsbeschluss vereinigte nicht nur ein Ständemehr auf sich, er hatte auch das grössere Potential hinter sich: etwa 75 Prozent der schweizerischen Bevölkerung und gegen 90 Prozent des gesamten Volksvermögens. Die kampfwilligen Konservativen unterschätzten dieses Potential. Sie hofften, wie über den zweiten Freischarenzug einen leichten Sieg zu erringen. Zudem rechneten sie mit der Hilfe des Auslandes.
Die vermittelnden Kräfte unterlagen, und für einen Moment setzte sich in beiden Lagern die Säbelmentalität durch, welche glaubte, den Knoten endlich mit einem Schlag durchhauen zu müssen. Auf die Bürgerkriege in den Kantonen (Basel, Schwyz, Zürich, Aargau, Luzern, Genf, aber auch im Wallis mit dem blutigen Treffen am Trientbach im Mai 1844) folgte nun ein gesamtschweizerischer Bürgerkrieg.
Am 24. Oktober 1847 ernannte die Tagsatzung den 60jährigen Genfer *Guillaume Henri Dufour* zum General der Truppen, die den Sonderbund mit Waffengewalt auflösen sollten. Dufour war ein tüchtiger Kommandant und von seinem Kartenwerk her der beste Kenner der schweizerischen Topografie. Seine wichtigste Eigenschaft war aber nicht militärischer Natur: Er gehörte zur gemässigten Mittelpartei. Er war kein Radikaler, kein Ulrich Ochsenbein. In seiner Person setzte sich der Versöhnungsgeist schliesslich doch noch durch. Er führte keinen Rachefeldzug. In den Gegnern von heute sah er die Mitbürger von morgen.
Der Sonderbundskrieg wurde auf der Seite der liberalen Mehrheit als Aktion zur Durchsetzung geltenden Rechts und als Notmassnahme zur Rettung des Bundes verstanden, auf Seiten der konservativen Minderheit hingegen als dritter, nun mit offizieller Zustimmung durchgeführter Freischarenzug. Wie auch immer: Der Sonderbundskrieg war ein Bruder- und Bürgerkrieg. Er war aber

‹**Keine unnötigen Zerstörungen**›
Die Sonderbundskantone kapitulierten nach 26 Tagen. Zunächst Freiburg und Zug, dann der Hauptgegner Luzern, schliesslich kampflos die Waldstätte und das Wallis. Appenzell-Innerrhoden hatte wegen seiner isolierten Lage gar nicht kämpfen können. Der Sonderbund hatte ungefähr 50 Tote und 175 Verwundete zu beklagen, die Tagsatzungspartei 78 Gefallene und 260 Verwundete. General Dufour hatte seine Truppen angewiesen, «den Besiegten ohne Rachegefühl zu begegnen, keine unnötigen Zerstörungen vorzunehmen und die Schweizerfahne nicht mit Beleidigungen der Religion zu beflecken.»

nur scheinbar ein Religionskrieg. Dufours Gegenspieler, der General des Sonderbundes, war der konservative Protestant *Johann Ulrich von Salis-Soglio*. Das katholische Tessin dagegen und Solothurn stellten sich auf die Seite der Liberalen. Im wesentlichen ging es um die Frage, ob die Eidgenossenschaft ein konservativer Staatenbund bleiben oder zu einem liberalen Bundesstaat ausgebaut werden sollte. Nach der Niederwerfung der konservativen Opposition war die Bahn frei für eine nach liberalen Prinzipien ausgearbeitete Bundesverfassung.

4.7 **Der Sieg des liberalen Lagers**

Für einmal der Zeit voran
Der deutsche Dichter Ferdinand Freiligrath, ein engagierter Demokrat, konnte in seinem englischen Exil frohlocken:
«Im Hochland fiel der erste Schuss
Im Hochland wider die Pfaffen!
Da kam, die fallen wird und muss
Ja, die Lawine kam in Schuss
Drei Länder in den Waffen!
Schon kann die Schweiz vom Siegen ruhn:
Das Urgebirg und die Nagelfluhn
Zittern vor Lust bis zum Kerne!»

Die europäischen Grossmächte wollten die schweizerische Frage eigentlich in einer internationalen Konferenz entscheiden. Dieses Vorhaben scheiterte an der Verzögerungstaktik des englischen Premierministers Palmerston. Aus handelspolitischen Gründen wünschte England keinen Krieg in Mitteleuropa. Anderseits musste es nicht wie die französischen, österreichischen und deutschen Herrschaften fürchten, dass der Sieg der schweizerischen Liberalen den entsprechenden radikalen Bewegungen im Ausland Auftrieb geben könnte.
Der Sieg der schweizerischen Liberalen wurde von den konservativen Regierungen Europas als eine ‹Ohrfeige ins Gesicht aller Souveräne› empfunden. Doch schon bald wurde auch das übrige Europa von der zweiten liberalen Revolution geschüttelt. Sie verhinderte, dass die konservativen Mächte mit Metternich und dem französischen Ministerpräsidenten Guizot an der Spitze ihre Drohung noch wahr machen und in der Schweiz eingreifen konnten.

Nach dem Krieg der Friede
Empfang der Truppen in Herisau nach dem Sonderbunds-Feldzug 1847. Die Inschrift auf dem Triumphbogen lautet: «Gegrüsst seid ihr Landessöhne, eidgenössische Krieger. Es gilt der Ruf, den Frieden bringt ihr wieder.»

Was die Helvetische Republik 1798 voll guten Willens, aber ziemlich doktrinär und letztlich erfolglos angestrebt hatte, nämlich: eine einheitliche, mit den Rechten einer modernen Demokratie ausgestattete Schweiz – das wurde jetzt, ein halbes Jahrhundert später, in einem zweiten Anlauf in politische Wirklichkeit umgesetzt. Im Gegensatz zum ersten Anlauf war die Bewegung jetzt von einer breiten Basis getragen. Und noch etwas: Die Schweiz, von der allgemeinen europäischen Entwicklung oft spät oder gar nicht erfasst, ging für einmal der Zeit voran.

Der republikanische ‹Postheiri› prophezeit im Februar 1848 das Ende der Monarchien: «Es werden Leute kommen vom Aufgang und Niedergang und schütteln, bis alle Kronen herunter gefallen sind. Von diesem Augenblick an wird der Baum keine Kronen mehr tragen, sondern Aepfel, wie er sie getragen hat im Paradiese.» (Nr. 5/1848).

Bea Mesmer
(Universität Bern)

Die andere Seite der Schulgeschichte

In der Geschichtsschreibung ist der Einsatz des jungen liberalen Staates für die Volksbildung lange nur als Einlösung der aufklärerischen Hoffnungen auf den vernünftigen Menschen gedeutet worden. Diese Sicht der Dinge ist jedoch zu eng. Die Bildungspolitiker des 19. Jahrhunderts zielten viel weiter: Die Schule sollte nicht nur vernunftsgemäss handelnde, sondern auch brauchbare Menschen schaffen – brauchbar für den Staat und die Gesellschaft. Deshalb war ihr Schlagwort ‹Volksbildung heisst Volksbefreiung› zweideutig. Denn es war keineswegs so, dass die neuen Lerninhalte nun den Einzelnen frei machten – sie passten ihn vielmehr den liberalen Ansprüchen an. Die repräsentative Demokratie brauchte Bürger, die lesen und schreiben konnten: Verfassungen und Gesetze lesen und Wahlzettel ausschreiben. Ohne Alphabetisierung der ganzen Bevölkerung war die neue politische Ordnung nicht durchsetzbar. Der liberale Staat basierte aber nicht nur auf der Souveränität des Volkes, als Verwaltungsstaat beanspruchte er auch direkten Zugriff auf das Volk. Die allgemeine Schulpflicht ermöglichte diesen Zugriff: Jeder Einzelne wurde nun aufgrund seines Jahrganges eingeschult, er wurde Teil einer Klasse. Die bürgerliche Gesellschaft war auch in dieser Beziehung eine Klassengesellschaft. Sie reihte die Menschen ein, setzte sie fest, sorgte für Disziplin und Pünktlichkeit. Das war die Vorbedingung für die industrielle Arbeitsteilung, für den Fortschritt schlechthin. Wenn die Schule so – was die Grundanforderungen betraf – einebnete und disziplinierte, so qualifizierte sie auch. Die Liberalen haben ja nicht nur die Volksschule geschaffen, sondern ein ganzes Schulsystem – von der Primarstufe bis zur Universität. Zeugnisse und Diplome attestierten, welche Stufen erfolgreich durchlaufen waren. Der gesellschaftliche Aufstieg wurde für die meisten nun ein Weg durch die Schulen. Auch hier besteht ein Zusammenhang mit dem neuen Staat. Die repräsentative Demokratie, in der das Volk die Besten zu seinen Vertretern bestellen soll, verlangte Qualifikationsmerkmale. Bildung ist ein solches Merkmal, und so ist es immer häufiger der Geschulte, der zu politischen Mandaten kommt. Er ist es, der nun die Gesetze macht und die Gesetze ausführt. Und bald wird es nicht mehr heissen ‹Bildung macht frei›, sondern ‹Wissen ist Macht›.

Hinweise auf weiterführende Literatur

Gérald Arlettaz: Libéralisme et société dans le canton de Vaud 1814–1845. Lausanne 1980.
Erwin Bucher: Die Geschichte des Sonderbundskrieges. Zürich 1966.
Erwin Bucher: Ein sozio-ökonomisches und ein politisches Kapitel aus der Regeneration (Uster-Brand). In: Schweizerische Zeitschrift für Geschichte 32 1982. S. 5–124.
Lucien Leitess, Irma Noseda, Bernhard Wiebel: Martin Disteli, . . . und fluchend steht das Volk vor seinen Bildern. Olten 1977.
Roland Ruffieux: La presse politique en Suisse durant la première moitié du XIX siécle. Esquisse de ses caractéristiques socio-économiques. In: Festschrift Gottfried Boesch. Schwyz 1980.
Walter Schläpfer: Pressegeschichte des Kantons Appenzell Ausserrhoden. Herisau 1978.
Ferdinand Strobel: Die Jesuiten und die Schweiz im 19. Jahrhundert. Ein Beitrag zur Entstehungsgeschichte des schweizerischen Bundesstaates. Olten 1954.

In der traditionellen Darstellung der Gründung des Bundesstaates von 1848 stehen die politischen Motive ganz im Vordergrund: Die Liberalen siegten über die Konservativen, aus dem lockeren Staatenbund ging ein Bundesstaat mit einer Zentralgewalt hervor. Mindestens so wichtig waren aber die wirtschaftlichen Motive: das Bestreben, mit einer Vereinheitlichung der Münzen, Marken und Masse und der Aufhebung der vielen Binnenzölle einen einheitlichen Wirtschaftsraum zu schaffen. Dank dieser Vereinheitlichung wurde die schweizerische Wirtschaft wieder wettbewerbsfähig, wurde Isolation und ausbeutbare Abhängigkeit vermieden.

Unser Bild: Die Rayon-Marken wurden 1850 eingeführt: 5 (neue) Rappen für Briefe bis zwei Wegstunden, 10 Rappen bis 10 Wegstunden, 15 Rappen für grössere Distanzen.

Teil 5

Staatsverwaltung und Privatbahnen 1848–1852

Im November 1847 herrschte Bürgerkrieg in der Schweiz. Einen Moment lang sah es so aus, als ob Österreich, Preussen, Russland und Frankreich zugunsten der unterliegenden Sonderbundskantone eingreifen würden. Doch schon bald wurden die europäischen Mächte selbst von der Revolution geschüttelt. Eine zeitgenössische Pressestimme dazu: «Der Revolutionssturm verjagte die diplomatischen Gewitterwolken, die schwer über unserem Vaterland hingen, und trieb sie nach Norden. Den Himmel ob uns hat er aufgeheitert und freier als je atmet jede Schweizerbrust.» (Neue Zürcher Zeitung vom 12. März 1848.) Nach dem Krieg von 1847 war der Weg frei für die politische und wirtschaftliche Neugestaltung der Schweiz.

5.1 Nach dem Bundesvertrag eine Bundesverfassung

Zentralismus oder Föderalismus?
Wird die Schweiz später zum Einheitssystem gelangen, oder mit andern Worten, werden in derselben in Zukunft statt mehr oder weniger souveräner Kantone nur noch Distrikte oder andere Territorialeintheilungen als Glieder eines organisirten Körpers vorhanden sein? Es ist möglich. Aber diese Zeit scheint uns noch nicht gekommen zu sein. Der Kantonalismus hat zu tiefe Wurzeln, hundertjährige Gewohnheiten haben zu viel Macht, um eine solche Umgestaltung zu verwirklichen, ohne eine Krisis hervorzurufen, für welche die Schweiz, wenn nicht alle Anzeichen trügen, keineswegs hinreichend vorbereitet ist. (aus dem Bericht der Tagsatzungsgesandten Kern und Druey, 21. April 1848)

Die Vorarbeiter für eine Bundesverfassung
Wenn es der Kommission vielleicht an Originalität der Ansichten und schöpferischen Ideen fehlte, so wurden diese mehr als ausgeglichen durch die politische Erfahrung ihrer Mitglieder. Diese Erfahrung umfasste nicht nur die öffentlichen Angelegenheiten in normalen Zeiten, sondern erstreckte sich auch auf Verfassungsarbeiten und sogar auf Beteiligung an revolutionären Unternehmungen. So hatte die Mehrzahl der Mitglieder, darunter die einflussreichsten wie Kern (Thurgau), Druey (Waadt), Ochsenbein (Bern), Furrer (Zürich), Frey-Herosé (Aargau), Munzinger (Solothurn), und Naeff (St. Gallen), aktiv an der Ausarbeitung der demokratischen Verfassungen ihrer Kantone teilgenommen. (William E. Rappard, 1948) Andererseits fiel die Abwesenheit radikaler Vorkämpfer auf. Weder ein Troxler, noch ein Bornhauser oder Snell wirkten in der Verfassungskommission mit, auch James Fazy war nicht dabei.

Noch vor den eigentlichen Verfassungsfragen waren zwei andere Fragen zu regeln: Einmal die Frage, wer die Verfassung ausarbeiten, und zum anderen die Frage, wie weit dabei auf die Meinung des Auslandes Rücksicht genommen werden sollte. Die Radikalen hätten gerne einen grossen, repräsentativen Verfassungsrat eingesetzt gesehen, der in öffentlichen Debatten die künftige Staatsordnung diskutiert hätte. In der Tagsatzung setzte sich aber die weniger radikale Meinung durch, die eine behutsamere Gangart bevorzugte: Eine 23köpfige Kommission, die sich zur Hauptsache aus bestandenen Politikern (Regierungsräten, Bürgermeistern, Landammännern, Obersten, Gerichtspräsidenten) zusammensetzte, erarbeitete den Revisionsentwurf unter Ausschluss der Öffentlichkeit.
Und was das Ausland betraf: Frankreich, Österreich und Preussen wiesen in einem Schreiben, das sie im Januar 1848 der Tagsatzung zukommen liessen, darauf hin, dass «die schweizerische Eidgenossenschaft sich 1814 und 1815 lediglich unter der Mitwirkung der Grossmächte konstituiert» habe und diese Mächte darum auch jetzt mitbestimmen könnten, unter welchen Bedingungen der Bundesvertrag von 1815 revidierbar sei. Die konservativen Mächte wollten die Auffassung der konservativen Kantone durchsetzen, dass Revisionen des einstimmig gutgeheissenen Vertrages von 1815 nur einstimmig durchgeführt werden könnten. Dies hätte der konservativen Minderheit ein Vetorecht eingeräumt. Die Liberalen stellten sich aber auf den Standpunkt, dass die liberale Mehrheit genüge. In ihrer Antwortnote vom Februar 1848 pochten sie auf das Selbstbestimmungsrecht der Staaten. Bei der ‹Vervollkommnung ihrer politischen Institutionen› müsse sie keine Rücksicht auf das Ausland nehmen. Dies erklärte sie neun Tage, bevor in Paris die Revolution ausbrach. Die Barrikadenkämpfe der Februarrevolution erleichterten es aber, den selbständigen Kurs einzuhalten.
Im Zentrum der eigentlichen Verfassungsberatungen stand die Frage, nach welchem Prinzip die Volksvertretung gestaltet werden sollte. Die radikaleren Kommissionsmitglieder forderten eine völlige Abschaffung der Tagsatzung und die Schaffung eines nationalen Parlamentes, dessen Mitglieder in erster Linie Schweizerbürger und nur in zweiter Linie Kantonsvertreter wären. Den ‹Kantonsgeist› hätte man durch die Einführung von Wahlkreisen neutralisieren wollen, welche die Kantonsgrenzen überschnitten. Die grossen Kantone wünschten, dass die Zahl der Sitze von der Zahl der Bevölkerung abhänge. Die kleinen Kantone dagegen bekämpften eine proportionale Vertretung, weil sie dadurch zu einer unbedeutenden Minderheit reduziert würden. Ein mittlerer Vorschlag sprach sich für die Beibehaltung der alten Kantonsversammlung aus, wollte aber den Kantonen unterschiedlich grosse Vertretungen einräumen. Demnach hätte Bern zum Beispiel sechs Gesandte, Zürich fünf, Luzern vier, Freiburg drei, Uri zwei, die Halbkantone je einen Gesandten zugestanden erhalten. Vor allem die Radikalen, aber

Begeisterter Applaus für die neue Verfassung?
Triumph des Bundesstaates. So einstimmig war der Beifall allerdings nicht, wie dieses Verfassungsblatt von 1848 es gerne sah.

auch manche Liberalen hätten gerne dem Bund möglichst viele Rechte eingeräumt. Sollten aber die kleinen Kantone im künftigen Parlament gleichviel zu sagen haben wie die grossen, dann hätten sie es doch vorgezogen, wenn die Kompetenzen in ihren Kantonen blieben. Schliesslich fand man im Zweikammersystem den nötigen Kompromiss: eine Kammer der Volksvertreter gemäss den Bevölkerungszahlen und eine Kammer der Kantone mit je zwei Vertretern unabhängig der Bevölkerungszahlen. Diese Lösung war durch Ignaz Paul Vital Troxlers Schrift ‹Die Verfassung der Vereinigten Staaten Nordamerikas als Musterbild der schweizerischen Bundesreform› gefördert worden. Die amerikanische Verfassung diente als Vorbild und die amerikanische Föderation als Beweis dafür, dass ein solches System funktionieren kann. Die Übernahme erfolgte aber auch aus der inneren Notwendigkeit, zwei Prinzipien miteinander zu verknüpfen: das föderalistische und stabilisierende Prinzip mit dem Ständerat als Fortsetzung der Tagsatzung und das einheitsstaatliche und dynamische Prinzip mit dem Nationalrat als der neuen, direkten Volksvertretung.

Die gesamtschweizerische Ordnung von 1815 war, wie es ihr Name besagt, ein Vertrag zwischen den Kantonen und insofern keine Verfassung, als sie kaum innerkantonale Staatsprinzipien berührte. Die Ordnung von 1848 dagegen überführte als gesamtschweizerische Verfassung wichtige Rechte (vgl. zum Beispiel 5.5) in den Kompetenzbereich der eidgenössischen Räte und ihrer Exekutive, den Bundesrat. Aus dem Staatenbund wurde ein Bundesstaat.

Offen gegenüber der Zukunft
Der Bundesvertrag von 1815 kannte keinen Revisionsartikel. Er war wie die meisten damaligen Vertragswerke «auf Ewigkeit» abgeschlossen. Die Verfassung von 1848 dagegen räumte in Art. 111 die Möglichkeit ein, die Staatsordnung neuen Bedürfnissen anzupassen. So konnten die eidgenössischen Räte oder das Volk (d.h. 50 000 Stimmbürger, was etwa einem Achtel aller Stimmberechtigten entsprach) eine Volksabstimmung zur Frage veranlassen, ob die Bundesverfassung revidiert werden solle. Im Falle einer Annahme wären beide Räte neu gewählt und diese mit der Ausarbeitung einer neuen Verfassung beauftragt worden.

Teure Demokratie
Gegen die Schaffung einer Volkskammer wurde u.a. auch der Kostenpunkt angeführt: Wenn die Zahl der Abgeordneten 150 Mitglieder betrage und diese auch nur drei Wochen beisammen blieben, so würde die Summe der Entschädigung, wenn auf den Deputierten das Minimum von 8 Fr. käme, einen Betrag von 25 000 Fr. ausmachen.

Die ersten Bundesräte
Von oben und links: Henry Druey (VD), Jonas Furrer (ZH), Ulrich Ochsenbein (BE), Josef Munzinger (SO), Stefano Franscini (TI), Wilhelm Naeff (SG), Friedrich Frey-Hérosé (AG). Ihr Durchschnittsalter: 48 Jahre. 1982 betrug das Durchschnittsalter der Bundesräte 61 Jahre.

Der Weg zum neuen Staat
November 1847 Niederlage des Sonderbundes
17. Februar bis 8. April 1848 Beratung der Verfassungskommission
15. Mai bis 27. Juni 1848 Beratung der Tagsatzung
Juli/August 1848 Volksabstimmungen in den Kantonen
12. September 1848 Tagsatzung erklärt Bundesverfassung als angenommen
22. September 1848 Tagsatzung löst sich auf
Oktober/November 1848 Nationalrats- und Ständeratswahlen
6. November 1848 Erste Bundesversammlung und Wahl des Bundesrates

Abstimmung über die Bundesverfassung

1.	Neuenburg	94,7% ja
2.	Zürich	90,9% ja
3.	Baselland	89,5% ja
3.	Basel-Stadt	88,0% ja
4.	Thurgau	86,7% ja
5.	Genf	82,0% ja
6.	Waadt	81,5% ja
7.	Schaffhausen	79,4% ja
8.	Bern	76,6% ja
9.	Aargau	70,3% ja
10.	St. Gallen	67,7% ja
11.	Solothurn	61,9% ja
12.	Luzern	58,8% ja
13.	Delegiertenstimmen in Graubünden	81,8% ja
14.	Landsgemeinde Glarus	ja
15.	Regierung Freiburg	ja
15 ½	Landsgemeinde Appenzell-Ausserrhoden	ja

1.	Zug	60,3% nein
2.	Wallis	60,3% nein
3.	Tessin	72,0% nein
4.	Schwyz	74,7% nein
5.	Landsgemeinde Uri	nein
6.	Landsgemeinde Unterwalden	nein
6 ½	Landsgemeinde Appenzell-Innerrhoden	nein

5.2 Vom alten zum neuen Staat

Der Übergang vom alten zum neuen Staat war in bemerkenswert kurzer Zeit vollzogen worden. Das ganze Verfahren dauerte bloss 207 Tage. Die Vorarbeiten der gescheiterten Verfassungsrevision von 1832/33 hatten die Arbeit der Tagsatzungskommission wesentlich erleichtert. Nach der Vernehmlassung durch die Kantone und die Verabschiedung durch die Tagsatzung konnten im Juli und August die Volksabstimmungen in den Kantonen durchgeführt werden. 15 1/2 Kantone nahmen die Bundesverfassung an, 6 1/2 Stände lehnten sie ab: Uri, Schwyz, Ob- und Nidwalden, Zug, Appenzell-Innerrhoden, Tessin und Wallis. Dass ehemalige Sonderbundskantone eine ablehnende Haltung einnahmen, erstaunt weiter nicht. Auch Appenzell-Innerrhodens Nein war zu erwarten gewesen, hatte es sich doch nur wegen seiner isolierten Lage nicht dem Sonderbund angeschlossen und eine hohe Geldbusse auf sich gezogen, weil es am Krieg gegen die Sonderbündler nicht teilgenommen hatte.
Warum finden wir die Sonderbundskantone Luzern und Freiburg nicht unter den Ablehnenden? Nach der Niederlage des Sonderbundes gelangten in diesen Kantonen liberale Minderheitsregierungen an die Macht, zum Teil infolge der Ratlosigkeit in den Reihen der Konservativen, insbesondere aber dank unsauberen Wahlpraktiken, Pressezensur, Verhaftungen konservativer Führer und dem Druck der eidgenössischen Besetzungstruppen.
In Freiburg wurde die neue Verfassung dem Volk gar nicht erst vorgelegt. Man wollte die sichere Ablehnung vermeiden und verhindern, dass der aufgestaute Missmut zum Ausdruck kam. In Luzern gab es eigentlich nur halb soviel Ja-Stimmen als Nein-Stimmen. Da man aber traditionell die Nichtstimmenden als Ja-Stimmen zählte, ergab sich eine annehmende Mehrheit von

60 Prozent. Innerhalb der Kantone lassen sich im weiteren interessante Teilergebnisse feststellen. So lehnte beispielsweise die mehrheitlich katholische Bevölkerung des heutigen Kantons Jura die Bundesverfassung von 1848 ab, während die südliche Hälfte des damaligen Berner Jura sie mehrheitlich annahm. Oder im Kanton Wallis stand das altherrschaftliche Oberwallis mit 91 Prozent Nein-Stimmen dem vormals benachteiligten Unterwallis mit 87 Prozent Ja-Stimmen gegenüber.
Hatten schon die Abstimmungen über die Bundesverfassung keine hohen Wellen geworfen, waren die anschliessenden Nationalratswahlen offenbar auch nicht als besonders wichtige Angelegenheit bewertet worden. Bloss etwa die Hälfte der Stimmberechtigten nahmen 1848 an diesen Wahlen teil. Die geringsten Beteiligungen verzeichneten Bern mit 19 Prozent und Tessin mit 28 Prozent. Besonders hohe Beteiligungen gab es in Kantonen mit Stimmenzwang: Schaffhausen mit 88 Prozent, St. Gallen, Aargau und Thurgau mit je 75 Prozent.

Bundesfeindliches Tessin?
Die Mehrheit der Tessiner Stimmbürger stand, wie der Ausgang der Tessiner Nationalratswahlen zeigte, dem neuen Staat im Prinzip positiv gegenüber. Trotzdem kam in der Abstimmung über die Bundesverfassung keine annehmende Mehrheit zustande. Warum? Das Tessin fühlte sich nicht angemessen für die an den Bund abgetretenen Zoll- und Posteinnahmen entschädigt und in diesem Punkt schlechter behandelt als andere Zoll- und Passkantone, wie zum Beispiel Uri und Wallis. Zudem befürchtete man, dass ein grosser Teil der Tessiner Steuergelder nicht wieder im Tessin eingesetzt würden. Von der damals geplanten Eidgenössischen Hochschule, die natürlich mit Bundesgeldern finanziert worden wäre, konnte man annehmen, dass ihr Standort nicht der Tessin sein würde.

Ständekammer - Volkskammer
Ratsversammlungen in unterschiedlicher Umgebung: Im einen Fall das alte Ständeparlament, die Tagsatzung, die hier in Bern im Rathaus des Äusseren Standes unter Ausschluss der Öffentlichkeit tagt. Im anderen Fall das Eröffnungsbankett der eidgenössischen Räte vom November 1848, jetzt im Berner Theater. Auch wenn es sich bei diesem Eröffnungsbankett um eine ausserordentliche Veranstaltung handelte, zeigt es doch deutlich den ordentlichen Öffentlichkeitscharakter des neuen Parlamentarismus.

Die eidgenössischen Räte
Ein grosser Teil der 44 Ständeräte (je 2 pro Kanton) wurde damals noch nicht in Volkswahlen gewählt, sondern von den kantonalen Parlamenten. Der erste Nationalrat zählte 111 Mitglieder. Auf 20000 Einwohner war ein Nationalrat vorgesehen. Mit der Zunahme der Bevölkerung nahm folglich auch die Zahl der Nationalräte zu. Nachdem sie bis 1959 auf 196 angestiegen war (und in den zwanziger Jahren sogar einmal 198 betragen hatte), wurde sie auf 200 festgelegt und je nach Entwicklung der Bevölkerungszahlen anteilmässig den Kantonen zugeteilt.

‹**Das Urteil des Paris**›,
oder: Welche kriegt den Bundessitz?
Von links nach rechts:
Zürich als Athene, Göttin der Wissenschaft und der Künste; Bern, das ein grösseres Truppenkontingent zur Verfügung hat; und das im Sonderbundskrieg besiegte Luzern mit Rosenkranz. (Postheiri 23/1848)

Der Spott der Zeitgenossen
Solothurn empfiehlt sich durch seine 120 Tavernen-, Speise-, Pinten- und Küchliwirthschaften; – etliche gutgelegene Hausplätze, worauf eine schöne Vegetation fortkommt; – Raum, auf dem man spazieren gehen kann; – Gratisabtretung der Luftsäule zur Aufführung der nöthigen öffentlichen Gebäude. Zur geistigen Erholung der Bundesversammlung und des Bundesraths eignet sich vorzüglich die grosse mimische Vorstellung, welche täglich Mittags 12 Uhr auf dem Zeitglockenthurme stattfindet. Auch hat es den Vorzug, die letzten Klöster zu besitzen, welche als sonst nirgends mehr vorhandene Merkwürdigkeiten nicht ermangeln werden, die Neugier der Touristen anzuregen und demnach den Strom des europäischen Völkerlebens in seine Mauern zu leiten.
Zofingen: Die geographische Lage ist die Hauptsache, das Übrige bringen die Eidgenossen mit. Zofingen ist der geographische Nabel der Schweiz, folglich soll es auch der politische werden; übrigens besitzt man hier auch ein Römerbad und einen Tanzplatz auf den Ästen einer Hagenbuche. Bouche que veux-tu! (Postheiri 18/1848).

5.3 Die Hauptstadtfrage

Wo liegt das Zentrum der Schweiz? In gewisser Hinsicht ist diese Frage falsch gestellt, hatte doch die Schweiz 25 kantonale Zentren. Doch bereits in den Verfassungsdebatten der Regenerationsjahre sprach sich eine Mehrheit für einen *bleibenden* Sitz der Bundesbehörden aus. Der Drei-Städte-Turnus des Vorort-Systems sollte abgeschafft werden. Man fragte sich, ob eine Kantonshauptstadt zugleich Bundeshauptstadt sein könnte. Würde man nicht besser eine zweitrangige Stadt wie Zofingen zur Hauptstadt machen oder eine Hauptstadt gar völlig neu bauen, ungefähr in der Mitte der Schweiz? Alle konnten sich bewerben – letztlich lief der Entscheid aber zwischen den drei ehemaligen Vororten Zürich, Bern, Luzern. Wer Luzern den Bundessitz geben wollte machte die zentrale Lage geltend: Chur, Lugano, Frauenfeld, Schaffhausen, Basel, Genf und Sitten wären etwa gleich weit entfernt. Diese Lösung könne auch die Einstellung der Innerschweiz zum neuen Staat verbessern. Der mangelnde Rückhalt im ehemaligen Sonderbundsgebiet sprach aber auch gegen Luzern. In diesem Kanton hatte nicht einmal eine echte Mehrheit für die neue Verfassung gestimmt.
Zürich wies auf seine Infrastruktur hin, auf die vorhandenen Staatsgebäude, die Verkehrsverbindungen (auf die erste Eisenbahn), aber auch auf die ‹wunderlieblichen› Seeufer und die ‹wohltuende kosmopolitische Denkungsart›. Zürich erhielt aber von der Ostschweiz nicht die Unterstützung, die es sich aus regionalpolitischen Erwägungen erhoffte. Von den acht St. Galler Nationalräten zum Beispiel sprachen sich nur drei für die Limmatstadt aus. In Zürcher Regierungskreisen erklärte man die geringe Unterstützung damit, dass es sich mit dem uneigennützigen Einsatz für den neuen Staat viele Gegner geschaffen habe. Die Enttäuschung in Zürich war gross. Jonas Furrer, der erste Zürcher Bundesrat und erste Bundespräsident, hatte sich einen Moment gefragt, ob er überhaupt nach Bern gehen solle. Schliesslich tröstete man sich damit, dass man ja die heimliche Hauptstadt sein könne.
Für Bern sprach gewiss die Nähe zur *Suisse romande*. Ein Waadtländer Blatt setzte sich allerdings mit einem wenig schmeichelhaften Argument für Bern ein: In Anbetracht der strengen Atmosphäre und der gähnenden Langeweile dieser Stadt würden die Parlaments-Sessionen nie zu lange werden. Aber eines musste garantiert sein: In Bern sollte der *neue Bund* und nicht der *Berner Bär* herrschen. Auch militärische Überlegungen wurden für den Standort Bern geltend gemacht: Der «Kranz von hohen Gebirgen rings um die Stadt» würde das Eindringen eines Feindes ungemein verzögern. Das Berner Patriziat hatte allerdings keine Freude an der Aussicht, dass seine Stadt zur Metropole eines liberalradikalen Staatswesens werden sollte. Zudem musste sich Bern verpflichten, dem Bund unentgeltlich die nötigen Arbeitsräume zur Verfügung zu stellen. Schon damals wurden übrigens typisch eidgenössische Ausgleichsüberlegungen angestellt: Als Ersatz für den entgangenen Bundessitz sollte Zürich die eidgenössische Hochschule und Luzern eine andere Bundesanstalt überlassen

werden. 1848 wurde in der liberalen Presse der Ex-Metropole des Sonderbunds in Aussicht gestellt, sie könnte Sitz einer katholisch-theologischen Zentral-Lehranstalt und des erzbischöflichen Sitzes sein, «damit die Schweiz in katholisch-kirchlichen Dingen einmal organisiert sei wie die übrige Christenheit.»

5.4 **Bern um 1850**

Für die Städte begann die Moderne um die Jahrhundertmitte. Erst jetzt fielen die im Mittelalter angelegten, im *Ancien Regime* stark ausgebauten und noch zu Beginn des 19. Jahrhunderts als unentbehrlich erachteten Stadtmauern. Die Städte waren aus ihren alten Massen gewachsen. Die Mauern behinderten den Verkehr und belegten als unproduktive Bauten teuer gewordenen Boden. Was sich an Bern exemplarisch zeigen lässt, vollzieht sich ähnlich in anderen Städten. Im unteren Teil der Stadt gab es wegen der Aare keine Stadtmauern einzureissen. Hier aber erleichterte eine neue Brücke die Zufahrt zur Stadt: die Nydeckbrücke. Sie wurde 1844 von einer Aktiengesellschaft mit privaten Mitteln erbaut und betrieben. Wenige Jahre später wurde eine weitere private Brücke errichtet: die Eisenbahnbrücke, die an den oberen Stadtteil heranführte.

Der Hauptstadtentscheid

Für Luzern:	*6 Nationalräte*	*3 Ständeräte*
Für Zürich:	*35 Nationalräte*	*13 Ständeräte*
Für Bern:	*58 Nationalräte*	*21 Ständeräte*

Die Waadt spricht sich für Bern aus!

Was spielt's der Schweiz für eine Rolle, dass Bern eine langweilige Stadt ist, der Kälte und dem Nebel ausgesetzt, dass seine Einwohner wenig entgegenkommend sind, das Leben wenig komfortabel ist. Der Schweiz soll wesentlich sein, dass der Nationalrat und der Ständerat viel und gut arbeiten. Und darum ist es der Schweiz unwichtig, ob die Parlamentarier in der Bundeshauptstadt ein angenehmes Leben führen können. Wäre dem so, würden sich die Sessionen nur in die Länge ziehen und die Zahl der Nationalratskandidaten würde ins Phantastische steigen. Bern gefällt uns also, weil es kein petit Paris ist. Es gefällt uns aber vor allem darum, weil es zwischen der französischen und der deutschen Schweiz liegt und es die beiden verbindet. Hier begegnen sich die beiden Hauptelemente der Schweiz, hier muss ihre Harmonisierung stattfinden. Nähme man dagegen Zürich oder Luzern als Hauptstadt, man würde die Westschweiz zu sehr entfernen und ihr die ihr zustehende Betätigungsmöglichkeit nehmen. Man würde das Gravitationszentrum verschieben und sich des Mittelpunkts berauben. Die Mitte befindet sich nicht immer im topographischen Zentrum. Die politische und soziale Mitte befindet sich dort, wo sich die verschiedenen Elemente begegnen, und dies ist am besten in Bern möglich. (Nouvelliste Vaudois, 31. Oktober 1948)

Im unteren Stadtteil betrieb der ‹Kronen›-Wirt Jean Kraft-Rüfenacht eine renommierte Absteige mit eigenen Remisen und Stallungen. Dort in der Nähe lag auch das alte Stadtzentrum mit dem Rathaus und dem Münster. Um die Jahrhundertwende verschob sich das Zentrum von der Markt- und Krongasse in die Zone der ehemaligen Stadtbefestigungen. Hier war die Wachstumszone, hier wurde auch der Bahnhof errichtet. Hier widerstand der Christoffel, das Relikt des alten Festungswerkes – bis 1865 auch er fiel. Und hierher zog nun auch der vormalige ‹Kronen›-Wirt. 1856 kaufte er ein Areal zwischen dem Bundesratshaus und der kleinen Schanze, sowie das

Das grosse Festungssterben
Auch andere Städte liessen in diesen Jahren ihre Befestigungsanlagen abtragen. Hier in Basel nach 1856 und in Genf 1850.

Recht, städtisches Quellwasser direkt zu nutzen. Gegen eine zusätzliche Steuer entfernte die Stadtgemeinde auf Wunsch des Wirtes den störenden Viehmarkt. Der Erlös des ganzen Handels ging an die Kosten des von der Gemeinde zu bezahlenden Bundesgebäudes. Hier entstand der «Bernerhof». Erbaut wurde dieses grösste und vornehmste Stadthotel vom Bundeshaus-Architekten Friedrich Studer. Selbstverständlich wurden die wichtigsten Räume mit den neuen Gasleuchtern ausgestattet. 1843 führte Bern als erste Schweizerstadt die Gas-Strassenbeleuchtung ein. Das Gas wurde im Marzili produziert, zunächst mit einheimischer Kohle von Beatenberg und aus der Klus bei Boltigen, später wurde sie mit der Eisenbahn aus dem Ausland importiert. Die Bewohner des bereits besiedelten Marzili-Quartiers befürchteten allgemein unangenehme und gesundheitsschädliche Gas-Ausdünstungen und mussten von der Behörde beruhigt werden. Anfänglich verwendete man aus Kostengründen leicht brüchige Tonleitungen. Die Berner mussten darum als Preis des Fortschritts den widerlichen Gestank des ausströmenden Gases in Kauf nehmen.

Ein modernes Hotel
Der für 185 Gäste konzipierte «Bernerhof» wies den unerhörten Luxus von vier Badezimmern auf. Er hatte fliessendes Wasser und, als eine der frühesten Anlagen, eine von der Firma Sulzer Winterthur gebaute Dampfheizung, wodurch 68 Zimmer bis auf 18 Grad Celsius erwärmt werden konnten. Unbezahlbar war das Alpenpanorama. Für Boden und Quellrecht hingegen bezahlte Jean Kraft 37 000 Franken, für die Dampfheizung 55 000 Franken.

Opfer des Fortschritts
Die Anhänger des Fortschritts setzen sich durch, die Konservativen treten mit ihren Öllampentrichtern den Rückzug an. Am Kandelaber der Neuzeit aber hängt das Opfer des Fortschritts: der Wärter der veralteten Öllampen. – Manche glaubten, die Gasbeleuchtung sei schuld an der Kartoffelkrankheit, die im Bernbiet damals grossen Schaden verursacht hatte.

Verkehrsstockungen gab es schon damals: Die Aeschenvorstadt in Basel an einem Markttag (Postheiri, 5. Mai 1855)

Die ersten Bundesausgaben

Franken	Departement/Bereich
634 000	Militär
130 000	Bundesrat und Bundeskanzlei
92 000	Nationalrat und Kommission (Ständerat fällt zulasten der Kantone)
35 000	Post- und Bauwesen
27 000	Auswärtiges (2 Gesandtschaften: Paris und Wien)
10 000	Finanz
9 000	Handel und Zoll
6 000	Inneres (keine Soziallasten!)

Noch gab es keine ausgedehnte Staatsverantwortung zum Beispiel im Sozialbereich oder im Strassenbau. Die Ausgaben des Departements des Innern standen an letzter Stelle und machten lediglich einen Hundertstel der Ausgaben des Militärdepartementes aus. Heute übersteigen die Ausgaben des Innern die Militärausgaben um beinahe das Doppelte, nachdem der Staat nach Innen mehr und mehr ausgebaut worden ist (1981: EMD 3,5 Milliarden, EDI 6,5 Milliarden).

Die ersten Einnahmen

3,6 Mio Posteinnahmen
3,1 Mio Postausgaben
0,5 Mio Reinertrag zu Gunsten der Kantone
2,9 Mio Zolleinnahmen
0,4 Mio Zollausgaben
1,6 Mio Abfindung an die Kantone
0,9 Mio in die Bundeskasse

Etwa ein Drittel der Erträge dient zur Finanzierung des Bundeshaushaltes, zwei Drittel gehen an die Kantone als Entschädigung für den Verlust ihrer früheren Zoll- und Posteinnahmen.

5.5 Die Bundesverwaltung

Der neue Staat sollte möglichst wenig Geld kosten. Er musste sich darum mit wenig Personal und dieses sich mit bescheidenen Löhnen zufriedengeben. Im ersten Jahrzehnt stand im Prinzip jedem Departement nur ein Sekretär zur Verfügung, und der Bundesrat musste sogar gegen die Auffassung ankämpfen, dass diese Sekretäre unterbeschäftigt seien.

Die eidgenössische Rechnung wurde von einem Haupt- und drei Unterkassierern geführt. Den Schlüssel der Staatskasse verwahrte der Hauptkassier nachtsüber aus Sicherheitsgründen unter seinem Kopfkissen.

Schon bald aber wurde der Bund – zumal wenn man die Zollverwaltung und den Postbetrieb mitrechnete – zu einem wichtigen Arbeitgeber. 1849 kostete die Bundestätigkeit 6,4 Millionen Franken. Im folgenden Jahr bereits 9,9 Millionen.

Die Militärausgaben nahmen den ersten Rang ein. An zweiter Stelle figurierten die Ausgaben für Bundesrat und Bundeskanzlei, an dritter Stelle die Ausgaben für das Parlament. Vergleichsweise bescheiden waren die Kosten für die diplomatischen Vertretungen, das Finanzdepartement, das Departement des Innern und des Justizdepartement. Die Rechnungen des Zoll- und Postdepartementes wiesen gar Gewinne aus. Damit wurden die Staatsausgaben finanziert und die Kantone für den Verlust ihrer früheren Zoll- und Posteinnahmen entschädigt.

Die neue Zollordnung, die der Basler Bankier Achilles Bischoff entwickelt hatte, konnte nicht alle zufriedenstellen. Sie nahm Rücksicht vor allem auf die Interessen der Industrie. Entsprechend unzufrieden waren die landwirtschaftlichen Kreise. Sie neigten schon damals zu schutzzollpolitischen Forderungen. Protektionszölle forderten auch die Gewerbeleute. Seit 1843 waren sie im *Schweizerischen Handwerker- und Gewerbeverein* organisiert. Mit einer Petition von 45 000 Unterschriften wollten sie ihren Standpunkt geltend machen. Die industriellen Unternehmer dagegen wünschten eine freihändlerische Regelung und lehnten Schutzzölle ab. Die Schweiz habe keine Bodenschätze und nur einen kleinen Binnenmarkt, sei also auf den freien Handel angewiesen. Um ihre Auffassung besser durchsetzen zu können, gründeten sie 1848 den *Schweizerischen Industrieverein.*

Schliesslich wurde eine gemässigt freihändlerische Lösung getroffen. Sie gab dem Bund eine sichere und von den Kantonen unabhängige Finanzgrundlage. Bis 1874 erhob der Bund keine direkten Steuern. Seine Haupteinkünfte waren (als indirekte Steuern) die Zölle. Mit der gleichzeitigen Aufhebung der zahlreichen Binnenzölle wurde zusammen mit der Niederlassungsfreiheit die angestrebte Vereinheitlichung des schweizerischen Wirtschaftsraumes verwirklicht.

Die Verschmelzung des Bundes zu einem einheitlichen Nationalstaat vollzog sich in verschiedenen Bereichen: vor allem im Münzwesen, im Bereich der Gewichte und Masse und im Postwe-

Auch aus Rücksicht auf die Konsumenten

Berücksichtigen wir schliesslich die grossen Nachteile eines schweizerischen Schutzzollsystems, welche daraus für das ganze konsumierende Publikum entstünden, namentlich für die grosse Klasse unserer eigentlichen Arbeiter und Taglöhner und alle diejenigen, die alles für ihren täglichen Lebensunterhalt kaufen müssen. Worin fänden dann wohl diese ihren Ersatz für die Verteuerung der für ihre Existenz benötigten Lebensmittel, die mit der Einführung eines Schutzzollsystems verbunden wäre? (Aus der Denkschrift der Industriekommission der st. gallisch-appenzellischen gemeinnützigen Gesellschaft von 1849)

Der Bund als begehrter Arbeitgeber

Die einen klagten darüber, dass der Bund zuviele Stellen schaffe, und andere freuten sich darüber, weil sie auf eine Anstellung hofften. (Postheiri vom 26. Januar 1861)

Ressentiments gegen die junge Verwaltung

Büreaukraten. 1/20 der Bevölkerung. Der Beruf der Büreaukraten besteht darin, sich für das Vaterland aufzuopfern und Quartalzäpfen zu ziehen. Ihren Namen haben sie erhalten, weil sie Vormittags zwischen 8 und 10 Uhr in das Büreau und zwischen 10 und 12 wieder daraus gehen. Nachmittags bewohnen sie die Kaffeehäuser, gehen bei schönem Wetter aber auch spazieren. (Bild aus dem Postheiri 22/1849, Text aus dem Postheiri 13/1850)

Nicht ausgelastete Bundesangestellte?

Ich hörte, dass gestern Herr v. G. behauptet habe, der Sekretär des Justizdepartements habe fast nichts zu tun. Das ist eine infame Lüge! Er hat mehr zu tun als alle oder wenigstens die meisten Sekretäre und es würde mich tief verletzen, wenn er in der Besoldung schlechter gestellt würde als andere. Seit 1849 diente er Herrn Druey und mir treu wie Gold; er ist die lebendige Tradition des Departements im Polizeifach, das er sozusagen allein besorgt. Dazu ist er mein Übersetzer und muss alle meine Anträge, die für die französische Schweiz bestimmt sind, übersetzen und auch die Spezies facti in diesen Fällen redigieren. Er führt fast die ganze Korrespondenz und besorgt die Registratur und die Komptabilität. Er ist fleissig wie die Ameise und arbeitet rasch und gut. Kurz, er hat vom Morgen bis Abend zu tun, und ich habe in keiner Beziehung zu klagen. Ich bitte Dich und Herrn Blumer, hiervon Notiz zu nehmen, wenn es Angriffe gibt oder zu einer Gant kommt, meinen Sekretär zu verteidigen. (Bundesrat Jonas Furrer an Nationalrat Alfred Escher, 19. Juli 1857).

Säulenhalle im 1. Stock vor dem Sitzungszimmer des Bundesrates.

sen. Die Vereinheitlichung des Münzwesens sollte die Wirtschaftskraft des Landes fördern. Für die Westschweiz bedeutete diese Vereinheitlichung der Masse allerdings einen Rückschritt. Dort war bereits das französische Dezimalsystem eingeführt gewesen. Das verbindliche Längenmass wurde nämlich der *Fuss* (zu 10 Zoll, zu 10 Linien, zu 10 Strichen), das verbindliche Hohlmass wurde das *Mass*. Das metrische System setzte sich erst ein Vierteljahrhundert später durch. Die Vereinheitlichung des Postwesens brachte einen grossen Fortschritt. Vor 1848 durchquerte ein Brief von Genf nach Chur sieben verschiedene Postgebiete. Die Vereinheitlichung ermöglichte bessere und billigere Leistungen. Sie erleichterte den Transport nicht nur von Briefen, sondern auch von Waren und Personen. Sie förderte die nationale Kommunikation. Ein verstärkter Pulsschlag belebte die Gesellschaft.

Das erste Bundesgebäude
Das 1857 fertiggestellte und bewusst im Renaissancestil des republikanischen Florenz errichtete Bundesrathaus (das heutige Bundeshaus West) ist ein Produkt und eine Verkörperung des neuen Staates. Wie jeder Kanton ein Regierungsgebäude besass, das die kantonale Souveränität verkörperte, sollte auch der junge Bundesstaat als übergeordnete Grösse über ein eigenes Haus verfügen, nicht nur aus Gründen der administrativen Notwendigkeit. Bei der Eröffnung des Neubaus, der als damals grösstes und majestätischstes Gebäude der Schweiz gefeiert wurde, rief Nationalratspräsident Augustin Keller aus: «Heute zum ersten Mal stellt sich der verfassungsmässige Organismus des neuen Schweizerbundes äusserlich in architektonischer Verbindung und Einheit dar.» Und wie man das Bundesrathaus in bevorzugter Lage auf der Aareterrasse mit Blick auf den ‹Hochaltar der Schweizer Berge› gebaut hatte, haben in der Folge Zürich 1860 der Eidgenössischen Technischen Hochschule und Lausanne 1878 dem Bundesgericht Plätze zur Verfügung gestellt, die mit ihrer hervorragenden Lage die hohe Bedeutung dieser Repräsentationsbauten veranschaulichten. Anfänglich arbeiteten im Bundesrathaus bloss etwa 70 Beamte und Angestellte. Die oberen Stockwerke wurden noch nicht belegt und für verwaltungsfremde Zwecke vermietet, zum Beispiel für Ausstellungen.

Neue Symbole der nationalen Einheit
Die Postbeamten waren zugleich die Sendboten der neuen Schweiz. Auch die in den folgenden Jahrzehnten errichteten Postgebäude verkörperten in allen Landesteilen die Idee des vereinigten Bundesstaates und demonstrierten in den Kantonen die Stärke der aufstrebenden Zentralgewalt. Hier die Postgebäude von Genf, Degersheim (SG) und Sonogno (TI). Die Intensivierung des Postverkehrs förderte den nationalen Zusammenhalt.

Postsendungen pro Einwohner

1850:	6 Briefe	4 Zeitungen
1948:	215 Briefe	120 Zeitungen

Nach einem heftigen Kampf der ostschweizerischen Guldenanhänger gegen die Befürworter der Frankenwährung wurde auf dezimaler Grundlage der Schweizer Franken eingeführt, anstelle der über 800 alten Sorten inländischer Münzen und anstelle von 79 verschiedenen Münzherren (Kantonen, Städten, Privatpersonen) tritt das Münzmonopol des Bundes. Der Kopf dieser Operation ist der Basler Bankier Johann Jakob Speiser. Die zeitgenössischen Karikaturen halten zwei Vorgänge fest: Die Verschmelzung der kantonalen Vielfalt zu einer nationalen Einheit und eben das Ringen um die Frage, was nun als nationale Einheitswährung eingeführt werden solle. (aus dem Postheiri 23/1849 links und 12/1850 rechts)

5.6 **Der Telegraph**

1848 befand sich die Nachrichtenübermittlung durch elektrische Drahtleitungen noch im ersten Entwicklungsstadium. Von Seiten der Kantone und der Unternehmervereinigungen erging schon bald der Ruf nach Einführung dieses neuartigen Kommunkationsmittels. Der Bundesrat war zunächst aber zurückhaltend, weil er die zusätzliche finanzielle Belastung des Bundes vermeiden wollte. Nachdem von privaten Unternehmern ein unverzinsliches Darlehen von 200 000 Franken zur Verfügung gestellt worden war, übernahm er 1851, gestützt auf Art. 21 BV, welcher den Bund generell zur Errichtung ‹öffentlicher Werke› ermächtigte, das Telegraphenwesen. In seiner Botschaft zum Gesetzesentwurf schrieb er: «Unglaubliches haben schon die Eisenbahnen geleistet, namentlich für den Verkehr der Personen und der Waaren. Noch merkwürdiger ist aber die Schnelligkeit, mit welcher mittelst der Telegraphen die Mittheilung der Gedanken stattfindet. Der Raum verschwindet und eine Nachricht, die an der Nordsee dem galvanisierten Drahte anvertraut wird, kann in derselben Minute dem Beobachter am Mittelmeere bekannt gemacht werden.» Dass der Telegraph eingeführt werden sollte, darüber war man sich allgemein einig. Uneinig war man sich hingegen in der Frage, wer für den Betrieb zuständig sein sollte. In den eidgenössischen Räten hatte sich eine anti-zentralistische und anti-etatistische Minderheit erfolglos für die kantonale Zuständigkeit und für Privatbetriebe ausgesprochen. In der Eisenbahnfrage sollte diese Auffassung dann aber von einer Mehrheit unterstützt werden.

Die Schweiz im Rückstand

Um 1850 war in Europa bereits ein Telegraphennetz von über 6000 Schweizerstunden (= 16 000 Fuss = etwa 4,8 km) installiert.

England	*2900 Stunden*
Preussen	*500 Stunden*
Österreich	*750 Stunden*
Bayern	*200 Stunden*
Hannover und Braunschweig	*100 Stunden*
Sachsen	*75 Stunden*
Württemberg	*55 Stunden*
Frankreich	*400 Stunden*
Belgien	*130 Stunden*

Telegraph (Vision des Postheiri 20/1852).

Vom Nutzen des Telegraphen

Die Erstellung elektrischer Telegraphen ist für die Schweiz zur Lebensfrage geworden, wobei es sich nicht sowohl um die Erwerbung neuer Vortheile, als um die Behauptung und Sicherstellung der bereits bestehenden Verhältnisse handelt.

Der positive Nuzen der elektrischen Telegraphen ist zwar für sich schon gross genug, um ihre Erstellung zu rechtfertigen; denn, gehörig organisirt, sind sie nicht nur ein wichtiges Mittel der Administration und der Handhabung der Polizei, sondern auch ein wahres National-Vertheidigungsinstrument, indem sie im Fall eines Krieges die Zusammenziehung, Vertheilung und Direktion der Nationalstreitkräfte ungemein erleichtern, während sie in Friedenszeiten für die Förderung der materiellen Interessen von unberechenbarem Vortheile sind, indem sie einerseits die Verbindung der einheimischen produktiven Kräfte und die Arbeitstheilung erleichtern helfen, und anderseits unsern Industriellen bei Gelegenheit darbieten, zu jeder Stunde im Tage mit den entferntesten Handelsplätzen Europas in Verbindung zu treten.

Indessen könnte man vielleicht gerne auf alle diese positiven Vortheile Verzicht leisten, wenn es nämlich in unserer Macht stünde, in allen den berührten Beziehungen den bisherigen Standpunkt zu behaupten, und wenn wir nicht genöthigt wären, vorwärts zu schreiten, um nicht zurück zu bleiben. Dazu sind wir aber von dem Augenblik an gezwungen, als man sich in allen Nachbarstaaten der elektrischen Telegraphen bedient. (...)

Es ist keinem Zweifel unterworfen, dass die Erstellung elektrischer Telegraphen, wie überhaupt die Anlegung aller neuen Kommunikationsmittel entweder bindend und kräftigend auf die moralische oder materielle Einheit eines Landes mächtig einwirken, oder auch dieselben erschlaffen oder zerstören kann, je nachdem man bei der Anlage derselben zu Werke geht und ein zwekmässiges oder unzwekmässiges System befolgt. Nun dürfen wir nicht vergessen, dass die Schweiz viele natürliche Elemente der Trennung in sich trägt, welche sowol in den physischen Verhältnissen des Landes, als in den verschiedenen materiellen, landwirthschaftlichen und industriellen Interessen der Kantone und Landestheile und in der Verschiedenheit der Sprache und der Religion liegen, und dass wir uns daher hüten sollen, dieselben auf künstliche Weise noch zu erhöhen und zu vermehren.

In dieser Beziehung darf es der obersten Landesbehörde nicht gleichgültig sein, ob vermöge des elektrischen Telegraphen z.B. Genf und Basel näher bei Paris zu liegen kommen als bei der Bundesstadt, St. Gallen näher bei München, als bei Zürich und Chur, Zürich näher bei Frankfurt als bei den Urkantonen u.s.w., denn durch ein solches einseitiges Verfahren würden alle diese Ortschaften und Gegenden mit tausenden von neuen moralischen und materiellen Banden an das Ausland geknüpft, während sie im gleichen Verhältnisse den übrigen Theilen des Landes fremd werden müssten. (aus dem Bericht der nationalrätlichen Kommission).

Förderung der Volkswirtschaft

Die Verkehrserleichterung, die uns dadurch zuteil wird, ist nicht hoch genug anzuschlagen, ebenso der Nutzen, den die Industrie, der Handel und die Landwirtschaft daraus ziehen werden. Wir vergleichen eine Eisenbahn einem Heuwagen, der zwischen Bäumen und Hecken durchfährt; alle Ästchen, die denselben berühren, werden etwas Heu davon abstreifen, und so werden wir alle in irgend einer Weise etwas zu geniessen haben, sei es durch den Bau oder den Betrieb der Bahn oder endlich durch den Verkehr, den sie vervielfältigt. So wie wir wegen Geschäften oder aus blosser Neugierde uns weiter umsehen werden, werden andere zu uns kommen, um uns und unser Ländchen zu betrachten. Dieses ist so schön und bekannt genug, dass wir auf manchen Besuch rechnen dürfen, der uns mehr Geld einbringen wird, als wir auswärts vertun werden.

Wie aber eine jede Sache zwei Seiten hat, so ist es auch mit den Eisenbahnen. Die Wirte und Vorspanner an den beiden Hauensteinen, die Schmiede und Wagner, die Omnibusführer und die Pferdeposthalter werden dabei verlieren, wenigstens über die erste Zeit des Betriebs der Eisenbahn. (Volksblatt, BL), 9. September 1852)

5.7 Die Privatbahnen

Die Eisenbahngeschichte der Schweiz begann vor 1848. Das Putschklima der Regenerationsjahre war allerdings eine schlechte Voraussetzung für risikoreiche Unternehmungen. Mit dem Bahnbau wurde in der Schweiz relativ spät begonnen. Eine ausländische Initiative führte 1844 zum Bau der ersten anderthalb Kilometer auf Schweizerboden: die Linie St. Louis-Basel als Fortsetzung der Linie Strasbourg-St. Louis. In Basel musste ein Teil der alten Stadtmauer abgebrochen werden, damit die Maschine des modernen Zeitalters Einlass fand. Man errichtete jedoch ein spezielles Eisenbahntor. Noch meinte man, auf diese alten Schutzwälle angewiesen zu sein. Basel wurde vorgeworfen, ein trojanisches Pferd in seine Mauern einzulassen und darüber seine eidgenössische Verteidigungsfunktion zu vernachlässigen. Das Eisenbahntor wurde aber jede Nacht mit einem Gitter verschlossen und von einer Schildwache kontrolliert.

Das Basler Eisenbahntor von 1844
Manche empfanden das Dampfross als Trojanisches Pferd und hätten darum den Bahnhof lieber ausserhalb der Stadtmauern gehabt. Dann aber hätte man das ohnehin beunruhigende Kommen und Gehen nicht kontrollieren können.

Die Anfänge des Eisenbahnzeitalters
1825 England
1829 USA
1835 Belgien, Deutschland
1837 Frankreich, Österreich
1838 Russland
1839 Italien, Niederlande
Besorgte Zeitgenossen warnten: Eine eisenbahnlose Schweiz würde auf die Stufe der unterentwickelten europäischen Randzonen herabsinken und die gleiche Stellung einnehmen wie das ‹eisstarrende Skandinavien› oder das ‹junge Griechenland›. Besonders spät wurde die zuerst in Angriff genommene Verbindung Basel-Zürich verwirklicht, nämlich erst 1875. Und in unserem Jahrhundert kommt es beim Nationalstrassenbau zu einer auffallenden Wiederholung dieser Verspätung. Unser Bild: Nordostbahn und Centralbahn nehmen Anteil an den schwierigen Versuchen, diese Verbindung herzustellen. (Postheiri vom 4. September 1875).

Das Hauptproblem war die Linienführung im Innern des Landes, ein Problem, das lange vor 1848 akut war und nach 1848 noch lange nicht gelöst wurde. Vor 1848 war es besonders schwer, Lösungen zu finden, weil die Kantone für die Baubewilligungen zuständig waren. Für den Bau der Linie Basel-Zürich zum Beispiel hätte die Zustimmung von vier selbständigen «Staaten» gefunden werden müssen.
Wie sollte der Auslandanschluss bei Basel weitergeführt werden? Unbestritten war offenbar, dass die erste Verlängerung nach Zürich führen sollte. Die Verbindung Baden-Zürich sollte der Limmat folgen und gab keine grossen Probleme auf. Für die Verbindung Basel-Baden standen jedoch mindestens drei Varianten zur Diskussion: Die eine Variante hätte durch das Fricktal über den Bötzberg, die andere Variante dem Rhein entlang via Koblenz und die dritte Variante via Hauenstein und Olten nach Baden führen sollen. Der junge Kanton Basel-Landschaft nahm in dieser Frage eine Schlüsselstellung ein. Zunächst wurde die Hauenstein-Variante bekämpft, weil sie das herkömmliche Transportgewerbe im oberen Baselbiet schädigen würde. Aber auch die Bötzberg-Variante wurde zunächst abgelehnt, sofern sie bis nach Basel geführt würde. Basellands Bedingung: ein Kopfbahnhof vor den Mauern der Stadt bei Birsfelden. Unter diesen Umständen prüfte Zürich als weitere Variante die rechtsrheinische Verbindung auf deutschem Boden. Der Aargau befürwortete eher die Bötzberg-Variante, Solothurn wünschte natürlich die Hauenstein-Variante. Auch Basel zielte auf Olten, weil man von dort in drei Richtungen weiterbauen konnte, Linien nicht nur nach Zürich, sondern auch nach Bern-Genf und nach Luzern und dem Gotthard. Zürich wiederum sah darin eine Gefährdung der von ihm damals noch geförderten Ostalpentransversale über den Splügen oder den Lukmanier. Schliesslich meldete sich auch Schaffhausen und sprach sich für die rechtsrhei-

nische Linie aus, die man über Waldshut hinaus an den Bodensee heranführen könnte.
1846 beschloss Zürich, als erstes Teilstück wenigstens die Verbindung zum aargauischen Kurort Baden zu bauen: die Spanischbrötlibahn. Nach 15monatiger Bauzeit wurde die 23 km lange Strecke im August 1847 eingeweiht. Der Basler Mechanikus Niklaus Riggenbach führte den Dampfwagen in 35 Minuten sicher an seinen Bestimmungsort. Die Postkutsche brauchte für die gleiche Wegstrecke 2–3 Stunden.
Wie ging es nach diesem Anfang weiter? Der weitere Ausbau des Bahnnetzes wurde durch die Sonderbundswirren und das Ringen um die neue Staatsform gehemmt. Die nächsten Teilstücke wurden erst 1854/55 in Betrieb genommen.

Ein Hymnus auf die Eisenbahn
Bei Baden musste ein Tunnel durch den Felssporn geschlagen werden, auf dem eine mittelalterliche Burgruine thronte. Dieser Umstand führte zur folgenden Vision: Menschen jeden Standes werden unter den Trümmern des stolzen Fürstensitzes hindurchbrausen, in welchem einst die österreichischen Herrschaften der alten Zeit glänzende Bankette feierten. Die Feier des Tages vereinigte die Bürger verschiedenster Lebensverhältnisse und zeigte den Weg auf, auf dem die Schweiz Kraft und Einigung erlangen kann.
Ihr eh'rnen Bahnen, lehret ahnen
Was uns die Zukunft möge sein!
O führet uns als Ehrenbahnen
Zutiefst ins Völkerherz hinein!

Auslandanschlüsse
Dem Anschluss an Frankreich von 1844 folgten zwei Anschlüsse 1855/56 an Deutschland (nach Freiburg und Säkkingen). In der Westschweiz kamen die Anschlüsse ans Ausland 1858 bei Genf und 1860 bei Les Verrières zustande. Im Osten und Süden wurden die Eisenbahnverbindungen mit dem Ausland vergleichsweise spät hergestellt: 1872 zwischen Buchs und Feldkirch, 1876 zwischen Chiasso und Mailand.

Die Spanischbrötlibahn
Das Spanischbrötli war eine Badener Spezialität aus Blätterteig, die sich wohlhabende Zürcher Haushalte zum Frühstück liefern liessen.

Der «Privatbauer» (Postheiri 19/1852)

Der Verkehr als Ware
Schon im folgenden Jahr konnte man den Bewohnern des oberen Zürichsees ein ‹Pauschalarrangement› anbieten: ein Besuch des eidgenössischen Schützenfestes in Aarau in einem Tag? Abfahrt um 3 Uhr morgens mit Dampfboot in Rapperswil, um 6 Uhr in Zürich mit dem Zug nach Baden, dann weiter mit Pferdeomnibussen nach Aarau, 4 1/2 Stunden Aufenthalt, Rückkehr in Rapperswil gegen 23 Uhr.

Der «Staatsbauer» (Postheiri 19/1852)

Das imaginäre Interview

Johann Friedrich Peyer im Hof-Neher, 1817–1900, Mitglied des Kaufmännischen Direktoriums von Schaffhausen, erster Schaffhauser Nationalrat, Initiant und Präsident der Schweizerischen Dampfboot AG für den Rhein und den Bodensee, Mitbegründer und Leiter der Schweizerischen Waggon- und Waffenfabrik AG Neuhausen, Initiant der Rheinfallbahn, später Präsident der Direktion der Schweizerischen Nordostbahn.

Herr Nationalrat, wie beurteilen Sie den Entscheid von 1852?
Ich war froh, dass wir endlich überhaupt einen Beschluss hatten. Natürlich bedauerte ich den Entscheid für die Privatbahnen. In meinem Kommissionsbericht habe ich – z.T. gestützt auf das Gutachten des Basler Industriellen Karl Geigy – ja ausgeführt, dass ein Betrieb mit monopolistischem Charakter in die Hand des Staates gehöre und dass die Eisenbahn dem Gesamtwohl dienen müsse und darum nicht der Privatspekulation überlassen werden dürfe.

Die Privatwirtschaft war aber in der Lage, das nötige Geld aufzutreiben. Scheiterte Ihre Lösung nicht an der Geldfrage? Allein die Zinsen für die Kosten einer Bahn von Konstanz nach Morges wären höher gewesen als ein Jahresbudget des Bundes. Mit Patriotismus alleine liessen sich keine Bahnen bauen.
Gewiss, der Bund hätte die nötigen Geldmittel nicht selbst gehabt, aber er hätte Anleihen auflegen und mit den Kantonen die Zinsen garantieren können, für den Fall, dass das Unternehmen defizitär wäre. Die Bundeskasse war ja schuldenfrei und wies gerade 1852 einen Einnahmeüberschuss von 1 Mio. Franken aus. Aber nein, man liess lieber rücksichtslose Partikularisten eine Rumpfbahn nach der anderen bauen und ausländische Finanzhäuser uns Schweizer gegeneinander ausspielen. Dabei hätte die Eisenbahn ein kräftiges Bindemittel für alle unsere Stämme und ein grossartiges Denkmal für die Lebenskraft der Demokratie werden können.

Wie muss man es sich denn erklären, dass sich diese Ihres Erachtens ideale Lösung nicht durchsetzen konnte?
Einmal waren die kantonalen Sonderprojekte schon seit Jahren weiterverfolgt worden und ganz schön gediehen, dann versprach man sich von Privatunter-

nehmen, Sie kennen das, mehr Rührigkeit und wegen des Konkurrenzprinzips billigere Bahnen, man befürchtete ferner die starke finanzielle Belastung des Bundes und eine Aufblähung des Verwaltungsapparates. Man meinte vielleicht auch, auf diese Weise eine vorwiegend technische Sache den Politikern entziehen zu können. Schliesslich kamen noch diejenigen hinzu, die grundsätzlich gegen Eisenbahnen waren. Ein halbes Jahrhundert später sind die Bahnen dann ja doch verstaatlicht worden. Man hätte das einfacher, billiger und besser haben können.

Die Bundesverfassung von 1848 erwähnte die Eisenbahn mit keinem Wort, und das hatte seinen guten Grund. Angesichts der kantonalen Rivalitäten hätte jede Regelung dem neuen Bund tödliche Anfeindungen gebracht. Schliesslich musste aber doch ein Entscheid getroffen werden. Im Juli 1852 lehnte der Nationalrat ohne jede Diskussion die vom Bundesrat und der Kommissionsmehrheit vorgeschlagene Staatsbahnlösung ab und sprach sich mit 68 gegen 22 Stimmen für Privatbahnen aus. Der Ständerat bestätigte dieses Ergebnis mit 33 gegen 9 Stimmen. Kurz vor der Jahrhundertwende – 1898 – wurde dann aber in einem heftigen Abstimmungskampf der Rückkauf der Privatbahnen beschlossen. Es siegten die Parolen: ‹Weg mit den fremden Spekulanten›, ‹Die Schweizerbahnen dem Schweizervolk›, ‹Ein Volk, eine Bahn›.

Jean-François Aubert
(Universität Neuenburg)

Wie fortschrittlich war die Bundesverfassung von 1848?

Die Bundesverfassung von 1848 bedeutete gegenüber dem vorangegangenen Regime, das durch den Bundesvertrag von 1815 begründet worden war, einen Fortschritt in einem guten halben Dutzend von Punkten.

1. Sie führte das allgemeine Wahlrecht vollständig ein, solider als in Frankreich, zwanzig Jahre vor Deutschland, siebzig Jahre vor England und Italien. Und wenn die Schweiz in diesem Bereich inzwischen in Rückstand geriet, indem sie die politische Gleichstellung zwischen Mann und Frau ein halbes Jahrhundert nach den anderen einführte, so ist das ein wenig der Fehler des Referendums.

2. Sie gab den Schweizern die Niederlassungsfreiheit und garantierte so die Bewegungsfreiheit der Einwohner im ganzen Land.

3. Sie hob gleichzeitig die Zollschranken zwischen den Kantonen auf, sicherte auf diese Weise die freie Zirkulation der Waren und verwandelte die Eidgenossenschaft in einen gemeinsamen Markt.

4. Sie schuf ein schweizerisches Parlament. Dadurch dass seine Mitglieder nicht mehr nach den Weisungen ihrer kantonalen Regierungen stimmen mussten, wurde eine Jahrhunderte alte Blockierung behoben. Wenn unsere heutige Demokratie Anzeichen einer neuen Lähmung zu zeigen scheint, hat dies einen anderen Grund: das angeborene Misstrauen eines Teils der Bevölkerung, und daran können rechtliche Bestimmungen wenig ändern.

5. Sie legte sodann die rechtliche Basis für wesentliche Fortschritte wie die Gründung der Eidgenössischen Technischen Hochschule und den Gottharddurchstich.

6. Sie verhinderte schliesslich, indem sie die Kantone enger vereinigte, dass diese nach den verschiedensten Seiten strebten, die einen gegen Frankreich, die anderen gegen Österreich, wiederum andere später gegen Deutschland und Italien. So hat die Bundesverfassung von 1848 auf ihre Weise dazu beigetragen, dass es die Schweiz am Ende des 20. Jahrhunderts noch gibt.

Hinweise auf weiterführende Literatur

Jean-François Aubert, Traité du droit constitutionnel. 2 vol. Neuenburg 1967.
Derselbe: Petite histoire constitutionnelle de la Suisse. Bern 1974.
Franz Bächtiger, Zur Revision des Berner Christoffel. In: Jahrbuch des Berner Historischen Museums 1979/80. Bern 1980.
Bruno Fritzsche, Grundstückpreise als Determinanten städtischer Strukturen. Bern im 19. Jahrhundert. In: Zeitschrift für Stadtgeschichte, Stadtsoziologie und Denkmalpflege 1977.
William E. Rappard, Die Bundesverfassung der Schweizerischen Eidgenossenschaft 1848–1948, Zürich 1948.
Jürg Segesser, Die Einstellung der Kantone zur Bundesrevision und zur neuen Bundesverfassung im Jahr 1948. Bern 1965.
Peter Stadler, Die Hauptstadtfrage in der Schweiz 1798–1848. In: Schweizerische Zeitschrift für Geschichte 1971.

Die Besiegten von 1847 zogen sich in eine Art Ghetto zurück. Die katholische Kultur wurde zur Subkultur. Die Stellung der von den Radikalen bekämpften Kirche wurde durch die Niederlage aber nicht geschwächt, sondern im Gegenteil gestärkt. Unser Bild: Gebetsbildchen der Firma Gebr. Benziger, Einsiedeln; gestaltet von Melchior Paul von Deschwanden in freier Anlehnung an Raffaels Sixtinische Madonna von Dresden. Für die Absatzgebiete in Amerika produzierte Benziger auch Andachtsbildchen mit englischer Beschriftung (Kunstmuseum Luzern).

Teil 6

Widerstand gegen das neue Regime
1848–1860

In der Morgenfrühe des 22. April 1853 versuchten mehrere Hundert meist schlecht bewaffneter Bauern sich der Stadt Fribourg zu bemächtigen. Unter der Führung eines eidgenössischen Obersten und eines pensionierten Lehrers wollten sie die radikale Regierung stürzen. Der Staatsstreich misslang. Die Folgen: 14 Tote, ein Kriegstribunal, eine Bundesintervention, mehrjährige Verbannungen, Triumph- und Überlegenheitsgefühle auf der einen, Schmerz und Verbitterung auf der anderen Seite. Dies fünf Jahre nach der Gründung des neuen Bundesstaates.
Nach dem militärischen Sieg über den katholischen Sonderbund im November 1847 und dem Inkrafttreten der freisinnigen Staatsordnung im September 1848 kam die Schweiz zunächst noch keineswegs zur Ruhe. Die Konservativen waren zwar besiegt, standen aber in grundsätzlicher Ablehnung zum neuen Staat.

Ausnahmeartikel gegen die Jesuiten 1848–1973
Im Vordergrund erneuern drei stramme Eidgenossen den Rütlischwur, im Hintergrund flieht ein des Landes verwiesener Jesuit.

Bundesrat Henri Druey reagierte auf die Freiburger Petition, welche elementare Rechtgarantien forderte, mit der Bemerkung: «Wenn man in Freiburg einen Fehler gemacht hat, ist es, dieses Jesuitennest nicht angezündet zu haben.»

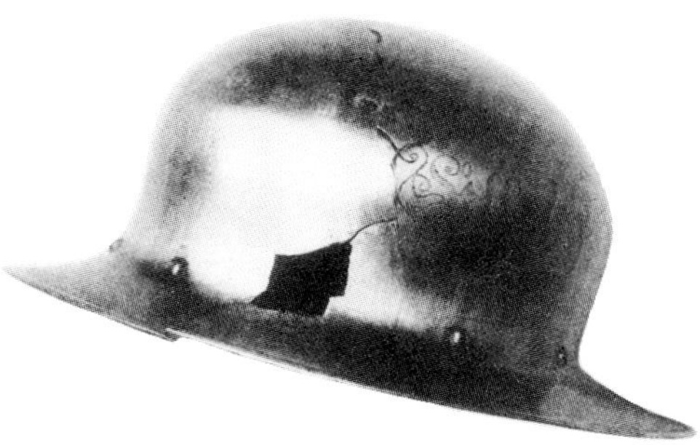

Nach der Niederlage Rückgabe alter Siegestrophäen
Luzern lieferte Zürich die Waffen des Reformators Zwingli aus. Diese Waffen waren 300 Jahre zuvor 1531 von den Luzernern in der zweiten Schlacht von Kappeln erbeutet worden.

Das Volk als Herr oder als Werkzeug?
Jahrzehnte hat man sich auf das Volk berufen, nur im Namen und nach dem Willen des Volkes zu handeln sich gerühmt, und jetzt, da das Volk, wenn auch nur einmal und für Wahlen, in souveräne Tätigkeit versetzt werden soll, erschrickt man vor dem selbstwilligen Fürsten. Man will das Volk nicht zum Herrn, sondern zum Werkzeug, zum bereitwilligen Werkzeug für beliebte und sehnsüchtig angestrebte Herrschaft. (Neue Schweiz, vom 14. Oktober 1848).

Im allgemeinen handelten sie als gewaltlose Opposition. Der Aufstand von Fribourg war eine Ausnahmeerscheinung. Dieser Gewaltstreich wurde auch auf konservativer Seite mehrheitlich verurteilt.
Die Besiegten unterzogen sich schlecht und recht dem Diktat der Sieger. In Luzern und Fribourg wurden liberale Minderheitsregierungen gebildet und die Jesuiten ausgewiesen. Die neue Bundesverfassung verbot die Niederlassungen, später auch die Tätigkeit der Jesuiten. Dieses Verbot sollte erst 1973 wieder aufgehoben werden.
Die Sonderbundskantone begannen, allerdings unter Protest, die auferlegten Kriegskosten abzutragen und führten – auch dies war ein Zeichen der Unterwerfung – die Wahlen in den Nationalrat und in den Ständerat durch, obwohl sie die neue Staatsordnung ablehnten.

6.1 Eingeschränkte Demokratie

Im ersten Nationalrat waren die verschiedenen Parteien wie folgt vertreten: die Liberalen/Radikalen (Freisinnigen) mit 96 Mandaten, die Katholisch-Konservativen mit 9 und die Protestantisch-Konservativen mit 6 Mandaten. Die 9 Katholisch-Konservativen stammten aus den Kantonen des ehemaligen Sonderbundes. Fribourg war allerdings mit einer rein freisinnigen Deputation vertreten. In Luzern wurde neben 5 Freisinnigen nur 1 Konservativer gewählt: Philipp Anton von Segesser.
Mit Segesser ist hervorgehoben worden, was die beiden Lager auch nach 1847 noch trennte. Dabei darf man allerdings die andere Seite nicht übersehen: diejenigen Kräfte nämlich, die im liberalen Gegenlager für eine Versöhnung mit ihren ehemaligen Gegnern eintraten. 1852 lancierte Oberst Rillet-Constant im Genfer *Cercle national* eine Nationale Sammelaktion zur Tilgung der restlichen Sonderbundsschulden. Zudem schlug er vor, der Bundesrat solle

Das imaginäre Interview

Philipp Anton von Segesser, 1817–1888, 1845 Grossrat, 1847 Kanzleichef im Generalstab des Sonderbunds, 1848 Nationalrat, später mehrfach Schultheiss des Kantons Luzern.

Herr Nationalrat, es war doch erstaunlich, dass die Katholisch-Konservativen in diesen Wahlen so schlecht abschnitten. 9 von 111 Nationalräten, das machte nicht einmal ein Zehntel der Sitze aus, die katholische Bevölkerung der Schweiz war aber wesentlich grösser. Waren Sie von Ihrer traditionellen Anhängerschaft im Stich gelassen worden, zum Beispiel in Fribourg?
Dort hielt unter dem Schutz eidgenössischer Bajonette ein radikales Direktorium als Minderheitsregierung alle Macht in den Händen: Nachdem schon die Grossratswahlen durch Einschränkungen und Einschüchterungen manipuliert worden waren, wurden die katholischen Bürger von der Teilnahme an den Nationalratswahlen abgehalten.

Wie konnte man in einem liberalen Regime die Bürger am Wählen hindern?
Das ist einfach. Wer wählen wollte, musste zuerst auf die Bundesverfassung einen Eid ablegen. Auf eine Verfassung, die wir nicht als die unsrige anerkannten; und die man im Kanton Fribourg nicht einmal zur Abstimmung vorzulegen gewagt hatte. Zudem war es nicht legal, einen solchen Eid zu fordern. Stellen Sie sich vor, man musste gruppenweise, beim Namen Gottes des Allmächtigen der gottlosen Verfassung Treue schwören. Dieser Untertaneneid war ein Attentat auf die Gewissensfreiheit des einzelnen. Die gleichen Liberalen, die uns die bürgerliche Freiheit predigten, forderten einen Eid, wie ihn die Herrschaften des Ancien Régime von ihren Untertanen gefordert hatten.
Der Grossteil der Leute legte demzufolge den Eid nicht ab und nahm an der Wahl nicht teil. Im Bezirk Bulle zum Beispiel beteiligten sich bloss 3,2 Prozent der Bürger an der Wahl. Ein Wahlgeheimnis gab es damals übrigens nicht . . .

Offenbar wählte man mancherorts mit offenem Handmehr . . .
Nachdem man schliesslich auf den Eid verzichtet hatte, waren die Konservativen zu den Wahlen vom Mai 1853 in grosser Zahl in Bulle erschienen. Sie wählten mit eindeutigem Mehr ihrer Kandidaten, den Advokaten Wuilleret. Trotzdem erklärte die radikale Wahlleitung den unterlegenen Regierungskandidaten, den Richter Fracheboud, für gewählt.

Wie war dies denn möglich?
Als die Konservativen eine Auszählung der Stimmen forderten, liess die Regierung die Kanonen schussbereit machen. Die wehrlose Wahlversammlung wurde gewaltsam auseinandergetrieben. Überall bekamen wir die Arroganz der Sieger zu spüren.

Und in Luzern, was ist dort geschehen?
In Luzern war unser schlechtes Wahlresultat eindeutig die Folge der Wahlkreisgeometrie. Was ich damals lediglich vermutet habe, ist inzwischen durch Prof. Erich Gruners Studien bestätigt worden. Auf Einzelheiten kann ich hier nicht eingehen. Immerhin soviel: Die radikale Regierung teilte die Wahlbezirke so ein, dass die Konservativen in 5 von 6 Bezirken in der Minderheit blieben. Ein anderes Mittel war der Distanzschutz: Die Versammlungsorte für die Wahlen wurden so gelegt, dass die Reise für Stimmbürger entlegener Gemeinden zu lang wurde.
(Fortsetzung auf Seite 110)

Der Protektionismus der Mächtigen
Landesweit bekannt war die liberale Günstlingswirtschaft eines Alfred Escher. In Zürich pflegte er in der ‹Akademischen Mittwochgesellschaft› Hof zu halten. Hier präsentierten sich die Jünger, die Anschluss an das herrschende System und eine aussichtsreiche Karriere suchten. Hier wurden Dinge vorentschieden, die nachher durch die ordentlichen Instanzen nur noch abgesegnet wurden.

Kraftprobe zwischen Kirche und Staat
Etienne Marilley, seit 1846 Bischof von Freiburg und Lausanne, protestierte gegen die aufgezwungene Verfassung und gegen das Klosteraufhebungsdekret; er verbot den Katholiken, den Eid auf die Verfassung zu leisten. Darum wurde er von der radikalen Freiburger Regierung verhaftet, den Waadtländer Behörden ausgeliefert, von diesen Ende 1848 während zwei Monaten im Schloss Chillon gefangen gehalten und dann ins Ausland abgeschoben. 1849 forderte eine Petition mit über 10000 Unterschriften die Wiedereinsetzung des Bischofs. Dies wurde aber auf Antrag des Bundesrates vom Nationalrat mit 75 gegen 9 Stimmen abgelehnt (dem Rat gehörten nur 9 Katholisch-Konservative an). Marilley verwaltete zunächst seine Diözese weiter von Divonne (Gex) aus. Im Dezember 1856 konnte der gebürtige Freiburger in seinen Heimatkanton und sein Bistum zurückkehren.

Luzern um 1850. Rechts die Jesuitenkirche, damals noch ohne Türme.

Mit den gleichen Praktiken wurde im Kanton St. Gallen eine einheitliche Deputation von 8 freisinnigen Nationalräten gewählt, obwohl den 18000 freisinnigen Wählern 13000 konservative Wähler gegenüberstanden. Und all das betrieben die Freisinnigen im Namen der Volksherrschaft!

Dann lagen also die Gründe für den Misserfolg nur im undemokratischen Verhalten des Freisinns?

So einseitig sehe ich die Dinge nicht. Uns fehlte nach dem Schock der Sonderbundsniederlage auch das Vertrauen in die eigene Kraft. Wir zweifelten am Erfolg des Widerstandes. Wir waren desorganisiert. Wir hatten unser Kader verloren, die führenden Politiker des Sonderbundes waren geflohen oder ihrer politischen Rechte beraubt oder ganz einfach diskreditiert . . .

. . . diskreditiert zum Teil auch durch eigenes Tun. Der Sonderbundsführer Konstantin Siegwart-Müller ist nicht umsonst zu 20jähriger Kettenstrafe verurteilt worden . . .

Ich weiss, man warf ihm vor, eine ausländische Intervention gefordert zu haben. Das Urteil wurde dann aber wegen mangelnder Beweise wieder aufgehoben. Es geht mir aber weniger um die Behandlung derjenigen, die an exponierter Stelle unsere Sache vertreten hatten. Die engagierten Katholiken wurden jedoch in ihrer Gesamtheit diskreditiert. Wir wurden Bürger zweiter Klasse.

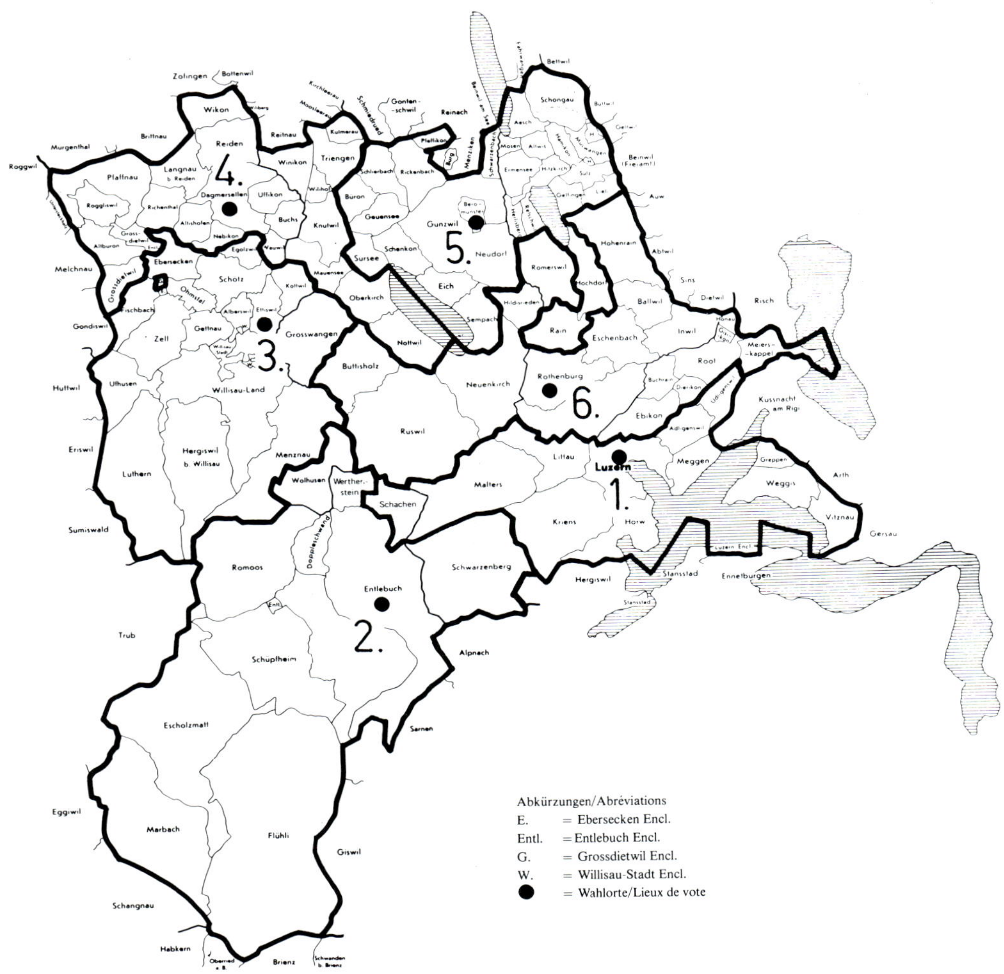

Können Sie das präzisieren?

Wir sahen uns einer kompakten Herrschaftspartei ausgesetzt. Wer nicht zur freisinnigen Clique gehörte, hatte zum Beispiel keine Chancen, einen höheren Posten der neuen Bundesverwaltung zu erhalten. Persönliche Empfehlungen und Protektion waren unerlässliche Voraussetzungen. Wenn der Protestant August von Gonzenbach bei der Kanzlerwahl übergangen wurde, weil er ein Konservativer war, dann hatte ein Katholisch-Konservativer erst recht nichts zu erwarten.

den gleichen Betrag, der mit der allgemeinen Subskription zusammenkomme, seinerseits beisteuern. Auch in anderen Kantonen bildeten sich Komitees, und sogar Auslandschweizerkolonien boten ihre Hilfe an.

Eine Sammlung für die Gegner von gestern
(aus dem Aufruf vom 7. Februar 1852)
Nicht ohne Mitgefühl kann man jenen Zustand der Erschöpfung sehen, in welchem die sieben Kantone des ehemaligen Sonderbundes in Folge der erdrückenden Kosten schmachten, welche ihnen von den unbeugsamen Kriegsgesetzen auferlegt wurden. Diese 9 bis 10 Millionen Kriegskosten haben alle ihre Hilfsmittel aufgezehrt, und nur durch wahrhaft übermenschliche Anstrengungen gelang es ihnen, drei Viertheile der Schuld abzuzahlen und dieselbe somit auf 2300000 Franken herabzubringen.
Frage jeder sein Gewissen, ob es nicht an der Zeit ist, diesen vier Jahren der Angst, der verzweifelten Angst einer fortschreitenden Verarmung ein Ziel zu setzen. Wir können nicht den Untergang unserer Brüder wollen; laßt uns ihnen also edelmüthig die Hand bieten, damit die einen Augenblick gestörte Einigkeit sich kräftiger, unzerreißbarer als je wieder erhebe.
2300000 Franken bleiben noch zu bezahlen, eine Summe, welche ungefähr der Seelenzahl der Eidgenossenschaft gleichkommt. Eine bescheidene Subskription von 1 Franken per Kopf würde dieses Defizit decken, unsern Brüdern geholfen, die letzten Spuren unserer Zwistigkeit verwischt, die Bande der ganzen schweizerischen Familie fester geschlungen, und der Welt ein neues Beispiel von Brüderlichkeit und Vaterlandsliebe gegeben haben. Bis zum Jahresende wurden 257816,56 Franken der eidgenössischen Staatskasse abgeliefert. Dem ausführlichen Spendenverzeichnis kann man entnehmen, dass beispielsweise aus Rio de Janeiro 55,10 Franken, aus St. Petersburg 501,25 Franken und aus Algier (von 32 Subskribenten) 47,40 Franken gespendet worden sind.

6.2 Der junge Parlamentarismus

Dem neuen Parlament begegneten viele mit starker Skepsis. Es wurde als Institution auch grundsätzlich in Frage gestellt. Nicht nur von Katholisch-Konservativen, sondern von einem Grossteil der Bevölkerung. Man beanstandete vor allem die schlechte Präsenz in den Sitzungen und die Verschwendung von Sitzungsgeldern durch endlose Reden. Anfänglich wollte man tatsächlich die eidgenössischen Räte nur einmal jährlich, im Sommer, einberufen. Doch schon 1849 wurden neben der ordentlichen zwei ausserordentliche Sessionen nötig.
Obwohl die Katholisch-Konservativen die Bundesverfassung und insbesondere den nationalen Parlamentarismus anfänglich ablehnten, versuchten sie sich vor der Willkür der Siegerpartei zu schützen, gerade indem sie sich auf diese neue Ordnung beriefen. Sie verstanden sich sogar als Hüter des neuen Rechts, wenn sich die Radikalen beispielsweise in der Flüchtlings- oder in der Söldnerfrage über die bestehenden Bestimmungen der Bundesverfassung hinwegsetzen wollten. Sie übernahmen die Kampfmittel ihrer Gegner: das Petitions-, Motions- und Versammlungsrecht. Sie übernahmen auch die freisinnigen Parolen von Freiheit, Gleichberechtigung und Volkssouveränität. Sie konfrontierten diese Parolen mit der Realität der freisinnigen Machtpolitik. Sie konnten auch echte parlamentarische Erfolge erzielen. Zum Beispiel in der wichtigen Frage, ob die Schweiz eine zentrale eidgenössische Universität gründen sollte (vgl. 6.4).

Jubiläum als ‹Eintrachts-Komödie›?
Nach dem Bürgerkrieg von 1847 war viel von Versöhnung die Rede, vor allem auf Siegerseite. Auf Verliererseite empfand man die Versöhnungsappelle jedoch als schieren Hohn und als Aufforderung, sich vollständig zu unterwerfen. 1851 feierte Zürich den 500. Jahrestag seines Eintritts in die Eidgenossenschaft. Die Bündnispartner von 1351, die 1847 zu Feinden geworden waren, wurden offiziell eingeladen. Drei von ihnen, Uri, Schwyz und Unterwalden, lehnten die Einladung jedoch ab. Sie wollten nicht einerseits an einem Jubelfest teilnehmen und handkehrum im eidgenössischen Alltag nach wie vor als ehemalige Sonderbündler gedemütigt werden.

Wahlkreisgeometrie
Da man die antiliberale Wählermasse nicht in allen Bezirken ausschalten konnte, scheint man die wahlgeometrischen Bemühungen darauf konzentriert zu haben, die dicht zusammenliegenden konservativen Gemeinden möglichst zu einem einzigen konservativen Wahlkreis (Rothenburg) zusammenzufassen und in den anderen Bezirken die Wahlorte mit einem Distanzschutz zu versehen, das heisst so zu legen, dass sie für einen grossen Teil der Wähler schwer erreichbar waren (vgl. Erich Gruner: Die Wahlen in den schweizerischen Nationalrat 1848–1919. Bern 1978). 1 Luzern, 2 Entlebuch, 3 Ettiswil, 4 Dagmarsellen, 5 Beromünster, 6 Rothenburg.

Alte, aber nicht veraltete Witze
Das Volksblatt ‹Postheiri› machte sich immer wieder über die hohe Politik lustig, tadelte die schlechte Präsenz im Ratsaal, das Gerangel um gewisse Sitze, die dann offenbar so sehr doch wieder nicht begehrt waren, und die vielen Vielredner. Alles unter dem Motto: «Ein alter Witz, aber alleweil wieder neu.» Den mit dem Fernrohr ausgestatteten Ratspräsidenten liess das Blatt sagen: «Ich sehe leider eine grosse Anzahl meiner Hrn. Kollegen, welche nicht da sind, und muß deßhalb meine abwesenden Zuhörer dringlich ermahnen, sich morgen fleißiger einzufinden. (Die Versammlung beschließt durch stillschweigende Akklamation die Rede des Präsidenten im Druck bekannt zu machen und geht dann lautlos auseinander)» (Nummern 12/1849, 3 und 11/1950).

Illustrirte Blätter
für Gegenwart, Oeffentlichkeit und Gefühl.

24 Nummern bilden einen Band, und kosten 20 Batzen, franko geliefert durch die ganze Schweiz. — Man kann **zu jeder Zeit** bei allen Postämtern und soliden Buchhandlungen abonniren, und es werden die bereits erschienenen Nummern eines Bandes immer prompt nachgeliefert.

Eröffnung des Nationalraths den 4. April 1850.

6.3 **Das katholische Ghetto**

Die Besiegten von 1847 zogen sich in eine Art Ghetto zurück. Die katholische Kultur wurde zur Subkultur. Und als solche neigte sie dazu, sich trotzig abzuschirmen, sich stark auf die inneren Werte zu konzentrieren, sich dabei von der schwierigen Gegenwart abzuwenden und selbstgenügsam die eigenen kulturellen Leistungen zu überschätzen. Warum war kaum einer der Künstler und Wissenschftler, die in der zweiten Hälfte des 19. Jahrhunderts Geltung erworben hatten, katholischer Herkunft? War dies die Folge eines selbst zu verantwortenden Rückzugs oder eines unfreiwillig erlittenen Ausschlusses? Die Grundhaltung der katholischen, aber auch der protestantischen Konservativen war defensiv: auch dann, wenn sie in den Jahren nach 1848 als Angreifer in Erscheinung traten.
Im Kanton Schwyz entwickelte sich eine ganz besondere Reaktion auf die Sonderbundsniederlage. An alte Fasnachtstraditionen anknüpfend entwickelten die Schwyzer in der Mitte des letzten Jahrhunderts eine neue Spielgemeinschaft: die *Japanesengesellschaft.* Um 1860 hatten die europäischen Mächte mit dem fernen Japan handelspolitische Beziehungen aufgenommen. Der wenig erfolgreiche Versuch des Bundesrates, in diesen Bestrebungen Schritt zu halten, bildeten den Anlass für das erste der auch heute noch gespielten Japanesenspiele. Man verspottete die politischen Programme des dominierenden Bundesstaates. Man wandte die Ironie aber auch gegen sich selbst. Man tröstete sich, indem man im Spiel illusionäre Gegenwelten aufbaute, eine Art Selbstfindung durch Humor betrieb. Der Kaiser von Japan, eine der Hauptfiguren dieser Theaterwelt, bewarb sich in einem dieser Spiele sogar um das Schwyzer Bürgerrecht. Das Trauma der besiegten und deklassierten Minderheit fand in diesen Spielen ein schöpferisches Ventil. Die repressive, alles andere als freisinnige Haltung der Freisinnigen gegenüber der konservativen Opposition gab letztlich den Geschlagenen von 1848 ihre Kraft wieder zurück, stärkte den

Zwischen Vergangenheit und Zukunft
Es gibt Schritte in der Geschichte, die nicht zurückgethan werden können, und ein solcher war die Entscheidung der Jahre 1847 und 1848. Eine Partei, deren Bestimmung es ist, in der Gegenwart, nicht in der Vergangenheit zu leben, mußte eine neue Grundlage suchen, einen neuen Standpunkt einnehmen, um auf demselben die bleibenden Prinzipien ihres politischen und religiösen Glaubens zu verfechten. Und dieser Standpunkt konnte nur in dem gemeinsamen Grundgesetze gefunden werden, unter das sich die gesammte Schweiz vereinigt hatte. Allerdings war es für uns das Gebot des Siegers, aber es war zugleich auch die politische Lebensbedingung der Zukunft; es forderte keinen Verzicht auf unsere politischen und religiösen Überzeugungen, aber es umgab das Feld des legalen Kampfes der Parteien mit neuen von allen einzuhaltenden Schranken. Es war die Aufgabe der konservativen Parteien in allen Kantonen des ehemaligen Sonderbundes, sich sofort auf diesen Standpunkt zu stellen, um auf dem Fuße verfassungsmäßiger Gleichberechtigung einzutreten in die neuen Bahnen des eidgenössischen Lebens.
(Segesser)

Ein Jux in Ehren
Soll niemand verwehren.
Und was man daheim nicht kann,
Probiert man eben in Japan.

Erster schweizerischer Gesandter:
Die Japanesische Stadt Schwyz
Wird erhoben zum Bundessitz.

Zweiter schweizerischer Gesandter:
Um das heisse Japan zu erkälten,
der Schweiz dagegen mit Wärme zu vergelten,
Machen wir durch die Alpen ein Loch
Wodurch kalte und warme Luft kroch.
In Japan keine mehr Hitz,
In der Schweiz die Öfen nur noch ein Witz.

Erster schweizerischer Gesandter:
Die eidgenössische Universität
welche Zürich und Basel gern hätt,
wird aus diesem Grund gethan
Nach Japan.

Zweiter schweizerischer Gesandter:
Im weiteren wird ein Niederlassungsgesetz zusammenfassen,
Wie am besten sich kreuzen die beiden Rassen.

Taikun (Kaiser von Japan):
Auch die Taikune können sich nicht mehr halten,
Wenn hereinbrechen die ‹grossen Gewalten›!
Was ist der Kaiserthrone Stolz?
Auch der Melkstuhl ist von Holz!
Erlaubt nun auch Mir einen Witz:
Ich werde Bürger von Schwyz.

Zusammenhalt der katholischen Bevölkerung und förderte deren Beziehung zu Rom. Die 1848 teilweise zerschlagene Infrastruktur der Katholisch-Konservativen wurde wieder aufgebaut, ersetzt und ergänzt. Neben dem in den Klosterwirren von 1841 gegründeten ‹Schweizer Studentenverein› entstand der vom Obwaldner Ignaz von Ah angeregte und 1857 gegründete gesamtschweizerische ‹Piusverein›. 1848 bekämpften die katholischen Orte die Niederlassungsfreiheit, weil sie eine protestantische Masseneinwanderung befürchteten. In Wirklichkeit kam aber diese Freizügigkeit dem Katholizismus zugute. Vielerorts und vor allem in protestantischen Kantonen wurden in den folgenden Jahrzehnten neue Kirchen gebaut, deren Neuromanik und Neugotik das Selbstvertrauen des wiedererstarkten Katholizismus markierten.

1871 wurde nach dem Sieg in Luzern die Tageszeitung ‹Das Vaterland› gegründet, im gleichen Jahr in Fribourg die ‹Liberté›.

Monumentale Architektur als Ausdruck erstarkten Selbstbewusstseins. Kirchen in St. Gallen (St. Leonhard) und Plaffeien (St. Maria) und Basel (St. Maria Innen- und Aussenansicht).

Das Hochschulwesen blieb, abgesehen von den technischen Hochschulen, föderalistisch organisiert. Durch die Regelung des Medizinalwesens erlangte der Bund dann allerdings doch noch ein wichtiges Mitspracherecht, und seit 1966 durch die Subventionierung der kantonalen Universitäten.

Jetzt hatte der politische Katholizismus auch eine überregionale Presse. Bis die Katholisch-Konservativen 1889 in Fribourg auch eine eigene Universität gründen konnten, sollten allerdings noch beinahe zwei Jahrzehnte vergehen.

6.4 **Die Universitätsfrage**

Im Januar 1854 befassten sich die eidgenössischen Räte mit dem Projekt einer zentralen eidgenössischen Hochschule. Die Radikalen meinten, eine solche Universität sollte eine Pflanzstätte nationalen Geistes sein und die Entwicklung der schweizerischen Gesellschaft im freisinnigen Sinn garantieren. Diese Auffassung war für die Katholisch-Konservativen eine Provokation, gegen die sie sich mit allen Kräften zur Wehr setzten.
Die konservativen Katholiken waren nun aber plötzlich nicht mehr alleine. Auch die konservativen Protestanten, die in Bern vorübergehend sogar die Radikalen vertrieben hatten, machten ebenfalls Opposition. Schliesslich kam eine dritte Gruppe hinzu: die Föderalisten aus der französischen Schweiz. Wie in jeder zentralen Einrichtung hätten auch in einer gesamtschweizerischen Universität die Deutschschweizer eine Mehrheit gehabt, und dies wurde als Gefährdung der romanischen Kultur empfunden. Die ‹Gazette de Lausanne› drohte in diesem Zusammenhang sogar mit dem Separatismus, der Schaffung eines welschen Sonderbundes.
Im Nationalrat siegten die Anhänger einer zentralen Hochschule. Im Ständerat aber überwogen die ablehnenden Stimmen, beziehungsweise die Anhänger eines bescheideneren Gegenvorschlags. Statt eines Polytechnikums *und* einer Hochschule wurde im Februar 1854 nur ein Polytechnikum mit Sitz in Zürich beschlossen. Die Konzession an die Anhänger des alten Projektes: Die technische Hochschule wurde um eine kleine geisteswissenschaftliche Freifä-

Stimmen aus der Universitätsdebatte vom Januar 1854
(sinngemäss rekonstruiert)

Florian Lusser (UR, kath.-kons.): In dieser Hochschule sollen die Apostel des neuen Bundes gebildet und in alle Welt und natürlich auch in die konservativen Kantone gesendet werden. Bei dem Juristen wird tüchtige Fachkenntnis nicht mehr genügen, er muss auch politisch zurechtgestutzt werden und seinen Klienten Patriotismus beibringen. Und das nennen Sie, meine Herren, Freiheit und Republikanismus! In Wirklichkeit ist das aber eine Verdrängung jeder selbständigen Geistesrichtung.

August von Gonzenbach (BE, prot.-kons.): Unser Vaterland hat im europäischen Staatenverein von jeher die Aufgabe gehabt, das Bild der Freiheit und der Mannigfaltigkeit darzustellen. Hat nicht schon der ehrwürdige Père Girard gemahnt: Nur keinen Kronleuchter mit 22 Lichtern im Zentrum und dann Dunkelheit in den Ecken. Mit Eurem Zentralismus entzieht ihr den übrigen Orten die Wissenschaft. Basel ohne Universität wäre nichts als ein Mülhausen, Genf könnte ohne Akademie nicht mit Lyon rivalisieren . . .

Rudolph Benz (ZH, freis.): Warum so zaghaft? Soll die Kraft, welche die Männer von 1830 beseelte und unsere schöne Verfassung hervorrief, erloschen sein?

Alfred Escher (ZH, freis.): Es ist nicht logisch, wenn man die Konzentration der Kräfte auf Bundesebene bekämpft, wenn es um etwas geht, was nur der Bund machen kann. Die Sekundarschulen finden wir auch nicht in jedem Dorfe, die Gymnasien auch nicht in jedem Bezirk. Das wäre eine Zersplitterung der Kräfte. Man hat schon bei der Ausarbeitung der Bundesverfassung an die Errichtung einer eidgenössischen Universität gedacht, das Projekt aber schubladisiert, bis die Finanzen seine Realisation gestatteten. Jetzt müssen wir das gegebene Wort einlösen.

Philippe Camperio (GE, parteilos): Ich beantrage dagegen, dass dieses Projekt auf unbestimmte Zeit zu verschieben sei. Im Gegensatz zu Herrn Escher bin ich nämlich der Meinung, dass unsere finanzielle Lage die Verwirklichung einer eidgenössischen Universität nicht gestattet und dass dringendere Aufgaben zuerst gelöst werden sollten.

Alfred Escher (ZH, freis.): Das Projekt wird jetzt oder nie verwirklicht! Wenn wir nichts tun für den höheren Unterricht, haben wir den Glauben an die Zukunft verloren. So oft in der Schweizergeschichte eine liberale Richtung aufkam, ist die Idee einer zentralen Hochschule aufgetaucht: 1799, 1832, 1848. Wollen Sie diesen Pfad liberaler Richtung verlassen? Nein, Sie werden die freisinnige Fahne nicht den Händen der Gegner ausliefern, sondern sie entschlossen ergreifen und am Ziel selbst aufpflanzen. Ich habe gesprochen.

Edouard Dapples (VD, freis.): Wir sind gegen die Schaffung einer zentralen eidgenössischen Universität. Sie hätte bloss ein Aufgehen der romanischen Nationalität im Deutschtum zur Folge, den Untergang des Föderalismus im Einheitsstaat. Wenn die deutsche Schweiz eine gemeinsame Universität will, soll sie sich halt eine einrichten. Dafür soll sie uns dann die Freiheit lassen, uns nach unseren eigenen Bedürfnissen einzurichten. Falls sie dennoch eine zentrale Universität schaffen wollen, soll wenigstens die polytechnische Schule in die französische Schweiz zu liegen kommen. Treffen Sie keine Lösung, die der Romandie eine schwer zu heilende Wunde zufügen würde!

Johann Conrad Kern (TG, freis.): Es ist kein Zufall, dass diejenigen, die den neuen Bund am eifrigsten befehdet haben, nun auch gegen die zentrale Universität Opposition machen. Sie wollen die Kräftigung des Bundes nicht. Es stört sie zudem, dass reformierte und katholische Jünglinge an derselben Hochschule studieren sollen. Dass die getrennte Erziehung von Übel ist, haben die vergangenen 300 Jahre gezeigt. Dass die gemischte Erziehung Segen bringt, zeigen die Kantone Aargau, Graubünden, Thurgau.
Unsere welschen Miteidgenossen beschwören das Gespenst der Germanisierung. Wie sollten einige Jahre Aufenthalt in Deutschland oder in deutschen Kantonen hinreichen, jemanden zu germanisieren? Unser Ratskollege Camperio brachte 8–10 Jahre in Deutschland zu und hat wahrhaftig seine französisch-italienische Nationalität nicht verloren. Die Romands machen etwa einen Drittel der Schweiz aus, und man würde ihnen beinahe die Hälfte, nämlich 30 von 74 Professorenstellen geben.
Die Opposition sagt ferner, wir hätten in der Schweiz nicht genügend Studenten, um eine zentrale Universität rentabel zu führen. Man redet von 200 Studenten. Allein in der Schweiz studieren zur Zeit 1100 junge Menschen, und 800 bis 900 im Ausland. Diese Zahlen rechtfertigen längstens die Schaffung einer grossen, zentralen Universität.
Schliesslich ein dritter Punkt: Wem nützt eine solche Universität? Nicht zwangsläufig, wie man sagt, nur der Stadt, die sie beherbergen darf. Es ist von Zürich die Rede, aber nicht nur Zürich würde davon profitieren. Im Gegenteil, diese Stadt wird viel dafür bezahlen müssen. Der Gewinn dagegen wird bis in die hintersten Täler der Schweiz dringen.

cherabteilung erweitert. Die Gegner des ursprünglichen Hochschulprojektes hatten zuvor mit einer landesweiten Unterschriftensammlung (einer Art Referendum!) gedroht. 1854 wurde also eines der wichtigsten Geschäfte des jungen Bundesstaates im konservativen Sinn entschieden, dank der ständerätlichen Bremse und dank der Allianz der drei genannten Gruppierungen.

6.5 **Das Pronunciamento**

Die Universitätsfrage hatte es gezeigt: Die Gegensätze, beziehungsweise Konflikte waren eben nicht nur konfessioneller Natur. Dies gilt in besonderem Masse für den konfessionell einheitlichen Kanton Tessin, wo eine starke konservative Minderheit mit Hilfe einer radikalen Bundesregierung unterdrückt wurde. Im Oktober 1854 brachten die Nationalratswahlen einen überraschenden Sieg der Opposition. Zuvor war der Kanton Tessin mit einer rein liberalen Sechserdeputation in Bern vertreten gewesen. Jetzt gewann die aus Konservativen und Ultralinken zusammengesetzte Bewegung der *Fusionisti* alle 6 Sitze. Franscinis Bundesratspartei ging dagegen leer aus.

Dieses Wahlergebnis entsprang einer starken Unzufriedenheit mit der Tessiner Regierung, die dafür verantwortlich gemacht wurde, dass Österreich ein weiteres Mal mehrere Tausend Tessiner aus Oberitalien ausgewiesen hatte. Die Rückwanderung dieser Auslandschweizer hatte zu wirtschaftlichen Schwierigkeiten im Kanton geführt, insbesondere zu Arbeitslosigkeit. Die Tessiner Regierungspartei liess sich das Wahlergebnis vom Oktober 1854 aber nicht gefallen, und die eidgenössischen Räte unterstützten die geschlagenen Tessiner Kollegen, indem sie die Tessiner Wahlen für ungültig erklärten. An den Wahlen im *Sottoceneri* beanstandeten sie, dass sie nicht dem Tessiner Wahlgesetz entsprachen, und die Wahlen im *Sopraceneri* wurden als gesetzwidrig erklärt, weil sie nach dem Tessiner Wahlgesetz statt nach dem eidgenössischen durchgeführt worden waren. Die Argumentation war widersprüchlich, aber diente dem gewünschten Zweck. Das Tessiner Wahlgesetz war nur solange in Ordnung, als es freisinnige Wahlsiege produzierte. Viele Tessiner empfanden die Rückweisung des Wahlergebnisses als Ohrfeige. Ein fasnächtlicher Tumult verschärfte die Spannungen. Nach dem traditionellen Risottoessen auf der Piazza Grande drang eine Gruppe junger Leute in den von den *Fusionisti* besetzten ‹Albergo Svizzero›. Der später hinzugekommene Francesco Degiorgi, ein Parteigänger der Freisinnigen, wurde in der Dunkelheit unter nicht abklärbaren Umständen niedergeschlagen und erlag den Verletzungen.

Die in den Nationalratswahlen unterlegene Regierungspartei nahm diesen Tumult zum Anlass, um die Opposition zu zerschlagen. Sie organisierte ein «Pronunciamento», das heisst eine bewaffnete Strafexpedition. Die Oppositionsführer – unter ihnen auch der neugewählte Nationalrat Leone de Stoppani – wurden verhaftet, ihre Druckereien zerstört, in Lugano die *Unione del Popolo*, in Faido die *Tipografia del Gottardo*. Dies alles geschah im wohlwol-

Vergeltungsmassnahmen gegen die Schweiz

Im September 1848 wurde Mailand, das im Moment, da ganz Europa von der liberalen Revolutionsbewegung erfasst worden war, die österreichische Fremdherrschaft abgeschüttelt hatte, von Feldmarschall Radetzkys Truppen zurückerobert. Etwa 20000 lombardische Flüchtlinge überschritten die Bündner und Tessiner Grenzen, um auf neutralem Gebiet Zuflucht zu finden und in einem späteren Zeitpunkt allenfalls erneut in den Krieg einzugreifen und sich, wenn möglich, mit Garibaldis Truppen zu vereinigen. Radetzky warf der Schweiz vor, die italienischen Aufständischen zu begünstigen und darum gegen die Neutralitätspflicht zu verstossen. Im Sinne einer Vergeltungsmassnahme veranlasste er die Ausweisung von 6000 Tessinern, die in der lombardischen und in der venezianischen Provinz lebten.

Vertreibung der Tessiner aus der Lombardei.

Der Überfall auf das Wirtshaus Agostinelli in Locarno vom 20. Februar 1855.

lenden Beisein eines im Tessin stationierten eidgenössischen Kommissärs, des Waadtländer Oberstbrigadiers Emmanuel Bourgeois. Nach diesen Vorfällen wurden die Nationalratswahlen im Mai 1855 wiederholt. Und prompt kam wieder eine einheitlich freisinnige Deputation zustande. Für Leone de Stoppani, der der äussersten Linken angehörte und in der ersten Wahl immerhin 52,7 Prozent der Stimmen erhalten hatte, stimmten nur noch 7,3 Prozent der Wähler. In Bern war man zufrieden.

Oberstbrigadier Emmanuel Bourgeois war kein unbekannter. Im Sonderbundskrieg hatte er sich an der Besetzung Fribourgs und Luzerns beteiligt. Seine Entsendung wurde von den Konservativen als logische Fortsetzung empfunden: Die neuen Machthaber würden sich nicht damit begnügen, Herr der Zentralregierung zu sein, sie würden ihre Gegner in die Kantone verfolgen, mit eidgenössischen Kommissären und Truppenbesetzungen.

6.6 **Der Neuenburgerkonflikt**

Die parteipolitischen und regionalen Zwistigkeiten verblassten vorübergehend, als dem jungen Bundesstaat äussere Gefahr drohte. Neuenburg, das 1815 Mitglied der Eidgenossenschaft geworden, aber nach Ausrufung der Republik von 1848 trotzdem preussisches Fürstentum geblieben war, wurde 1856 zum Schauplatz eines neuen Konfliktes. Hier der ‹Film› der Ereignisse.

3. September 1856: Eine Gruppe bewaffneter Royalisten nimmt die republikanische Regierung gefangen, die Aufständischen besetzen in Neuenburg das Schloss und in Le Locle das Ratshaus. Der Staatsstreich ist ein letzter Versuch, mit einer schwindenden Anhängerschaft die Republikanisierung von 1848 rückgängig zu machen.

4. September 1856: Die republikanischen Truppen überrennen die Putschisten. 8 werden getötet, 226 verwundet, 667 gefangen, später aber grösstenteils wieder freigelassen. Die vom Volk gewählte Regierung übernimmt wieder die Macht.

20. September 1856: Friedrich Wilhelm IV., König von Preussen und nach wie vor legitimes Oberhaupt des neuenburgischen Jura-

Die Schweiz – eine Gefahr für Europa
König Friedrich Wilhelm IV. an seinen Sohn Prinz Wilhelm, 16. Dezember 1856: «Die Schweiz ist gänzlich den Demagogen preisgegeben, und der Zustand der Gefahr für Europa, den ein solcher colossaler Knäuel von revolutionärem und offensivem Willen erzeugt, erheischt gebieterisch, dass man ihm auf das Energischste entgegentrete. Es scheint, dass zu Bern die Ansicht endlich aufdämmert, dass ich nicht zum Scherz gefordert habe, was Pflicht und bestes Recht geboten. Gott wird helfen!»

Ländchens, interveniert: Er fordert die sofortige Freilassung der gefangenen Royalisten (seiner Untertanen) und schaltet die übrigen Mächte ein, damit diese zum Schutze seiner königlichen Rechte aktiv würden. Dies kommt einer versteckten Kriegsdrohung gleich. Der englische Premier, Henry-John Temple Palmerston, will mässigend eingreifen. Der König von Preussen bittet aber den französischen Kaiser Napoleon III., den Neffen des bekannteren Napoleon, als Vermittler zu wirken. Dieser nimmt an und lässt die englische Vermittlung Palmerstons nicht aufkommen.

26. September 1856: Die Neuenburger Republikaner, die rasch und ohne fremde Hilfe die Ordnung wieder hergestellt haben, dürfen von der Bundesversammlung das Zeugnis entgegennehmen, dass sie sich um das Vaterland verdient gemacht haben.

30. September 1856: Napoleon III. stellt sich auf die Seite Preussens. Sein Vorschlag lautet: Neuenburg solle zuerst die verhafteten Royalisten bedingungslos freilassen; dann könne man ja über einen eventuellen Verzicht Preussens auf den Kanton reden.

1. Oktober 1856: Der Bundesrat lässt sich nicht einschüchtern. Bundespräsident Jakob Stämpfli will die Frage ein für alle Mal regeln, das heisst, Neuenburg bei dieser Gelegenheit endlich völlig vom Ausland trennen. Der Bundesrat ergreift die ersten militärischen Verteidigungsmassnahmen.

Der englische Standpunkt

Die vergangenen und gegenwärtigen Beziehungen Englands zur Schweiz gäben dieser ein Recht auf englische Hilfe, besonders jetzt, da sich die Eidgenossenschaft anschicke, die Prinzipien der Freiheit, Unabhängigkeit und Selbstbestimmung zu verteidigen. Man habe dieses Land schon 1848 unterstützt, als es die gleichen Rechtsgrundsätze für sich in Anspruch genommen habe. Der König von Preussen werde begreifen müssen, dass heutzutage die Völker nicht für die Fürsten, sondern die Fürsten für die Völker da seien und dass das Fürstenrecht verschwinde, wenn ihm die Zustimmung des Volkes entzogen werde.

Die Schweiz – ein kleines, friedliches Land

Theodore S. Fay, der Gesandte der Vereinigten Staaten von Amerika, in einem Bericht vom 5. Januar 1857:
Switzerland is a small peaceful country, exhibiting as great a degree of general prosperity and progress as perhaps any country in the world. The soil is covered with peaceful, happy dwellings. Throughout the country there developes itself a real, solid, material prosperity, great intellectual activity and a remarkable increase of religious light. The most interesting works upon Christianity are constantly issuing from the press and spreading among the people. Schools for literary and religious instruction are increasing and public works, railroads and institutions of benevolence are rising. It is a country which injures nobody and keeps its faith with its neighbours – that I can testify.

Wiedereinnahme von Le Locle durch die Republikaner. Die Schweizerfahne am Rathaus markiert diesen Sieg, während auf der Strasse die Fahne der Royalisten zerrissen wird.

Roulez Tambours!
Flottez, drapeaux, étendards héroiques
où nos aïeux ont inscrit maint beau nom!
Astres de gloire au ciel des républiques:
Sempach, Näfels, Saint-Jacques et Grandson!
Sous vos couleurs, saintes bannières ont combattu tous nos héros;
les fils seront dignes des pères:
Flottez, drapeaux,
flottez, drapeaux,
flottez, drapeaux! (Henri Frédéric Amiel)

Soldatenlied
In blanken Pickelhauben
Marschiert der Feind einher; –
Wir wollen Gott vertrauen
Und mit den Kolben hauen
Das stolze Preußenheer.
Wir Schweizerlandes Söhne
Vom Leman bis zur Thur, –
Wir zieh'n getrost zu Kriege;
Es führet uns zum Siege
Der General Düfour.

16. Dezember 1856: Preussen bricht seine diplomatischen Beziehungen zur Schweiz ab.
18. Dezember 1856: Der Bundesrat ruft die eidgenössischen Räte zu einer ausserordentlichen Session nach Bern.
Weihnachten 1856: Ein erstes Aufgebot von 15000 Mann setzt die Rheinlinie in Verteidigungszustand.
27. bis 30. Dezember 1856: Die eidgenössischen Räte nehmen Stellung zum Vorgehen der Landesregierung. Der Bundesrat ist bereit, die Aufständischen freizulassen, sofern Preussen *gleichzeitig* auf Neuenburg verzichtet. Selbstverständlich soll Preussen für seine Landabtretung finanziell entschädigt werden. Trotz gewisser Vorbehalte deckt das Parlament gegen aussen die harte Haltung des Bundesrates und beauftragt ihn, auch weiterhin Ehre und Würde der Schweiz zu verteidigen und Neuenburg aus der ausländischen Abhängigkeit herauszuführen. General Dufour wird erneut Oberbefehlshaber der Armee, Bundesrat Frey-Herosé wie im Krieg gegen den Sonderbund erneut Generalstabschef.
Die nationale Hingebungsbereitschaft bricht mächtig durch. Henri Frédéric Amiel hat ihr mit seinem «Roulez tambours» einen bleibenden Ausdruck gegeben: «Schlagt die Trommeln zur Grenzbesetzung, zur Schlacht am Rhein sollen sie uns führen.» Studenten des Polytechnikums und der Universität bilden eine «akademische Legion». Auch die Zöglinge der Stiftsschule Einsiedeln verlangen Waffen. Die Gegensätze zwischen Radikalen und Konservativen, zwischen Liberalen und Radikalen, zwischen Staatsbahn- und Privatbahnbefürwortern, zwischen Föderalisten und Zentralisten sind für einen Moment weggeblasen. Damit ist die Krise freilich noch nicht durchgestanden.
1. Januar 1857: General Dufour will mit seinen Truppen Basel verteidigen und halten, bei Schaffhausen hingegen offensiv vorgehen und badisches Gebiet besetzen. Die Bodenseeschiffe sind mit Artillerie bestückt, die Häfen von Romanshorn und Rorschach mit schweren Geschützen armiert.

Befestigungsbau entlang der Rheinlinie
Schanzenbau bei Basel – noch aber fahren die Eisenbahnen (im Hintergrund).

2. Januar 1857: Friedrich Wilhelm IV. ist überrascht – und beeindruckt – von der Einmütigkeit der vor kurzem noch zerstrittenen Eidgenossen. Er zögert und wartet mit der Mobilisation, weil er diese nicht rückgängig machen könnte, ohne sein Gesicht zu verlieren.
3. Januar 1857: Der Thurgauer Ständerat Kern führt als Sondergesandter in Paris mit Napoleon III. ein erstes Gespräch. Es ist eine Begegnung alter Bekannter, da der französische Kaiser sein Schweizer Exil auf dem thurgauischen Arenenberg verbracht hat. Kern (er ist Präsident der Nordostbahn) denkt wie Alfred Escher, er weiss, dass kriegerische Krisen den wirtschaftlichen Unternehmungsgeist beeinträchtigen und zum Beispiel dem Kurs der Eisenbahnaktien schaden.
4. Januar 1857: Kern nennt die Bedingungen des Bundesrates: 1. Zusicherung, dass Neuenburg nach der Freilassung der Gefangenen unabhängig werde. 2. Verbannung der Freigelassenen bis zum Vertragsabschluss mit Preussen. Napoleon gibt diese Zusiche-

Manipuliertes Schweizervolk?
Nationalrat Philipp Anton von Segesser war überhaupt nicht damit einverstanden, dass die Legislative (National- und Ständerat) ihre Entscheidungskompetenz über Krieg und Frieden an die Exekutive (den Bundesrat) delegierte und sich darauf beschränkte, Geld zu bewilligen und Vollmachten zu erteilen. Er wollte in der entscheidenden Sitzung ein entsprechendes Votum abgeben, wurde aber von Ratskollegen beschworen, nichts zu sagen, um den Erfolg der schwebenden Unterhandlungen nicht zu gefährden. Seine Meinung tat er später kund: «Man wollte diesen Konflikt mit einem bengalischen Feuerwerk beschliessen. Niemals ist mit den edelsten Gefühlen ein unedleres Spiel getrieben worden als in diesen Tagen. Man benutzte den Anlaß, den schweizerischen Patriotismus eine Art Feuerwehrmusterung passieren zu lassen. Für das schweizerische Volk, das an eine ernsthafte Gefahr glaubte, war die Erhebung jener Tage ein ehrenvolles Zeugniß innewohnender Tüchtigkeit, weniger für diejenigen, welche wußten, daß die Gefahr bereits beseitigt und der Zweck schon erreicht war, als sie den ganzen Spektakel in Scene setzten.»

Krieg stört Wirtschaftswachstum
Alfred Escher, Nationalratspräsident, war mit der harten Haltung, wie Bundespräsident Jakob Stämpfli sie einnahm, nicht einverstanden. Er wollte auf keinen Fall ein Kriegsrisiko eingehen. Für Escher, der zugleich Direktionspräsident der Nordostbahn und Verwaltungsratspräsident der Kreditanstalt war (vgl. unten Teil 8), bedeuteten militärische Konflikte unnötige Störungen des wirtschaftlichen Fortschritts.

Schweizerische Pontoniere beim Brückenbau.

rung: Er zeigt ihm einen Brief, in dem der preussische König vertraulich erklärt, auf Neuenburg zu verzichten, wenn die Schweiz ihm in der Gefangenen-Frage entgegenkomme. Der französische Monarch garantiert ihm, dass, wenn die Schweiz den ersten Schritt unternehme, der König von Preussen den zweiten tun werde.
16. Januar 1857: Der Bundesrat will sich mit dieser Zusicherung zufrieden geben und beruft erneut die eidgenössischen Räte ein. Das Parlament folgt dem Antrag der Regierung. Die gefangenen Royalisten – es sind noch 28 – werden auf freien Fuss gesetzt und mit den schon in Freiheit befindlichen Angeklagten ins Ausland abgeschoben, wo sie bis zur Beilegung des Konfliktes bleiben müssen.
Die diskrete Erledigung verbitterte die kampfbereite Bevölkerung. Enttäuscht stellt mancher die Frage, ob die Regierung in einem Anfall von Mutlosigkeit die nationalen Interessen verraten habe. Auch Preussen ist unzufrieden: Friedrich Wilhelm IV. wäre bereit, auf Neuenburg zu verzichten. Als Gegenleistung möchte er

allerdings die Garantie, dass diese Domäne und überhaupt die ganze Schweiz wieder in den ‹konservativen Zustand› zurückgeführt würde. Den bürgerlichen Revolutionsherd ersticken, der im Zentrum Europas schwelt, darin sähe er die Krönung seines Lebenswerkes. England aber stellt sich schützend vor die Schweiz.
5. März 1857: In Paris treten die Gesandten der vier Grossmächte Frankreich, England, Österreich und Russland zusammen und erarbeiten einen Vertrag, mit dem Neuenburg aus preussischem Besitz ausscheiden soll.
Am *26. Mai 1857* wird der Vertrag unterzeichnet. Friedrich Wilhelm IV. fällt es allerdings schwer, mit den schweizerischen ‹Aufrührern› auf dem gleichen Papier zu unterzeichnen. Als finanzielle Abgeltung für seinen Verzicht fordert er 2 Millionen Franken. Da ihm die Schweiz aber nur 1 Million anbietet und er mit den Eidgenossen nicht markten will, weist er auch die angebotene Million zurück. Die Schweizer nehmen diese Grosszügigkeit gerne an und bezahlen schliesslich nichts. Den leeren Titel eines Fürsten von Neuenburg und Valangin will und darf der Preussenkönig dagegen behalten.
Im Neuenburger-Handel von 1856/57 siegte die Anschauung vom Volksstaat mit seinem Selbstbestimmungsrecht des Volkes über die Auffassung vom feudalen, autokratischen Fürstenstaat mit dem unzerstörbaren Erb- und Besitzrecht der Dynastie. Neuenburg sprach sich für eine Nation aus, von der es wusste, dass sie die Vielfalt ihrer Teilgebiete anerkannte.

6.7 **Die Savoyerfrage**

Bereits in der Neuenburgerfrage wurden deutliche Meinungsunterschiede zwischen Jakob Stämpfli und Alfred Escher sichtbar. Unterschiedliche Auffassungen bestanden aber auch in der Eisenbahnfrage: Stämpfli trat für den Staatsbetrieb ein und bekämpfte die Selbstherrlichkeit der Eisenbahngesellschaften. Escher dagegen verteidigte den Privatbetrieb und die Unternehmerfreiheit. Beide gehörten aber der freisinnigen Grossfamilie an, der eine als Radikaler, der andere als Liberaler.
Der radikale Stämpfli vertrat den freisinnigen Staatszentralismus der breiten Schichten, der liberale Escher den freisinnigen Föderalismus des Grossbürgertums. Unterschiede bestanden auch in der Aussenpolitik: Der eine war draufgängerisch und risikofreudig, der andere ausgleichend und vorsichtig. Dies kam auch in der Frage zum Vorschein, wie sich die Schweiz im Savoyer Handel von 1860 verhalten sollte.
Sardinien wollte 1860 als Entschädigung für die französische Hilfe gegen Österreich ausser Nizza auch Savoyen an Frankreich abtreten. Die Schweiz erhob aber gegen diesen Handel auf Grund der Verträge von 1564 und 1815 Einspruch und machte ein Mitspracherecht geltend. Die von Bundesrat Stämpfli (damals Chef des Eidg. Militärdepartementes) angeführte und vom Genfer Radikalen James Fazy unterstützte Kriegspartei neigte dazu, mit einer schnellen Annexion vollendete Tatsachen zu schaffen. Einige

Das Vaterland ruft
Drei Generationen im Gleichschritt: Grossvater, Vater und Sohn. Eine helvetische Jeanne d'Arc führt die Männer gegen den Feind (vgl. Seite 121).
Die Schweiz hat sich in dieser Krise zum ersten Mal in ihrem ganzen Umfang sich selbst und der Welt als eine feste Einheit dargestellt.

Verhandlungen in Paris
Der französische Kaiser Napoleon III. (links) raucht mit dem schweizerischen Sondergesandten Johann Conrad Kern eine Cigarre. Den schweizerischen Karikaturisten stört, wie der Geldbeutel in Kerns Tasche zeigt, die hohe Gage, die für diese Mission bezahlt worden ist.

Genfer unternahmen eigenmächtig einen Freischarenzug nach Thonon, um die Savoyarden zum Anschluss an die Schweiz zu bewegen. Manche Genfer wären indessen über einen solchen Gebietsgewinn nicht glücklich gewesen, hätte er doch einen starken Zuwachs an katholischer Bevölkerung gebracht.
Die schweizerische Aussenpolitik schwankte zwischen einer grundsätzlichen und einer opportunistischen Haltung. Einmal wollte sie gestützt auf den Rechtsstandpunkt ganz Savoyen, einmal als Gegenleistung für die Preisgabe des Rechtsanspruchs bloss Hochsavoyen. Und als Napoleon III. einen Teil Hochsavoyens tatsächlich anbot, wollte man auf Grund des Rechtsstandpunktes wieder alles. Der Berner Stämpfli mobilisierte Truppen (was als Wiederaufnahme des alten Expansionsdranges des 16. Jh. verstanden wurde). In der Bundesversammlung musste er sich aber von der Friedens- und Unternehmerpartei, die von Alfred Escher und Jakob Dubs angeführt wurde, zurückbinden lassen.
Die in Savoyen durchgeführte Volksabstimmung vom April 1860 brachte eine überwältigende Mehrheit für Frankreich. Das Resultat war nicht nur darum so eindeutig, weil Frankreich das Plebiszit organisiert und finanziert, sondern weil Napoleon III. sich bereit erklärt hatte, in Nordsavoyen (für etwa ein Drittel des gesamten Gebietes) eine *zollfreie Zone* zu schaffen, die dem Handel mit Genf freie Entfaltungsmöglichkeiten sicherte. Dies war denn auch der Gewinn, der für die Schweiz herausschaute.
Widerstand gegen das neue Regime – der Widerstand konnte auch aus den «eigenen Reihen» kommen. Die Regierungspartei bildete keinen festen Block. Und das war für die eigentliche Oppositionspartei von grösster Bedeutung: Angesichts der immer wieder aufbrechenden Spaltungen im freisinnigen Lager fanden die Katholisch-Konservativen auch immer wieder temporäre Allianzpartner: einmal beim gemässigten grossbürgerlichen Flügel, einmal beim Flügel der Radikalen. Zudem profitierten sie von regionalen Allianzen vor allem in der Eisenbahnfrage, in der Volksvertreter aller Parteifarben einer bestimmten Region sich gegen eine andere Region durchzusetzen versuchten. Schliesslich fanden die Katholisch-Konservativen auch, wie die Universitätsdebatte gezeigt hat, die Unterstützung der protestantischen Konservativen und der welschen Föderalisten. Dank dieser Konstellation konnten sie 1860 mit dem Protestanten Edouard Dapples (VD) einen ersten Nationalratspräsidenten stellen. Die Katholisch-Konservativen waren nun nicht mehr die Sonderpartei des Bundesstaates, sie wurden zu einer Partei neben anderen.
Der politische Gegensatz begann noch 1860 sich aufzulösen – der konfessionelle Gegensatz aber blieb – später sollte er sich sogar noch einmal verschärfen, und es blieb auch der wirtschaftliche Gegensatz zwischen den vorwiegend agrarischen Regionen als Domänen der Konservativen und der industrialisierten Regionen als Domänen des Freisinns.

«Neptune», typische Barke des Genfersees.

Wiederhergestellte Selbstregierung in den katholischen Stammlanden
UR / SZ / UW: 1848
ZG: 1850
VS / FR: 1857
LU: 1863/1871
Bis die Vertreter des politischen Katholizismus auf Bundesebene für regierungsfähig gehalten wurden, mussten sie allerdings noch drei Jahrzehnte warten. Dann aber, im Jubiläumsjahr von 1891, konnten sie mit dem Entlebucher Joseph Zemp ihren ersten Bundesrat stellen.

Verletzung des kulturellen Hoheitsraumes?
Das Verhältnis zu den Freisinnigen blieb gespannt. 1861 setzten jene mit bundesrätlicher Unterstützung gegen den Willen der Unterwaldner Kantonsregierung in Stans ein eidgenössisches Schützenfest durch. Von den Freisinnigen wurde dieses erste auf Urschweizer Boden gefeierte Schützenfest als glänzendes Zeugnis von der unwiderstehlichen Macht des Fortschritts gepriesen. Für die Konservativen war es ein Eindringen in ihr Hoheitsgebiet. Der Bischof von Chur verbot denn auch die Abhaltung des üblichen Schützengottesdienstes.

Urs Altermatt
(Universität Freiburg)

Die katholisch-konservative Sondergesellschaft – oder die vernachlässigte Randperspektive

Die Geschichte wird von den Siegern geschrieben: Dies gilt im besonderen Masse auch für die Schweizer Geschichte des 19. Jahrhunderts. So erstaunt es nicht, dass die Geschichtsschreibung die katholisch-konservativen Verlierer des Bürgerkrieges von 1847 jahrzehntelang vernachlässigte. Die national-liberal geprägten Historiker konzentrierten sich auf die freisinnigen Gründungsväter und deren Bundeswerk und sahen im konservativen Katholizismus bloss einen Hemmfaktor für die Entwicklung des modernen Bundesstaates: katholisch-konservative Opposition als Sonderbündelei und als Provinzialismus oder dann als internationaler Ultramontanismus. Erst das Modell der katholischen Sondergesellschaft, das ich anfangs der siebziger Jahre der schweizerischen Öffentlichkeit vorstellte, ermöglichte eine Neuinterpretation, da die Opposition der Katholisch-Konservativen als Überlebens- und Absonderungsstrategie einer konfessionell-politischen Minderheit gedeutet wurde. Geschichte von unten bedeutete hier Geschichte vom Rande: Von den bisher vernachlässigten oder falsch verstandenen Randgruppen her liessen sich nun zentrale Fragen der Schweizer Geschichte anders beleuchten. Die Wende in der Geschichtsschreibung hing damit zusammen, dass sich in den sechziger Jahren die eidgenössische Konkordanzdemokratie endgültig durchsetzen und das Subkultur-Modell auch auf andere Minderheiten, so z. B. die Sozialdemokraten, übertragen werden konnte. Dazu kam, dass die Krisen der postmodernen Gesellschaft den Sinn für das Gegenläufige in der historischen Entwicklung schärften. Mit einiger Verspätung begann nun die Geschichtsschreibung, die Sonderbündler und vaterlandslosen Gesellen, waren diese nun Katholiken oder Sozialdemokraten, in das offizielle Geschichtsbild zu integrieren. In der Zwischenzeit hatten die Katholiken das Ghetto jedoch vergessen oder verdrängt, denn sie hatten in jahrzehntelangem politischem Kampf die Gleichberechtigung erreicht. Dank der wirtschaftlichen Hochkonjunktur in der Zeit nach 1945 waren sie nun zudem in der Lage, auch in ökonomisch-kultureller Hinsicht den Rückstand gegenüber den freisinnig beherrschten Zentren stellenweise aufzuholen. Aus Bürgern zweiter Klasse waren Teilhaber an der eidgenössischen Macht und Gesellschaft geworden.

Hinweise auf weiterführende Literatur
Urs Altermatt, Der Weg der Schweizer Katholiken ins Ghetto, Zürich 1972
Victor Conzemius, 150 Jahre Diözese Basel, Weg einer Ortskirche aus dem «Ghetto» zur Ökumene, Basel 1979.
Theo Gantner, Volkskundliche Probleme einer konfessionellen Minderheit. Dargestellt an der römisch-katholischen Diaspora der Stadt Basel. Diss. Basel, Winterthur 1970.
Die Wahlen in den Schweizerischen Nationalrat 1848–1919. Bearbeitet von *Erich Gruner.* Bern 1978. 3 Bde.

Schweizerische Privatbanken setzten erste Banknoten schon vor 1848 in Umlauf. Der Notenfluss blieb aber bescheiden und stieg erst mit dem später einsetzenden wirtschaftlichen Aufschwung an. 1848 brachte wohl eine Vereinheitlichung der Münzen, aber nicht der Banknoten. Einheitliche Banknoten wurden erst nach der Eröffnung der Nationalbank von 1907 geschaffen. Zuvor hatten 36 Emissionsbanken verschiedene Noten in Zirkulation.

Teil 7

Wohin das Geld geht
1850–1870

Geld ist in einem gewissen Sinn immer wichtig. In wirtschaftlichen Wachstumsphasen ist man aber besonders darauf angewiesen, man braucht es als Investitionskapital. Nach 1850 begann ausländisches Geld in schweizerische Unternehmen zu fliessen, vor allem in die verschiedenen Eisenbahnprojekte. Dies war einerseits erwünscht, anderseits aber nicht unbedenklich, weil die Schweiz dabei in die Abhängigkeit ausländischer Kreditinstitute zu geraten drohte. Schweizerische Unternehmer verstanden es aber, sich den Anforderungen der modernen Wirtschaft anzupassen und, soweit dies bei der gegenseitigen Durchdringung der verschiedenen Wirtschaftssysteme überhaupt möglich war, eine gewisse Selbständigkeit zu wahren. Den Preis für dieses Gelingen bezahlten – vorübergehend – allerdings die kleineren Unternehmen.

Rationalisierung der Uhrenindustrie
Schon 1839 hat der Genfer Uhrmacher Georges Leschot eine ganze Reihe von Werkzeugmaschinen ersonnen und bei der Firma Vacheron & Constantin eingeführt; sie ermöglichen das Auswechseln von Einzelteilen und damit eine viel raschere, rationellere Produktion von Serienuhren, die dem Publikum in Form verschiedener Modelle angeboten werden. Infolgedessen gehen nunmehr zahlreiche bisherige Uhrenheimarbeiter in eine Fabrik, die auf die Herstellung eines bestimmten Bestandteils oder auf die Montage spezialisiert ist. Eigentlich handelt es sich also, nach einer ersten im 18. Jahrhundert, um eine zweite industrielle Revolution in der Uhrenindustrie, diesmal auf produktionstechnischem und organisatorischem Gebiet (Jean-Francois Bergier, ETH ZH)

Entwicklung der mechanischen Baumwollspinnerei 1844–1883

Jahr	*Betriebe*	*Spindeln*
1844	*131*	*660000*
1857	*136*	*1151000*
1868	*160*	*1550000*
1872	*139*	*2059000*
1882/83	*122*	*1809000*

Entwicklung der mechanischen Baumwollweberei 1850–1883

Jahr	*Mech. Webstühle*
1850	*3000*
1866/67	*13086*
1876/77	*22467*
1882/83	*23370*

(Erich Gruner, 1968)

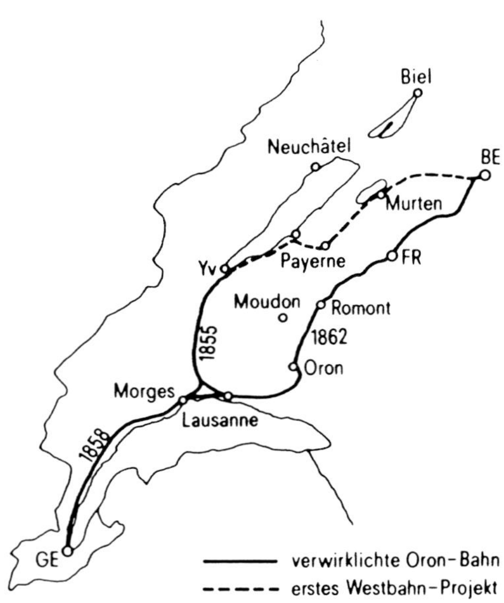

7.1 Der wirtschaftliche Aufschwung

Der 1848 geschaffene Bundesstaat beseitigte die kantonalen Wirtschaftsschranken. Es entstand ein einheitlicher Wirtschaftsraum. Diese Vereinheitlichung belebte die Wirtschaft und erleichterte die Teilnahme am weltweiten Wirtschaftsaufschwung.
In der *Textilindustrie* verdoppelte sich in den Jahren 1850–1870 die Zahl der Spindeln von rund 700000 auf 1400000. Die Zahl der mechanischen Webstühle wuchs von 3000 auf 20000. Die *Maschinenindustrie*, aus der Textilindustrie hervorgegangen, produzierte bald über den Eigenbedarf und begann ihre Produkte zu exportieren. Die *Uhrenindustrie* standardisierte ihre Produktion und stellte nun die Uhren seriell her.
Einen grossen Aufschwung erlebte die *Eisenbahn*: Nachdem in diesem Sektor jahrelang nichts geschehen war, wurden innert 10 Jahren 1148 Kilometer Schienen verlegt. 1852 war der Bahnbau (vgl. Teil 5) dem privaten Unternehmerwillen überlassen worden. Der freie Wettbewerb versprach schnelles Wachstum, verschärfte aber auch die Rivalitäten. Ein gewisses Mitentscheidungsrecht hatte sich der Bund allerdings gewahrt, denn mit der Genehmigungspflicht für die kantonalen Konzessionen hatten die eidgenössischen Räte immerhin noch eine wichtige Kompetenz in der Hand behalten. Im sogenannten Westbahnkonflikt von 1856 machte der Bund von dieser Kompetenz Gebrauch. Er entschied, welchen Weg die erste Eisenbahnverbindung zwischen der französischen und der deutschen Schweiz nehmen sollte und entschied dabei anders, als die Waadtländer Regierung es gewünscht hatte.

7.2 Der Westbahnkonflikt

Es ist keine Selbstverständlichkeit, dass heute die Schnellzüge zwischen Lausanne und Bern über Romont fahren. Wenn es nach dem Willen der Waadtländer Regierung gegangen wäre, hätte die Linie der Broye folgen und über Murten führen sollen. Die Westbahn-Gesellschaft, die bereits den Genfersee und den Neuenburgersee zwischen Bussigny und Yverdon miteinander verbunden hatte, wollte die Fortsetzung dieser Linie so legen, dass weder im Westen noch im Osten eine Konkurrenzlinie gebaut werden konnte, nämlich über Payerne, Murten nach Bern. Freiburg hätte in diesem Fall keinen Anschluss an das schweizerische Eisenbahnnetz gehabt. Die Freiburger wussten sich aber zu wehren, schnell gründeten sie die Oron-Bahn-Gesellschaft. Die eidgenössischen Räte sprachen sich 1856 schliesslich mit einer knappen Mehrheit für die Oron-Bahn aus. Ein gewichtiges Wort hatte General Dufour mitzureden: Er wies darauf hin, daß die Bergvariante der Freiburger aus militärischen Gründen der Talvariante der Waadtländer vorzuziehen sei. Die Regierung der Waadt versuchte auch später noch, den Bau des Teilstückes, das über ihr Gebiet führte, zu behindern und terrorisierte ihre Hauptstadt, weil diese es gewagt hatte, die Oron-Bahn mit einem Kredit zu unterstützen. Lausanne wurde von seinem eigenen Kanton militärisch besetzt und unter

‹Schweizerisches Eisenbahnturnier› (Postheiri 23/1856).

Entwicklung der Eisenbahn

Jahr	*km*
1844	*2*
1847/53	*26*
1854	*39*
1855	*211*
1860	*1053*
1868	*1296*
1875	*1936*
1880	*2563*
1888	*3010*
1899	*3698*

Vormundschaft gestellt. Der Bund nahm schliesslich zu Gunsten der von ihm befürworteten Linienführung in der Waadt eine Zwangskonzessionierung vor.
An beiden Varianten waren übrigens ausländische Interessen beteiligt: Hinter der Westbahn stand der *Crédit Mobilier*, der mit der französischen Ostbahn verbunden war; hinter der Oron-Bahn das Haus *Rothschild* und ein der französischen P-L-M-Bahn nahestehendes Konsortium, dem auch General Dufour angehörte.

Waadtländer Protest
Unter dem Einfluss einiger Drahtzieher hat die Mehrheit des Nationalrates unseren Kanton niedergetrampelt (passé sur le ventre), sie hat unsere Souveränität schnöde der Launenhaftigkeit des Kantons Freiburg geopfert. Beleidigungen gefährden den Zusammenhalt der Völker. Wenn der Kanton Waadt bei der Erhaltung seiner Rechte und seiner Ehre nicht auf die Miteidgenossen zählen kann, dann wird die Eidgenossenschaft vergeblich mit unserer Ergebenheit rechnen (Nouvelliste Vaudois vom 23. September 1856). Betrachtet man, was der Kanton Waadt seit 1844 alles verloren hat, trauert man den alten Tagsatzungen nach und wünscht sich eine unabhängige Republik unter dem Schutze Frankreichs und Englands. Das einzige, was uns zurückhält, ist die grosse Freundschaft, die wir seit je für die neuen Kantone Thurgau und Aargau empfunden haben, sowie für die Zürcher und die kleinen Gründerkantone, welche die helvetische Freiheit geschaffen haben (Nouvelliste Vaudois vom 5. August 1857).

Freiburger Protest
Die Gazette de Lausanne *belehrt uns, dass das Freiburger Regime seine Existenz den Bajonetten der Waadtländer verdanke. Die Geschichte besagt jedoch, dass Freiburg seit wesentlich längerer Zeit ein souveränes Mitglied der Eidgenossenschaft ist als die Waadt. Als altes Untertanengebiet von Bern und Freiburg, verdankt sie ihre Autonomie nicht den französischen Kanonen? (Confédéré vom 25. August 1855). Der Entscheid läuft nicht zwischen Freiburg und Murten, sondern zwischen Freiburg und der Waadt. Es handelt sich um eine Frage der nationalen Ehre, der Unabhängigkeit, der Souveränität. Wir wollen nicht durch einen Nachbarkanton ausgebeutet werden, der in der Eidgenossenschaft keinen höheren Rang einnimmt als wir. Man hat uns niedertrampeln wollen (passé sur le ventre!), wir müssen uns kräftig wehren und zeigen, was ein geeintes Land kann, indem wir alle seine lebendigen Kräfte zu einem festen Bündel verbinden (Regierungsrat Schaller im Grossen Rat, 23. November 1855).*

Die Eisenbahn als Bauernschreck (August Schöll, St. Gallen 1858).

Angst vor dem technischen Fortschritt
Zeitgenossen bezeichneten das schnaubende Dampfross als den grössten Unfug, die vollendete Störung der Ruhe und des körperlichen und geistigen Wohlbefindens. Der Rauch werde das Getreide schwärzen, das Pusten und Rauchen des Zuges das Vieh von der Ruhe und der Ernährung abhalten und störrisch machen, die Vögel vom Lande verjagen, die Hühner vom Eierlegen abhalten, die Kühe vom Milchgeben und das Pferd zur aussterbenden Rasse machen (Stimmen aus England). Das bayrische Ärztekollegium protestierte 1835 gegen die erste deutsche Eisenbahn Nürnberg–Fürth: «Die rasche Bewegung wird bei den Passagieren geistige Unruhe (delirium furiosum) hervorrufen». Und im Berner Grossen Rat prophezeite Schultheiss von Fischer am 28. Heumonat 1852, die Bahnen würden die Unabhängigkeit der kleinen Staaten zum Lande hinausführen.

Eisenbahn-Cantate
(Zu singen am nächsten eidgenössischen Musikfest)
Heil dir o Eisenbahn!
Komm doch zu uns heran – Wir rufen dir.
Braus'st erst bei uns vorbei,
Bringst du uns Geld wie Heu,
Machst Alle reich und frei.
– Dich loben wir. (Postheiri 29/1852)

Die Folgen der Niederlassungsfreiheit und der wirtschaftlich bedingten Mobilität
1837 betrug der Anteil der nichtschwyzerischen Schweizer im Kanton Schwyz bloss 2,8 Prozent. Davon dürften, was heute nicht mehr zu ermitteln ist, der grösste Teil Innerschweizer gewesen sein, die dem gleichen Kulturkreis angehörten. Heute beträgt der entsprechende Anteil 38,9 Prozent. 1850 lebten noch rund 94 Prozent der Schweizer Bürger im Kanton, in dem sie heimatberechtigt waren. Heute sind es noch 60 Prozent, wobei je nach Kanton erhebliche Unterschiede festzustellen sind. 1970 stand das Wallis punkto Homogenität mit 80 Prozent an der Spitze, der am wirtschaftlichen Gravitationszentrum Zürich gelegene Kanton Zug wies dagegen nur noch 23 Prozent im Kanton heimatberechtigte Einwohner auf.

7.3 **Widerstand gegen die neue Zeit**

Wie sollten sich die Menschen gegenüber dem beschleunigten Wandel der «Zeiten», das heisst dem Wandel der technischen Möglichkeiten und der wirtschaftlichen wie der sozialen Ordnung, verhalten? Die einen – das war damals nicht anders als heute – standen dem Modernisierungsprozess positiv gegenüber, weil sie von ihm tatsächlich profitierten oder auch nur zu profitieren hofften. Andere lehnten ihn ab, obwohl sie von ihm profitierten – oder weil sie durch ihn tatsächlich benachteiligt wurden. Neuerungen, das zeigten gewisse Reaktionen auf die Eisenbahnen, lösen immer auch irrationale Abwehrhaltungen aus. Nachträglich wirken solche Fehleinschätzungen vielleicht lächerlich und werden gerne als Beweise dafür verwendet, dass Vorbehalte gegen die aktuellen Neuerungen unangebracht seien.

7.4 **Bevölkerungswachstum und Binnenwanderung**

In der ersten Hälfte des 19. Jahrhunderts nahm die Bevölkerung um rund 42 Prozent zu. Dieses Wachstum variierte freilich stark nach Region und Zeitabschnitt. Die Bevölkerungsentwicklung wurde und wird durch die verschiedensten Faktoren bestimmt, wobei schwer auszumachen ist, was als primärer, sekundärer oder tertiärer Faktor einzustufen ist. Die Geburtenrate etwa ist keine Erklärung an sich, sondern muss ebenfalls erklärt und auf wirtschaftliche und konfessionelle Faktoren zurückgeführt werden, die sich ihrerseits wiederum gegenseitig bedingen. Eindeutig feststellbar ist jedoch: Die Bevölkerungszunahme ist in erster Linie die Folge einer rückläufi-

gen Sterblichkeit (Mortalität); bemerkenswert ist allerdings, dass auch die Geburtlichkeit (Natalität) zurückging, wobei beides die Folge des zivilisatorischen Fortschritts sein dürfte.
Mit dem Bevölkerungswachstum nahmen auch die Bevölkerungsbewegungen zu. Wirtschaftliche Zwänge drängten immer mehr Menschen, ihren Geburtsort zu verlassen und in industrielle Gebiete zu ziehen. Die Industriekantone waren am Zustrom dieser Arbeitskräfte interessiert, wie umgekehrt Unternehmen dieser Kantone daran interessiert waren, in die Landkantone zu expandieren. Einige Kantone (allerdings mit sozio-ökonomisch ähnlichen Strukturen) hatten sich schon 1819 auf dem Konkordatsweg gegenseitige Freizügigkeit in der Aufnahme von ausserkantonalen Zuzügern gewährt. Die Bundesverfassung von 1848 verpflichtete dann jeden Kanton, Schweizerbürger anderer Kantone aufzunehmen.
Die katholisch-konservativen Kantone hatten diese Neuerung anfänglich abgelehnt. Sie erblickten darin eine Gefährdung ihrer gesellschaftlichen Struktur und ihrer Konfession. Man wünschte keine konfessionell gemischte Bevölkerung, insbesondere keine Mischehen, und befürchtete, kapitalkräftige Bürger der Industriekantone würden die freiwerdenden Grundstücke ihrer Gebiete aufkaufen. Den Liberalen dagegen entsprach die Durchsetzung der Niederlassungsfreiheit einer doppelten Notwendigkeit: Zum einen für die freie Entfaltung der Wirtschaft, zum anderen als Voraussetzung für die Vollendung der schweizerischen Nation. Nicht nur Güter sollten mit der Aufhebung der Binnenzölle frei und unbehindert durch das Schweizerland strömen, auch Menschen unter-

Appenzeller Malerei um 1810.

Heiratsverbot
Mit dem Sieg der Niederlassungsfreiheit war allerdings das Recht, an einem beliebigen Ort in der Schweiz eine konfessionell gemischte Ehe einzugehen und zu leben, noch nicht garantiert. 1850 zum Beispiel appellierte Dr. Benz, Arzt aus Siebnen (SZ), vergeblich an die eidgenössischen Räte: Er erhielt keine Erlaubnis, sich in Schwyz mit der Zürcher Protestantin Alina Schoch zu verheiraten.

Die absoluten Bevölkerungszahlen nahmen zu – die relativen Geburten und Sterbequoten nahmen ab.

Einwohnerzahl der Schweiz, in Tausenden 1798 bis 1914. Innerhalb eines Jahrhunderts verdoppelte sich die Bevölkerung von etwa 1,7 auf 3,3 Mio. Einwohner. Im Jahrzehnt nach 1900 erfuhr dieses Wachstum sogar eine weitere Beschleunigung. 1914 lebten 3,9 Mio. Menschen in der Schweiz.

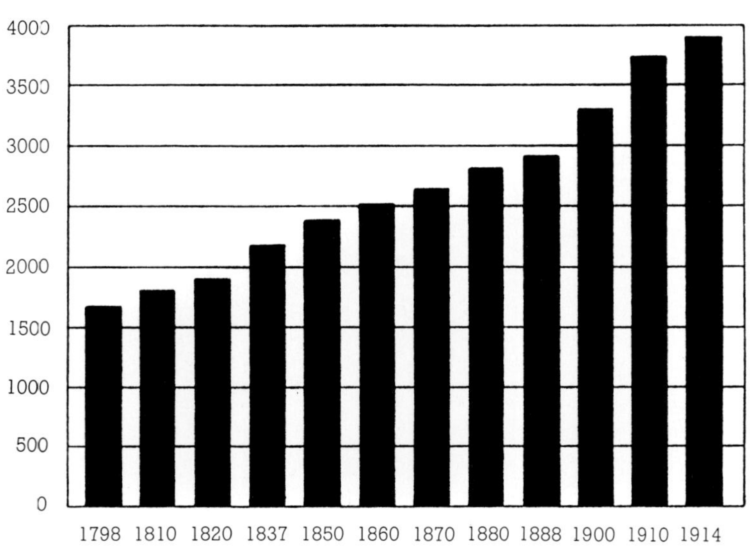

Geburt und Tod in der Schweiz.
5-Jahresmittel von 1836 bis 1913.

Geborene
Gestorbene

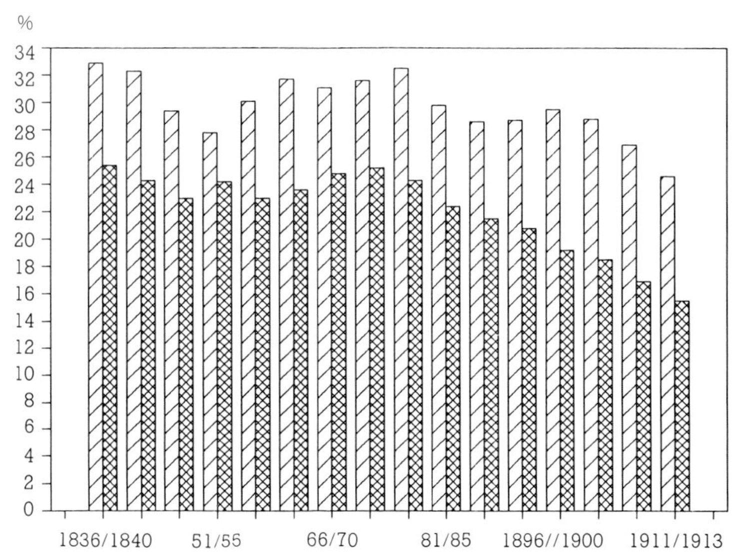

Die Erwartungen der liberalen Staatsgründer von 1848
Das eidgenössische Blut, das gute und das ungute, soll freier als bis anhin durch das gesamte Aderwerk des Landes fliessen. Die kleinen Kreise mit ihrem eigenen Ortsgeist sollen aufgesprengt und zu einer wahren Nation verschmolzen werden.

Damals Bürger zweiter Klasse
Die 1848 eingeführte Niederlassungsfreiheit kam nur den Bürgern der christlichen Konfessionen zugute. Für die jüdischen Bürger, die damals zum grössten Teil im Aargau, in Langnau und in Endingen, wohnten, galt sie nicht. Eine Ausdehnung der Niederlassungsfreiheit auch auf sie wurde als zu starke Belastung des Reformprojektes empfunden, die zu einer Ablehnung der Verfassung hätte führen können. Die Einschränkung von 1848 wurde erst 1866 fallengelassen. Nachdem im Handelsvertrag mit Frankreich von 1864 den Israeliten französischer Nationalität in der Schweiz freie Niederlassung gewährt worden war, konnte man den Schweizer Juden die Gleichberechtigung nicht länger verweigern.

Eine Heimat auch für die Abgeschobenen
Wie in Teil 3 dargelegt, gab es in der Schweiz eine grössere Zahl von Armen, die kein Bürgerrecht besassen, so dass keine Gemeinde nachweislich für deren Lebensunterhalt verantwortlich war. Das Bundesgesetz vom 3. Dezember 1850 verpflichtete nun aber die Bundesbehörden, für die Heimatlosen Bürgerrechtsorte auszumitteln.

schiedlicher Herkunft sollten mit ihrem Wohnortswechsel den Prozess der inneren Vereinheitlichung und der Abschwächung der Gegensätze beschleunigen.
Erfüllte sich diese Erwartung der Liberalen? In mancher Hinsicht gewiss, hingegen war es ein Irrtum zu glauben, dass die Niederlassungsfreiheit bloss dem ‹liberalen Fortschritt› den Weg ebnete. Die Katholisch-Konservativen waren schliesslich ebenfalls Nutzniesser der ursprünglich von ihnen bekämpften Freizügigkeit (vgl. Teil 6).

7.5 Das Ende des Söldnerwesens

Der industrielle Aufschwung erfasste vorerst nur einen kleinen Teil der Schweiz, vor allem das Gebiet zwischen Bodensee und Zürichsee und entlang dem Jura. Andere Gebiete blieben von dieser Entwicklung ziemlich unberührt, insbesondere die Gebiete der ehemaligen Sonderbundskantone. Die katholisch-konservative Bevölkerung dieser alpinen und voralpinen Regionen lehnte, wie in Teil 5 gezeigt worden ist, den modernen Staat und die liberale Gesellschaftsauffassung ab. Die Freisinnigen liessen sich vom Widerstand der Katholisch-Konservativen jedoch nicht beeindrukken. 1859 setzten sie sogar dem Söldnerwesen ein Ende und nahmen damit der konservativen Schweiz einen Teil ihrer Tradition – und eine wichtige Einkommensquelle.
Im Juli 1859 brach in den napolitanischen Schweizerregimentern eine Meuterei aus. Die Schweizer Kommandanten hatten heimlich die nationalen und kantonalen Zeichen von den Regimentsfahnen entfernen lassen. Erboste Söldner – etwa 400 – holten sich darauf gewaltsam ihre Fahnen und gingen auf dem Marsfeld in Stellung.

Appenzeller Webkeller um 1850.
(C. Burkhardt nach einem Gemälde von J. Schiess).

Das imaginäre Interview

Kaspar Niederer, 9. November 1832 in Walzenhausen geboren (Appenzell-Ausserrhoden). Seine Autobiographie wurde im Neujahrsblatt des historischen Vereins St. Gallen 1901 publiziert.

1859 in Neapel haben also Schweizer auf Schweizer geschossen.
Ja, gewiss, und nachdem sie uns die Waffen und Patronentaschen weggenommen hatten, liessen sie uns mehrere Stunden in unserem Blute liegen.

Was geschah nachher mit Ihnen?
Nach wochenlanger Haft und bangem Warten auf das Todesurteil wurde ich schliesslich wie alle übrigen begnadigt. Die Geschichte von meiner mühsamen Heimreise erspare ich Ihnen. Im November 1859 traf ich in Rheineck ein, matt und abgelaufen mit meinem Stock und meinem durchschossenen Bein.

Was unternahmen Ihre Kameraden?
Die hab' ich bald aus den Augen verloren. 7400 waren nach Marseille eingeschifft worden, viele von ihnen erreichten aber die Heimat nie, weil sie sich unterwegs neu anwerben liessen, für Garibaldis Freischaren, für Rom, Holland und die Fremdenlegion in Afrika.

Jetzt müssen Sie aber noch erklären, warum Sie von zu Hause überhaupt weggezogen waren.
Ich war dreiundzwanzig, und seit dem 14. Lebensjahr hatte ich unter fremden Leuten gelebt und mit Spulen kümmerlich mein Leben gefristet. Ich lernte dann allerdings noch das Seidenweben, um ein wenig mehr zu verdienen. Tag für Tag, aber auch in langen Nachtstunden hockte ich in meinem dumpfen Webkeller. Eines schönen Tags kam der Werber Hugentobler vorbei. Er stellte mir schon für den ersten Tag 56 Dukaten Handgeld in Aussicht und schilderte mir Neapel als einen Paradiesesgarten, sprach von einer Offizierskarriere.

Damals war aber das Werben von Söldnern doch bereits verboten?
Das konnte niemand so genau kontrollieren. Eingeschrieben haben wir uns allerdings erst jenseits der Grenze. Nach langem Zögern zog ich mit zwei Konfirmationsgenossen, die ich hatte überreden können, nach Bregenz, um mich dort einzutragen. Im letzten Moment verlor ich aber ‹d'Guraschi› und ich kehrte in mein Webloch zurück. Aber immer wieder sah ich den Werber Hugentobler mit seinen blitzenden Augen vor mir und hörte ihn sagen: «Sei kein Esel. Später kannst Du Dir noch lange genug Rheumatismus und ein frühes sieches Alter an den Leib weben. Du weisst ja, dass jeder Weber mit 40 Jahren ein ‹abgewerchter› Mann ist. In Neapel führen wir ein freies Leben.» So bin ich dem napolitanischen Fieber erlegen.

‹Neapel ist ein Paradiesesgarten!›

Bei der Wiederherstellung der Ordnung fielen 20 Aufständische, 75 wurden zum Teil schwer verletzt, 260 gefangen genommen.
Die Meuterei in Neapel und die sie auslösende Massnahme sind vor dem Hintergrund der Kämpfe zu sehen, aus denen schliesslich ein vereinigtes Italien hervorging (Risorgimento). Sardinien kämpfte gegen Österreich, der Vatikan gegen Sardinien und Garibaldi mit seinen Partisanen gegen die napolitanisch-sizilianischen Bourbonen. In diesen Wirren wollte die Schweiz eine neutrale Haltung einnehmen. Darum erschien es als unerwünscht, dass Schweizer an diesen Kämpfen teilnahmen und die in päpstlichen und napolitanischen Diensten stehenden Truppen noch immer als sogenannte Schweizerregimenter geführt wurden, obwohl sie nur noch zum kleinsten Teil tatsächlich aus Schweizer Soldaten bestanden. Verschiedene Auslandschweizer, Kaufleute und Industrielle, machten den Bundesrat in Petitionen darauf aufmerksam, dass sie wegen des Verhaltens dieser vormals schweizerischen Truppen dem Hass der Bevölkerung ausgesetzt wären. Darum veranlasste der Bundesrat, dass die eidgenössischen und kantonalen Symbole auf den Regimentsfahnen diskret entfernt und die vormaligen Schweizerregimenter nun Fremdenregimenter genannt wurden.
Das Söldnerwesen hatte bereits 1848 eine erste Einschränkung erfahren. Die Bundesverfassung untersagte den Kantonen, neue Militärkapitulationen abzuschliessen. 1849 wurde zudem in der Schweiz jede Werbung für Fremde Dienste verboten. Nach dem Zwischenfall von Neapel verabschiedeten die Räte im Juli 1859 nach einer mehrtägigen lebhaften Debatte ein Bundesgesetz, das den Eintritt in Truppenkörper des Auslands der bundesrätlichen Bewilligungspflicht unterstellte. Der Bundesrat konnte solche Bewilligungen nur noch erteilen, wenn sie als weitere Ausbildung der eigenen Landesverteidigung zugute kamen.

Soldaten aus dem 2. Schweizerregiment von Neapel, 1854 (Winteruniform, rechts: Paradeuniform).

Der imaginäre Disput

zwischen Bundesrat Jakob Stämpfli (radikal) und Nationalrat Philipp Anton von Segesser (katholisch-konservativ).

Segesser: Mit der Entfernung der Schweizerkreuze bewies der Bundesrat, dass ihm jeglicher Sinn für den heiligen Respekt gegenüber einer von Generation zu Generation weitergebenden Truppenfahne abging.

Stämpfli: Und Sie störte es nicht, dass Söhne der freien Eidgenossenschaft für Despoten Schergendienst leisteten und Völker daran hinderten, ebenfalls die republikanische Freiheit zu erlangen.

Segesser: Der auswärtige Kriegsdienst schadete dem Ruf der Schweiz nicht, er förderte im Gegenteil unser Ansehen und hielt den Respekt aufrecht, nachdem wir keine Schlachten für unsere Unabhängigkeit mehr zu schlagen gezwungen waren.

Stämpfli: Persönlich hatte ich keine prinzipiellen Einwände gegen die schweizerische Beteiligung an auswärtigen Kriegen. Die schweizerischen Kämpfer hätten aber auf der Seite der nationalen und demokratischen Parteien stehen und die Völker in ihrer repulikanischen Erhebung unterstützen und nicht behindern müssen. 1792 in den Tuilerien, 1830 wieder in Paris, 1848 in Neapel – wie oft noch hätten Schweizer auf der falschen Seite stehen sollen?

Segesser: Wir Schweizer mussten uns die Freiheit auch selbst erkämpfen. Wenn die Italiener das nicht konnten, so war das eben ein Beweis, dass sie entweder für die Freiheit noch nicht reif waren oder dass sie dieselbe nicht wollten. Es ist ja lächerlich, dass 4–5000 Schweizer 10 Millionen Italienern die Freiheit hätten vorenthalten sollen. Unsere Freiheit ist auch nicht in einem Tag geworden, sie hat 500 Jahre gebraucht und viele Entwicklungsstufen durchlaufen, sie muss das Bewusstsein des Volkes durchdringen, nicht das gewaltsame Werk stürmischer Minderheiten sein. Im übrigen hatte es Sie gar nicht gestört, dass eine Minderheit gewaltsam eine Mehrheit in Schach hielt: In Fribourg hatten Sie mit uns ja dasselbe gemacht (vgl. Teil 6).

Stämpfli: Ich weiss, Sie waren für die Weiterführung der Reisläuferei, und es störte Sie nicht, dass deswegen immer wieder Schweizer auf Schweizer schossen.

Segesser: Häufiger als in auswärtigen Diensten war im Inland, in Bürgerkriegen, Schweizerblut durch Schweizer vergossen worden. Haben Sie, Herr Stämpfli, den Freischarenzug gegen Luzern vergessen, an dem Sie sogar selbst teilgenommen? Und im Sonderbundskrieg, was ist da geschehn? Gerade in diesem Krieg profitierten Sie sehr gerne von den militärischen Erfahrungen, die sogenannte Söldner in fremden Diensten gewonnen hatten. Ihr General Dufour war als Offizier im Ausland, und vier Divisionäre Ihrer Armee waren ebenfalls in fremden Diensten gewesen.

Stämpfli: Sie wollten nicht zur Kenntnis nehmen, dass die fremden Dienste eine enorme volkswirtschaftliche Belastung für unser Land bedeuteten und etwa ein Drittel der Männer in ihren besten Lebensjahren der Wirtschaft entzogen und dass diese Männer nachher kaum mehr imstande waren, sich einer bürgerlichen Arbeit zu widmen . . .

Segesser: Ihr Freisinnigen gabt nicht eher Ruhe, bis ihr jedem Schweizer eine Spule, ein Weberschifflein, einen Karst oder eine Hacke in die Hand gedrückt hattet. Der Schweizer durfte Seidenbändel weben, er durfte Kattun drucken in St. Gallen, durfte Spitzen weben in Appenzell, an den Eisenbahnen arbeiten, er brauchte nicht zum König von Neapel zu gehen, um die Muskete zu tragen. Bleibe zu Hause und nähre dich redlich, das war der grosse Wahlspruch. Aber wenn der Schweizer *nicht wollte*, wenn er das freie Leben des Soldaten vorzog? Oh, danach fragtet Ihr nicht. Er solle der Zivilisation dienen und der Industrie. Zur Abwechslung bekam er dann bisweilen ein Schützenfest, ein Sängerfest zu sehen und konnte sein Herz erlaben an wundervollen Trinksprüchen auf die Freiheit.

Stämpfli: Unsere aufblühende Industrie schuf immerhin Arbeitsplätze, dies war bei der schnellen Bevölkerungsvermehrung dringend nötig.

Segesser: Arbeit konnten Sie mit Ihren Maschinen und Ihrer Bauerei noch lange nicht allen Menschen geben. Auswanderung gab es trotzdem. Schweizer durften in der ganzen Welt Fabrikarbeiter, Lohndiener, Portier, Schornsteinfeger werden, nur ja nicht Soldat. Schweizer durften sich in den Dienst von Untertanen eines Monarchen begeben, nur nicht in den direkten Dienst des Monarchen selbst. Sie reden von ökonomischen Interessen. Ihr Dienstverbot belastete die Armenämter in der Heimat. Die Söldner aber kehrten oft mit Ersparnissen aus dem Ausland zurück, brachten von dort auch militärische Disziplin mit und wurden darum brave Arbeiter. Und noch etwas: Der Kriegsdienst soll unmoralisch sein, weil er das Leben gefährde und dieses verkaufe. Vergleichen Sie doch die Sterblichkeit unter den Arbeitern in gewissen Fabriken mit dem Verlust an Menschenleben beispielsweise gerade in den Kämpfen in Italien . . .

Stämpfli: Sie waren meines Wissens nie an der Reisläuferei beteiligt. Warum engagierten Sie sich denn so in dieser Frage? Etwa weil Ihre Ahnen Söldnerführer waren?

Segesser: Ich schicke das weniger Wichtige voraus: Mit dem Reislaufverbot hat man vor allem die Bevölkerung der katholischen Orte getroffen, wirtschaftlich getroffen, aber auch politisch. Ich hatte den Eindruck, dass man uns, nachdem wir schon in der Heimat unterjocht worden waren, auch im Ausland verfolgen wollte. Sie sollten heim, die konservativen Söhne, um sich als Besiegte, Gedemütigte unter die Füsse treten zu lassen. Zum Wichtigeren: Mir ging es vor allem um die individuelle Freiheit, auch um das Recht, über seinen freien Leib frei zu verfügen. Ihr Gesetz von 1859 machte uns zum eidgenössischen Untertan. Den Italienern wolltet Ihr die Freiheit bringen, uns aber warft Ihr in den Zustand der Leute in den ehemaligen Gemeinen Herrschaften. Die schweizerischen Freiheiten, diejenigen der Kantone wie diejenigen der einzelnen Bürger, wurden eine nach der anderen in den grossen Papierkorb einer allgemeinen, inhaltslosen, papierenen Nationalfreiheit geworfen, die dem Einzelnen schliesslich nicht mehr gewährte, als was er als Bürger wohl organisierter Polizeistaaten auch genossen hätte. Das Schweizervolk war wie ein starker Mann, von Chloroform betäubt unter den Händen der radikalen Operateure, in Träume versunken hörte es süsse Musik in seinen Ohren klingen und fühlte nicht, wie seine Zähne herausgerissen, seine Glieder gekürzt wurden.

7.6 Nochmals: Der wirtschaftliche Aufschwung

Die Gründung der Kreditanstalt entsprach einem Bedürfnis. Investitionskredite waren, wie wir noch sehen werden, begehrt. Die Geschäftsbanken waren die Dampfmaschinen des Kredites. Aber Geld genügte nicht, es brauchte auch Köpfe. Das gegen den

Winterthur 1854
Die Eisengiesserei der Gebrüder Sulzer stellte erstmals eine Dampfmaschine selbst her. Sie leistete 3 PS und war für den Sodbrunnen im Bahnhof Winterthur bestimmt.

Zürich 1856
Nach dem Vorbild des französischen ‹Crédit Mobilier› wurde eine Schweizerische Kreditanstalt gegründet. Anstoss zur Gründung gab Alt-Regierungsrat Nationalrat Alfred Escher, Verwaltungsratspräsident der Nordostbahn. Die Geschäftsbank hatte die Aufgabe, die industrielle Erschliessung der Schweiz mitzufinanzieren. Für 3 Mio. Franken waren der Öffentlichkeit Aktien zum Kauf angeboten worden; innert dreier Tage wurden aber für 21,8 Millionen gezeichnet.

Genf 1855
In der alten Bankierstadt an der Rhone wurde die erste Effektenbörse der Schweiz – eine ‹bourse à la criée› – gegründet. Somit erhielt der stets grösser werdende Kreis von Aktienkäufern und -verkäufern einen festen Ort und feste Geschäftszeiten zur Vermittlung von Wertschriften.

St. Gallen 1858
In der Textilindustrie wuchs mit den wachsenden Auslandlieferungen auch das Transportrisiko. Gegen solche Schäden konnte man sich neuerdings vorsehen: In St. Gallen wurde unter dem Namen ‹Helvetia› die erste Transportversicherungsgesellschaft der Schweiz gegründet.

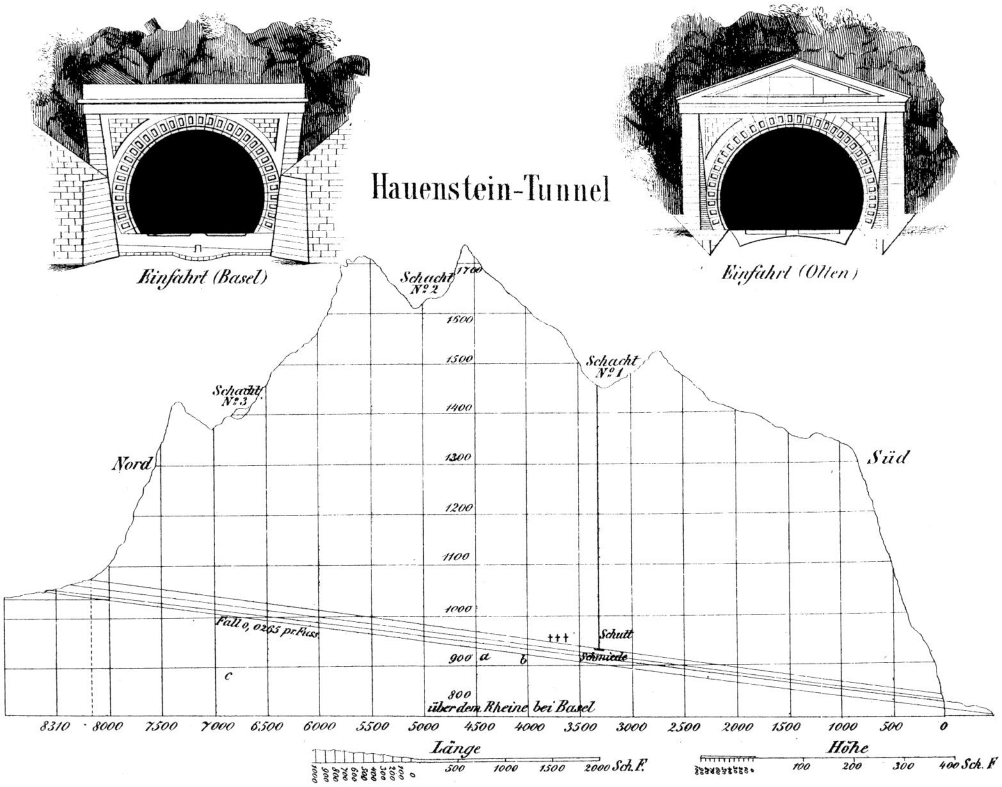

Olten 1858

Der Hauensteintunnel der Schweizerischen Centralbahn wurde vollendet, der Weg zur Innerschweiz stand nun offen. Das nächste grössere Projekt sollte der Durchstich des Gotthards werden, für den der Hauensteintunnel nun die Zufahrt freigab. Man erwartete, dass fortan ein grosser Teil des Verkehrs zwischen London und Indien durch diesen Tunnel seinen Weg nehmen werde.

Zürich 1860

Das 1855 eröffnete Polytechnikum (ETH) konnte die ersten Räume ihres eigenen Gebäudes beziehen. Die Schülerzahl hatte sich in den letzten fünf Jahren nahezu verdreifacht. Da die Schule hohes Ansehen genoss, rechnete man mit einem weiteren Ansteigen der Schülerzahlen. Dank der schlechten Arbeitsverhältnisse im Ausland konnten hervorragende Gelehrte gewonnen werden.

Eine andere Seite des Fortschritts

Der in den Jahren 1872 bis 1882 gebaute 14,9 km lange Gotthard-Tunnel hat den vorher gebauten und 8,1 km langen Hauenstein-Tunnel, der in einem gewissen Sinn ebenfalls zur Gotthard-Linie gehört, in den Schatten gestellt. In der Zeit selbst aber erschien das im Rückblick bescheiden erscheinende Unternehmen als gewaltiges Projekt – und auch als enorm riskantes Unternehmen: Die Volksmeinung befürchtete, dass die Passagiere wegen des Rauches im Tunnel ersticken müssten. Wie der Gotthard-Tunnel forderte auch der Hauenstein-Tunnel seine «vittime del lavoro»: 1857 geriet einer der Bauschächte in Brand und stürzte ein. 52 Arbeiter kamen dabei ums Leben und 11 weitere bei den Rettungsversuchen. Das Unglück dämpfte vorübergehend die überbordende Eisenbahnbegeisterung.

Ausland

1850 erstes Unterseekabel zwischen Dover und Calais, 1851 erste Weltausstellung in London, 1851 Gold nun auch in Australien: Auf die Goldfunde von Kalifornien im Jahre 1848 folgte die Entdeckung der Goldvorkommnisse westlich von Sidney und nördlich von Melbourne. Die Goldproduktion der Welt erfuhr eine schlagartige Zunahme von 55 auf 200 Tonnen jährlich. 1855 zweite Weltausstellung in Paris, 1858 China musste dem europäischen Handel seine Häfen öffnen, Gründung einer Gesellschaft zum Bau des Suezkanals.

ETH-Studenten		
(ohne Hörer)	*1855/56*	*71*
	1856/57	*98*
	1857/58	*98*
	1858/59	*109*
	1859/60	*195*
	1860/61	*336*

Studenten der ETH besichtigen die in München erbaute und 1856 in die Schweiz gelieferte Lokomotive ‹Brugg›.

Willen der konservativen Schweiz geschaffene gesamtschweizerische Polytechnikum kann man als die Dampfmaschine des technischen Wissens bezeichnen. Dieses Bundesinstitut lieferte dem jungen Staat den wichtigsten Rohstoff: ausgebildete Fachkräfte. Ihm verdankt die Schweiz das Bestehen im materiellen und geistigen Wettbewerb mit dem Ausland.
Die Goldfunde in Australien waren auch für die Schweiz wichtig, weil diese auch schweizerische Auswanderer anlockten und vor allem weil die Steigerung der Goldproduktion den Welthandel ankurbelte. Über England und Frankreich fand ein Teil des belebenden Goldstromes den Weg auch in die Schweiz: im Austausch gegen Textilien, Uhren und Käse. Der Welthandel, der noch zum grossen Teil europäischer Handel war, erfuhr in den Jahren von 1850 bis 1860 eine Steigerung von 17,5 auf 31,3 Mia. Franken. Dies bedeutete einen Zuwachs von etwa 79 Prozent.
Auch die Schweiz hatte ihren Anteil am wachsenden Welthandel, und dieser Anteil beschränkte sich nicht auf die industrielle Produktion. Der Ausbau des Eisenbahnnetzes führte zu einer massiven Senkung der Transportkosten. Die Landwirtschaft sah sich vermehrt ausländischer Konkurrenz ausgesetzt und musste ihre Produktion auf den internationalen Markt ausrichten. Im Agrarsektor war man gezwungen, sich den Wirtschaftsbedingungen anzupassen, die durch den Industriesektor geschaffen wurden. Schwierig, zuweilen sogar unmöglich war diese Anpassung jedoch wegen der Finanzfrage.

Von der Sichel zur Sense
In diesen Jahren wurde auch in der Landwirtschaft eine besondere Produktivitätssteigerung erzielt: Mit der neu eingeführten Sense konnte eine etwa fünfmal grössere Arbeitsleistung erbracht werden als mit der Sichel.

7.7 Die Entstehung der Kleinbanken

In den dreissiger und vierziger Jahren war das Verleihen auf Grundeigentum die gesuchteste Anlagemöglichkeit. Das Kapital wurde oft unter 4 Prozent und für lange Fristen den Bauern angeboten. In den fünfziger Jahren aber kam es zu einer Verlagerung der Investitionsinteressen in die neuen, ertragreicheren Unternehmen. 1860–1865 schüttete beispielsweise die Nordostbahn 6–8 Prozent Dividenden aus; zudem verzeichneten die Aktien einen Kursgewinn von 20 Prozent. Und die Dividende der Schweizerischen Kreditanstalt betrug in jenen Jahren 8,3 Prozent. Allein in den Eisenbahnbau wurden zu dieser Zeit jährlich 40–50 Mio. Franken investiert. Heute wären dies Investitionen in der Höhe von etwa 10 Mia. Franken. Für die kleineren Kreditbedürfnisse der Bauern und des mittelständischen Gewerbes blieb in dieser Situation nicht viel übrig. Das Kapital geht in der Regel dorthin, wo es seine ertragreichste Verwendung findet.

Um die Kreditbedürfnisse auch der mittelständischen Bevölkerung befriedigen zu können und die Abhängigkeit von erpresserischen Mittelsmännern aufzuheben, wurden in den fünfziger und sechziger Jahren an zahlreichen Orten Lokalbanken gegründet. Zunächst überwogen die Gründungen staatlich garantierter Spar- und Leihkassen und Hypothekarkassen; später folgten die Kantonalbanken zumeist als eigentliche Staatsbanken.

Die Lokalbanken konnten natürlich nicht Geld geben, ohne Geld zu erhalten. Sie waren darauf angewiesen, dass Ersparnisse bei ihnen deponiert wurden. Sparen wurde propagiert. Das Resultat eines Werbeauftrages, den die Basellandschaftliche Hypothekenbank 1850 vergab, ist die Erzählung ‹Hans Jacob und Heiri oder die beiden Seidenweber›. Der Autor dieser zu verbilligtem Preis 1851 unters Volk gebrachten Schrift war Jeremias Gotthelf, der Pfarrer in Lützelflüh!

Die Kleinbanken entstanden zum Teil aus den Bemühungen gemeinnütziger Vereinigungen; zu einem grossen Teil waren sie aber auch das erkämpfte Resultat einer *politischen* Bewegung, welche die wirtschaftliche und politische Situation des Mittelstandes verbessern wollte – und im folgenden Teil vorgestellt werden soll.

Einige Blüten des Bankenfrühlings

1846 Caisse hypothécaire de Genève
1846 Banque Cantonale Vaudoise
1846 Hypothekarkasse des Kantons Bern
1847 Kantonalsparkasse Graubünden
1848 Handwerkerbank St. Gallen
1849 Basellandschaftliche Hypothekenbank
1849 Spar- und Leihkasse Brugg
1849 Ersparniskasse Obwalden
1850 Banque Cantonale Fribourgeoise
1850 Kantonale Spar- und Leihkasse Luzern
1850 Hilfs- und Ersparniskasse Bucheggberg
1851 Thurgauische Hypothekenbank
1853 Banque Populaire de La Gruyère
1854 Spar- und Leihkasse Entlebuch
1854 Sparkasse für die Gemeinden Wilchingen (SH), Osterfingen (ZH) und Trasadingen (SH)
1854 Aargauische Bank
1854 Banque Cantonale Neuchâtel
1855 Crédit Foncier Vaudois
1856 Leihkasse Zürich
1856 Spar- und Leihkasse Bern
1857 Solothurnische Bank
1858 Walliser Kantonalbank
1858 Banca Cantonale Ticinese
1859 Einzinserkasse des Kantons Luzern
1861 Handwerkerbank Basel
1862 Bank in Schaffhausen
1863 Leihkasse Dietikon
1863 Toggenburger Bank
1863 Spar- und Leihkasse Zofingen
1863 Spar- und Leihkasse Schleitheim
1864 Basellandschaftliche Kantonalbank
1864 Spar- und Leihkasse Erlach
1864 Spar- und Leihkasse Zurzach
1866 Bank für Appenzell-Ausserrhoden
1866 Credit agricole et industriel de la Broye
1868 St. Gallische Kantonalbank
1869 Volksbank Bern
1869 Zürcher Kantonalbank
1870 Thurgauische Kantonalbank
1870 Spar- und Leihkasse Münsingen

Bevorzugung der Kleinen

Die Zweckbestimmung der 1871 gegründeten und zunächst im Rathaus von Weinfelden untergebrachten Thurgauischen Kantonalbank hielt ausdrücklich fest «Die Bank hat die kleineren Kreditgesuche zu bevorzugen und den Reingewinn der Verbilligung des Hypothekarkredites zur Verfügung zu stellen.»

Jeremias Gotthelf als Werbetexter einer Hypothekenbank

Bekannt ist, daß wenn man heirathen will, man eigentlich Geld haben sollte. Manche achten sich dessen, Manche nicht, meinen, das Ding komme schon nach. Allerdings kömmt immer was nach, aber zumeist nur Kinder, kein Geld, das Geld kömmt gewöhnlich da am wenigsten, wo man es am nöthigsten hätte. Heiri und Hans Jacob hatten schon oft von Heirathen gesprochen und wahrscheinlich ihre Maidli noch öfter. Aber im Baselland, wo man eben nicht am dümmsten ist auf der Welt, heirathen nur die Dümmsten ohne Geld ...

Was ebenfalls Geld beanspruchte

Nach wiederholten Überschwemmungskatastrophen wurde 1868 die Juragewässer-Korrektion in Angriff genommen: Bau des Hagneckkanals, des Nidau-Büren-Kanals, Korrektion der Zihl und der Broye, Trockenlegung des Grossen Mooses. Kostenpunkt: rund 14 Mio. Franken.

Man kennt den Maler: Albert Anker steht im Ruf, ein Vermittler der heilen Welt zu sein. Manche seiner Bilder gehören aber gar nicht zur gefälligen Sorte. Der ‹Zinstag› von 1871 hält den Moment fest, da ein Bauer – es könnte Gotthelfs ‹Schuldenbauer› Hans Joggeli sein – den Zins abliefert. Zins wofür? Zins für die Schulden. Möglicherweise hatte er auf Kredit einen weiteren Acker gekauft und eine Handdreschmaschine angeschafft, um in der Konkurrenz mithalten zu können. Dank einem neuen Kündigungsgesetz war es aber möglich, die ausgeliehenen Gelder zurückzuverlangen und an rentableren Orten zu investieren. Nun mussten Bauern und Handwerker landauf, landab an vielen Türen anklopfen und von schmarotzenden Mittelsmännern teures Geld erbetteln. Albert Anker hat dies in einem eindrücklichen Gemälde festgehalten (Der Wucherer 1883). Der Bauer musste, wenn er überhaupt einen neuen Geldgeber fand, mit höheren Zinsen rechnen, und dies in einer Zeit, da die Landwirtschaftspreise sanken, vor allem der Getreidepreis wegen des aus Deutschland, Ungarn und sogar aus Russland dank der Eisenbahn billig importierten Weizens. Dies bedeutete für manchen Hof das Ende, die Zwangsversteigerung, den Geltstag. Albert Anker hat 1891 auch dieses Motiv gemalt.

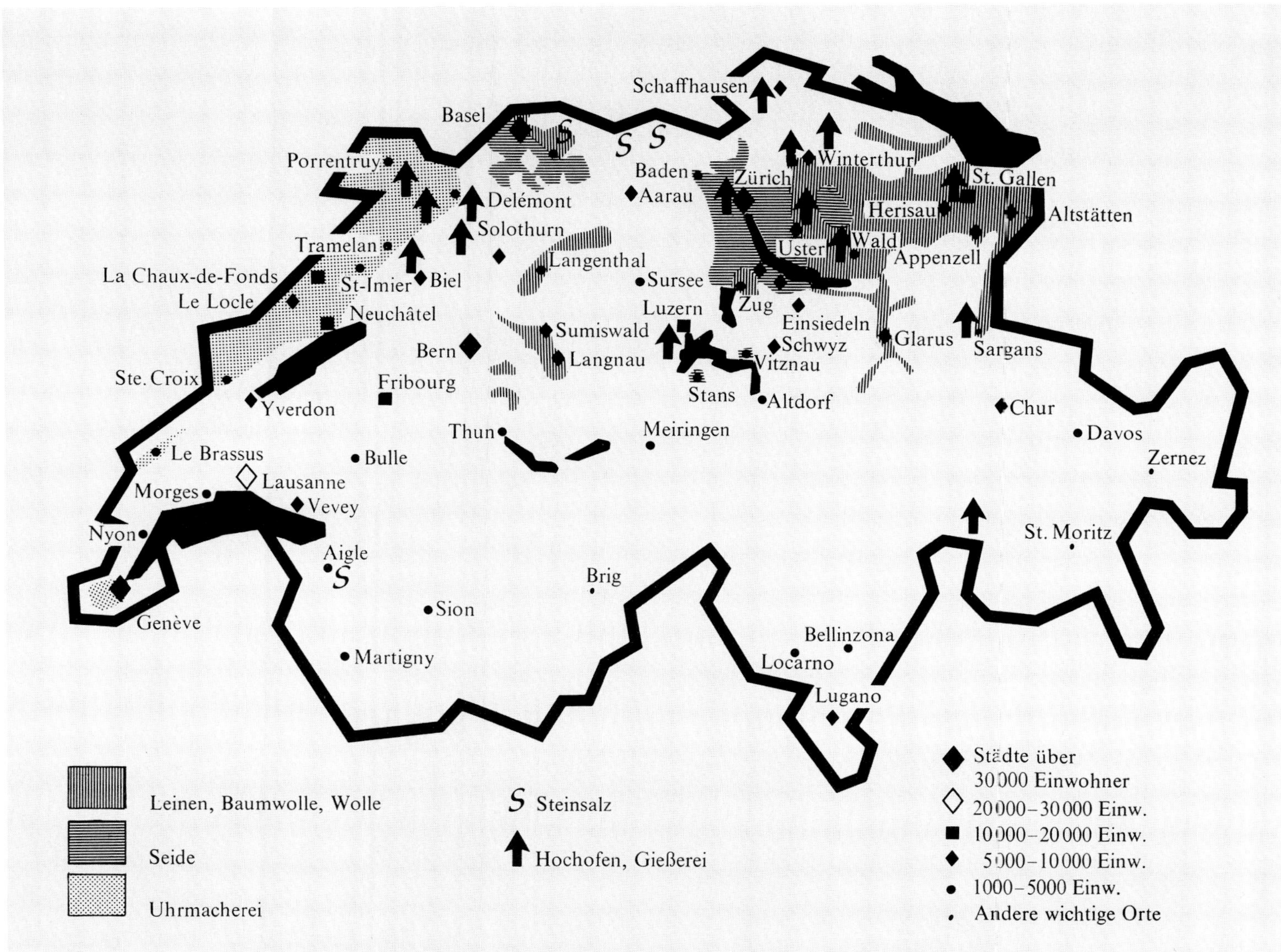

Standorte der wichtigsten Industriezweige gegen 1880
(Karte: Jean-François Bergier, Die Wirtschaftsgeschichte der Schweiz. Zürich 1983).

Roland Ruffieux
(Universität Freiburg/Lausanne)

Der ‹Ausbruch› des Industriekapitalismus: Fortschritt weniger durch Staatsdekret als durch individuellen Willen.

Der Begriff «Ausbruch» soll den schubartigen Übergang von einer regional dimensionierten Wirtschaft, die sich auf die Schweiz und ihre nähere Nachbarschaft beschränkte, zu einer Wirtschaft mit wirklich internationalen Dimensionen ausdrücken. Ebenso soll er das im Vergleich mit dem ihn tragenden Land erstaunliche Gewicht dieser Wirtschaft ausdrücken und die beinahe vollständige Abwesenheit des Staates, der dafür verantwortlich sein könnte. Für die laufende Entwicklung ist dieser Zeitraum aus verschiedenen Gründen von entscheidender Bedeutung: Die Heimarbeit nimmt nicht weiter zu, und die Fabrikarbeit setzt sich als kollektive Produktionsform durch. Der Pilotsektor der Textilindustrie sinkt unter einen

Beschäftigungsanteil von 50 Prozent. Dies eröffnet die Ära der Diversifikationen. Der Beitrag der schweizerischen Kapitalien hält die ausländischen Investitionen in Grenzen. Die innere Dynamisierung des nationalen Raumes führt zu einer Ausdehnung der Handelsverbindungen mit dem Ausland.

Worauf sind diese Erfolge zurückzuführen? Wem nützen sie? Man kann sie nicht aus der erst kürzlich erfolgten Gründung des Bundesstaates erklären. Die Bescheidenheit des Regierungsapparates und der Verzicht auf eine Zentralverwaltung schliessen ein Gesamtkonzept, in dem ein paar grosse Staatsmänner die Entwicklung steuerten, als Erklärung aus. Im Gegenteil, die Gründungen erster Handelsbanken und Versicherungsgesellschaften zeigen die Stärke der privaten Initiative. Deren Berufsverbände beginnen die Spitzen des sich bildenden Staates immer stärker zu umklammern. Aus dem Handelskapital entsteht das Industriekapital, eigentliches Charakteristikum der «Gründerzeit». Die abenteuerliche Entwicklung der Eisenbahn ist dafür ein eindrückliches Beispiel. In dieser Zeit werden rund tausend Schienenkilometer verlegt, und dies dank der technischen, finanziellen und politischen Herausforderung, welche die bürgerliche Elite mehr an sich selbst als an den Staat stellt.

Die «Eisenbahnbarone» überziehen zuerst das Mittelland mit einem dichten Netz, bevor sie die Alpenüberquerung in Angriff nehmen. Ihre Streitereien aber und ihre Misserfolge erschüttern das repräsentative System und lösen die demokratische Grundwelle aus.

Alles in allem befindet sich die Schweiz im Jahrzehnt von 1850–1860 in den Händen einer Führungsgruppe, die nach ihrem persönlichen Gutdünken den Staat und zugleich ihre eigenen Geschäfte leitet. Im Kielwasser von 1848 verpflichtet sie die Schweizer zur Gewinnung von Reichtum. Alle, vom Industriebaron bis zum Handwerker, richten sich im Schlagschatten ein, den die Fabrik, als Symbol der industriellen Wirtschaft von nun an auf die Gesellschaft wirft.

Hinweise auf weiterführende Literatur

Wilhelm Bickel, Bevölkerungsgeschichte und Bevölkerungspolitik der Schweiz seit dem Ausgang des Mittelalters. Zürich 1947 (ein Pionierwerk, z. T. aber überholt).

Ernst Halperin, Der Westbahnkonflikt 1855-1857. Zürich 1944.

Franz Ritzmann, Die Schweizer Banken. Geschichte, Theorie, Statistik. Bern 1973.

Zürich um 1850 (Leutholdplan)
Auf dem rechten Limmatufer (links im Bild

Teil 8

Der dritte Anlauf
1860–1874

In ganz Europa und in Amerika vollzogen sich um 1860 bedeutsame Veränderungen. Sardinien-Piemont siegte 1859 mit Frankreichs Hilfe über Österreich und gründete den italienischen Nationalstaat. In den USA setzte der Bürgerkrieg der Sklaverei ein Ende und legte die Bahn frei zum machtvollen Aufschwung dieses Landes. In Russland schaffte Zar Alexander II. die Leibeigenschaft ab. In Deutschland baute Preussen seine Vormachtstellung aus und drängte auf einen Nationalstaat unter seiner Führung. In Frankreich musste Napoleon III. der wachsenden Opposition grössere Bewegungsfreiheit gewähren. Dem preussischen Sieg über das zweite französische Kaiserreich folgte 1871 die Gründung des neuen deutschen Kaiserreiches. Zum Teil sind diese Vorgänge auf Modernisierungsschübe zurückzuführen, denen auch die Schweiz ausgesetzt war. Die sechziger Jahre waren auch hier Jahre des Umbruchs. Sie mündeten in die Totalrevision der Bundesverfassung von 1874.

Nach dem ersten Anlauf von 1798 und dem zweiten Anlauf nach 1830 können die Bewegungen dieser Umbruchzeit als dritter Anlauf verstanden werden. Er brachte, wie noch zu erklären sein wird, den Übergang von der *repräsentativen* zur *direkten* Demokratie.
In den sechziger Jahren wiederholte sich, was bereits in den Jahren 1830–1847 geschehen war: Gewisse Kantone wirkten als Wegbereiter der neuen Ordnung, die sich später auch auf Bundesebene durchsetzen sollte. Wir müssen uns also zuerst auf kantonaler Ebene umsehen. An welchem Kanton sollen wir die Vorgeschichte von 1874 zur Kenntnis nehmen? Die Bewegung, die zur Totalrevision von 1874 führte, war von den deutschschweizerischen Industriekantonen ausgegangen. Innerhalb dieses Raumes müssen wir uns (schon wieder) vor allem mit Zürich beschäftigen, weil die Entwicklung dieses Kantons (schon damals) gesamtschweizerisch besonders stark ins Gewicht fiel.

Alfred Escher (1819–1882) mit Tochter Lydia um 1867.

Gottfried Keller über Alfred Escher, seinen Altersgenossen und Beschützer
Der Sohn eines Millionärs, unterzieht er sich den strengsten Arbeiten vom Morgen bis zum Abend, übernimmt schwere, weitläufige Ämter in einem Alter, wo andere (...), wenn sie seinen Reichtum besitzen, vor allem das Leben geniessen.

8.1 Das System Escher

Von 1848–1868 herrschte in Zürich das sogenannte ‹System›, und über das sogenannte ‹System› herrschte ein übermächtiger Mann: Alfred Escher. Escher war reich, sehr reich; er war intelligent, er interessierte sich für die politischen und wirtschaftlichen Aufgaben seiner Zeit, er verfügte über eine enorme Arbeitskraft und hatte einen starken Durchsetzungswillen. Sein Kopf bestimmte in weiten Teilen die Geschichte Zürichs und der Schweiz. Escher war Kantonsrat, Erziehungsrat, Kirchenrat, Regierungsrat, Nationalrat, Schulrat der ETH, Verwaltungsratspräsident der Nordostbahn, Verwaltungsratspräsident der Schweizerischen Kreditanstalt, Aufsichtsrat der Schweizerischen Lebensversicherungs- und Rentenanstalt, schliesslich auch noch Direktionspräsident der Gotthardbahn. Die unrepublikanische Machtkonzentration verschaffte ihm Übernamen wie ‹Alfred I.› oder ‹Zar aller Zürcher›. Lange blieb übrigens Escher nicht in der Kantonsregierung – die Macht behielt er aber trotzdem in den Händen. Einen Teil der Macht gab er an seine Anhänger weiter, über die Regierung in die Bezirke und Gemeinden. Das war das ‹System›.
Escher ging es jedoch nicht einfach darum, Macht ausüben zu können. Seine Anstrengungen standen im Dienste des allgemeinen Wohls. Die von ihm betriebene Modernisierung entsprach einer Notwendigkeit, sie ermöglichte der Schweiz, mit der ausländischen Entwicklung einigermassen Schritt zu halten. Ämterhäufung und Funktionsverknüpfungen erleichterten die Verwirklichung seiner Pläne. 1853 unterzeichnete er zum Beispiel den Vertrag zwischen dem Kanton Zürich und der Zürich-Bodensee-Gesellschaft gleich zweimal: einmal als Regierungsrat des Kantons und einmal als Verwaltungsrat der Privatbahn. Die Früchte der enormen Schaffenskraft lassen sich hier, soweit es Eschers wichtigen Einfluss auf die *Gesetzgebung* betrifft, schlecht nachweisen. Seine sichtbarsten Werke waren: 1853 die Nordostbahn, 1854 das Eidgenössische Polytechnikum, 1856 die Schweizerische Kreditanstalt, 1863 die Gotthardbahn-Vereinigung.

‹Belvoir›
In Eschers vornehmen Landhaus vor der Stadt hatte (abgesehen vom Dienstpersonal) nur Zutritt, wer etwas war oder etwas werden wollte. Hier sass der Mann, der Ämter und Würden vergab, der die Fäden zog, an denen sich Zürich bewegte.

Escher-Denkmal
von Richard Kissling. Das Denkmal befindet sich am Ende der Zürcher Bahnhofstrasse, vor dem grossen Tempelportal, durch das man das Reich der Eisenbahnen betritt. Einweihung 1889.

Konservative Kritik und Würdigung
Unser Grosser Rat gleicht einer Dampfgaleere, bei welcher Herr Escher das vierfache Amt des Maschinisten, Heizers, Steuermanns und Kapitäns versieht. Eine besser dressierte Mannschaft ist uns, mit Ausnahme der russischen, noch nie vorgekommen als die Majorität unseres Grossen Rates, und eine naivere Diktatur als die des Herrn Escher auch nicht, ausgenommen die des Zars: Wir wollen dem zürcherischen Alleinherrscher hiermit keinen Vorwurf machen. Das Herrschen ist eine Kunst und liegt im Wesen einer kräftigen und tätigen Natur. Wir verachten nur die umwundene, feig und falsch verdeckte und versteckte Herrschsüchtelei. Escher ist ein offener, mutiger Führer, ein unermüdlicher Arbeiter, der dadurch, daß er sich alles selber beschaut und verarbeitet, auch eine Einsicht in alles gewinnt und die sämtlichen Fäden des Staatszettels in der Hand behält. Aber ich bedaure, daß die gesamte radikale Mehrheit des Grossen Rates zusammen nicht so viel Energie besitzt wie der einzige Mann Escher, der, nachdem er gesprochen, nur am Schnürchen zu ziehen braucht, um seine Angehörigen mit einem Ruck auf die Beine zu bringen.
(Eidgenössiche Zeitung 53/1850).

8.2 **Wachsende Unzufriedenheit**

Zu den Produkten der Escherschen Aktivität gehörte in gewissem Sinn auch die Opposition gegen seine Herrschaft. 1863 begann die schon früher bestehende Opposition sich bemerkbar zu machen. Sie warf der Regierung vor, sich wie die alten Landvögte aufzuführen und mit ihrer Bürokratie eine neue Aristokratie errichtet zu haben. Die Regierung wurde in zunehmendem Masse nicht mehr als Exekutive des Volkswillens empfunden und das Parlament der Volksvertreter als zu schwaches Gegengewicht zur übermächtig

Kathedralen der Moderne?
Der in den Jahren 1865–1871 errichtete heutige Zürcher Hauptbahnhof – ‹im grandiosen Stile der Renaissance gebaut› – ist ebenfalls zu wesentlichen Teilen auf Eschers Initiative zurückzuführen.

Choleraepidemie
Zu den Begleitumständen, die den Aufbruch der Demokratischen Bewegung förderten, gehörte die Choleraepidemie, die im Sommer 1867 im Kanton (vor allem in den ärmlichen Quartieren der Stadt Zürich) 500 Personen dahinraffte. Zwischen Cholera und dem ‹System› sahen Zeitkritiker eine typische Gemeinsamkeit: Beides war unsichtbar und doch vorhanden, konnte nicht mit Händen gefasst werden.

gewordenen Regierung. Wiederum, wie 1798 und 1830, gingen die systemverändernden Impulse zur Hauptsache vom Mittelstand und von den Landorten und -städten (Uster, Bülach, Winterthur) aus. Gewerbeleute, Zeitungsredaktoren, Bauern, Lehrer setzten sich für Reformen ein.
Die Unzufriedenheit mit dem politischen System hatte, wie die bald laut werdenden Forderungen zeigen, einen materiellen Hintergrund: Der schnelle wirtschaftliche Aufschwung, von dem im Teil 7 die Rede gewesen ist, brachte nicht nur Wohlstand ins Land, er schuf auch Benachteiligungen oder zum mindesten Ungleichheiten. Die Geldverknappung machte als ‹Kreditklemme› vor allem dem unternehmerischen Mittelstand, den Bauern und Gewerbetreibenden, zu schaffen. Die Seiden- und Baumwollindustrie erlebte, unter anderem wegen des amerikanischen Bürgerkrieges, einen Konjunktureinbruch, was Entlassungen und Kurzarbeit zur Folge hatte und die Kaufkraft der Bevölkerung schwächte. Gleichzeitig stiegen die Preise für die Grundnahrungsmittel. Schliesslich kam noch die Cholera hinzu . . .

Das imaginäre Interview

Hans Schrämli, Jg. 1833; selbständig erwerbender Zimmermann in Bülach.

Herr Schrämli, wie gingen Ihre Geschäfte?
Arbeit gab's genug. Und sie war auch nicht schlecht bezahlt.

Was machte Ihnen denn Sorgen?
Es wurde immer schwieriger, mit der Zeit mitzuhalten. Um konkurrenzfähig zu bleiben, hatte ich drei Arbeiter angestellt; die belasteten mich zwar nicht, denn ich konnte sie jederzeit wieder entlassen. Aber ich musste neuerdings in den meisten Fällen das Baumaterial selbst einkaufen, musste ein grosses Materiallager führen, gewisse Bauelemente auf Vorrat herstellen. Und das brauchte Geld.

Aber Sie verdienten doch nicht schlecht?
Das Problem war, dass mein eigenes Geld nicht mehr genügte. Ich brauchte Kredit, und der war zu guten Bedingungen schwer zu bekommen. Die Unternehmungen der grossen Herren saugten sämtliches Geld auf. Darum wollten wir eine Staatsbank, die den Kreditbedürfnissen des Mittelstandes zur Verfügung stünde. Früher war alles einfacher gewesen. Da hatten die Bauherren das Material im voraus bezahlt und manchmal sogar die Löhne meiner Arbeiter bezahlt. In den sechziger Jahren reichte es dann aber nicht mehr, wenn man ein guter Handwerker war, jetzt musste man auch Kaufmann sein und gute Beziehungen haben. Sonst war man schnell fertig.

Den Herren den Meister zeigen
(Postheiri, 14. November 1868)

8.3 **Die Demokratische Bewegung**

Die wachsende Unzufriedenheit artikulierte sich zunächst in konkreten Teilforderungen in einzelnen Sachbereichen. Dann wurde sie grundsätzlich: als *Demokratische Bewegung* drängte sie auf eine allgemeine Erweiterung der Mitbestimmungsrechte. 1865 erzielte sie einen ersten Erfolg: Sie erlangte die Einführung der *Verfassungsinitiative*. Diese erste Teilrevision schuf die Möglichkeit für weitere Teilrevisionen oder sogar für eine Totalrevision. Mit 10000 Unterschriften konnte man fortan eine Volksabstimmung über Revisionsbegehren veranlassen. Alles andere blieb vorläufig,

Forderungen
Einschränkung der Verwaltung bei der Gesetzgebung
Das Recht, den Grossen Rat abzuberufen oder 2jährige Amtszeiten
Das Recht, über beschlossene Gesetze abzustimmen (Referendum)
Das Recht, selbst Gesetze vorzuschlagen (Initiative)
Volkswahl für alle Mitglieder des Grossen Rates
Volkswahl der Regierungsräte
Keine lebenslänglichen Beamtungen
Gerechte Verteilung der Steuerlasten
Einführung der Erbschaftssteuer
Militärausrüstung durch den Staat
Herabsetzung des Salzpreises
Gründung einer Kantonalbank
Staatliche Förderung der Verkehrsmittel
Vereinfachung der Verwaltung
Verbesserung des Gerichtswesens
Vereinfachung des Rechtsweges
Abschaffung der Todesstrafe
Ausbau der Volksschule
Hebung der Gemeindefreiheit
Pressefreiheit und uneingeschränkte Vereinsfreiheit
Aufhebung des Polizeigesetzes btr. Handwerksgesellen von 1844
Aufhebung des Maulkratten- und Kommunistengesetzes von 1846
Gründliche Revision des Schuldbetreibungs- und Notariatswesens
Aufhebung der entehrenden Folgen unverschuldeter Zahlungsunfähigkeit

Alles für das Volk –
Alles durch das Volk

(Proklamation zu den Landsgemeinden vom 15. Dezember 1867)

Es ist ein unveräußerliches Recht freier Männer, in offenen Versammlungen unter freiem Himmel zu tagen, die Landesangelegenheiten zu besprechen, sie grundsätzlich zu bestimmen, Schäden in Gesetzgebung, Verwaltung und Rechtspflege aufzudecken und abzustellen, die Verbesserung vorübergehender oder länger andauernder Nothstände anzubahnen, – und für diese Zwecke die ihnen geeignet scheinenden rechtlichen Mittel in's Werk zu setzen. Von diesem Rechte und von der ernsten Pflicht, die es in sich faßt, machen wir und machen Tausende mit uns Gebrauch, indem wir heute eine Revision unserer kantonalen Verfassung verlangen. Im Denkkreise des Zürchervolkes bildete sich mittlerweile durch siebenunddreißig Jahre hindurch die politische Kenntniß weiter, und wo früher bloße dunkle Ahnungen bezüglich der politischen und sozialen Rechte und Pflichten des Bürgers aufdämmerten, da faßte allmälig die Einsicht Boden, daß es das Volk und das Volk allein sei, welches als die Quelle des staatlichen Willens, als sein Ausgangs- und Zielpunkt betrachtet werden müsse. Mit dieser nach und nach erfolgten Wandelung und Klärung des politisch-bürgerlichen Selbstbewußtseins war das reine Repräsentativsystem der Dreißiger-Verfassung überwunden, so daß es nun galt, neue Lebensformen aufzufinden für die direkte Selbstregierung des Volkes und den anerkannten Satz: «Alles für das Volk» zu ergänzen durch den eben so berechtigten: «Alles durch das Volk». Für diesen Umbildungsprozeß in den geistig-politischen und sozialen Anschauungen des Zürchervolkes, hinstrebend zur direkten Gesetzgebung durch den Souverain, hatten unsere verantwortlichen und unverantwortlichen Staatslenker bis zur Stunde entweder kein Verständniß, oder sie fürchteten die unmittelbar sich äußernde Volksstimme. Vom Präsidialstuhle des Großen Rathes herunter wurde die reine Demokratie verkleinert und als weniger leistungsfähig erklärt, die Repräsentativform dagegen als das A und O aller politischen Weisheit gepriesen. Und gerade jetzt wieder ruft man uns aus dem gegnerischen Lager zu: «Nur kein Referendum. Ihr bereitet damit allem fernern Fortschritte das Grab.» In guten Treuen, fern von demagogischer Volksschmeichelei, gestützt auf tiefe Ueberzeugung, protestiren wir gegen die Herabwürdigung des Zürchervolks, welche darin liegt, daß man es für unfähig erklärt, den wahren Fortschritt zu erkennen und dafür Opfer zu bringen. Wir erblicken in dieser falschen Beurtheilung des Volkes den hauptsächlichsten Keim der gegenwärtigen Bewegung!

Die Massenaufmärsche vom 15. Dezember 1867 waren um so bemerkenswerter, als es an diesem Tag heftig regnete und zeitweise sogar schneite.

wie es war. Mit dem Initiativrecht hatte die Opposition nun aber ein Instrument, um ihre Forderungen in weiteren Schritten durchzusetzen. Sie trat, mit diesem Mittel in der Hand, in den Gemeindeversammlungen und in den zahlreichen Vereinen auf, bildete eine stets grösser werdende Anhängerschaft, wurde zur Volksbewegung. Nachdem bereits im November 1867 an den Erinnerungsfeiern zum Ustertag von 1830 (vgl. Teil 4) viel Volk auf den Beinen gewesen war, kam es an den im Dezember 1867 in Zürich, Uster, Winterthur und Bülach durchgeführten Landsgemeinden zu eigentlichen Massenaufmärschen. Diese Demonstrationen konnten keine direkten Veränderungen im gewünschten Sinne bringen, sie festigten und vergrösserten aber die Anhängerschaft der neuen Bewegung.

Die staatsrechtlich bindende Veränderung wurde an der Urne herbeigeführt. Nachdem eine Initiative mit 27000 Unterschriften eingereicht und angenommen, ein Verfassungsrat gewählt und eine Verfassung ausgearbeitet worden war, konnten die Stimmbürger im April 1869 über den konkreten Revisionsvorschlag abstimmen. Die *repräsentative Ordnung*, in der die Volksvertreter die politischen Entscheide fällten, wurde durch eine Ordnung ersetzt, die dem Volk eine *direkte Mitsprache* einräumte. Jetzt konnten die Bürger mit *Initiativen* selbst Gesetze vorschlagen, jetzt konnten sie mit dem *Referendum* vom Grossen Rat erlassene Beschlüsse anfechten, jetzt mussten sie die Wahl der Regierungs- und Ständeräte nicht mehr dem Parlament überlassen.

Die Verfassung brachte aber noch weitere Neuerungen: Im Rechtswesen wurden die Todesstrafe, das Schuldgefängnis und die Bezirksbetreibungsbeamten, die sogenannten Schuldenschreiber mit ihren grossen Gebühreneinkünften, abgeschafft. Im kirchlichen Bereich wurde die Glaubens-, Kultus- und Lehrfreiheit garantiert. Die Vereinsfreiheit wurde ausdrücklich gewährleistet. Dann sind auch die wirtschaftlichen Neuerungen zu nennen: Die schon bestehende, aber milde Progression der Einkommenssteuer wurde verschärft, neu wurden aber auch eine progressive Vermögenssteuer und eine Erbschaftssteuer eingeführt. Eine finanzielle Erleichterung bedeutete es ferner, dass dem Wehrmann seine persönliche Ausrüstung, für die er früher selbst hatte aufkommen müssen, nun vom Kanton unentgeltlich abgegeben wurde. Und endlich wurde auch eine Kantonalbank geschaffen, die der Landwirtschaft und dem Gewerbe die notwendigen Darlehen zu erträglichen Zinssätzen zu gewähren hatte.

Die Verfassungsrevision brachte auch einen radikalen Machtwechsel. Die alten Liberalen der Escher-Partei mussten das Feld völlig räumen. Die neuen Demokraten konnten sämtliche Regierungsstellen besetzen. Alfred Escher büsste damit allerdings nichts von seiner wirtschaftlichen Macht ein.

Vorläufer

Opposition gegen das ‹System› gab es schon in den fünfziger Jahren. Als führende Köpfe traten damals Karl Bürkli und Johann Jakob Treichler auf. Treichler wurde 1856 in die Regierung aufgenommen, was als Schachzug der Etablierten interpretiert wurde. Treichler wirkte allerdings auch in der Regierung – wenn auch temperiert – für demokratische Reformen.

In einzelnen Kantonen war das Referendum teilweise schon vorher eingeführt worden: 1845 in der Waadt ein obligatorisches Finanzreferendum und ein fakultatives Gesetzesreferendum; 1858 in Neuenburg ein obligatorisches Referendum in Finanz- und Kirchenangelegenheiten; im Wallis und in Graubünden bestand ein Referendumsrecht für die Zehnten und Hochgerichte, im Wallis wurde es 1839, in Graubünden 1854 auf das ganze Volk ausgedehnt.

Die führenden Köpfe der Bewegung

Der Winterthurer Stadtpräsident Johann Jakob Sulzer, der ehemalige Pfarrer und Verleger der führenden Oppositionszeitung ‹Landbote› Salomon Bleuler, der Arzt Fritz Scheuchzer aus Bülach, der Direktor der Veterinärschule Rudolf Zangger. Ein wichtiger Mobilisator der öffentlichen Meinung war der auch in den eigenen Reihen umstrittene Anwalt Friedrich Locher. Hier eine Kostprobe aus seinen Pamphleten: «Ein noch grösseres Genie ist unser Bürgermeister und Erziehungsdirektor. Wirft man einen retrospektiven Blick auf den Ocean von Spirituosen, durch welchen dieser Schulmeister sich emporgearbeitet, so wird niemand zu behaupten wagen, dass es diesem Manne an Geiste fehle.»

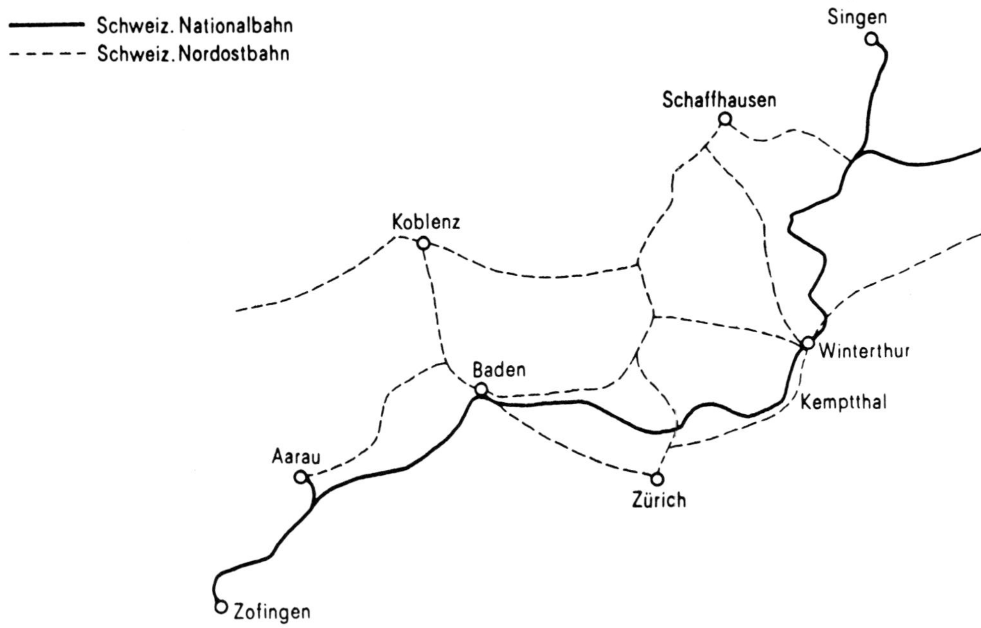

Nur eine Laune?
Auf gewisse Wortführer der Demokratischen Bewegung bezogen, sprach *Gottfried Keller* in seiner Novelle ‹Das verlorene Lachen› von Leuten, die ihrer Regierung nichts anderes vorwerfen könnten als: «Eure Gesichter gefallen uns nicht mehr.» Wurde der Kampf gegen die bestehenden Machtverhältnisse bloss aus einer Laune heraus geführt? Keller war 1861 zum ersten Staatsschreiber gewählt worden. Es wird gesagt, dass der mächtige Escher damit den unbequemen Schriftsteller, der zunächst eher Parteigänger der Opposition gewesen war, gekauft habe. 1865 geriet Keller in die Schusslinie der Demokratischen Bewegung. Neben seiner Trink- und Rauflust wurden ihm in der Presse Werbedienste für das System vorgeworfen. Diese Polemik könnte die Beziehungen zu seiner Verlobten Luise Scheidegger, die im Juli 1866 freiwillig aus dem Leben schied, belastet haben.

Volksbahn gegen Herrenbahn
Nach der Schaffung einer von den Herrenbanken unabhängigen Volksbank wollten die Demokraten gegen Eschers Herrenbahn eine Volksbahn durchsetzen. Hauptsächlich mit kommunalen Geldern finanziert, sollte eine Staatsbahn eine direkte Verbindung zwischen Bodensee und Genfersee herstellen und das Monopol der Escherschen Nordostbahn und der Centralbahn brechen. Ihr späterer Name – Schweizerische Nationalbahn – war programmatisch. Streckenweise kamen die Geleise der Nationalbahn und der Nordostbahn direkt nebeneinander zu liegen, zum Beispiel zwischen Winterthur und Effretikon. In Kemptthal ist als Relikt aus dieser Zeit noch heute ein drittes Trassee erhalten. Geleise und Schwellen sind inzwischen beseitigt. Dámals war es keine Seltenheit, dass in gleicher Richtung oft gleichzeitig zwei Züglein nebeneinander fuhren. Der Feldzug gegen den Eisenbahnkönig misslang jedoch. Nach wenigen Jahren ging die Volksbahn in die Zwangsliquidation, und die Herrenbahn konnte ihre Konkurrentin übernehmen. Für den Verlust von 28 Mio. Franken mussten Kantone und Gemeinden aufkommen. Die Stadt Winterthur hatte an den Nationalbahnschulden noch jahrzehntelang – praktisch bis 1960 – zu tragen.

Der ‹Landbote› am 27. Oktober 1867: «Wenn die Herren vergessen haben, wer sie gewählt hat, so dürfen sie's bälder erfahren, als ihnen lieb ist.» (Karikatur ‹Postheiri› 25. Mai 1861).

‹Segen spendender Nil – mit Krokodilen›
Jakob Dubs, 1854 Zürcher Regierungsrat und Ständerat, 1861–1872 Bundesrat, war 1868 ein Befürworter der Demokratischen Bewegung:
Blickt man mehr auf die Erscheinung im Großen, so wird man unschwer erkennen, daß in der zürcherischen Bewegung zwei große Strömungen vorherrschen, eine politische und eine soziale, und daß diese beiden, sonst oft getrennt fluthenden Ströme sich dort unter für eine Agitatiton eigenthümlich günstigen Verhältnissen verbunden haben. Die Wasser haben das ganze Land überfluthet, und es weiß dermalen noch kein Sterblicher, was ihr Niederschlag sein wird. Möglicher Weise hat die Bewegung die Wirkung eines reißenden Bergstromes, der mit seinem Schutte die Kultur des Landes verwüstet; möglicher Weise gleicht sie auch der Ueberschwemmung des Nil, welcher die Erde für eine neue reiche Ernte vorbereitet. – Einzelne unliebsame Erscheinungen beweisen dermalen noch weder für noch gegen; denn auch der Segen spendende Nil hat ja seine Krokodile.

Sieg der Demokratie über die Bürokratie
Das Baselbieter Volk nahm schon im März 1863 die neue Staatsverfassung mit dem Schicksalsartikel (§ 46 über das obligatorische Referendum) an. Vom Himmel herab blickt ‹General› Buser, der sich in den dreissiger Jahren für die Selbständigkeit des Baselbiets eingesetzt hatte. Die sechziger Revision wurde von ‹General› Rolle angeführt. Der dritte Baselbieter ‹General› war Johann August Suter (1803–1880), der Farmer von Kalifornien, der durch den Goldrausch um sein Gut gebracht worden war. (Zeichnung aus der Beilage des ‹Baselbieter› vom 21. August 1865).

8.4 Bewegungen in anderen Kantonen

Zürichs Umstellung auf die direkte Demokratie blieb nicht ohne Auswirkung auf andere Kantone. Baselland hatte unter der Führung des Revisionsgenerals *Christoph Rolle* die Umstellung für sich schon 1863 vorgenommen. Die Vorgänge in Zürich beschleunigten 1869 gleichartige Prozesse im Thurgau, in Bern, Solothurn, Luzern und im Aargau. Im Thurgau kam es zur Entmachtung *Eduard Häberlins*. Mit seinen zahlreichen Ämtern hatte Häberlin, den man den König des Thurgaus nannte, eine mit Escher vergleichbare Machtposition eingenommen.
Ähnliches war schon 1861 mit *James Fazy*, gewissermassen dem Escher Genfs, geschehen. Die Genfer Vorgänge sind allerdings nicht als Teil der gesamtschweizerischen Bewegung zu verstehen.
Auch im Wallis gab es Könige. Der zuvor hochangesehene konservative *Alexis Allet*, Staatsrat, d.h. Regierungsrat, Nationalrat

Der ‹König des Thurgau› war nie Regierungsrat
Eduard Häberlin erhielt als Direktor der Nordostbahn mit 12 000 Franken ein Jahresgehalt von erstaunlicher Höhe. Zudem bezog er vom Kanton Thurgau als Entschädigung für seine vielen Ämter mehr als 8000 Franken. Ein Regierungsrat musste sich dagegen mit 3000 Franken begnügen.

Auf der einen – und auf der anderen Seite
Das andernorts von Freisinnigen beherrschte ‹System› funktionierte im Wallis als konservative Variante – und wurde von der freisinnigen Opposition heftig kritisiert: «Das Exklusivsystem des Regimes ist eine der Hauptursachen unseres Unglücks und ist noch nicht überwunden. Ämterhäufungen sind noch immer im Überfluss vorhanden und beeinträchtigen die Moral und die öffentliche Sicherheit. Oben hat die Korruption, unten die Unwissenheit das Nationalgefühl gelähmt.» (Le Confédéré vom 24. September 1874).

Volksheld in der Ballade

Comment! le grand sultan (Alexis Allet)
dans notre capitale,
A fait pour des millions de papier monnayé!
Et toi pour quelques sous tu nous fais du scandale!
On va t'apprendre à vivre et tu seras payé.

Mais à peine a-t-il vu paraître les gendarmes,
Que bondissant léger comme un cerf aux abois,
Farinet se dérobe et le cœur plein d'alarmes
Grimpe contre le roc, plus vite qu'un chamois.

Comprenez-vous, lecteurs, quelle effroyable chute!
Tomber tout de travers!... enfin n'en disons rien,
C'est bien sûr et certain qu'il a fait la culbute;
Il vaut mieux mourir que d'être galérien.

Tel fut de Farinet le destin misérable;
Ecoutez, bonnes gens et faites-en profit,
Il est mieux de paraître innocent que coupable,
On est alors plus sûr de mourir dans son lit.

Un autre enseignement que vous pourrez comprendre,
C'est qu'un petit voleur est sûr d'être puni
Quand on prend du galon on n'en saurait trop prendre.
C'est le plus sûr moyen de voir tout aplani.

und Bundesrichter, stürzte 1870 nach 15jähriger Herrschaft. Als Finanzdirektor, zeitweise zugleich auch Baudirektor, war er für die Pleite der Walliser Kantonalbank verantwortlich. Die Kantonalbank war von den Konservativen zur Begünstigung ihrer Parteianhänger missbraucht worden. Überdies wurde das Kapital, statt dass es den Kantonsbürgern zur Verfügung gestellt wurde, für staatliche Engagements im privaten Eisenbahnbau verwendet. Die internationale Finanzknappheit infolge des deutsch-französischen Krieges gab dem unseriös geführten Bankinstitut den Rest. Und das Volk bezahlte das Fiasko mit Steuererhöhungen! Trotz Allets Sturz blieben die Konservativen an der Macht, auch das System wurde nicht geändert. Und von den Radikalen wäre auch keine volksnähere Politik zu erwarten gewesen.

Wolfsjagd
Jäger: «Haben Sie den Wolf gesehen?»
Bauer: «Ja! Hinter Ihnen, in der Stadt und nicht in den Wäldern, wo Sie ihn suchen.»
(Le Carillon de Saint-Gervais, 21. Februar 1874).

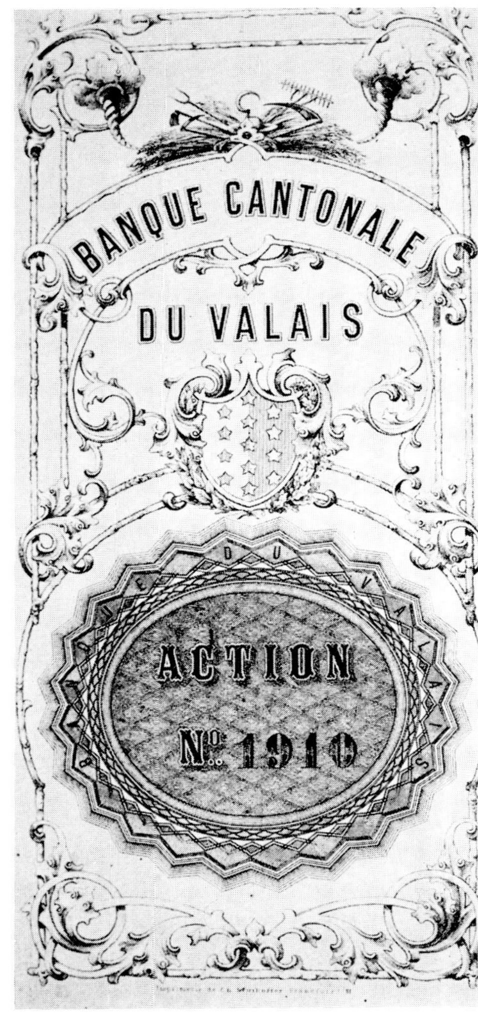

8.5 Eine besondere Bewegung im Wallis

Nach dem Walliser Bankenskandal tauchte im Unterwallis eine Gestalt auf, die vom Volk auch als eine Art König verstanden wurde: Joseph-Samuel Farinet, Falschmünzer und Frauenheld, in Abwesenheit verurteilter Ausbrecherkönig, von der Obrigkeit mit Kopfprämien gejagt, von den Einheimischen – auch den Männern –

bewundert, verehrt, geschützt: ein gehetzter König der Armen. Wo man ihn suchte, war er nicht zu finden. Wo man ihn nicht erwartete, tauchte er plötzlich auf. Er war nirgendwo und überall. Die Last der ärmlichen Lebensverhältnisse hatte er abgestreift, einem Wildtier gleich bewegte er sich in seiner Natur als König der Berge.
Warum sollte Farinet bestraft werden? Er stellte falsche 20 Centimes-Stücke her und gab diese Münzen grosszügig an die Bevölkerung weiter. Warum, so fragten sich manche, sollte einzig die Eidgenossenschaft das Recht haben, Münzen herzustellen? Zudem: Die Herren der falliten Bankinstitute blieben auch ungeschoren. Von den Landjägern schliesslich doch in die Enge getrieben, zog sich der königliche Falschmünzer in die Schlucht der Salintse zurück, wo er im April 1880 nach Tagen der

Unperson für die Staatsautorität
Jeder, der mit Worten und auf andere Weise für Farinet Partei ergreift, sei es an öffentlichen Orten, sei es vor der Polizei oder unter irgendwelchen Umständen, der wird als im Gegensatz zu Art. 416 des Strafgesetzes befindlich erachtet und angezeigt (Bekanntmachung des Staatsrates vom Februar 1880).

Die Polizei
Bericht über die Haltung der Gemeinde von Saillon: «Die Polizei verhöhnt und ausgepfiffen im Dorf und ausserhalb des Dorfes. Überall schimpft man über uns, als ob wir wilde Tiere wären.» Um 1880 gab es für den ganzen Kanton mit etwa 100 000 Einwohnern erst 49 sogenannte Gendarmen, verteilt auf 33 Posten. Sie waren zugleich Jagdaufseher, Brückenwarte und Salzverwalter. Auch das Polizeiwesen hat seine Geschichte – bloss ist sie bisher nicht geschrieben worden.

Der Sturmwind bläst aus vollen Backen,
Daß fern und nah die Banken knacken.
(Postheiri, 20. November 1875)

Aus dem Autopsiebericht vom 2. Mai 1880
Am Hinterkopf stellte ich eine Wunde von 4 Zoll fest. Die behaarte Haut, der Knochen, das Hirn, alles war zerrissen. Die Hirnmasse trat aus der Wunde hervor. Auch das Scheitelbein und das Stirnbein waren zermalmt, in einem Wort, der obere und hintere Teil des Kopfes präsentierte sich nur noch als Splitterhaufen und zerspritzte Hirnmasse. Im Unterleib konnte ich nichts Besonderes feststellen: Der Magen war flach und leer, ebenso die Gedärme. Meine Schlussfolgerung ist, dass mit der Kopfverletzung der Tod sogleich eingetreten sein muss und diese Verletzung nur durch einen heftigen Schlag zustande kommen konnte, wie er sich durch den Sturz in die Tiefe erklärt, zumal man Schritt auf Schritt die Spuren des Blutes findet, das der Körper auf seinem Weg in den Abgrund verloren hat.

Der reelle Farinet
(1845–1880)

Und 100 Jahre später ...
Im Sommer 1985 ging mit viel Publizität in Sitten das Freilichtspiel ‹Farinet› über die Bühne. Aus diesem Anlass wurden 1000 Falschmünzen in Umlauf gesetzt, die in 120 Walliser Geschäften (Metzgereien, Bäckereien, Blumenläden, Kiosken, Restaurants) als Zahlungsmittel akzeptiert wurden. Initiant der jetzigen ‹Falschgeldaktion› war der Präsident des Schweizerischen Wirteverbandes. Patroniert wurde das Schauspiel vom Bundespräsidenten und von sechs Banken, u. a. auch von der Banque Cantonale du Valais!

Forderungen
Fakultatives Referendum für Bundesgesetze
Initiativrecht für Verfassungsrevisionen und Bundesgesetze
Verzicht auf Ständemehr für Verfassungsrevisionen
Verstaatlichung der Eisenbahnen
Kontrolle der Auswanderung
Schutz der Fabrikarbeiter
Progressive Steuern

Auch ein Lebensläuflein
Ein Schnörrenwagner und Federnheld
Kommt allweil vorwärts in der Welt.
Langt erst er im Kantonsrath an,
Wird er bald einen Quartalzapfen han.
Ist er nicht dumm und kennt sich aus,
Kommt er von da in's Bundeshaus.
Und wenn er gute Freunde hat,
Gelangt er auch in Bundesrath.
Doch weil das Zäpflein gar zu klein,
Möcht er auch einmal Gründer sein.
Geht nach Paris um dort zu wohnen
Und krüschelt in den Millionen.
Zuletzt, – o weh du edle Seel!
Holt dich dann doch der – Daniel.
(Postheiri 12. Juli 1873)

Entbehrung abstürzte – vielleicht aber auch von einer Kugel getroffen wurde. Im Volk ging jedenfalls das Gerücht, Farinet sei von der Obrigkeit erschossen worden.
Farinet – ein Held der Schweizergeschichte? Wichtiger als Farinet ist die bemerkenswerte Verehrung für Farinet. Auch Mythen sind Geschichte. Der Mythos Farinet ist als Reaktion auf den Einbruch des modernen Kapitalismus entstanden. Weite Kreise der Bevölkerung sahen in ihm ein Wesen, das sich über die materiellen und physischen Zwänge hinwegsetzen konnte. Farinet beachtete die Gesetze nicht. Er entkam sogar seinem eigenen Tod. Joseph-Samuel Farinet lebte weiter. Um 1930 inspirierte er den bekannten Waadtländer Schriftsteller Charles-Ferdinand Ramuz. 1938 hat Max Haufler mit Jean-Louis Barrault Ramuz' Erzählung verfilmt. Zudem wissen Einheimische noch heute Dinge von Farinet zu berichten, die weder bei Ramuz noch bei Haufler zu finden sind.

8.6 **Die Bewegung auf Bundesebene**

Nach den Erfolgen auf kantonaler Ebene strebten die radikalen Demokraten die Einführung der direkten Demokratie auch auf eidgenössischer Ebene an. Diese Zielsetzung verband sich mit einer weiteren Absicht: Gleichzeitig sollte die Zentralgewalt des Bundes gestärkt werden. Die Nationalratswahlen von 1869 boten Gelegenheit, in dieser Richtung zu wirken. Zum ersten Mal in der Geschichte des Bundesstaates wurde ein Wahlkampf geführt, der sich nicht auf die Mobilisation der eigenen Anhängerschaft beschränkte, sondern eine wirkliche Debatte über Grundsatzfragen der künftigen Entwicklung suchte. Die Wahlen brachten eine leichte Verschiebung zu Gunsten der Linken auf Kosten des Zentrums. Das Programm der Linken – sie wurden auch als

Wieviel Volksrechte will das Volk?

Die Volkspostille ‹Der Postheiri› hielt nicht viel vom Ausbau der Volksrechte und publizierte Karikaturen und Spottverse gegen die «Referendummheit» (z.B. am 13. März 1875)

Fleißig wird erst kolportirt
Und durch's Land gezogen:
Demokraten, subskribirt
Den linirten Bogen!

Dreißigtausend müssen's sein, –
Eine Bagatelle!
Schreibt den werthen Namen ein
Unten hier zur Stelle! –

«Wissen möcht' ich, was es ist,
Dann bin ich erbötig...»
Glauben muß der fromme Christ,
Mehr ist gar nicht nöthig. –

Das ist Demokratenlust,
Wahre Frühlingsfreude,
Mehr als Vogelsang und Blust
Auf der grünen Haide.

Neudemokraten bezeichnet – forderte den Ausbau der Zentralgewalt (vgl. separate Liste S. 149). Damit sollten auch die Alleinherrscher des liberalen Systems eingeschränkt werden. Die beabsichtigte Einführung des fakultativen Referendums für Bundesgesetze stiess indessen auf den Widerstand nicht nur der ‹Bundesbarone›, sondern auch der konservativen Aristokraten, die im Referendum eine modische Vergötzung des Volkswillens sahen. Ein erster Versuch, die Bundesverfassung von 1848 nach den Zielsetzungen der Demokratischen Bewegung einer totalen Revision zu unterziehen, wurde 1872 als Projekt bekämpft, das die Nation in den Abgrund führen werde.

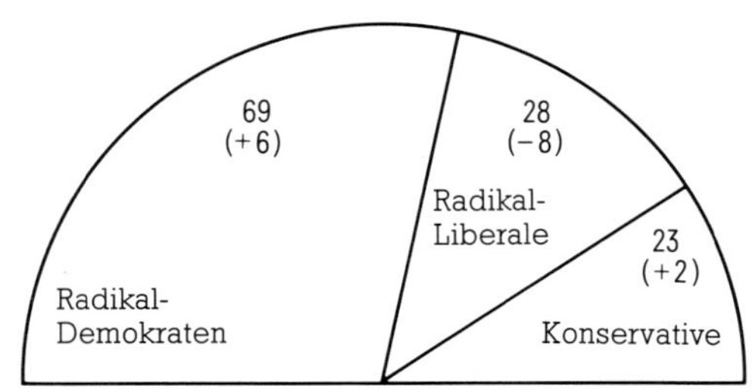

Das imaginäre Interview

Louis Ruchonnet, 1834–1893, 1868–1874 Waadtländer Staatsrat, 1869 und 1875 Nationalratspräsident. 1875 in den Bundesrat gewählt, lehnte er die Wahl zunächst ab, nahm sie dann 1881 doch an und blieb bis zu seinem Tod in diesem Amt. Ruchonnet war einer der bedeutendsten Vertreter der welschschweizerischen Opposition gegen das Revisionsprojekt von 1872.

<u>Warum bekämpften Sie die Verfassungsrevision von 1872? Als Radikaler gehörten Sie doch zum Lager der Fortschrittlichen?</u>
Ich war in der Tat kein Verfechter des Stillstandes, ich setzte mich dafür ein, dass die Eidgenossenschaft die konservativen Kantone zu fortschrittlichen Lösungen zwingen konnte, z.B. in der Frage der konfessionell gemischten Ehen, des Schulobligatoriums etc. Auch für die Vereinheitlichung des Rechts, insbesondere des Obligationenrechts, trat ich ein. Natürlich setzte ich mich auch für eine Erweiterung des Mitbestimmungsrechts des Volkes ein, vor allem für das Referendum.

<u>Warum aber waren Sie denn mit dem Verfassungsprojekt von 1872 nicht einverstanden?</u>
Die Zentralisierungstendenz ging mir eben zu weit. Die Eidgenossenschaft hätte zuviele Kompetenzen erhalten, insbesondere in der Neuordnung unserer Armee. Dies hätte zu einer gewaltigen Aufblähung der Bürokratie geführt. Man hat uns vorgeworfen, keinen Sinn für grosszügige

Lösungen zu haben. Mir ging es um das wertvolle Gut der Selbstbestimmung, das nur in föderalistischen Institutionen garantiert ist. Zudem ging mir alles etwas zu schnell, die Anhänger des Projekts von 1872 glaubten, Etappen unserer Staatsentwicklung überspringen zu können.

Befürchteten Sie nicht auch eine Bevormundung durch die deutsche Schweiz?
Gewiss, eine verstärkte Zentralisation hätte natürlich eine Verstärkung der deutschschweizerisch beherrschten Bundeszentrale bedeutet.

Sie hatten aber schon damals zwei Vertreter der französischen Schweiz im Bundesrat, den Waadtländer Cérésole und den Genfer Challet-Venel.
Das schon, man kann aber nicht sagen, dass der Waadtländer Cérésole wirklich ein Vertreter unseres Kantons gewesen sei. Dieser Magistrat hatte jeden Kontakt mit unserem Kanton verloren, er unterstützte das Revisionsprojekt von 1872. Bei den Nationalratswahlen wurde er dann auch nicht mehr von den Waadtländern aufgestellt, er musste im Berner Oberland kandidieren . . .

Er war doch aber Bundesrat?
Die Bundesräte mussten damals in jeder Erneuerungswahl zuerst als Mitglied der eidgenössischen Räte wiedergewählt werden. Umgekehrt kandidierte der Zürcher Bundesrat Jakob Dubs 1872 in einem Waadtländer Wahlkreis. Cérésole zog übrigens aus seiner unmöglichen Situation die Konsequenzen und trat auf Ende 1875 zurück. Es ging aber nicht um die Frage der Vertretung im Bundesrat. Es ging vor allem darum, dass der Ausbau der Volksrechte nicht auf Kosten der welschen Minorität geschehe. Mit der Einführung von Gesetzesreferendum und Gesetzesinitiative wären wir schon einverstanden gewesen. Wir erwarteten aber, dass bei der Auswertung der Abstimmungsergebnisse wie bei den Verfassungsrevisionen auch nach Kantonen ausgezählt würde, damit die Minoritäten nicht so leicht durch die grossen Massen der Stimmenden überstimmt werden könnten.

Ablehnung der Totalrevision vom 12. Mai 1872

255 606	*Ja*	*9 Kantone*
260 859	*Nein*	*13 Kantone*

Die Revision von 1872 wird, wie dieses Plakat zeigt, auch von der Westschweiz abgelehnt, weniger aus Gegnerschaft gegen den Ausbau der Volksrechte, vielmehr wegen ihrer föderalistischen, antizentralistischen Haltung.

Annahme der Totalrevision vom 19. April 1874
340 199 Ja 14 ½ Kantone
198 013 Nein 7 ½ Kantone

8.7 **Die Revision von 1874**

Die Totalrevision der Bundesverfassung kam 1874 schliesslich doch noch zustande. Die Kantone Waadt, Neuenburg und Genf, die 1872 die Revision noch abgelehnt hatten, wechselten ins Lager der annehmenden Stände, nachdem der überarbeitete Entwurf in den Angelegenheiten der Armeeordnung und des Privatrechtes weniger zentralistisch ausgefallen und auf das Initiativrecht einstweilen verzichtet worden war. Das Gesetzesreferendum aber, der wichtigste Programmpunkt der Demokratischen Bewegung, wurde mit der neuen Verfassung eingeführt: Die Unterschriften von 30 000 Bürgern (das waren 4,7 Prozent der stimmberechtigten Bevölkerung) konnten fortan bewirken, dass ein von den eidgenössischen Räten beschlossenes Gesetz zum definitiven Entscheid dem Volk vorgelegt wurde. Die indirekte Demokratie musste nun auch auf eidgenössischer Ebene vor der direkten Demokratie weichen. Dies war das wichtigste Ergebnis des dritten Schubes in der Entwicklung zur modernen Demokratie.
Einige Jahre später sollte das Recht der direkten Mitsprache noch ergänzt werden: Das Volk erhielt 1891 mit dem Initiativrecht schliesslich doch noch die Möglichkeit, einzelne Verfassungsbestimmungen zur Abstimmung vorzuschlagen. Für Gesetze wurde jedoch nicht wie in den Kantonen ein Initiativrecht eingeführt. Auch die Wahl der Exekutive wurde auf Bundesebene nicht in eine

1874 Fakultatives Referendum
30 000 Unterschriften innert 3 Monaten, 1977 auf 50 000 erhöht. Bis 1978 wurde das Referendum in 6,8 Prozent der Fälle ergriffen und führte in 4 Prozent der Fälle zu einer Ablehnung der Beschlüsse der eidgenössischen Räte.

1891 Verfassungsinitiative
50 000 Unterschriften, 1977 auf 100 000 erhöht, was eine Unterstützung von 2,6 Prozent der Stimmberechtigten bedeutet. 1881 war mit 50 000 Unterschriften die Unterstützung von 7,6 Prozent der Stimmberechtigten nötig. Seit 1977 gibt es zudem eine Beschränkung der Sammelzeit auf 18 Monate. Bis 1978 wurden 127 Initiativen eingereicht, aber nur 72 zur Abstimmung vorgelegt (Differenz ungültig, zurückgezogen oder schubladisiert); 7 wurden angenommen, 11 führten zur Annahme eines reduzierten Gegenvorschlags.

direkte Wahl umgewandelt: Der Bundesrat sollte weiterhin von der Bundesversammlung und nicht vom Volk gewählt werden. Die Bundesverfassung von 1874 baute dagegen die Demokratie im Bereich der Gerichtsbarkeit aus. Die neue Bundesverfassung von 1874 brachte im weiteren zahlreiche Neuerungen, auf die wir hier nicht eingehen können. Etwas dürfen wir jedoch nicht übergehen: die Kirchenfrage. Die Revision von 1874, die wiederum von den ehemaligen Sonderbundskantonen abgelehnt wurde, verdankte ihr Zustandekommen zu einem erheblichen Teil dem neu entflammten Konfessionsstreit. Von ihm – und von anderem – wird im nächsten Teil die Rede sein.

Bundesgericht
1848–1874 gab es kein permanentes Bundesgericht, und die Bundesrichter konnten zugleich Mitglied der eidgenössischen Räte sein, was dem Prinzip der Gewaltenteilung widersprach. 1874 wurde diese Teilung durchgesetzt und ein dauernder Gerichtshof eingerichtet. Nach vier Abstimmungsrunden erhielt Lausanne den Sitz zugesprochen. Luzern, das sich ebenfalls ernsthaft darum beworben hatte, wurde später mit dem Versicherungsgericht abgefunden. Hier auf dem Montbenon das 1886 fertiggestellte Gerichtsgebäude, das bis 1927 Sitz des Bundesgerichts war und heute der Sitz des kantonalen Gerichts ist.

Martin Schaffner
(Universität Basel)

Eine neue Sicht der Demokratischen Bewegung

Die Welle von Konflikten, welche die Geschichtsschreibung gesamthaft mit dem Ausdruck ‹Demokratische Bewegung› bezeichnet, bestimmte zwischen 1860 und 1870 die Politik in den Kantonen Baselland, Bern, Aargau, Luzern, Genf, Zürich und Thurgau. Tausende von Gewerbetreibenden, Bauern und Industriearbeitern machten gemeinsam Front gegen die liberalen Regierungen. Oppositionelle Gruppierungen formierten sich, Volksversammlungen und Demonstrationen fanden statt, Forderungskataloge wurden formuliert, politische Programme entworfen.

Das Bild dieser Auseinandersetzungen, das die Geschichtsschreibung bis in die Mitte des 20. Jahrhunderts zeichnete, enthält drei Grundlinien: Die Volksbewegungen waren in mancher Hinsicht chaotische, den modernen Staat bedrohende Vorgänge. Ihre Führer waren zumeist charakterlose, vom persönlichen Ehrgeiz getriebene Persönlichkeiten. Die Einführung der direkt-demokratischen Institutionen ist nicht den Volksbewegungen zu verdanken, sondern muss als Folge des wirtschaftlichen, sozialen und kulturellen Fortschritts seit 1830 erklärt, also den regierenden Eliten zugeschrieben werden.

Diese Optik ist einseitig und verstellt den Blick auf den Sinn der Demokratischen Bewegung. Sie geht von einer negativen Bewertung sozialer Konflikte aus. Konflikte dieser Art sind jedoch notwendige Faktoren in allen Prozessen des Wandels. In solchen Vorgängen wurzeln auch die Auseinandersetzungen der 1860er Jahre. Sie entstanden zwar aus verschiedenartigen Anlässen, aber ihre eigentlichen Ursachen liegen im Modernisierungsprozess, der die Schweiz damals tiefgreifend und irreversibel veränderte. Von diesem Wandel wurden alle Lebensbereiche betroffen, das Arbeiten und das Wohnen, die materielle Situation, Mentalität und Verhaltensweise der Menschen. Unübersehbar ist der krisenhafte Aspekt dieser Vorgänge: die Konzentration politischer Macht in den Händen weniger, strukturelle Schwierigkeiten von Gewerbe und Landwirtschaft, das zyklische Auf und Ab der industriellen Produktion.

In den Volksbewegungen der 1860er Jahre reagierten die Bürger mit einer Mischung von Protest und Forderungen auf diesen Prozess. Gegen den Widerstand der regierenden Parteien setzten sie Verfassungsrevisionen oder Gesetzesänderungen durch, deren Kern die Ausweitung der Beteiligungsrechte bildeten. Es ging den Demokraten der 1860er Jahre darum, einerseits Gesetzgebung und Verwaltung zu kontrollieren und anderseits die eigenen Interessen wirksamer vertreten zu können. Sie schufen damit die politische Grundordnung, die wir heute noch für den Eckstein unserer politischen Kultur halten.

Hinweise auf weiterführende Literatur
Roger Blum, Die politische Beteiligung des Volkes im jungen Kanton Baselland, 1832–1875. Liestal 1977. – *Peter Gilg,* Die Entstehung der demokratischen Bewegung und die soziale Frage. Affoltern a. A. 1951. – *Martin Schaffner,* Die demokratische Bewegung der 1860er Jahre. Beschreibung und Erklärung der Zürcher Volksbewegung von 1867. Basel 1982. – *Hans Peter Treichler,* Gründung der Gegenwart. Porträts aus der Schweiz der Jahre 1850–1880. Zürich 1985. – *Bernhard Wehrli,* Die ‹Bundesbarone›: Betrachtung zur Frühgeschichte der Schweiz nach der Gründung des Bundesstaates. Zürich 1983 (Neujahrsblätter zum Besten des Waisenhauses). – *Franz Wirth,* Johann Jakob Treichler und die soziale Bewegung im Kanton Zürich, 1845/46. Basel 1981.

André Donnet, La véritable histoire de Joseph-Samuel Farinet, faux-monnayeur. Lausanne 1980. – *Danièle Allet-Zwissig,* L'Affaire Farinet dans la presse valaisanne contemporaine 1870–1881. Annales Valaisannes 1980. – Histoire de la démocratie en Valais 1798–1914. Sion 1979 (Notamment avec la contribution de *Michel Rey*).

Die Schweiz hat eine lange Auswanderungstradition. Jedermann weiss von den Solddiensten der alten Eidgenossen. Was wissen wir von der Massenauswanderung des 19. Jahrhunderts? Von ihren Ursachen, ihrem Ablauf, ihren Resultaten? Die Auswanderung dauerte als Problem über das ganze Jahrhundert an. Es ist aber auch heute noch nicht verschwunden, sind doch manche Landwirte wegen der Verstädterung der Schweiz und der steigenden Bodenpreise gezwungen, sich nach neuem Land umzusehen.

Teil 9

Adieu, mein Vaterland
1840–1890

Wir kennen die humanitäre Seite der Schweiz: den neutralen Kleinstaat im Zentrum eines politisch unduldsamen und kriegerischen Europa als *Zufluchtsort* für politische Flüchtlinge und kampfunfähige Soldaten. Die Schweiz hatte indessen auch eine andere Seite – als Land, das nicht der gesamten Bevölkerung eine Existenzgrundlage bieten konnte und manche seiner ‹Kinder› zur *Auswanderung* zwang. In diesem Teil muss auch vom letzten grossen *Konfessionsstreit* die Rede sein, den die Schweiz durchzustehen hatte.

9.1 **Eine Insel im Krieg**

In diesem Kapitel soll uns die zeitgenössische *Darstellung* eines Ereignisses gleich wichtig sein wie die Begebenheit selbst. Von deutschen Truppen abgedrängt, liessen sich 90000 französische Soldaten der Bourbaki-Armee am 1. Februar 1871 im neuenburgischen Val de Travers von 3000 Schweizer Soldaten entwaffnen und internieren. Das war das Ereignis. Und seine Darstellung? Die spektakuläre Internierung fand in zahlreichen Darstellungen ihren Niederschlag. Die bekannteste aber ist das sogenannte «Panorama». Es dokumentiert hier zweierlei: Erstens den Moment des Grenzübertritts und zweitens eine für das 19. Jahrhundert typische Vermittlungsform.

In eigens dafür erbauten Rotunden, zuweilen unterwegs als Jahrmarktattraktion, unterhielten die Panoramen mit Stadt- und Naturansichten oder mit Schlachtenschilderungen das Anschauungsbedürfnis des breiten Publikums – gegen klingende Münzen, wohlverstanden. Eine belgische Aktiengesellschaft gab das Bourbaki-Panorama in Auftrag, der Genfer Maler Edouard Castres entwarf es, eine Schar talentierter Gehilfen – unter ihnen ein gewisser Ferdinand Hodler – führte es aus. Das Panorama verewigte den erhabenen Augenblick und liess Patrioten wie Touristen – wenigstens seelisch – daran teilnehmen. Ein Massenmedium des 19. Jahrhunderts. Das Bourbaki-Gemälde wurde zuerst in Genf ausgestellt, heute kann es in Luzern bestaunt werden. Castres illusionistische Magie stellte sich nicht so sehr, wie dies bei anderen Panoramen der Fall war, in den Dienst nationaler Glorifizierung, sie plädierte vielmehr für allgemeine Menschlichkeit und setzte dem 1863 in Genf gegründeten Roten Kreuz ein frühes Denkmal.

Querschnitt der Panoramarotunde von Luzern.

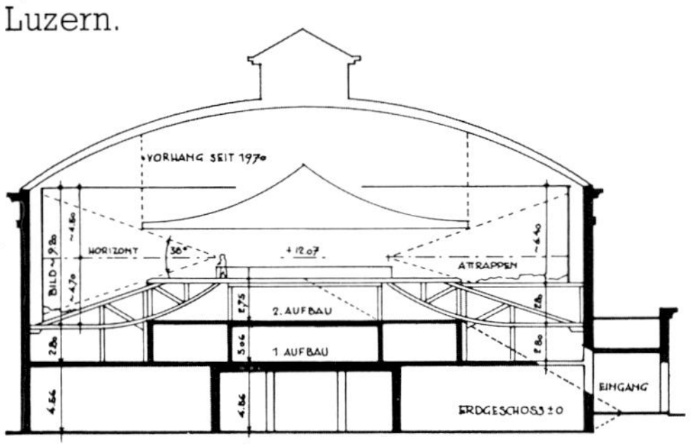

Castres und seine Malerequipe.
Neben der Leiter auf dem Gerüst sitzend Ferdinand Hodler.

Rotes Kreuz
Auf Betreiben von Henri Dunant wurde 1863 in Genf das Internationale Rote Kreuz gegründet. Bald darauf entstanden nationale Rotkreuz-Gesellschaften, freiwillige Hilfsvereine, die sich schon in Friedenszeiten auf die Pflege von Kriegsverwundeten und Kranken vorbereiteten. Das IKRK errichtete 1870 bei Kriegsausbruch in Basel ein internationales Auskunftsbüro und eine Fürsorgestelle für Verwundete. Schweizer Ärzte und Schwestern standen auch im Ausland im Einsatz, zum Beispiel im Lazarett von Karlsruhe. Unser Bild: Ausschnitt des Panoramas von Castres.

Nicht um Gottes Lohn
Die Internierten verliessen wohlgenährt die Schweiz. Frankreich aber bezahlte ein Pensionsgeld von 12 154 396 Franken und 90 Rappen.

General Herzog über die Internierung der Bourbaki-Soldaten

Zuerst waren es namentlich Geschütze, Caissons und Kriegsfuhrwerke aller Art, welche eintrafen, nebst einem bunten Gemisch von Truppen aller Waffen in den sonderbarsten Kostümen und meistenteils in dem bedauernwürdigsten Zustande, sich mühsam in dem tiefen Schnee fortschleppend, viele mit bedenklich zerrissenem Schuhwerk, mit Holzschuhen oder bloss mit in Lumpen gewickelten Füssen daherkriechend. Die Pferde, ganz steif von der in eisiger Kälte zugebrachten Mondscheinnacht, schon lange ohne Nahrung und ohne Winterbeschlag, vermochten sich kaum zu halten und hatten Mühe, die Geschütze und Fuhrwerke trotz der Stockschläge der Trainsoldaten fortzubewegen, die häufig zu Fuss nebenher gingen oder zu Pferde sitzend sich in mehrere Pferdedecken eingehüllt hatten, um sich vor der grimmigen Kälte zu schützen ...

Die Schweiz und der deutsch-französische Krieg von 1870/71
Welche Stellung die Schweiz zu diesem Konflikte einzunehmen habe, kann nicht zweifelhaft sein. Die europäischen Verträge, wie das Gebot der eigenen Selbsterhaltung, empfehlen ihr übereinstimmend die Neutralität, d.h. die Nichteinmischung in diese ihr fremden Händel. Damit indess diese Stellung wirksam gewahrt werden könne, bedarf es der vollen Entschlossenheit der schweizerischen Nation, jeden fremden Krieger, der sich ihrem Gebiete nahen wollte, mit den Waffen in der Hand zurückzuweisen (Dubs, schweizerischer Bundespräsident).

Le Gouvernement de l'Empereur a saisi toutes les occasions de témoigner l'importance qu'il attache au maintien de la neutralité de la Suisse, il est heureux de pouvoir compter sur l'efficacité des mesures adoptées par le Conseil Fédéral, pour assurer de la part de toutes les puissances, la stricte exécution des stipulations européennes sous la sauvegarde desquelles la Suisse est placée. (Gramont, französischer Aussenminister).

Die Neutralität der Schweiz steht vertragsmässig fest. Wir haben zur Wahrung derselben durch die eidgenössischen Streitkräfte volles Vertrauen, und es bürgen unsere Vertragstreue und Deutschlands freundnachbarliches Verhältniss zur Schweiz für die Achtung dieser Neutralität durch Deutschland (Bismarck, preussischer Ministerpräsident).

9.2 **Ausbau der Armee**

1871 zeigte sich die von General Hans Herzog (AG) kommandierte Schweizer Armee der Internierungsaufgabe gewachsen. Trotzdem musste man während der Grenzbesetzung feststellen, dass Ausbildung und Ausrüstung mangelhaft waren. Der Krieg von 1870/71 und insbesondere der durchschlagende Erfolg der preussischen Truppen gaben denjenigen Kräften Auftrieb, welche die Schweizer Armee straffer organisieren wollten. Der Revisionsversuch von 1872 wurde jedoch abgelehnt, weil er in seiner Zentralisierungstendenz den Kantonen zuviel Rechte weggenommen hätte.
1874 wurde die Reorganisation in einer gemässigten Version schliesslich doch möglich. Die Gesetzgebung der Landesverteidigung wurde Bundessache. Fortan war der Bund für die Ausbildung und Bewaffnung der Armee zuständig. Die Kantone waren nur noch für die Bekleidung und die persönliche Ausrüstung verantwortlich. Erst jetzt wurde der Grundsatz der allgemeinen Wehrpflicht verwirklicht. Vorher mussten die Kantone bloss beschränkte

Helvetia wird geschröpft
Fünfzehn Millionen Militärausgaben (Postheiri 18. Dez. 1875).

Fortan ist der Bund uneingeschränkt für die Ausbildung und Bewaffnung der Armee zuständig. Die Infanterie, die Artilleriebatterien und Dragonerschwadrone bleiben zwar kantonale Truppenkörper; der Bund übte fortan aber ein Aufsichtsamt aus. Für die höheren Kader sämtlicher Waffengattung wird der Besuch zentraler Schulen obligatorisch. Es verschwinden auch – mit Ausnahme der Kokarden – die letzten Spuren der kantonalen Uniformen.

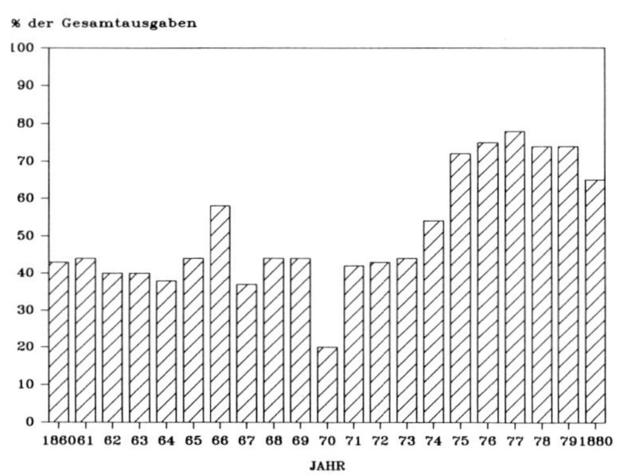

Militärausgaben in Prozent der Gesamtausgaben.

Kontingente zur Verfügung stellen: für die Auszugstruppe bloss 3 Mann je 100 Einwohner. Die Dienstpflichten wurden neu geregelt. Die Infanterie-Rekrutenschule dauerte 7 Wochen, ein Infanterie-Wiederholungskurs nahm alle zwei Jahre 16 Tage in Anspruch. 1874 ist das Entstehungsjahr der Schweizer Armee.
Die Armeereform entlastete die Budgets der Kantone, brachte aber der Bundeskasse schwere Belastungen und zugleich – erstmals in der modernen Schweizergeschichte – eine antimilitaristische Bewegung. Hatten die Militärausgaben des Bundes bis 1872 im Jahr durchschnittlich weniger als 5 Mio. Franken betragen, kletterten sie 1875 auf 14 Mio. und 1876 sogar auf 15,4 Mio. Franken.

9.3 **Kampf zwischen Kirche und Staat**

Nach dem Bürgerkrieg von 1847 hatten sich die besiegten Sonderbundskantone und mit ihnen der politische Katholizismus aus der eidgenössischen Politik teils zurückgezogen, teils auch ausgeschlossen gesehen. Mit dem Auseinanderbrechen des freisinnigen Blockes der ehemaligen Siegerpartei in ein liberales und radikales Lager normalisierte sich jedoch die vormalige Sonderstellung der Katholisch-Konservativen. Ihre nationale Zuverlässigkeit blieb wegen der Beziehungen zu Rom dennoch suspekt. Umgekehrt wurde vom katholischen Lager der freisinnige Staat mit seiner Zentralisierungstendenz und seinen Erziehungsansprüchen ebenfalls als Bedrohung und Einschränkung des kirchlichen Einflusses verstanden.
Der zerbrechliche Friede wurde 1870/71 durch zwei ausländische Vorgänge beeinträchtigt, die sich auch auf die schweizerische Politik auswirkten. Das Vatikanische Konzil verkündete trotz innerkirchlicher Opposition ein Dogma, wonach der Papst unfehlbar sei,

wenn er *ex cathedra* Lehrentscheidungen treffe. Dieser Beschluss wurde als Versuch aufgefasst, den päpstlichen Einfluss auf die Politik zu stärken.
Das Unfehlbarkeitsdogma kam einem Papst zugute, der sechs Jahre zuvor mit dem sogenannten *Syllabus errorum* – einem Verzeichnis angeblicher Irrlehren – die unbedingte Unterordnung des Staates und der Wissenschaft unter die Autorität der katholischen Kirche gefordert hatte.
Der ultramontane Anspruch erschien nördlich der Alpen in Deutschland als Bedrohung des vom protestantischen Preussen geschaffenen Kaiserreiches. Bismarck antwortete mit dem sogenannten *Kulturkampf*, der die bedrohte liberale Kultur verteidigen sollte. Als Reichskanzler schränkte er den Einfluss des deutschen Klerus ein und nahm ihm zugleich die Möglichkeit, dagegen zu protestieren: Er erliess ein Reichsgesetz, wonach die Inhaber geistlicher Ämter mit Gefängnis bestraft werden sollten, wenn sie den öffentlichen Frieden gefährdeten. Die Schulen wurden dem Einfluss der katholischen Kirche entzogen, die Zivilehe wurde eingeführt und das Bestattungswesen verstaatlicht.

9.4 **Neue Polarisierung**

Auch in der Schweiz verschärfte sich die Auseinandersetzung zwischen der katholischen Kirche und dem laizistischen Staat. Nach der freisinnigen Staatsauffassung war Religion Privatsache und die katholische Kirche bloss eine von verschiedenen Glaubensgemeinschaften, die sich alle der staatlichen Autorität unterzuordnen hätten. Die katholische Kirche indessen wehrte sich gegen die Zurückdrängung in die Privatsphäre und hielt am Anspruch fest, den Menschen in seiner Ganzheit zu erfassen. 1873/74 spitzte sich der Konflikt zu. Jede Partei reagierte auf die Reaktionen der Gegenpartei.

Kraftprobe zwischen Bismarck und Pius IX.

Der freisinnige Bundesrat über das Vatikanische Konzil
Der Zweck dieses Konzils liegt ziemlich unverhüllt da. Es werden namentlich drei Dinge angestrebt: die innere Kräftigung und einheitliche Zusammenfassung der Kirche; die Übertragung dieser verstärkten kirchlichen Gewalt in eine einzige Hand und die Verwendung dieser potenzierten Macht gegen den Staat, die Wissenschaften und die Andersgläubigen (...) Es kann sich kaum jemand darüber täuschen, daß der nächsten Zeit in dieser Richtung schwere innere und wohl auch äußere Kämpfe bevorstehen und dem Staate nichts anderes übrigbleibt, als sich gegen diese Gefahren ebenfalls zu wappnen. (Botschaft des Bundesrates vom 16. Juni 1870).

«Deck deine glatten Gesichter, fluchendes Reptil, es geht zu Ende!» So sah der *Nebelspalter* (30. Januar 1875) den Konflikt. Der Vorkämpfer für ‹Wahrheit und Recht› dürfte den katholischen Aargauer Augustin Keller darstellen, der schon vor 1848 für die Einschränkung des kirchlichen Einflusses gekämpft hatte.

Diese Inschriften waren zwar Jahrzehnte zuvor entstanden, als es im Nordjura schon einmal zu ähnlichen Konflikten gekommen war. Sie hatten aber auch Gültigkeit für die siebziger Jahre des Kulturkampfes.

Eugène Lachat, Bischof von Basel, und der Genfer Hilfsbischof Gaspard Mermillod traten in der Schweiz für die Ansprüche der römischen Kirche ein. Lachat exkommunizierte katholische Priester, die den *Syllabus* und das Unfehlbarkeitsdogma ablehnten.
Die Kantonsregierungen des Bistums Basel erklärten darauf Lachat für abgesetzt und konfiszierten das Kirchengut. Der Staat schützte die exkommunizierten Priester und begünstigte die aus dem innerkatholischen Konflikt hervorgegangene *christkatholische Kirche*.
Der Papst ernannte den streitbaren Mermillod zum apostolischen Vikar über die Calvinstadt Genf. Die Landesregierung vertrieb darauf Mermillod aus der Schweiz. Der Papst schleuderte eine Enzyklika gegen die Schweiz, mit der alle staatlichen Pfarrwahlen für ungültig erklärt wurden. Jetzt brach der Bundesrat die diplomatischen Beziehungen mit dem Vatikan ab. Die päpstliche Vertretung wurde erst nach dem Ersten Weltkrieg wieder zugelassen. Umgekehrt ist die Schweiz bis heute beim Vatikan nicht vertreten.
Der Kulturkampf wurde im Nordjura mit besonderer Heftigkeit geführt. 97 katholische Priester protestierten gegen die Absetzung ihres Bischofs. Sie verletzte die konfessionellen Garantien, die dem katholischen Nordjura 1815 bei dessen Angliederung an den protestantischen Kanton Bern gegeben worden waren. Bern reagierte auf den Protest zunächst mit Absetzung und Landesverweisung der Priester, später liess es den Nordjura militärisch besetzen. Die ausgewiesenen Priester wirkten im Untergrund weiter, sie hielten heimlich Messen ab. Die von der Berner Regierung eingesetzten christkatholischen Geistlichen, grösstenteils Ausländer, wurden von der Bevölkerung nicht anerkannt. Im Nordjura bewirkten die Unterdrückungsversuche eine Versteifung des Widerstandes und eine weitere Entfremdung gegenüber dem alten Kanton.

Schwur der jurassischen Geistlichen im Februar 1873
(gegenüber Bischof Lachat)
Wir schwören mit Euch von neuem Treue dem Stellvertreter Christi, Pius IX., der Heiligen Römischen Kirche, in deren Schoss wir leben und sterben wollen. Wir schwören, ihm treu zu sein bis zum letzten Atemzug, um jeden Preis, selbst den unseres Blutes.

Im Berner Nordjura gingen die Kirche und die Gläubigen in den Untergrund und hielten heimlich Messen ab. Hier im Maison Jobin 1874 in Pruntrut.

Einmal Verlierer – einmal Sieger.
Wie der ‹Carillon de Saint-Gervais› vom 28. Februar 1874 den Ausgang der Revisionsabstimmungen von 1872 und 1874 sah.

9.5 Nochmals: Die Revision von 1874

Der Kulturkampf war natürlich nicht bloss ein vom Ausland importierter Konflikt. Die Auseinandersetzungen zwischen Rom und Berlin wirkten sich nur verschärfend auf interne Gegensätze aus, die bereits in den vierziger Jahren mit voller Wucht aufeinandergeprallt waren. Die Vorkämpfer für eine Verfassungsrevision taten nichts, um diese Gegensätze zu mildern, sondern hoben sie im Gegenteil hervor und wussten sie geschickt zu nutzen. Während die zentralistischen Tendenzen in der *Rechtsvereinheitlichung* und der *Armeeordnung* gedämpft wurden, um die welschen Föderalisten zu gewinnen, wurden die antirömischen Bestimmungen der Verfassungsvorlage sogar verschärft und alte Ressentiments reaktiviert.
Das 1848 eingeführte Verbot des Jesuitenordens wurde schon einmal auf die Tätigkeit einzelner Ordensmitglieder in Schule und Kirche ausgedehnt. Dieses Verbot sollte erst 1973 in einer Volksabstimmung wieder aufgehoben werden. Verboten wurde

Schutz der Kirche oder Schutz der Gläubigen (vor der Kirche)?
Der Bund stellt sich über die religiösen Gemeinschaften und ihre Benennungen. Er anerkennt keine derselben. Er kennt dieselben nur, um ihre Freiheit zu schützen und um dafür zu sorgen, dass der Friede unter ihnen herrsche. Er verteidigt weder eine Konfession noch eine Kirche; er verteidigt lediglich das Individuum, indem er diesem die Respektierung seines Glaubens und der Freiheit seines Gewissens sichert. Hievon ausgehend, findet sich in der Bundesverfassung keine Erwähnung der verschiedenen Kirchen und Konfessionen, aber es schützt dieselbe den Bürger einerseits dagegen, daß eine Kirche seine individuelle Freiheit antaste, und auf der andern Seite gegen die Übergriffe, welche die Gesetzgebung oder die politische Gewalt eines Kantons sich auf dem Gebiete seines Gewissens herausnehmen möchte. (Botschaft des Bundesrates vom 4. Juli 1873).
(§ 50) Die neue Verfassung enthält keine genügende Garantie der katholischen Religion oder auch nur der christlichen Confessionen, indem sie nur die Freiheit des Einzelnen in religiösen Dingen gewährleistet, nicht aber den bestehenden christlichen Confessionen als solchen Schutz gewährt. (Aus dem Aufruf des Klerus der March).

Die Geistlichkeit der March (SZ) fordert die Gläubigen zur Ablehnung der Revision von 1874 auf, unter anderem mit folgenden Argumenten:
Durch den in § 49 ausgesprochenen Grundsatz: «Die Glaubens-Ansichten entbinden nicht von der Erfüllung bürgerlicher Pflichten» ist der Fall ermöglicht, daß der Staat, wie dies im Jura bereits geschehen, dem Bürger Pflichten aufbürde, die ohne das Gewissen auf's Empfindlichste zu verletzen, nicht beobachtet werden können.
Die Errichtung der Bisthümer, worunter nur die katholischen verstanden werden können, unterliegt der Genehmigung des Bundes, sonach einer in der Mehrzahl protestantischen Behörde, und könnte möglicherweise bis zur Aufhebung aller katholischen Bisthümer ausgedehnt werden. (§§ 50 u. 58).
Die Ehe wird ihres sakramentalen Charakters beraubt, zu einem rein bürgerlichen Vertrag herabgedrückt und die bestehenden kirchlichen Verordnungen gewaltsam aufgehoben. (§ 54). Die Kirch- oder Friedhöfe bleiben nicht mehr geweihte kirchliche Stätten, sondern werden zu allgemeinen polizeilichen Begräbnißorten entwürdigt (§ 53).
Durch die Aufhebung der Todesstrafe wird die persönliche Sicherheit gefährdet und nur dem Verbrecher, sogar dem Vater-und Muttermörder das Leben garantirt.

Gegner des antiklerikalen Revisionsprojektes von 1874
Hier findet man die ehemaligen Sonderbundskantone wieder vereinigt: LU, UR, SZ, OW/NW, ZG, FR, AI, VS. Auch das Tessin wies eine Nein-Mehrheit von 66,7 Prozent auf. Der Grosse Rat, in dem die Freisinnigen die Mehrheit hatten, beschloss aber, dass seine Haltung für die Ermittlung der Standesstimme ausschlaggebend sei. Darum ergab sich ein Verhältnis der Standesstimmen von 14 1/2 zu 7 1/2.

ferner die Errichtung neuer Klöster, und die Schaffung neuer Bistümer wurde bewilligungspflichtig. Die Eheabschlüsse konnten nicht nur, jetzt *mussten* sie von staatlichen Zivilstandsbeamten vorgenommen werden. Gegen diese Ausdehnung staatlicher Befugnisse wehrten sich übrigens nicht nur Katholiken, sondern auch Protestanten.
Von einer besonders wichtigen Neuerung – der Einführung des fakultativen Referendums für Bundesgesetze – ist bereits im vorangegangenen Teil die Rede gewesen. Die repräsentative Demokratie wurde zur direkten Demokratie. Was die Bundesrevision von 1874 an weiteren Neuerungen brachte, kann und soll hier

nicht weiter ausgebreitet werden. Die allgemeine Feststellung muss genügen, dass die Kompetenzbereiche des Bundes ausgedehnt, die Zuständigkeiten der Kantone dagegen geschmälert wurden.
Die *Stärkung der Bundesgewalt* war in gewissem Sinn auch eine Anpassung an die Tatsache, dass die Schweiz seit der nationalen Einigung Italiens und Deutschlands starke Nachbarn erhalten hatte und der dreisprachige Kleinstaat einem verstärkten Sog der benachbarten Kulturen ausgesetzt war.

9.6 **Aus der Schweiz auswandern**

Ist von Auswanderung die Rede, denkt man sogleich an Überseereisen. Eine weniger spektakuläre, aber wesentlich ältere Auswanderungsform muss aber zuerst vorgestellt werden: die *saisonale Auswanderung.* In manchen Regionen entsprach es einer durchaus normalen Notwendigkeit, dass die lokale, oft ungenügende Exi-

Männer gehen – Frauen bleiben
Dieses Bild von Pietro Chiesa (Sagno) ruft uns in Erinnerung, dass im Tessin das Leben stark von der Auswanderung geprägt war. Es sind die Männer, die gehen. Die Frauen bleiben zu Hause, müssen alleine mit den Lasten eines mühsamen Bergbauernlebens fertig werden (zweites Bild: Ex voto aus der Kirche Santa Maria delle Gragne in Maggia)

‹**Schwabengänger**›
Im Bündnerland erfasste die Saisonwanderung vor allem die Jugendlichen. Sogenannte Schwabengänger verdingten sich als Knechte und Mägde in Süddeutschland. Hier sehen wir (mit Hut und Uhrenkette) zwei im Kreise einer württembergischen Bauernfamilie. – Vor dem Bau der Eisenbahn mussten die jungen Leute in tagelangen Fussmärschen ihre entfernten Arbeitsorte aufsuchen. Diese Form temporärer Auswanderung hielt bis zum Ersten Weltkrieg an. Diese Wanderungen waren nicht nur ökonomisch bedingt. Sie erklären sich auch aus dem Bedürfnis, sich von zu Hause abzulösen, um dann als ‹Erwachsener› in die Dorfgemeinschaft zurückkehren zu können.

stenzbasis durch auswärtige Erwerbstätigkeiten verstärkt wurde. Die Saisonwanderung war im Tessin besonders ausgeprägt. Was im Winter zu Strohwaren verarbeitet wurde, brachten die Männer in der warmen Jahreszeit auf die norditalienischen Märkte. Die Maurer und Gipser des Sottoceneri waren ebenfalls vor allem im Sommer als Saisonniers in Italien tätig. Im Sopraceneri dagegen verliessen die Männer vor allem im Winter die Täler und suchten Arbeit in Italien als Kaminfeger und Ofenbauer, aber auch als Packträger.

Die bekanntere Form der Auswanderung ist die *definitive Auswanderung.* Etwa die Hälfte der schweizerischen Auswanderer liess

Neben der Saisonauswanderung gab es schon früh die mehr oder weniger definitive Auswanderung nach den Nachbarländern. Die berühmtesten Beispiele sind wohl die Bündner Zuckerbäcker, die sich in Venedig, Palermo, Kopenhagen, St. Petersburg und anderen Städten Europas niederliessen. Hier: Confiserie Caflisch von Palermo.

sich in den Nachbarländern nieder. Diese wenig spektakuläre Tatsache wird neben der Aufsehen erregenden Auswanderung nach Übersee leicht übersehen. Die kontinentale Auswanderung wurde in der Mitte des 19. Jahrhunderts dann allerdings teilweise verdrängt durch die aufkommende Massenauswanderung insbesondere nach Amerika. Dieses Novum in der schon lange bestehenden Auswanderungstradition der Schweiz entsprach aber einem allgemeinen, *gesamteuropäischen Vorgang*.
In der Schweiz waren die alpinen Regionen von der Auswanderung besonders stark betroffen: das Tessin, Graubünden, Glarus, das Berner Oberland und das obere Wallis. Eine Zone mittlerer Auswanderungshäufigkeit bildeten der Neuenburger-, der Berner- und der Baselbieter Jura, das Emmenthal, der Aargau und das westliche Züribiet. Die wirtschaftliche Tragfähigkeit dieser Gebiete war so schwach, beziehungsweise die Belastung durch das Bevölkerungswachstum so stark, dass die bescheidene Existenzbasis beim Auftreten von Missernten, Überschwemmungen und anderen Katastrophen leicht zerstört wurde. Die aufkommende Industrie konzentrierte sich auf wenige Regionen und war noch nicht genug entwickelt, um die ‹überschüssige› Landbevölkerung und die Heimarbeiter aufzunehmen. Die Glarner Textilindustrie zum Beispiel konnte nicht alle Handweber in den modernen Produktionsprozess integrieren, die ihre Verdienstmöglichkeiten verloren hatten, nachdem der europäische Markt durch billige Baumwollstoffe aus England überschwemmt worden war. Die neueingestellten Industriearbeiter waren überdies nur zum kleinsten Teil ehemalige Handweber. Die Fabriken lagen im Tal – die Handweber wohnten aber an den Hängen. Zudem wurden in den Fabriken jüngere Leute bevorzugt.
Gemeinden, die durch die Armen, beziehungsweise die Armenunterstützung besonders belastet waren, ermunterten ihre Unterstützungsbedürftigen zur Auswanderung. Airolo zum Beispiel stellte

Urteile über Auswanderer
Wer sich mit den einheimischen Existenzbedingungen nicht abfand, sah sich leicht dem Vorwurf ausgesetzt, arbeitsscheu und leichtsinnig zu sein. In Wirklichkeit handelte es sich in der Regel um besonders willensstarke Menschen, die noch über genügend materielle Reserven und moralische Kräfte verfügten, um an den Aufbau eines neuen Lebens glauben zu können. Bei völliger Verelendung und Demoralisierung stand ein solcher Ausweg nicht mehr offen.

Das imaginäre Interview

Anna Dürst aus Kerenz, etwa dreissigjährig, ist in den vierziger Jahren mit ihrer Familie nach Amerika ausgewandert.

Frau Dürst, in den Amtsschriften hat man ihresgleichen meistens als ‹Auswanderungslustige› bezeichnet. Hat es Ihnen Spass gemacht, in die weite Welt hinauszuziehen?
Natürlich nicht. Wir hatten keine andere Wahl. Das heisst, wir konnten schon wählen, wir mussten uns sogar entscheiden, und der Entscheid fiel uns sehr schwer. Doch die Frage, vor der wir standen, hiess: Auswandern oder Armengenössigkeit.

Wovon haben Sie denn gelebt, bevor Sie weggezogen sind?
Wir sind Weber gewesen. Handweber, die im eigenen Haus Tücher hergestellt haben, wie dies schon der Grossvater und der Urgrossvater vor uns getan haben. Mein Mann und ich haben uns im Weben abgewechselt. Die Preise die man für unsere Tücher bezahlte, sind immer mehr gefallen. 50 Rappen erhielten wir am Schluss für die Arbeit von einem ganzen Tag.

Wessen Schuld ist das gewesen?
Die Handelsherren sagten uns, dass die englischen Baumwollstoffe, die überall zu haben wären, viel billiger seien. Mit einem Taglohn von 50 Rappen konnten wir aber kaum leben. Da musste nur eine schlechte Ernte die Brotpreise steigen lassen, dann reichte es nicht einmal mehr zum Nötigsten. Zwar hatten wir noch Pflanzland, wo wir vor allem Kartoffeln und Chabis und etwas Mangoldkraut pflanzten. Das half uns die hungrigen Mäuler stopfen – und derer gab es ja genug – doch da ist plötzlich die Kartoffelkrankheit aufgetaucht: die Stauden verdorrten und die Knollen konnte man nicht essen.

Sie sprachen von den Brotpreisen, assen Sie denn viel Brot?
Brot haben wir vor allem zwischendurch beim Arbeiten gegessen, wenn es pressierte. Brot konnte man ja ohne extra Zubereitung jederzeit essen.

Wieviel Kinder hatten Sie?
Wir hatten drei. Lange Zeit sind sie eine Last gewesen, mit der Zeit konnte aber wenigstens das älteste ganz gut mitarbeiten.

Wahl zwischen sozialer oder geographischer Verpflanzung

Man mag es als widersprüchlich empfinden, dass 1844/45 etwa 300 Glarner durch Verdienstschwund aus der Heimat vertrieben wurden, obwohl etwa 400 Ausländer im Kanton ihren Verdienst hatten. Dies entspricht aber einem generellen Befund: Die Schweiz war gleichzeitig Auswanderungs- und Einwanderungsland, und die Einwanderungen glichen die Auswanderungen zahlenmässig einigermassen aus. Seit 1874 überwogen sogar

die Einwanderer, die Schweiz wurde zu einem Nehmerland.

Arbeit hätte es schon gegeben. z.B. beim Bau des Gotthardtunnels, aber solche Arbeit wäre für diejenigen, die ihre ursprünglichen Verdienstmöglichkeiten verloren, mit einem sozialen Abstieg verbunden gewesen. Und so zogen manche die geographische Verpflanzung der sozialen Verpflanzung vor.

Unter den Auswanderern gab es eine beachtliche Zahl von Gewerbetreibenden, die versuchten, ihrem angestammten Beruf oder wenigstens einer selbständigen Tätigkeit nachzugehen. Der Tessiner Schuhmacher Agostino Respini dürfte ein solcher Fall sein. Wir sehen ihn hier in Australien vor seinem eigenen Geschäft, umgeben von einer Gruppe von Goldsuchern.

Mich erstaunt, dass Ihre Familie nicht grösser war. Hatten die anderen auch nicht mehr Kinder?

In der Regel schon nicht. Trotzdem gab's im ganzen Land einen reichen Kindersegen. Und die jungen Leute machten sich schnell selbständig, verdienten ganz gut und hatten auch schon wieder Kinder.

Nun gab es aber im Glarnerland doch Tuchdruckereien, Webereien und Spinnereien, eine blühende Industrie, die zu den fortgeschrittensten der Schweiz gehörte.

Dorthin wollte mein Mann nicht gehen. Dort hätte er jede Freiheit verloren, hätte er die Arbeit nicht mehr selbst einteilen können, hätte er 12 Stunden mit nur einer kurzen Pause arbeiten müssen. Und was hätten die anderen von uns gedacht, wenn wir Fabrikler geworden wären.

Immerhin war die Wahl offenbar doch nicht bloss, wie Sie gesagt haben, auf die Auswanderung einerseits und die Armengenössigkeit anderseits beschränkt. Es gab die Fabrik als dritte Möglichkeit.

Das ist nicht so einfach gewesen. Diese Fabriken haben lange nicht alle Handweber aufnehmen können, zudem haben sie die jüngeren, leichter anpassungsfähigen Leute bevorzugt. Mein Mann, damals immerhin schon 36jährig, hätte zudem jeden Tag den weiten Weg zu Fuss ins Tal hinunter zurücklegen müssen und nach einem 12-Std.-Tag nochmals 1 1/2 Std. Rückweg gehabt. So haben wir beschlossen auszuwandern.

Wie sind sie auf diese Idee gekommen?

Wir waren, weiss Gott, nicht die einzigen. Es ist überall von Auswanderung die Rede gewesen. Eines Tages ist eine Einschreibeliste bei uns aufgetaucht: Es sei die Gründung einer Schweizer Kolonie in Amerika geplant. Die Reise würde finanziert, man müsse nur auf das Tagwenrecht verzichten, d.h. auf den Nutzen des Gemeindegutes. Tag und Nacht haben wir von da an die Frage im Kopf gehabt. Schliesslich drängte der bereits festgelegte Abreisetag und wir mussten uns entscheiden.

Ich kann mir vorstellen, dass ein starkes Anwachsen der Bevölkerung zu Beschäftigungs- und Ernährungsschwierigkeiten führen kann. Ich frage mich aber, ob man von Arbeitsnot reden kann, wenn gleichzeitig eine Menge Ausländer, etwa 400, im Kanton Glarus Beschäftigung und Verdienst fanden.

Gut, mein Mann hätte sich als Knecht verdingen, oder er hätte vielleicht im Schieferwerk von Elm arbeiten können. Ein Alleinstehender hätte knapp davon leben können. Für uns wäre es jedoch der Anfang vom Ende gewesen. Wir aber wollten im Gegenteil die Hoffnung nicht aufgeben, es noch zu etwas zu bringen.

25 000 Franken zur Verfügung, um 50 Auswanderungswilligen die Reise nach Kalifornien zu bezahlen. Anders als die Gemeinden und Kantone nahm der Bund in der Auswanderungsfrage eine indifferente und von 1870 an eher ablehnende Haltung ein. Die Massenarmut und der damit verbundene Auswanderungszwang erklärt sich zum Teil aus dem rapiden Bevölkerungswachstum, wie ihn das Glarner Beispiel illustriert.

Armenschübe

In Wittnau (AG) wurden 1850 die Armengenössigen, denen die Gemeinde den Hauszins bezahlte, angefragt, ob sie nicht auswandern wollten, wenn die Gemeinde für die Reisekosten aufkomme. Es meldeten sich fünf Familien und ein Alleinstehender. Als jemand vorschlug, die Armen vor die Alternative Auswanderung oder Einsperrung zu stellen, meldeten sich weitere Interessenten. Die Gemeinde brachte schliesslich 3400 Franken an Auswanderungskosten auf. Der Gemeindevorsteher dazu: «Es sei freilich für die Gemeinde hart der Kosten wegen, allein, wenn man die jährlichen Unterstützungen rechne, & noch darzu daß sich diese Leute vermehren & zu gar nichts kommen, so sei denselben doch für sie & ihre Nachkommen ein besseres Los eröffnet.» 1850 zählte Wittnau 939, zehn Jahre später nur noch 819 Einwohner.

In Schneisingen (AG) wollten 1851 11 Familien mit insgesamt 78 Personen auf Gemeindekosten auswandern. In der 623 Einwohner zählenden Gemeinde wurde dieses Gesuch positiv aufgenommen: «... die jährliche Bürgernutzung, welche denselben von dem Gemeindewald gegeben werden muß, so wie die jährliche Unterstützungen aus dem Armengut an Hauszins, Lebensunterhalt, Lehrgeld usw. in Rechnung gebracht würde, so würde es nicht am unrechten Orte sein denselben zur Abreise zu verhelfen. (...) Daß im Fall diese Auswanderung vor sich ginge, die hiesige Schulpflichtige Kinderzahl sich auf höchsten 90 Reduzieren wird, so daß dann ein neuer Schulhausbau für mehrere Jahre vermieden werden könnte & eben so einen zweiten Lehrer nicht angestellt werden müßte.»

In den 1850er Jahren wurden in der Schweiz die ersten *Auswanderungsagenturen* gegründet. 1882 gab es deren 9 – davon 6 allein in Basel und je eine in Aarau, Bern und Genf. 1885 beschäftigten sie – oft bloss in Nebenfunktion – insgesamt 359 Agenten. Die Auswanderungsagenturen bearbeiteten als profitorientierte Unternehmen den Markt und schufen mit ihren Angeboten eine Nachfrage. Zeitungsannoncen und Flugblätter riefen zur Auswanderung auf und priesen maximale Transportleistungen zu minimalsten Tarifen an. Mit den Reisediensten wurde zuweilen auch billig erworbener Boden teuer weiterverkauft. Bis zum Ende des Jahrhunderts entwickelten sich die Auswanderungsagenturen zu einem umsatzstarken Wirtschaftszweig. Ihre Dienstleistungen wurden mehr und mehr auch an ausländische Emigranten verkauft. 1913 zum Beispiel nahmen gegen 130 000 Ausländer schweizerische Reisebüros in Anspruch; der ausländische Anteil war 20mal grösser als der schweizerische. Einzelne Reisebüros und Speditionsfirmen unserer Zeit haben ihre Wurzeln im ehemaligen Auswanderungswesen.

Emigrationsbüro in Basel um 1880

Andere Lockungen gingen von bereits emigrierten Schweizern aus. Albert Conus aus dem freiburgischen Saulgy benutzte 1873, als er zum Kauf von Landwirtschaftsgeräten nochmals in die Schweiz zurückkehrte, die Gelegenheit und ermunterte diejenigen mitzukommen, «denen die Eltern keinen Boden gelassen haben, wo sie ihren Arm gebrauchen können». Denen, die von eigenem Grundbesitz träumten, rief er zu, dass es in Chile genug Wiesen habe und dort die Gruyère-Fabrikation leicht sei. Manche Berichte waren

Ermunterungen gingen auch von Verlagshäusern aus. Sie priesen Reiseführer an, Karten, Ratgeber in Rechtsfragen, Fahrpläne, Wörterbücher.

Informationsblatt der Basler Auswanderungsagentur Beck und Herzog für zukünftige Auswanderer (1851)

Wir geben uns das Vergnügen Ihnen die Zweckmäßigkeit und Vorzüge unserer Auswanderungs-Anstalt vorzulegen, aus welcher einfachen Darstellung Sie ersehen werden, daß wir uns das Wohl der Auswanderer überall zum Hauptzwecke machen. (...)

Bis über die französische Grenze werden sie von einem Angestellten begleitet, der für die Untersuchung und pünktliche Verladung des Gepäckes, sowie für alle sonstigen Formalitäten sorgt, damit Alles schnell und ohne Störung vor sich gehe und der Auswanderer jeder ängstlichen Sorge überhoben sei. Für die fernere Reise sind die Reisenden dem jeweiligen Conducteur auf das Beste empfohlen und nimmt derselbe sich ihrer bereitwillig und sorgfältig an, sowohl auf der Reise als während des Aufenthaltes von einigen Stunden in Paris. (...) Während der Reise erhalten die Auswanderer eine vorzügliche Beköstigung, vor Abgang in Mülhausen zum Nachtessen gute Suppe, Rindfleisch, Gemüse, Braten und Salat, Brod und 1/2 Liter Wein, Kinder 1/4 Liter, so wie im Verlaufe Frühstück mit Caffe und Milch, Brod und Butter, zum Mittagessen, Suppe, Rindfleisch, Gemüse, Braten und Salat, Brod und gutem Wein. (...)

Zur Überfahrt erhalten sie den gehörigen Platz im Zwischendecke (oder vorkommenden Falls 1te und 2te Cajüte) des ihnen hier bezeichneten Postschiffes, nebst Bettstelle, Platz in der Küche, Trink-und Kochwasser, Brennholz und Beleuchtung, nöthigenfalls Apotheke und eine Spitalbettstelle und haben über 200 Pfund Gepäck frei, sind auch von Entrichtung des Amerikanischen Spital- und Kopfgeldes enthoben, das im Überfahrtspreise inbegriffen ist.

Die Vorzüge von unseren Postschiffen vor allen Andern lassen sich nicht verkennen und bestehen hauptsächlich:

1. In den zuverlässigen und regelmäßigen Abfahrten derselben, die für's ganze Jahr zum Voraus angegeben werden können.

2. In der Kürze ihrer Überfahrten, die gewöhnlich nur 25, selten mehr als 30 Tage dauern, was dem festen zweckmäßigen Bau der Schiffe, ihrer soliden äußern und innern Verkupferung, hauptsächlich aber den Kenntnissen und Erfahrungen ihrer Capitaine zuzuschreiben ist, die stets nur den gleichen Weg befahren und deßhalb mit allen seinen Eigenschaften vertraut werden können, dabei stets eine starke, vollzählige Mannschaft mit gebildeten Ober- und Unterofficieren zu Gebote haben.

Die Zwischendecke dieser Schiffe sind hoch, mit künstlichen, verschließbaren Luftzügen versehen, breit und hell, mit gehöriger Anzahl Treppen nach dem Keller als hinauf zum Decke des Schiffes, die Küchen gut angebracht, feuerfest, da dieselben ganz mit Metall ausgeschlagen sind, weßhalb auch beim Sturme darin gekocht werden kann, so wie denn überall Reinlichkeit aufrecht erhalten wird, und der Capitain außer dem üblichen täglichen Waschen des Schiffes wöchentlich eine Reinigung der Zimmer und des Zwischendeckes durch die Matrosen vornehmen läßt, womit gesunde Räucherungen verbunden werden. Der Seeproviant, den wir liefern, ist frisch, schmackhaft, für die längste Dauer der Fahrt und den besten Appetit mehr als hinreichend. Auch das Schiffsmobiliar, als: Eine verschließbare Kiste zum Aufbewahren der Lebensmittel, Säcke zu Kartoffeln und Schiffsbrod, Wasserkrug, geflochtene Essigflasche, Matrazen, Kopfkissen, Decke, Koch-, Eß- und Waschgeschirr, Nachttopf usw. werden von uns in Lieferung übernommen. (...) Um nun Auswanderer, Eltern, Vormünder oder Heimathsbehörden vollkommen zu beruhigen, haben wir unsere Verträge dem Urtheile der von einer hohen Eidgenossenschaft in Havre aufgestellten und durch den schweizerischen Consul repräsentirten Schutzbehörde unterworfen, genannten Consul in Fällen, wo der Auswanderer nicht zufrieden wäre, als Schiedsrichter zwischen ihm und uns anerkannt, und zwar so, daß auf sein Urtheil hin, jede dem Auswanderer zugesprochene Vergütung sogleich in Havre ausbezahlt würde.

Verhandlungsgegenstände:

1. Berichterstattung über die Thätigkeit des Comite's.
2. Berathung über Absendung eines Abgeordneten nach den La Plata-Staaten, für welche Mission bereits ein Anerbieten vorliegt.
3. Unvorhergesehenes.

Bern, den 10. Juli 1868. Für den Vorstand:
Der Präsident: **Minnig.**

Für Auswanderer.

Das Haus **Jean Stößel & Comp. in Basel** befördert regelmäßig Auswanderer **nach** Nord- und Südamerika und Australien zu den billigsten Preisen und vortheilhaftesten Bedingungen.

Gute und freundschaftliche Behandlung werden zugesichert.

Wegen Akkordsabschlüssen und weiterer Auskunft beliebe man sich zu wenden an

Jean Stößel und Comp.,
Centralbahnplatz Nr. 9, Basel,
oder deren konzessionirten Generalagenten.

 **Auswanderern** 

halte ich meine **regelmäßigen Schiffsgelegenheiten** vermittelst der rühmlichst bekannten schnellen **Bremer Postdampfer** und schöner, schnellsegelnder dreimastiger **Bremer Segelschiffe** nach **New-York, Baltimore, Philadelphia, Charleston S. C., New-Orleans, Galveston, Quebec** (in Canada), sowie nach **San Francisco** (in Californien), den **Australischen** Häfen und denen des **la Plata (Montevideo** und **Buenos-Ayres)** bestens empfohlen.

Gedruckter Werbebrief
Liebe Mutter! wenn ich 10 Jahre gesund bin, so komme ich mit 20 000 Fr. nach der Heimath. Ich sage nicht, daß Jemand kommen soll; aber ich würde nicht zurückkommen, wenn ich schon das schönste Gut in Affoltern haben könnte. Es sind Familien hier, die in Deutschland in großer Armuth gewesen sind und jetzt in schönen Wohlstand kommen. Wenn Einer hier einen ganzen Tag arbeitet, so hat er mehr als Einer in der Schweiz in der Woche. Liebe Mutter; sagen Sie dem Johann Dick, Seiler, er soll keine Stunde mehr in der Schweiz verweilen. Holz, Café, Zucker, Reis, Melonen, Feigen, Orangen, Zitronen, Apfelsinen und so allerhand Südfrüchten wachsen hier wild in den Wäldern; es ist sonst kein Holz als von solchen Bäumen. Geld, Essen und Arbeit ist genug vorhanden. (Johann Dick im März 1873 aus Brasilien).

Nüchterne Berichte aus der Ferne
Was nicht Warheit ist, ist gelogen. Es ist aber nichts daran gelegen, so kan doch abgetruckt und verkauft werden. Solche Schleker Briefe sind im Grund mehr schädlich als nüzlich; den ich bin gewis, das manche untüchtige Haushaltung und mancher liederliche Faulenzer dadurch bewegt werden, um dieses Land zu betreten, da es doch gewis nicht für jederman rathsam ist. Ich finde es zwar nicht nothwendig, hierüber viel zu schreiben; ich thue es blos zu Euerer wahren Kentnis. Wen ich im Kreyse meiner alten Freunden und Bekanten wäre, wolte ich einem jeden sagen, desen Caracter ich kenne, ob er aus wanderen solte oder nicht; den es ist mancher fleißige Haußvater, der seine Fameylien kümmerlich nähren mus und darf die Reyse nicht antreten. Dem konte man zuruffen, komme här, den hier ist ein Land der Erquikung. Da ich hingägen erfahren habe, das Leute schon auf ihrer ganzen Reyse das Maul geleket und in der Meinung waren, das Zuker Saft fließe das ganze Jahr über die Baümme härunder, das man sich zu allen Zeiten nach Belieben erlaben könne; da man diese Ernde bloß im Frühjahr, wen Früling und Winter einander in den Haaren krazen, nehmen kan und auch mit Mühe und Arbeit verbunden ist. (David Niederhäuser im Januar 1835 aus Ohio).

Worte über die Weltmeere
(Familienbrief an Giovan Battista Sartori, ferie 1857) in Jim Crow, Australien
Amorissimo mio amato marito!
Amabilissimo padre nostro!!
Inestinguibile l'amore dei figliuoli verso dun genitore, e incomprensibile l'amore duna moglie verso di voi amoroso marito mio. (...) Vi dico ché o ricevuto la vostra graziosissima lettera il giorno 17 dicembre, che mi avete scritto il giorno 24 agosto del 1857, sopra la quale vostra benigna lettera io con la amata famiglia sono molta contentissima, a sentire vostri sentimenti a parlare a vedere il vostro proprio descrito caratere conoscere in tutto il vostro statto. (...) La vostra lettera mi fai rimanere tutta aflitta, fin dal primo istante di vostra partenza per luoghi così lontani, non so aprovare come voi fatte carissimo mio amante, a rimanervi così tanto là in quei luoghi così stranei, ma oh, dio vi tochi il cuore di portarvi al seno di me costra consorte, nonché alla amata nostra famiglia, ché tanto vi desideriamo da abraciarvi sempre di continuo vi racomando con li bambini nostri alla divina providenza, che vi inspira di venire a casa nostra, significa che anche la zia di Sabionetta in una sua lettera a ma scrita vi racomanda istantemente e fortemente è vi prega di venire a casa come pure di continuo prega il signore per voi (...) Vi lascio con dio vi facio sapere che la zia di Verona se i suoi afari permetta la vo venire a trovarmi in primavera io salute di cuore carissimo marito vostra consorte
Carissimo padre vi saluto di cuore di scrittua sono la vostra figlia Mariagata vi lascio con mila bacci adio adio vi prego di venire a casa.
La vostra figlia Catalina la vi lascia con milla bacci la vi prega di venire presto a casa.
Caro padre vi saluto di cuore sono il vostro figlio Antonio Maria e continio alla scuola queste due righe lanno scritto il vostro figlio Antonio vi lascio von milla bacci adio vi prego di venire presto a casa.
Mio padre vi saluto di cuore vi lascio con milla bacci adio adio adio continuo alla scuola mi lincrescie che sono il lontimo anno che vi sono un buon maestro e sono la vostra figlia Filomena adio.
Il nostro maiestro scolastico è Giacomo Bolla di Martino.

Auswandererlied
(nach der Melodie ‹Wohlauf zum frühen Jagen›).

Wir treten jetzt die Reise
Zum fernen Lande an;
Sei bei uns, Herr, und weise
Dem Schiff die rechte Bahn,
Sei bei uns auf dem Meere
Mit deiner Vaterhand
Und führe uns, o Herre,
An den ersehnten Strand.

Das Schiff fährt aus 'gen Westen,
Bald ist's im vollen Lauf
Und wir, wir schau'n mit festem
Vertrau'n zu Dir hinauf;
Wir falten stumm die Hände,
Denn jeder von uns weiß,
Daß Well' auf Well' am Ende
Zergeht auf Dein Geheiß.

Die Überfahrt
Die meisten Auswanderer nahmen den Weg über Basel und verliessen Europa in Le Havre. Der Weg in die neue Heimat war lange, beschwerlich und teuer.

	Pferdegespann	*Eisenbahn*
Basel–Le Havre	*20–25 Tage*	*knapp 40 Std.*
	Segelschiff	*Dampfschiff*
Le Havre–New York	*25–40 Tage*	*8–15 Tage*

Geburten und Todesfälle auf Segelschiffen, die in New York anliefen

	Total	*Geburten*	*Todesfälle*
1864	*102 843*	*186*	*750*
1866	*75 534*	*162*	*851*
1868	*32 194*	*102*	*390*

War die Reise nicht vorbereitet, wurde unter Umständen sogar über die Hälfte der Reisezeit zur Wartezeit. Man musste teure Unterkunftsmöglichkeiten bezahlen, bis sich günstige Transportmöglichkeiten anboten.

tendenziös und nicht im Interesse der künftigen Einwanderer, sondern der Unternehmer geschrieben. Vorübergehende Heimkehrer holten sich übrigens nicht nur landwirtschaftliches Gerät – sie suchten sich unter dem reichen Vorrat unverheirateter Frauen ihre Lebensgefährtin aus und trugen so ein weiteres zur Erhöhung der Auswanderungsquote bei.

Um die Route und vor allem das neue Gebiet zu erkunden, schickte der Glarner Auswanderungsverein Kundschafter voraus und liess dann die 196 Auswanderer 1845 als geschlossene Gruppe folgen. Diese benötigten für den Weg von 11 120 km 111 Tage.

Glarus-Atlantik	*1040 km 17 Tage*
Atlantiküberquerung	*7000 km 48 Tage*
Atlantik–New Glarus	*3080 km 46 Tage*

Bernhart Matter - auch ein Schicksal
Der bekannte Aargauer Schelm Bernhart Matter (29) aus Muhen wollte ebenfalls nach Amerika auswandern, nachdem er, der gelernte Maurer, wegen fortgesetzten Diebereien auf die schiefe Bahn gekommen war. Dem zu einer zwanzigjährigen Zuchthausstrafe Verurteilten gelang 1853 die Flucht. Vor seiner Einschiffung wollte er sich beim Landjäger-Corps des Kantons Aargau verabschieden und schrieb den folgenden Brief: «Mit diesen paar Worten zeige ich Euch an, dass meine Reise jetzt über den Bach geht. Ich habe schon lange ein trauriges Leben gehabt. Und so will ich mir dort ein ruhigeres verschaffen mit der Hülfe Gottes. Nach dem Gewitter gibt es auch wieder Sonnenblicke – das zeigt sich offenbar an mir. Ein freundlicher Gruss Bernhart Matter.» Weit kam Matter allerdings nicht. In Le Havre liess man ihn nicht aufs Schiff, nachdem er bei der obligatorischen Gesundheitsprüfung durchgefallen war. Später wäre er beinahe doch noch ‹über den Bach› gelangt: Dem Kanton Aargau, der ihn wieder in Verwahrung nahm, wäre es sehr recht gewesen, wenn Matter seine langjährige Kettenstrafe in einer überseeischen Strafkolonie abgebüsst hätte. Doch auch dieser ‹Auswanderungsplan› zerschlug sich. 1854 wurde er wegen Gemeingefährlichkeit zum Tode verurteilt und öffentlich enthauptet.

Die stimulierende Wirkung der Auswanderungsagenturen ist umstritten. Man darf aber annehmen, dass Aufforderungen bloss auf offene Ohren stiessen, wenn die persönlichen wie sozio-ökonomischen Voraussetzungen gegeben waren. Gewiss haben auch die Auswanderungsvereine stimulierend gewirkt. Sie gingen jedoch davon aus, dass ohnehin ausgewandert werde, dass aber diese Auswanderungen sorgfältig durchgeführt werden müssten, damit sie nicht als Misserfolg endeten.
Stimulierend wirkten auch die Verbesserungen der Transportmöglichkeiten. Andere Auswanderungsursachen lagen in Konflikten familiärer, politischer und konfessioneller Natur. Gewisse Auswanderer wollten sich auch den Strafen oder Ächtungen entziehen, denen sie infolge normwidrigen Verhaltens ausgesetzt waren.
Nicht alle Auswanderer kehrten der Schweiz für immer den Rücken. Es gab auch das Phänomen der Rückwanderung, wobei Misserfolg oder Erfolg zur Heimkehr führen konnten. Oft kehrten reichgewordene Emigranten ins Heimattal zurück und belebten mit ihrem Reichtum die karge Region. Pietro Chiesa schenkte seinem Heimatort, nachdem er im argentinischen Rosario sein Vermögen gemacht hatte, die ‹Mezzana› bei Mendrisio, wo heute die *Scuola Cantonale di Agricoltura* untergebracht ist. Die Schmalspurbahnen der Tessiner Täler sind hauptsächlich mit dem Geld der ausgewanderten Familien Soldati, Emilio Maraini und Giovanni Pedrazzini erbaut worden. Und Lorenzo Delmonico, um ein drittes Beispiel zu nennen, kehrte zwar bloss für kurze Zeit in die Schweiz zurück, seine Stiftung ermöglichte aber dem Heimatort Mairengo den Bau des Gemeindehauses, des Pfarrhauses, des Hauptaltars und der Strasse nach Faido.

Sich bei der Kasse melden
Auch die zu Hause gebliebenen Schweizer kamen in der zweiten Hälfte des 19. Jahrhunderts vermehrt mit der weiten Welt in Berührung.
St. Gallen 1868: «Ein prachtvolles Rhinoceros ist während der Messe täglich auf dem Brühl zu sehen. Sein Wärter reicht ihm stündlich Nahrung und begibt sich in seinen Käfig, wo es auf Kommando exerziert. Liebhaber, welche sich für die ganze Zeit seines Aufenthaltes abonnieren wollen, belieben sich bei der Kasse anzumelden.»

Gérald Arlettaz (Bundesarchiv)

Die Übersee-Auswanderung: Offene Fragen

Auswandern im 19. Jahrhundert war für Hunderttausende von Schweizern ein Zwang und zugleich eine Hoffnung. Doch was wissen wir von ihnen? Woher kamen sie, wohin gingen sie? Einigermassen solide Angaben haben wir erst seit der Einführung der Bundesstatistik über das Auswanderungswesen in den 1880er Jahren. Für die vorangehenden Perioden beruht unser Wissen in der Hauptsache auf einzelnen Studien, deren einige ausgezeichnet sind.

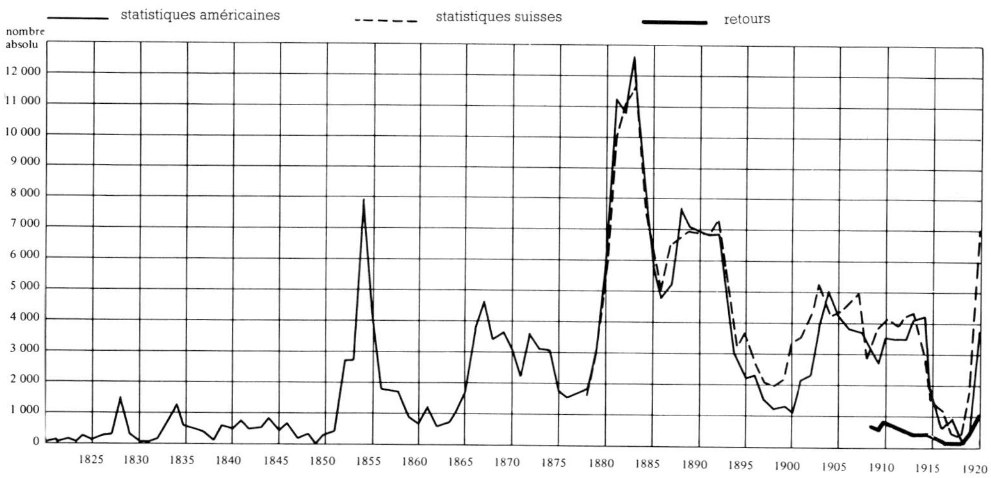

Aus der Summe Tausender von Einzelschicksalen, die sich aus objektiven Lebensbedingungen und subjektiven Entscheiden ergeben haben, lassen sich solche Kurven herstellen. Allein nach den Vereinigten Staaten wanderten – aus welchen Motiven auch immer – im Laufe eines Jahrhunderts über 260000 Schweizer aus. Dies entspricht etwa 10 Prozent der Gesamtbevölkerung von 1870. Die grossen Wellen der Jahre 1817–1818, 1850–1855 und 1880–1893 zeigen die Auswanderung als Massenerscheinung. Aber auch in den Zwischenphasen bleibt die Auswanderung ein konstantes Phänomen (Grafik: Arlettaz).

Warum sind sie aufgebrochen? Festzustellen, dass es auf diese Frage so viele Antworten wie Einzelschicksale gebe, genügt ncht als Erklärung.
Es handelt sich um ein ausserordentlich komplexes Phänomen, das gewissermassen die Resultanten aus dem Zusammenwirken der gesamtgesellschaftlichen wie der regionalen Entwicklung, der lokalen Gemeinschaften wie der Einzelhaltungen ist. Die Attraktion der Neuen Welt war in der ersten Hälfte des 19. Jahrhunderts relativ schwach, wurde aber stärker nach 1850. Muss man diese Zunahme nicht mit den gesellschaftlichen Veränderungen in Verbindung setzen, die sich aus der Durchsetzung einer liberalen Wirtschaftsordnung ergaben? Wie sind sie aufgebrochen? Mit Hilfe eines Handelsnetzes, das sich im Verlaufe des Jahrhunderts immer mehr entwickelte. Auswanderungsagenturen wussten aus dem ‹amerikanischen Traum› Nutzen zu ziehen. Wer waren die Agenten und Unteragenten, welche die Dörfer auf der Suche nach Kunden durchkämmten? Die Antworten sind in Basel oder Genf zu suchen, aber auch bei den lokalen Behörden. Was wissen wir über die Auswanderer selbst?
Manche haben Zeugnisse hinterlassen – Briefe, Reisetagebücher, Fotografien. Diese Dokumente illustrieren ihre Ängste, ihre Hoffnungen, ihre Identität – sie könnten die Geschichte einer jeden Schweizer Familie betreffen. Eine letzte Frage: Wurde – und wird – die Auswanderung als Lösung der Probleme verstanden? Die Antwort auf diese bisher vernachlässigte Frage bildet eine Voraussetzung für das Verständnis der Entwicklung der Ideologien und der gesellschaftlichen Systeme.

Peter Stadler
(Universität Zürich)

Der ‹Kulturkampf› aus heutiger Sicht

Liegen dem Kulturkampf letztlich sozioökonomische Determinanten zugrunde? Das ist gelegentlich angenommen worden, vor allem im Blick auf die nach 1873 einsetzende Grosse Depression. Ihm käme somit Ventilfunktion zu, gesteuerte Ablenkung der Massen von den eigentlichen Ursachen der Konjunkturwende und der Krise. Dieses Interpretationsmuster ist allerdings zu weitmaschig, um wirklich zu überzeugen. Bereits der Zeitplan bereitet Schwierigkeiten. Die eigentliche Eskalation des Kampfes setzt nämlich schon wesentlich früher ein, schon bald nach der Verkündung der päpstlichen Unfehlbarkeit, also in einer Phase der noch anhaltenden Hochkonjunktur. Sodann liegen die Schwerpunkte des Kampfes (Berner Jura, Genfer Landschaft) nicht in den besonderen Reizzonen der ökonomischen Krise.
Es lag in der Natur des Kampfes, dass er in peripher gelegenen katholischen Gebieten (Berner Jura, Genfer Landschaft) am schärfsten ausgetragen wurde. Hier war er zugleich ein Mittel staatlicher Gewalt, diese als zurückgeblieben eingestuften Zonen sowohl zu modernisieren als auch der kantonalen Zentralgewalt zu integrieren.
Der Modernisierungsprozess richtete sich gegen Restbestände kirchlicher Einflusspositionen, die in vielen selbst katholischen Ländern bereits preisgegeben waren und nun auch in der Schweiz nicht mehr länger zu halten waren.
Hätte sich der Kulturkampf vermeiden lassen? Gegen diese Vermutung spricht die Tatsache, dass ähnliche Auseinandersetzungen – wenn auch mit Phasenverschiebungen – andern Ländern (Sardinien-Piemont, Österreich, Preussen-Deutschland, Frankreich) ebenso wenig erspart blieben. Zweifellos gehören sie mit zum Säkularisierungsprozess von Staat und moderner Gesellschaft. Dennoch gab es Galionsfiguren, die den Kampf im Innern wollten und vorantrieben.
Abgeschlossen ist die Forschung zu diesem Thema noch keineswegs, auch wenn nun eine Gesamtdarstellung vorliegt. Es fehlen ausser Studien zu diversen Regionen Arbeiten zur Volksfrömmigkeit und zur Bedeutung der sozialen Gruppen im Kulturkampf, zu dem wichtigen, quellenmässig aber nicht immer leicht zu ermittelnden Anteil der Frauen, zu den Wechselwirkungen von Industrialisierung und Kulturkampf, zur Gesetzgebung (insbesondere den Strafgesetzen), zu Aspekten der Schulpolitik, aber auch zu dem in der Schweiz noch verhältnismässig wenig erforschten Streit um den Modernismus. Es gibt noch manches zu tun auf diesem Felde.

Hinweise auf weiterführende Literatur
Gérald Arlettaz, Emigration et colonisation suisses en Amérique 1815–1918. Etudes et Sources des Archives Fédérales Suisses no 5, Bern 1979. – *Giorgio Cheda,* Emigrazione ticinese. 2 vol. Locarno 1976. – *Leo Schelbert,* Einführung in die schweizerische Auswanderungsgeschichte der Neuzeit. Zürich 1976. – *Berthold Wessendorf,* Die überseeische Auswanderung aus dem Kanton Aargau im 19. Jahrhundert. Aarau 1973.
Peter Stadler, Der Kulturkampf in der Schweiz. Frauenfeld 1984.

Die verschiedenen Wirtschaftsbereiche werden in der Reihenfolge ihrer Entstehung systematisiert: Die Landwirtschaft bildet den primären Sektor, die Industrie den sekundären und der Dienstleistungsbereich den tertiären Sektor. Innerhalb des sekundären Sektors kann ebenfalls eine entwicklungsgeschichtliche Reihenfolge gebildet werden: Auf die Textilindustrie folgte die Maschinenindustrie, auf die Maschinenindustrie die chemische und die Nahrungsmittelindustrie. Die Industrialisierung ist, von einer gewissen Bevölkerungsdichte an, die Voraussetzung für Existenzsicherung und Wohlstand. Neben den volkswirtschaftlich eindeutig vorteilhaften Seiten hat sie indessen – für einen Teil der Bevölkerung – auch ihre Schattenseiten. Davon wird im folgenden die Rede sein. Unser Bild: Stahlgussputzerei der Georg Fischer-Werke, Schaffhausen, 1904.

Teil 10

Fabrikanten und Fabrikler 1850–1900

Dieses Kapitel ist den Auswirkungen der industriellen Revolution und den Anfängen der Arbeiterbewegung gewidmet, der schweizerischen *und* der internationalen Arbeiterbewegung. Darum werden auch Marx und Bakunin, die beiden Grossen der Ersten Internationale, nicht fehlen. Der eine ein Deutscher, der andere ein Russe. Ausländer! Es stellt sich auch hier die Frage, wie weit die schweizerischen Vorgänge durch das Ausland mitbestimmt worden sind. Bequemerweise wird der Sozialismus zuweilen als unschweizerischer Revolutionsimport abgetan. Ist das berechtigt? Wir werden auf diese Frage zurückkommen, nachdem wir die schweizerischen Verhältnisse kennengelernt haben.

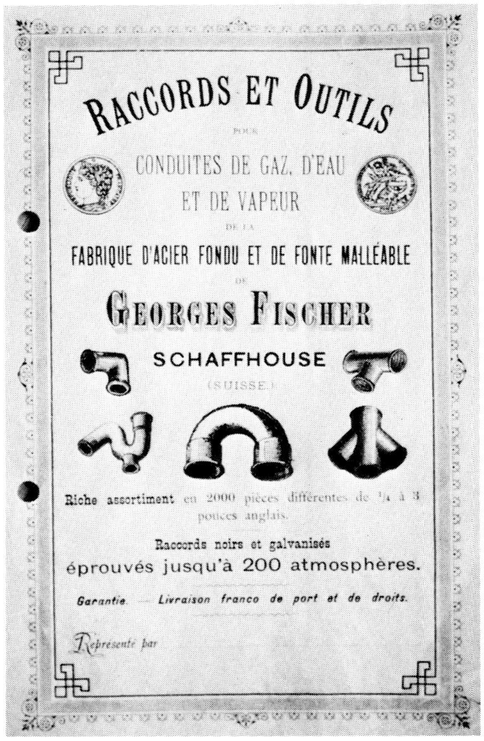

10.1 **Der Fabrikant**

Was die Industrialisierung für die direkt Beteiligten bedeutete, lässt sich am Beispiel der Georg Fischer-Werke in Schaffhausen besonders gut darlegen, weil deren Geschichte sehr genau belegt und aufgearbeitet worden ist. Das noch heute (allerdings als Aktiengesellschaft) bestehende Unternehmen geht auf eine Gründung des 1773 geborenen Johann Conrad Fischer zurück. Ihm folgten in drei Generationen drei Georg Fischer. Der mittlere, er lebte 1834–1887, gibt im folgenden Auskunft.

Das imaginäre Interview

Herr Fischer, wie war es möglich, dass Sie schon als 22jähriger die Leitung einer Fabrik innehaben konnten?
Mein Vater hatte mir die Leitung überlassen. Er hatte das Unternehmen von meinem Grossvater geerbt. Und dieser hatte von meinem Urgrossvater eine Kupferschmiede und eine Feuerspritzenwerkstatt übernommen und dann im Mühlental eine Schmelzerei eingerichtet.

Wieviele Arbeiter beschäftigten Sie?
Zu meiner Zeit waren es maximal 210.

Waren das viele?
Für unsere Branche schon. Die Zürcher Maschinenfabrik Escher-Wyss, die zu unseren Kunden zählte, beschäftigte aber zur gleichen Zeit, also nach dem 70/71er-Krieg, über 1300 Arbeiter. Grosse Belegschaften gab es vor allem in der Textilindustrie.

Sie leiteten ein blühendes Unternehmen. Was machte Ihren Erfolg aus?
Unser Erfolg beruhte auf unseren Pionierleistungen. Ein grosser Erfolg waren unsere Weichgussprodukte, die in meiner Ära entwickelt wurden. Mit dem Weichguss stellten wir qualitativ hochstehende und doch preisgünstige Röhrenverbindungsstücke für Gas-, Dampf- und Wasserleitungen her.

Sie sagen, «wir stellten her»; wen meinen Sie damit?
Unser Unternehmen natürlich.

Also auch ihre 210 Arbeiter? Verdankten Sie Erfolg und Gewinn nicht weitgehend Ihren Arbeitern?
Es ist heute Mode, die Dinge so zu sehen. Man konstruiert einen künstlichen Gegensatz zwischen Arbeiterschaft und Unternehmern und schmälert obendrein unsere Leistungen.

Es gab schon zu Ihrer Zeit diese Auffassung.
Mit der Zeit verschärfte sich diese Mentalität aber. Ich will übrigens nicht bestreiten, dass mancher Fabrikant seine Arbeiter schindete und ausbeutete. Wir dürfen aber nicht übersehen: Es gab auch solche, die ihrer sozialen Verantwortung durchaus bewusst waren. Auch unsere Firma hat viel für die Arbeiter getan . . .

Wir kommen noch darauf zu reden. Manche Fabrikherren haben aber rücksichtslos ihren Reichtum ausgekostet. Sie haben einen Lebensstil geführt, der auf die Arbeiter provozierend wirken musste.
Ja, damals schämte man sich schon nicht, den Reichtum zu zeigen.

Begegnungsstätten für Angebot und Nachfrage
Im Herbst 1857 wurde in Bern die dritte *gesamtschweizerische Industrieausstellung* durchgeführt. Rund 2000 Aussteller präsentierten in der vom Schweizerischen Handwerker- und Gewerbeverein und von anderen Vereinigungen organisierten Ausstellung während vier Monaten ihre Produkte. Erzeugnisse von hochstehender Qualität wurden prämiert. Das Preisgericht vergab 35 Goldmedaillen, 182 Silbermedaillen, 307 Bronzemedaillen und 320 Ehrenmeldungen. Solche Ausstellungen waren Ausdruck gesteigerter Produktionskapazitäten und gesteigerten Umsatzwillens. Märkte sollten erschlossen werden, im Inland wie im Ausland. Diese Warenmessen waren die Vorläufer der sogenannten *Landesausstellungen* (vgl. Teil 12).

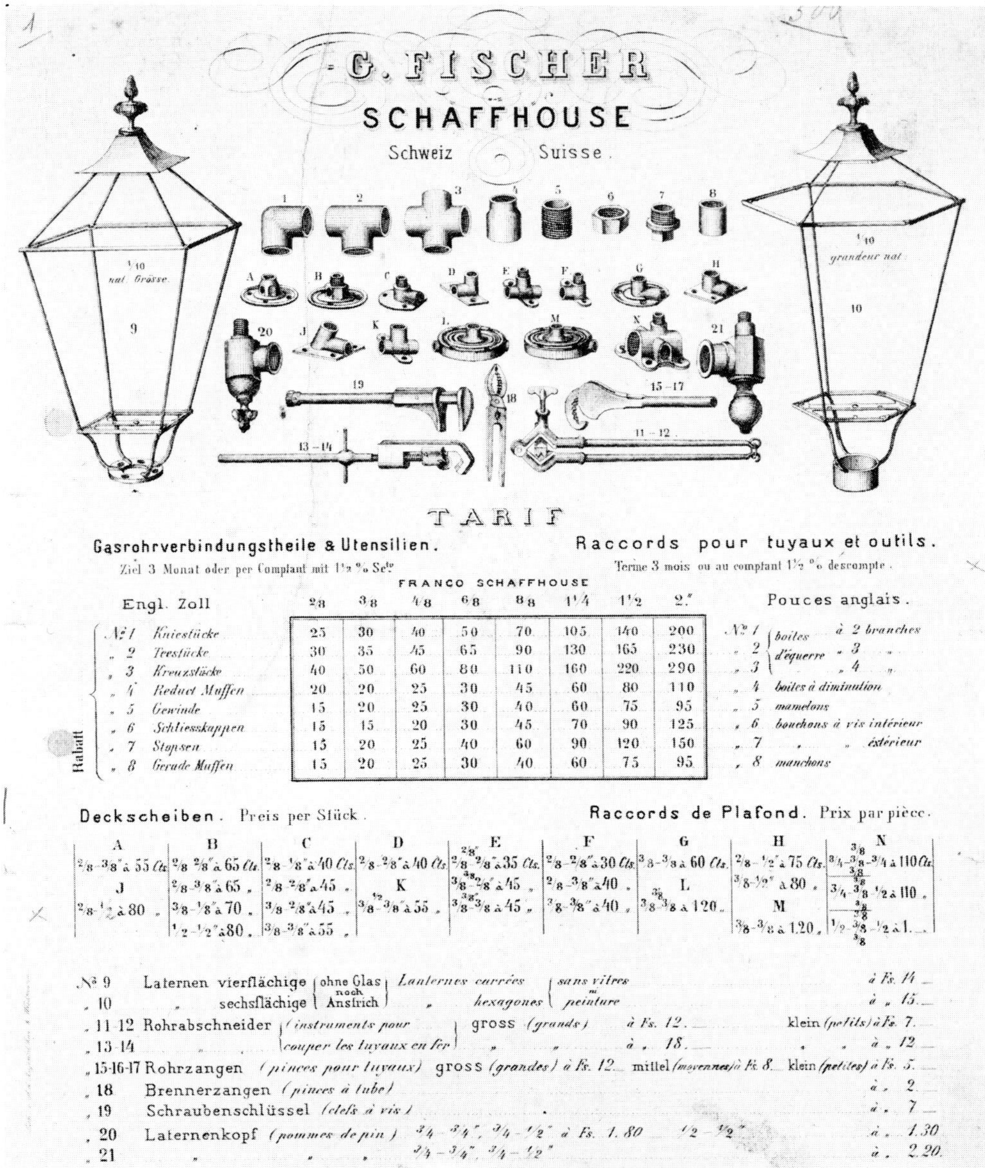

G. FISCHER
SCHAFFHOUSE
Schweiz — Suisse.

TARIF

Gasrohrverbindungstheile & Utensilien. — **Raccords pour tuyaux et outils.**

Ziel 3 Monat oder per Comptant mit 1½ % Sc° — Terme 3 mois ou au comptant 1½ % descompte.

FRANCO SCHAFFHOUSE

Engl. Zoll	2/8	3/8	4/8	6/8	8/8	1¼	1½	2."	Pouces anglais.
№ 1 Kniestücke	25	30	40	50	70	105	140	200	№ 1 boites d'équerre à 2 branches
„ 2 Teestücke	30	35	45	65	90	130	165	230	„ 2 boites d'équerre „ 3 „
„ 3 Kreuzstücke	40	50	60	80	110	160	220	290	„ 3 boites d'équerre „ 4 „
„ 4 Reduct Muffen	20	20	25	30	45	60	80	110	„ 4 boites à diminution
„ 5 Gewinde	15	20	25	30	40	60	75	95	„ 5 mamelons
„ 6 Schliesskappen	15	15	20	30	45	70	90	125	„ 6 bouchons à vis intérieur
„ 7 Stopsen	15	20	25	40	60	90	120	150	„ 7 „ „ extérieur
„ 8 Gerade Muffen	15	20	25	30	40	60	75	95	„ 8 manchons

Rabatt

Deckscheiben. Preis per Stück. — **Raccords de Plafond.** Prix par pièce.

A	B	C	D	E	F	G	H	N
2/8-3/8" à 55 Cts	2/8 2/8" à 65 Cts	2/8-1/8" à 40 Cts	2/8-2/8" à 40 Cts	2/8-2/8" à 35 Cts	2/8-2/8" à 30 Cts	3/8-3/8 à 60 Cts	2/8-1/2" à 75 Cts	3/4-3/8-3/4 à 110 Cts
J	2/8-3/8" à 65 „	2/8-2/8" à 45 „	K	3/8-2/8" à 45 „	2/8-3/8" à 40 „	L	3/8-1/2" à 80 „	3/4-3/8-1/2 à 110 „
2/8-1/2 à 80 „	3/8-1/8" à 70 „	3/8-2/8" à 45 „	3/8-3/8" à 55 „	3/8-3/8 à 45 „	3/8-3/8" à 40 „	3/8-3/8 à 120 „	M	
	1/2-1/2" à 80 „	3/8-3/8" à 55 „					3/8-3/8 à 1.20 „	1/2-3/8-1/2 à 1.–

№ 9 Laternen vierflächige (ohne Glas noch Anstrich) Lanternes carrées (sans vitres ni peinture) à Fs. 14.–
„ 10 „ sechsflächige „ hexagones à „ 15.–
„ 11-12 Rohrabschneider (instruments pour couper les tuyaux en fer) gross (grands) à Fs. 12.– klein (petits) à Fs. 7.
„ 13-14 „ „ „ „ à „ 18.– „ „ à „ 12.–
„ 15-16-17 Rohrzangen (pinces pour tuyaux) gross (grandes) à Fs. 12.– mittel (moyennes) à Fs. 8.– klein (petites) à Fs. 5.–
„ 18 Brennerzangen (pinces à tube) à „ 2.–
„ 19 Schraubenschlüssel (clefs à vis) à „ 7.–
„ 20 Laternenkopf (pommes de pin) 3/4-3/4", 3/4-1/2" à Fs. 1.80 1/2-1/2" à „ 1.30
„ 21 „ „ „ 3/4-3/4", 3/4-1/2" à „ 2.20.

Ausstellungstableau von J. C. Fischer an der Weltausstellung 1851 in London
Georg Fischer II.: «Mein Grossvater hatte als erster auf dem Kontinent die Produktion von gegossenem Stahl aufgenommen. Wichtige Kunden waren die jurassischen Uhrmacher. Dann gründeten wir schon früh Zweigniederlassungen im Ausland und verkauften Fabrikationsrechte (Lizenzen) an ausländische Fabrikanten. Selbstverständlich waren wir mit unseren Produkten bereits auf der Londoner Weltausstellung von 1851 vertreten.»

Der Unternehmer – ein Parasit? (Der neue Postillion Nr. 12, 1896).

Wenn es auch keinen Einheitstypus von Fabrikanten gab, unterstanden doch alle den gleichen ökonomischen Bedingungen, vor allem dem Gebot der Konkurrenzfähigkeit ...

Da haben Sie völlig recht. Wenn wir höhere Löhne bezahlt hätten, wären wir mit unseren teureren Produkten vom Markt verdrängt worden.

Und die Gewinnmargen? Sie werden doch wie ihr Sohn um 16% Reingewinn gemacht haben?

Die Unternehmensgewinne gingen grösstenteils in die Betriebsinvestitionen und Lagerhaltungen. Und die teuren Maschinen mussten ausgenutzt werden. Wir konnten uns keine Schlafmützen an diesen Apparaten leisten. Die Sozialisten zeigten uns gerne als Nichtstuer, Faulenzer und Lebemänner. Auch *wir* sind Arbeiter gewesen. Wenn wir nicht unseren Unternehmungsgeist entwickelt hätten, Tausende hätten in unserem Land nichts zu beissen gehabt. – Ich will nicht meine eigenen Arbeitsleistungen herausstreichen. Aber nehmen wir zum Beispiel den Fabrikanten Rieter von Töss: Sein Arbeitstag begann morgens um 5, manchmal sogar um 4 Uhr, und nachts hielt er sich bis 11 Uhr an seinem Pult mit Kaffee wach ...

Gut, gut, er und Sie arbeiteten aber immerhin für das eigene Unternehmen. Für wen arbeiteten die anderen Leute in Ihrer Fabrik?

Mich erstaunt Ihre Frage. Die Arbeiter arbeiteten natürlich für ihren eigenen Lebensunterhalt. Sie waren froh, dass sie

arbeiten durften. Da die Landwirtschaft sie nicht oder nicht genügend ernähren konnte, wären sie ohne Fabrikarbeit armengenössig geworden, oder sie hätten auswandern müssen. Zudem habe ich die fähigen und willigen unter meinen Leuten ausgebildet, ihnen wertvolle Berufskenntnisse vermittelt. Wir haben diesen Menschen auch einen regelmässigen Lebenswandel beigebracht. Sie können sich ja nicht vorstellen, was das brauchte, bis das begriffen war, dass in einem Betrieb Ordnung herrschen muss, dass man nicht einfach nach Lust und Laune arbeiten kann. Es kam immer wieder vor, dass wir die Giesser aus dem Wirtshaus holen mussten, wenn die Öfen zum Anzünden bereitstanden.

Fabrikantenvillen als Ausdruck der Besitzverhältnisse. Ein Beispiel aus Mitlödi (GL) und ein nicht lokalisierbares Beispiel einer Villa auf dem Werkareal.

Giessereiszene aus dem Jahre 1903.

Goldenes Arbeitsjubiläum um 1900
«Dem ein halbes Jahrhundert schliesset
in Arbeit und Bescheidenheit,
gebührt, dass er ein Lob geniesset
für pflichtgetreu erfüllte Zeit.»
(vgl. Abb. S. 185, Mitte)

10.2 **Der Fabrikler**

Das imagniäre Interview

Ernst Boetsch, 1847–1904, Arbeiter in den Georg Fischer-Werken, Schaffhausen, zuerst als Handlanger, später als Gewindeschneider.

Herr Boetsch, wir sollten etwas über Ihre Arbeitsbedingungen erfahren.
Oft habe ich bis 12 Stunden am Tag gearbeitet, jahrelang, natürlich ohne Ferien, in einem Loch. Der Raum war so niedrig, dass man nur gebückt unter den Transmissionsriemen durchgehen konnte. Wir arbeiteten im Stücklohn, im Akkord, eine öde Arbeit, und das entweder in stickiger Luft oder bei Durchzug.

Sie sind mit Ihrer Arbeit offenbar nicht zufrieden gewesen.
Der Betriebschef höhnte immer, unsere Werkstatt sei eigentlich eine Erholungsstation. Er hatte recht, wenn er meinte, dass es anderen noch schlimmer ging.

Wem denn?
Vor allem den Schmirglern und Gussputzern. Dort atmete man soviel Dreck ein, dass viele eine Staublunge bekamen. Auch die Giesser, die waren zwar besser bezahlt, waren aber grosser Hitze und stinkenden Gasen ausgesetzt.

Dann waren Sie doch froh, diese Arbeit zu haben?
Erwarten Sie doch nicht, dass ich sage, diese Arbeit hat mir Freude bereitet. Ich kam aus einer Kleinbauernfamilie. Dort war aber auf die Länge kein Platz für mich. Darum war ich an und für sich schon froh, in einer Fabrik unterzukommen. Schlimm war aber das dauernde Gehetze und die Verachtung, die wir von unseren Vorgesetzten zu spüren bekamen. Zudem war alles reglementiert und beaufsichtigt. Das geringste Abweichen von der

Hausordnung wurde mit saftigen Bussen bestraft. Und wenn ein Stück nicht gut gelang, machten sie sogleich Lohnabzüge.

Wieviel verdienten Sie?
Am Schluss etwa 60 Rp. in der Stunde.

Was konnte man damit um 1902 etwa kaufen?
Etwa 11/2 kg Brot oder 3 l Milch oder 1 kg Pferdefleisch. Um eine Arbeitshose kaufen zu können, musste ich 7 Std. arbeiten. Es gab viele, die verdienten schlechter als ich, besonders in der Textilindustrie. Es ging mir nicht schlecht. Ich hatte keine Familie zu ernähren. Wir mussten uns aber ständig wehren, dass nicht neue Akkordtarife festgesetzt wurden, mit mehr Arbeitsleistung bei gleichem Lohn.

Wie wehrten Sie sich dagegen?
Wir versuchten, andere Arbeiter zu überzeugen. Sich abschinden, das brachte im Moment zwar schon mehr Geld, schadete aber auch dem, der glaubte, mehr verdienen zu können. Die Schufterei führte bloss dazu, dass die Norm heraufgesetzt wurde. Wer das nicht einsah, der bekam halt einmal Prügel, oder wir versteckten ihm die Werkzeuge.

Haben Sie sich nicht organisiert?
Das war enorm schwierig. Wir waren eine stark zusammengewürfelte Belegschaft. Die Giesser und Maschinenformer, die Gewindeschneider und Gussputzer unter einen Hut zu bringen, war kaum zu bewerkstelligen. Die verschiedenen Kategorien wurden von der Direktion geschickt gegeneinander ausgespielt. Weitere Gegensätze kamen hinzu: die zwischen Jungen, Unverheirateten und Alten, Verheirateten, zwischen solchen, die in der Stadt und solchen, die auf dem Land wohnten, schliesslich zwischen uns und den Ausländern. Um 1900 waren etwa ein Drittel unserer Belegschaft Ausländer.

Anzeige.
Schaf-Schiessen,
Gute Tanz
Gute Tanzmu
Gute Tanzmusi

Zahltag
Was unter der Woche an Entbehrungen erduldet wurde, wurde in vielen Fällen nach dem Zahltag kompensiert: auf den Tanzböden, an der Chilbi, im Wirtshaus – oft masslos. Und am Montag begann wieder die entsagungsvolle Arbeit…

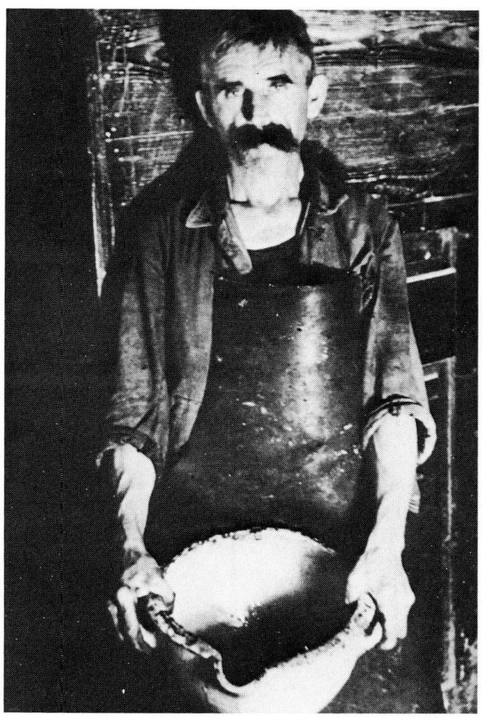

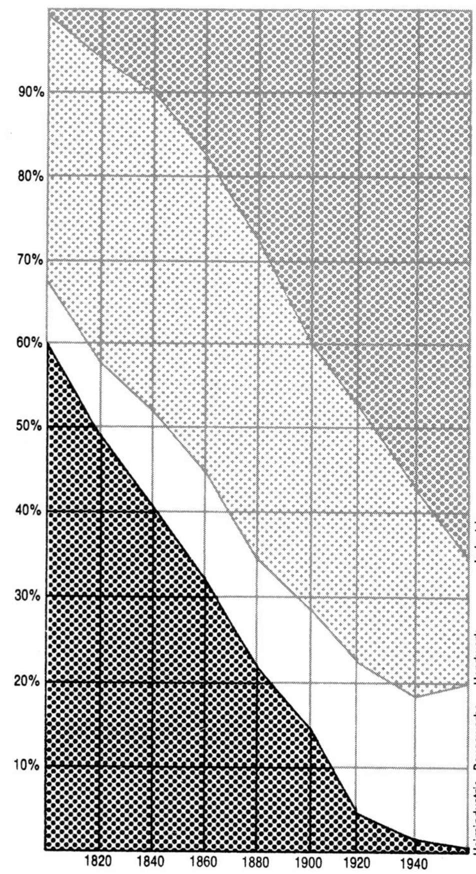

Von der Heimindustrie zur Fabrikindustrie
Dieses Diagramm zeigt, wie die dezentrale Heimindustrie durch die zentrale Fabrikindustrie verdrängt wurde. Baugewerbe und übriges Gewerbe konnten sich einigermassen halten. (Quelle: Die Schweiz. Ex Libris 1975).

10.3 Die zweite Stufe der industriellen Revolution

Eine erste Produktionssteigerung war bereits gegen das Ende des 18. Jahrhunderts durch technische Verbesserungen der Webstühle möglich gewesen. Die Maschinen wurden zwar immer noch von Hand bewegt, sie konnten aber verschiedene Arbeitsgänge zusammen bewältigen. Die Nutzung neuer Energieträger brachte die zweite Stufe der Industrialisierung und damit eine weitere Produktionssteigerung. Die Antriebskräfte waren zunächst das Wasser und

Heimarbeit um die Jahrhundertwende: Kinder und Erwachsene beim ‹Wollezüpfen›.

später, sobald die neuen Eisenbahnen preisgünstige Kohlen importierten, auch der Dampf. In beiden Fällen führten die neuen Energieträger zu einer räumlichen Konzentration der Produktion in den *Fabriken.*

Die betroffenen Menschen erlebten die industrielle Revolution als tiefgreifende Umwälzung ihrer Lebens- und insbesondere ihrer Arbeitsgewohnheiten. Heraustretendes Merkmal: die Arbeit kam in den meisten Fällen jetzt nicht mehr zum Menschen, jetzt musste der Mensch «zur Arbeit gehen».

Dank dem reichen Flussnetz verteilten sich die zentralen Fabrikationsstätten immerhin einigermassen. Bewohner der verschiedensten Einzugsgebiete konnten in den zerstreut angesiedelten

Standortbestimmender Faktor Nr. 1 sind auch in der zweiten Hälfte des 19. Jahrhunderts noch immer die Flüsse. Sie sind Energiequelle, können Abwasser (und Abfälle) aufnehmen und bestimmen zugleich den für den Warentransport ebenfalls wichtigen Verlauf der Verkehrswege (der Strassen wie der Schienen). Unsere Bilder: Gesamtansicht der Bally-Schuhfabrik von Schönenwerd (SO) um 1880 und Einzeldarstellung einer zugleich auch den Besitzerstolz dokumentierenden Bilderreihe von einer Fabrikanlage in Neupfungen (ZH).

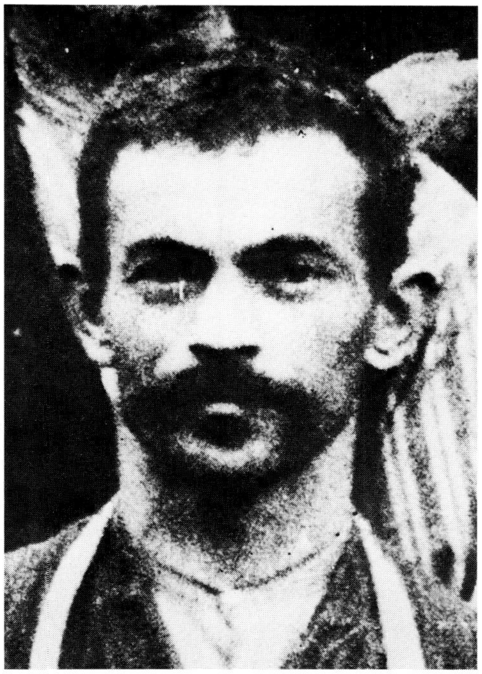

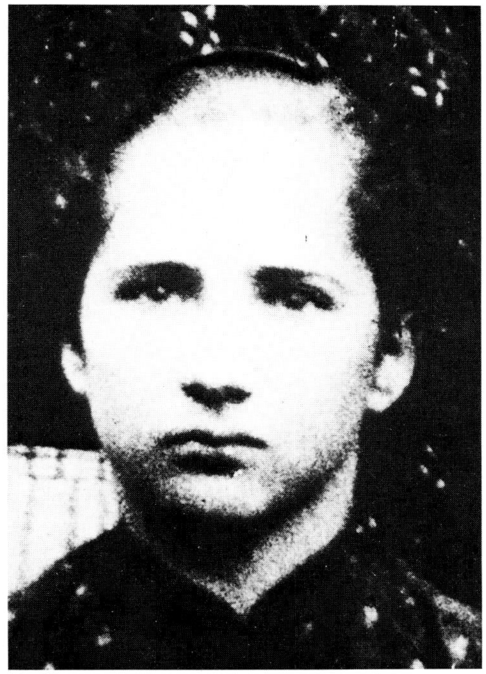

Gruppenbild mit gleichartigen Einzelschicksalen?
Arbeiter und Angestellte der Tuchdruckereifabrik Blumer in Schwanden um 1890. Nach der Mitte des 19. Jahrhunderts arbeitete mehr als die Hälfte aller Beschäftigten in den Textilfabriken, zwei Drittel davon allein in den Tuchdruckereien. Das Glarnerland gehörte in dieser Zeit zu den höchstindustrialisierten Regionen der Welt.

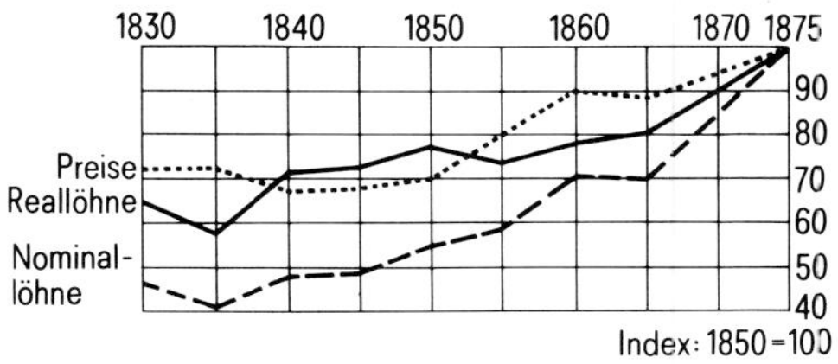

Schweizer Arbeiterlöhne und Preise 1830–1875.

Handlanger eines Tuchdruckereibetriebs.

Fabriken Arbeit finden, ohne den Wohnort aufgeben zu müssen. Dieser Umstand wirkte sich in doppelter Hinsicht positiv auf die weitere Entwicklung aus und prägte bis in unsere Gegenwart mancherorts die Verhältnisse.

Die in ländlichen Gebieten wohnenden Fabrikarbeiter konnten als Selbstversorger einen grossen Teil ihres Nahrungsmittelbedarfs direkt decken und mussten mit ihren niedrigen Fabriklöhnen nicht für den ganzen Lebensbedarf aufkommen. Ferner wirkte sich die breite Streuung der Fabrikindustrie auf die Verhältnisse in den städtischen Zentren positiv aus: Sie bremste die Zuwanderung der Landbevölkerung und verhinderte die Entstehung grosser Arbeiterghettos. Um 1880 lebten noch etwa zwei Drittel der Bevölkerung in einem eigenen Heim.

Der zweite Industrialisierungsschub zerstörte zwar viele individuelle Heimarbeiterstellen, er glich diesen Ausfall aber trotz der rationelleren Arbeitsmethoden aus und schuf sogar zusätzliche Arbeit. In der zweiten Hälfte des 19. Jahrhunderts gab es im Jahr durchschnittlich 7700 neue Arbeitsplätze. Die Produktionssteigerung führte alles in allem zu einer beträchtlichen Hebung des Lebensstandards und brachte der Industriearbeiterschaft ein langsames, aber stetiges Wachsen der Reallöhne.

Beschäftigte nach Industriezweigen 1800–1960

Die Produktionskonzentration spielte zunächst vor allem in der Textilindustrie eine Rolle. Diese war der erste und bis zum Zweiten Weltkrieg der grösste Sektor der schweizerischen Industrie. Um 1800 war ihr Anteil 85 Prozent und um 1880 immer noch um 65 Prozent. Wenn wir von der Uhrenindustrie absehen, die ziemlich konstant 6–10% belegt, war die Maschinen- und Metallindustrie der zweite grosse Industriesektor. Sie belegte um 1880 jedoch erst 6%, konzentrierte sich aber weitgehend auf grössere Fabrikbetriebe.

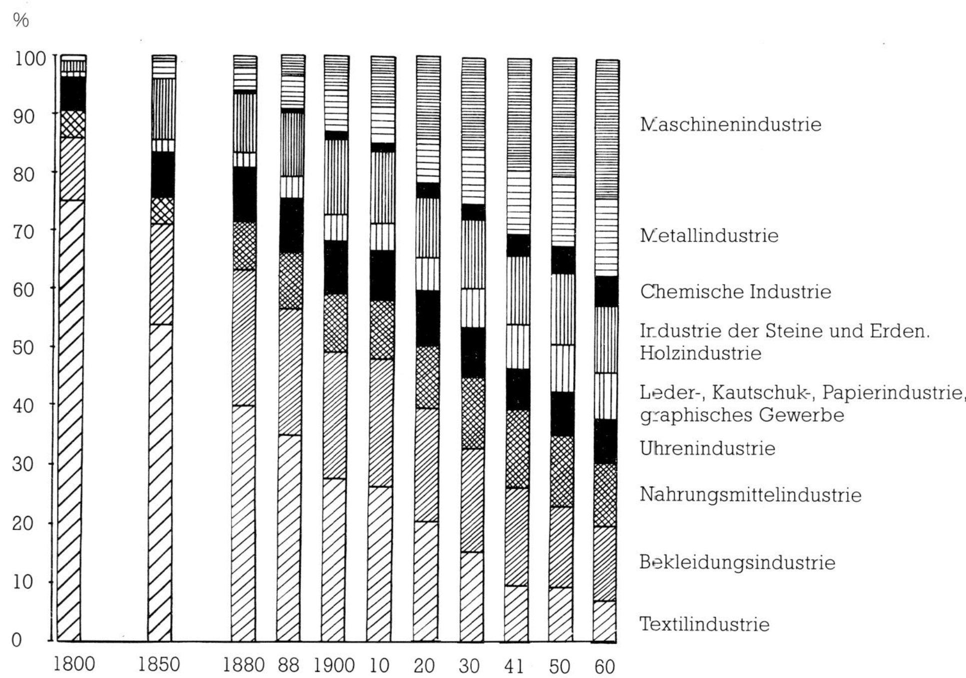

Mit dem Übergang zur Fabrikarbeit mussten sich die Menschen zuerst daran gewöhnen, dass sie ihren Arbeitsrhythmus nicht mehr selbst bestimmen konnten. Die Fabrikordnung der Firma J. J. Rieter (Töss) von 1855 bestimmte unter anderem:
§ 1 Die Arbeitszeit in den Werkstätten ist von morgens 6 Uhr bis abends 7 Uhr festgesetzt, mit Unterbrechung von einer Stunde für das Mittagessen von 12 bis 1 Uhr. An den Samstagen und den Vorabenden der Feiertage ist um halb 5 Uhr Feierabend.
§ 2 Das Zeichen zum Beginn und zum Schluss der Arbeit wird mit der Glocke gegeben. Die Arbeiter haben pünktlich auf ihren Plätzen zu sein. Zu spät Eintretende unterliegen einer Busse gleich dem doppelten Betrag des Lohnes der versäumten Arbeitszeit.
Der Austritt aus den Werkstätten in den ersten fünf Arbeitstagen der Woche erfolgt auf das gegebene Zeichen zum Feierabend innerhalb längstens 10 Minuten. Vor dem gegebenen Zeichen ist das Waschen und Ankleiden untersagt.

Die Stechuhr als Symbol der reglementierten Arbeitszeit
Mittagspause bei der Firma Sulzer (1912).

10.4 **Neue Stadtbevölkerung**

Trotz der breiten Streuung der Fabrikindustrie entstanden in den grossen Städten im Zuge der fortschreitenden Industrialisierung ausgesprochene Arbeiterquartiere. Zum Beispiel in Basel: 1870 wohnten hier 44000 Menschen, zehn Jahre später waren es bereits über 60000. Nur etwas mehr als ein Viertel waren Kantonsbürger, viele kamen vom Land, liessen sich in einer ersten Phase in den Vororten nieder und bezogen in einer zweiten Phase eine Wohnung in der Stadt. Ein gutes Drittel der Basler Bevölkerung waren Ausländer. Etwa 30 Prozent der Bevölkerung lebten von der Seidenband- und der jungen chemischen Industrie.

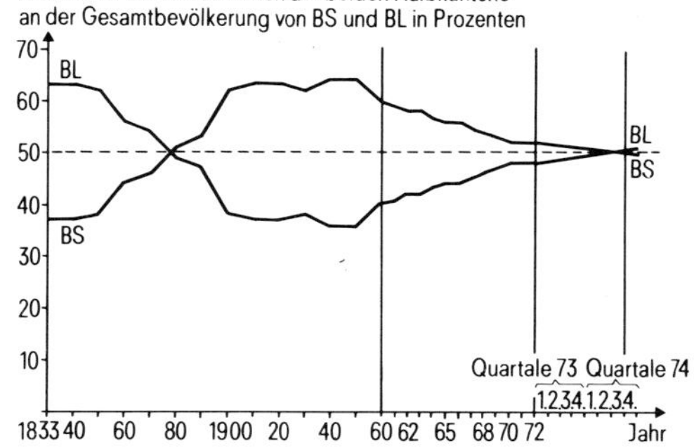

Nach der Landflucht die Stadtflucht
Zunehmende und wieder abnehmende Stadtbevölkerung, abnehmende und wieder zunehmende Landbevölkerung – am Beispiel Basels.

Innerhalb und ausserhalb der Stadtmauern
Ungesunde Wohnverhältnisse in überbelegten Häusern des städtischen Proletariats auf der einen, frische und ‹korrekte› Wohnverhältnisse des gehobenen Mittelstandes auf der anderen Seite des Basler Spalentors.

Kanalisationsprobleme
Ein stark besuchtes zimmerreiches Logierhaus mit nur einem Abtritt führt nicht nur leicht dazu, dass die Excremente an ungeeigneten Orten deponirt werden und daß Unreinlichkeiten aller Art entstehen, sondern bringt auch die Gefahr allzu häufiger Ueberfüllung und ebenso häufiger Leerung mit sich. Steht die Zahl der Abtritte zu der auf sie Angewiesenen in ungünstigem Verhältniß, so findet man häufig Absetzungen in Winkeln der Böden, Keller, Höfe oder Dachrinnen; eine reiche und meist verborgen bleibende Quelle der Vergiftung der Luft in den Häusern. (...) Endlich sei noch erwähnt, daß auch die bei uns noch üblichen Cisternen, der Sammelort der Küchenwasser, meistens Quellen üblen Geruchs und stinkender Gase sind, indem sehr häufig in diese Cisternen Reste von Speisen im Spülwasser der Küche, Fettbrühen u. dergl. gegossen werden, die hier faulen und sich zersetzen. Kommt noch dazu, daß die Cisterne gefüllt ist und der Inhalt nicht mehr rasch genug in den Boden eindringt (weßhalb diese Einrichtung eigentlich erst recht gefährlich wird), so bilden sich Pfützen und Lachen, die vermöge ihrer großen Oberfläche die Bildung schädlicher Gase noch begünstigen und beschleunigen. (Bericht von Friedrich Göttisheim über Basler Kost- und Logierhäuser, Basel 1867).

Heimweh
Fromme Gefühle in Verbindung mit Erinnerungen an die ländliche Herkunft und verklärte Vergangenheit. ‹L'Angelus› von Jean-François Millet, 1859, als Wandschmuck der städtischen Stuben.

Basler Bevölkerung um 1880
28% Kantonsbürger
38% aus anderen Kantonen
34% Ausländer

Eine Umfrage, die 1867 in Basel nach grossen Cholera- und Typhusepidemien publiziert worden war, zeigte zum Teil höchst bedenkliche Verhältnisse, vor allem in den Kost- und Logierhäusern für alleinstehende Arbeiter. In einem Haus mit 19 Zimmern beispielsweise hausten 67 Menschen. Noch 1882 scheiterte ein Versuch, die hygienischen Verhältnisse in der Innerstadt zu verbessern, am Widerstand der Bevölkerung. Die Hausbesitzer scheuten die Kosten und die breite Bevölkerungsmehrheit wollte die öffentlichen Mittel für den Bau einer zweiten Rheinbrücke verwenden.
In den neuen Aussenquartieren herrschten zunächst bessere Verhältnisse, in den achtziger Jahren jedoch entstanden in der Nähe von Fabrikanlagen auf kleinstem Raum grosse Arbeitermietskasernen.

Kein Geld für Hygiene
Das Basler Stimmvolk lehnte in einer Referendumsabstimmung 1881 aus finanziellen Überlegungen ein Gesetz über die Birsigkorrektion ab. Heute fährt hier (Falknerstrasse) eine zweispurige Strassenbahn. Im Hintergrund ein historisierendes Monument der Moderne: die in neugotischem Stil erbaute Hauptpost (Aufnahme um 1880).

Künftige Arbeiterquartiere
Enge Wohnungen auf weitem Raum. (Industrieviertel in Basel)

Gegen die Wohnmisere
«In einer schlechten Wohnung kann sich der häusliche Sinn nicht entwickeln, ohne diesen gibt es kaum eine reinliche, geordnete und sparsame Haushaltung, eine zufriedene Ehe, eine gute Kinderzucht.» (Wilhelm Schmidlin, Vorsteher der Gesellschaft für das Gute und Gemeinnützige Basel, 1847) 1851 veranstaltete die GGG ein Preisausschreiben für Pläne von Arbeiterwohnungen, welche «wohlfeil und gesund und geeignet seien, den Sinn für Reinlichkeit und Häuslichkeit zu pflanzen». Bis 1857 errichtete eine zu diesem Zweck gegründete Aktiengesellschaft drei Arbeiterhäuser. Vom ersten heisst es im Gesellschaftsbericht: «Keinem aufmerksamen Besucher wird entgehen was hier auf der Basis der möglichsten Öconomie (Fr. 140 jährlicher Miete) für das leibliche Wohl der betreffenden Bewohner und mit der materiellen Erhebung in Wechselbeziehungen zur Versittlichung dieser Familien geleistet wird. Man vergleiche nur einmal diese gemüthlichen, nach der Sonnenseite gelegenen Räume mit ihren hellen Treppen und reinlichen Gängen, die Berücksichtigungen der neuesten Verbesserungen in Heiz-, Koch- und Abwassereinrichtungen, die sonst gerade den Armen unzugänglich sind, das durch Schloß und Riegel gesicherte Mein und Dein im Keller und Holzraum u. s. w. mit dem wüsten Durcheinander eines Dutzend in irgend ein Hinterhaus der innern Stadt zusammengedrängter armer Familien, in welchem nicht allein Reinlichkeit, Zucht und Sitte gefährdet sind, sondern auch der Friede und die Freude der Häuslichkeit kaum zu Ehren kommen können.» Unser Bild: Das zweite, noch etwas komfortablere Haus zu einem Jahreszins von 172 Franken.

10.5 **Bürgerliche Sozialpolitik**

Die Sozialpolitik, verstanden als Politik, welche vor allem die materielle Not einzelner Menschen und Gruppen oder ganzer Klassen mildern oder gänzlich beheben will, war anfänglich privaten und halböffentlichen Institutionen überlassen. Solidarität mit Unterprivilegierten war freiwillig. Einzelne Unternehmer, bürgerliche Hilfsvereine und die Kirchen bemühten sich, denjenigen zu helfen, die durch die wirtschaftliche Entwicklung nicht nur nicht begünstigt, sondern sogar benachteiligt waren.

Die bürgerlichen Hilfsvereine betrieben je nach Tendenz eine patriarchalische Almosenpolitik oder eine aufklärerische Bildungspolitik. Der letzteren Tradition entsprang der 1838 gegründete *Grütliverein*, anfänglich ein radikal-demokratischer Bildungsverein, der sich später den Sozialisten anschloss. Seine Devise lautete: ‹Durch Bildung zur Freiheit›.

Die Kirchen linderten individuelle Notfälle und schufen aus dem Geiste der christlichen Nächstenliebe manche Sozialeinrichtung. Gleichzeitig versuchten sie die Arbeiterschaft zu überzeugen, dass sie mit moralischen Anstrengungen ihre Notlage verbessern oder das Elend mit Gottesfurcht, Arbeitsfleiss und Sparsamkeit erträglich machen könnte. Von 1860 an wurde zu diesem Zweck in Basel eine *Stadtmission* aktiv. Nicht nur im fernen Afrika, sondern in den – in einem gewissen Sinn ebenfalls fernen – Arbeiterquartieren sollte die christliche Botschaft verbreitet werden. Die kirchliche Sozialfürsorge übersah, dass sich das Elend immer reproduzierte, solange die Strukturen menschenverschleissender Industrieverhältnisse nicht geändert wurden.

Von der GGG gebautes und 1888 eröffnetes Quartierzentrum ‹Bläsistift›, in dem unter anderem eine Kinderkrippe für erwerbstätige Mütter untergebracht war.

Arbeiterhäuser der Firma Sulzer in Veltheim (AG).

Sozialmassnahmen der Georg Fischer-Werke

1867	*Krankenkasse*
1876	*Betriebsunfallversicherung Kantine/Wohnhäuser*
1899	*Alterssparversicherung*
1907	*Fahrtgeldentschädigung*
1907/11	*Wohnsiedlungen individuelle Sozialhilfe*

1864 wählten in London Arbeiter aus verschiedensten Nationen Europas in einer Massenveranstaltung ein provisorisches Zentralkomitee. Dessen Aufgabe war es, ein Programm und Statuten für eine internationale Arbeiterassoziation auszuarbeiten. Karl Marx unterstrich in seiner Begrüssungsadresse, dass es in der Arbeitswelt keine Pflichten ohne Rechte und keine Rechte ohne Pflichten geben dürfe. Der Kongress setzte sich zum Ziel, mittels internationaler Solidarität die Arbeiterschaft aus ihrer Knechtschaft zu befreien.
Schlagzeilen hatte die Gründung der ersten sozialistischen Internationale in ihrer Zeit nicht gemacht. Karl Marx war anfänglich auch nicht gross in Erscheinung getreten. Im Hintergrund sorgte er jedoch dafür, dass sich sein Konzept einer klassenkämpferischen Umwälzung der Eigentumsverhältnisse durchsetzte; zunächst gegen die genossenschaftliche Richtung des Franzosen Pierre Joseph Proudhon, dann gegen die aktivistisch-anarchistische Richtung des Russen Michail Bakunin, der übrigens längere Zeit in der Schweiz lebte.

Der Genfer Kongress von 1866 der Internationalen Arbeiterassoziation
Aus der Schweiz nahmen 33 Delegierte teil, aus Frankreich 17, aus Deutschland 3, aus England 2, und der Generalrat entsandte 5 Delegierte.

Georg Fischer: Wie gesagt, unsere Firma hat viel für ihre Arbeiter getan. Unter meiner Betriebsführung wurde eine Krankenkasse und eine Betriebsunfallversicherung geschaffen, wurden erste Wohnhäuser für Arbeiter gekauft und eine erste Kantine eingerichtet. Unter meinem Sohn wurde eine Alterssparversicherung ins Leben gerufen, und nach der Jahrhundertwende wurden Fahrtgeldentschädigungen bezahlt und Arbeitersiedlungen errichtet. Und in Härtefällen leistete das Unternehmen individuelle Sozialhilfe.

Ernst Boetsch: Diese Massnahmen hatten doch nur den Zweck, die Arbeiter stärker an das Unternehmen zu binden, die Arbeiterschaft zu spalten und die Arbeiterbewegung zu lähmen. Die Alterssparversicherung nahm eine starke Unterscheidung zwischen dem Arbeiterstamm und der neueren Arbeiterschaft vor. Zudem wurde sie nur als Reaktion auf die Gründung unserer Hilfsarbeitergewerkschaft geschaffen. Wenn sie uns Wohnungen zur Verfügung stellten, ging es doch nur darum, uns der Ausbeutung durch andere Hausbesitzer zu entziehen; hohe Mieten an andere hätten uns veranlassen können, höhere Löhne zu fordern. Und mit dem Fahrtgeld sorgten sie dafür, dass nicht zuviel Arbeiter auf einem Haufen wohnten, einzeln auf dem Land wohnen blieben und sich nicht organisierten. Um die Bindung an den Betrieb zu stärken hat man in den 90er Jahren sogar angefangen, Weihnachtsfeiern im Betrieb zu inszenieren. Der Werktag sah dann wieder anders aus.

10.6 **Selbsthilfe der Arbeiterschaft**

Zwei Jahre nach ihrer Gründung führte die Sozialistische Internationale im September 1866 in Genf ihren ersten Kongress durch. Der deutsche Berufsrevolutionär *Jean-Philippe Becker*, Bürger von Biel, hiess die 60 Delegierten aus Frankreich, England, Deutschland und der Schweiz willkommen. Der Kongress befasste sich vor allem mit den folgenden Themen: Statuten und Organisation der Internationale, Beschränkung der Arbeitszeit, Frauen- und Kinderarbeit, Genossenschaftswesen.

«Keine Rechte ohne Pflichten –
Keine Pflichten ohne Rechte»
– Devise der Fahne der Genfer Sektion der Internationalen Arbeiterassoziation. (Musée d'Art et d'Histoire, Ville de Genève).

Marseillaise de l'Internationale
(Amédée Buret, Basel 1869)

A Bruxelles comme à Genève
Nous avons fait un noble effort,
Pour rendre la misère un rêve.
Pour arriver à l'âge d'or. (Bis)
Frères que le congrès de Bâle
Apprenne enfin au monde entier
Que pour rendre heureux l'ouvrier,
Il faut l'Internationale.

Que notre labeur nous profite
Ne travaillons plus que pour nous,
Et que le bourgeois parasite
S'efface faisant place à tous. (Bis)
Notre douleur sera moins vive
Quand viendront nos derniers instants,
Voyant aux mains de nos enfants
La propriété collective.

Warum wurde dieser international bedeutsame Kongress ausgerechnet in Genf durchgeführt? In Frankreich und Deutschland hätten die Veranstalter keine Erlaubnis erhalten. Genf war bekannt für seine liberale und weltoffene Haltung. Etwa die Hälfte der Bevölkerung waren Ausländer. Hier bestand bereits eine starke Sektion der Internationalen Arbeiterassoziation. Dieser Kongress hatte zudem so etwas wie einen Vorläufer: Drei Jahre zuvor war während des eidgenössischen Schützenfestes in La Chaux-de-

Mit einer grossen Perspektive
(aus den Grusswortten von Jean-Philippe Becker in Genf 1866). Erinnern wir uns, Genossen, dass vor 500 Jahren nur drei Männer auf dem Rütli eine Eidgenossenschaft gegründet haben, ohne die wir keine Parzelle Land in der Schweiz hätten, um die Fahne unserer Vereinigung aufzurichten. Auch für uns wird der Tag kommen, an dem Boten mit der guten Nachricht von Tal zu Tal rufen werden: Brüder erhebt Euch, der grosse Tag ist da! Unsere Söhne werden sich daran erinnern, dass wir im September 1866 in Genf mit dem Befreiungswerk begonnen haben, das die Menschheit erlösen soll.

Fonds eine ‹Internationale der wirklichen Republikaner› organisiert worden.

Die Sozialistische Internationale tagte in ihren Anfängen mehrmals in der Schweiz: 1866 in Genf, 1867 in Lausanne, 1869 in Basel. Sie konnte sich an diesen Orten auf bereits bestehende Arbeitervereinigungen stützen.

Dürfen wir daraus schliessen, dass der Sozialismus, das heisst die Unterordnung privater Unternehmertätigkeit unter die Zielsetzung einer gleichen Teilhabe an den Wirtschaftsgewinnen, dass dieses Gesellschaftsideal von aussen in die Schweiz hineingetragen wurde?

Natürlich war die schweizerische Arbeiterbewegung nicht unbeeinflusst von ausländischen Vorbildern, zum Beispiel eines Charles Fourier, eines Pierre Joseph Proudhon oder eines Robert Owen. Gross war ferner der Einfluss der deutschen Emigranten und ausländischen Gesellenvereine. Johann Philipp Becker stammte aus Deutschland, desgleichen *Albert Galeer*, der führende Kopf des Grütlivereins, und *Hermann Greulich*, der Gründer der ersten sozialdemokratischen Partei der Schweiz. Die Kongresse der Internationale gaben, vor allem in der französischen Schweiz, der Arbeiterbewegung Auftrieb. In den Jahren 1866/67 bestanden zum Beispiel im Neuenburger und im Berner Jura 16 lokale Sektionen der Internationale. In den grösseren Sektionen gelang es, die Idee der Solidarität im Alltag praktisch umzusetzen.

Führende Köpfe des schweizerischen Frühsozialismus waren z.B. Pierre Coullery, Jakob Treichler, Karl Bürkli. Ihre Politik unterschied sich anfänglich jedoch kaum vom sozialen Engagement mancher Radikaler auf dem linken Flügel des Freisinns, z.B. eines Jakob Stämpfli, Henri Druey oder eines jungen Louis Ruchonnet.

Deutscher Arbeiterverein in Schaffhausen 1866.

Die Genossenschaften

Das imagniäre Interview

Pierre Coullery, 1819–1903, Arzt und Redaktor, zuerst Mitglied des Berner Grossen Rats, später des Neuenburger Grossen Rats. In La Chaux-de-Fonds, wo er sich niedergelassen hatte, gab er in den sechziger Jahren ein Blatt mit dem bezeichnenden Titel ‹La Voix de l'Avenir› heraus.

Herr Coullery, Sie haben in der Sektion von La Chaux-de-Fonds eine führende Rolle gespielt. Welches waren die konkreten Aktivitäten dieser Sektion?

Unser Hauptziel war die Schaffung von Kooperativen aller Art. Kooperativen in Form von Einkaufsgenossenschaften und in Form von Produktivgenossenschaften. So war es uns 1866 gelungen, eine ‹Boulangerie sociale› zu gründen, die das Pfund Brot für 18 statt für 20 Centimes verkaufte.

Wie haben Sie dieses Unternehmen finanziert?

Mit Aktien à 10 Franken, auf die wir aus unserem Bruttogewinn sogar eine Dividende von 4 Prozent bezahlen konnten. Zunächst wollten wir auch eine eigene Metzgerei führen, wir konnten dann aber darauf verzichten, weil die Metzger, als sie von unserem Projekt hörten, die Preise senkten. Auch das Wintergemüse, Brennmaterialien und Tuchstoffe für unsere Kleider kauften wir gemeinschaftlich ein, damit sie billiger wurden.

Mit den Konsumgenossenschaften schalteten Sie die Zwischengewinne aus und erlangten also bei gleichen Löhnen eine höhere Kaufkraft. Konnten Ihre Mitglieder Ersparnisse beiseitelegen?

Sparen, das war uns sehr wichtig. Unsere ‹Société de Crédit mutuel› stellte das gemeinschaftlich ersparte Kapital als günstigen Kredit wieder zur Verfügung. Viele Uhrenarbeiter lebten auf Kredit, wurden sie doch nur halbjährlich ausbezahlt. Wer eine monatliche Ausbezahlung wünschte, musste eine Lohnreduktion von 3 Prozent in Kauf nehmen. Im weiteren führten wir Abendkurse für Buchhaltung, aber auch im Herstellen von Uhren durch.

Sie haben eingangs gesagt, Sie hätten auch gemeinschaftlich produziert.

Milchkrieg zwischen Konsumgenossenschaften und Molkereien

Nebelspalter Nr. 13, 1906: «Einigkeit macht stark – mindestens so stark wie gewisse andere ‹starke› Leute . . .»

In unserer Gegend lag es auf der Hand, dass unsere kleine Produktivgemeinschaft Uhren herstellte. Wir wollten diese Uhren anfänglich über andere Sektionen ins Ausland verkaufen. Ich konnte dann aber die ersten 12 Silberuhren am Lausanner Kongress der Internationale absetzen. Ich erinnere mich noch gut, wie die Kongressteilnehmer während der Verhandlungen immer wieder unsere Uhren miteinander verglichen und feststellten, dass sie auf die Minute zusammen gingen!

Wie beurteilen Sie rückblickend diese Anstrengungen?
Der Erfolg hielt sich in bescheidenem Rahmen. Wir haben immerhin bewiesen, dass man gemeinschaftlich wirtschaften kann. Und hat nicht die Geschichte gezeigt, dass auch Genossenschaften auf einen grünen Zweig kommen können?

Zum Beispiel der von Karl Bürkli 1851 gegründete Zürcher Konsumverein oder der Basler ACV ...
Der Zürcher Konsumverein hatte sich dann allerdings gegen Bürklis Willen schnell zu einer kapitalistischen Erwerbsgesellschaft entwickelt. – Gegen unsere Genossenschaftsbemühungen setzte sich dann in der Internationale die Auffassung durch, dass die soziale Frage nur durch die staatliche Kollektivierung von Grund und Boden gelöst werden könne ...

Wie standen Sie zur ‹Fédération jurassienne›, die in den 70er Jahren zahlreiche Anhänger hatte?
Deren doktrinärer Kollektivismus hat weniger in der Schweiz als im Ausland Unterstützung gefunden. Jene warfen uns vor, wir würden am Privateigentum hängen und vergessen, dass die Gesellschaft grundsätzlich revolutioniert werden müsse.

Sie waren offenbar der für die Schweiz nicht untypischen Realpolitik, dem Willen zum Praktischen verpflichtet.
Die Genossenschaftsbewegung konnte in einem gewissen Sinn auch an einer alteidgenössischen Tradition anknüpfen. –

Auf der politischen Ebene sind Sie nicht aktiv geworden? Im Gegensatz zu den umliegenden Monarchien stand in der republikanischen Schweiz doch ein demokratisches Instrumentarium zur Verfügung: Zunächst das allgemeine Wahlrecht, später das Referendums- und Initiativrecht.
Natürlich haben wir uns auch da engagiert. Zunächst dachten wir nicht an die Schaffung einer gesonderten Arbeiterpartei, sondern versuchten, den Arbeiterinteressen innerhalb der radikalen Partei mehr Geltung zu verschaffen.

Wie haben die Radikalen, d.h. die Freisinnigen, darauf reagiert?
Einige haben uns unterstützt. Die Mehrheit hat uns aber bald vorgeworfen, wir würden Unfrieden stiften, die Bevölkerung gegeneinander aufhetzen und gefährliche Theorien verbreiten. 1868 trennten wir uns dann von den Radikalen, nachdem sie keinen einzigen von unseren Kandidaten der sozialdemokratischen Richtung auf die Wahllisten genommen hatten. Unsere Gruppierung, die wir ‹République démocratique et sociale› nannten, musste einen eigenen Weg gehen.

Warum neue Parteien entstehen
Die Freisinnige Partei hat in früheren Jahren einen grossen und schwierigen Auftrag erfüllt. Aber seit den sechziger Jahren (oder gar schon vorher) hatte sie nur noch das Bestreben, ihre Eroberungen zu bewahren. Die Menschheit aber kann nicht stehen bleiben. Wenn eine Partei stillsteht, entstehen neue Parteien (Coullery).

La Chaux-de-Fonds, um 1867.

Uhrenwerkstätte in La Chaux-de-Fonds.

Aktie des Konsumvereins Zürich, 1868.

(rechts) Coop-Geschäft in La Chaux-de-Fonds, um 1914.

Eintracht macht stark.
Konsum-Verein Zürich
gestiftet den 16ten October 1851
No 1 Frcs. 5
ACTIEN-SCHEIN
Hiermit wird bezeugt daſs
Herr Karl Bürkly Gerber
von Zürich
zur Zeit wohnhaft in Zürich
(geboren im Jahr 1823) seit dem 16 October 1851
Mitglied des Konsum-Vereins Zürich ist.
Zürich, den 5. März 1868.

Die Gewerkschaften

Gesamtschweizerische Zusammenschlüsse
1858 Typographen
1863 Schneider
1867 Schuhmacher
1868 Uhrengraveure
1880 Gewerkschaftsbund

Ernst Boetsch von den Georg Fischer-Werken hat bereits eingangs dargelegt, wie schwierig es war, die gemeinsamen Interessen der Arbeiterschaft zu organisieren. Forderte man die Arbeiter auf, sich zusammenzuschliessen, so lauteten die Antworten häufig: «Dann verliere ich meine Arbeit, komme ich auf die Schwarze Liste und finde keine neue Arbeit. Zudem bringt das alles nichts, die Direktion anerkennt uns doch nicht als rechtmässige Vertretung der Belegschaft. Und was nützt das schon, wenn nicht die Arbeiter der übrigen Fabriken, der übrigen Teile der Schweiz, ja der ganzen Welt ebenfalls organisiert sind? Ich will meine Ruhe haben.»
Kleinräumigkeit und Vielsprachigkeit behinderten die *Gewerkschaftsbewegung* anfänglich in ihrer Entfaltung. Dennoch bildeten sich zunächst lokale und in den sechziger Jahren sogar gesamtschweizerische Gewerkschaften heraus. Voran gingen die Typographen. Und 1880 sollte sogar ein berufsübergreifender Bund von Gewerkschaften entstehen. Der Anfang war bescheiden, und es traten auch immer wieder Rückschläge ein. Aber alles in allem gewannen die Gewerkschaften an Boden. Und damit auch die Auffassung, dass die Arbeiter keine Konkurrenten, sondern Kampfgenossen, dass sie wie die Unternehmer untereinander organisiert sein sollten, dass die Schwäche des Einzelnen durch die Solidarität der Vielen ausgeglichen werden konnte.

Die Devise lautet:
«Helft Euch selbst, so hilft Euch Gott»

10.7 **Ein Streik in Genf**

Im März 1868 wurde in Genf ein Bauarbeiterstreik ausgerufen. Vereinzelte Streiks hatte es bereits in der ersten Hälfte des 19. Jahrhunderts gegeben. Doch erst mit den Aktivitäten der Internationale wurde der Streik auch in der Schweiz zu einer häufig eingesetzten Waffe. Bemerkenswerterweise wurde der Genfer Streik auch von anderen Berufsgruppierungen unterstützt. 3000 Arbeiter befanden sich schliesslich im Ausstand. Ausser den

Maurern, Steinhauern, Bauhandlangern, Gipsern und Malern auch die Schlosser, Spengler, Zimmerleute und Schreiner. Die Uhrmacher unterstützten den Streik mit Geldspenden. Den Streikenden gelang es zudem, die aus dem Tessin und dem Piemont herbeigereisten Arbeiter auf ihre Seite zu ziehen. Sie waren von den Unternehmern angeworben worden und hätten als *Streikbrecher* eingesetzt werden sollen. Die damals gerade laufenden grossen Aufträge hatten zu einer Austrocknung des Arbeitsmarktes geführt. Dieser Umstand stärkte die Position der Streikenden. Philippe Camperio, Regierungsratspräsident, lehnte den Einsatz von Militär ab und versuchte zu vermitteln. Die Unternehmer weigerten sich, mit den Arbeitern zu verhandeln, solange diese sich nicht von der Internationale losgesagt hätten.

NZZ: Keine prinzipielle Ablehnung von Streiks

Die freie Disposition eines jeden über seine Arbeitskräfte und das Recht, zu deren bestmöglicher Verwertung das verfassungsmässige Vereinsrecht zu benutzen, dürfen nicht beeinträchtigt werden, wenn schon Übelstände damit verbunden sind. (NZZ, 9. April 1868).

Nur das Werk fremder Agitatoren?

Der Internationalen Arbeiterassoziaton wurde Einmischung in schweizerische Angelegenheiten vorgeworfen. Statt nach den wirklichen Gründen der Unzufriedenheit zu fragen, versuchte man Drahtzieher zu entlarven. Natürlich hatten die Streikenden die moralische und materielle Unterstützung der Internationale. Aus aller Welt trafen Spendengelder ein, aus Lyon beispielsweise 100 Fr., aus Rostock 60 Fr. Die Internationale wurde aber erst aktiv, nachdem die Bauarbeiter nichts erreicht hatten und sich darum an sie wandten.

Karikatur zur ‹sozialen Frage›: naturnotwendige Folgeerscheinung der Industrialisierung oder aufhebbarer Widerspruch des Systems?
(Nebelspalter Nr. 25, 1875)

Der Bauunternehmer J. Giorda, Mendrisio, mit seinen 56 «Muratori», um 1898.

Der weltweit beachtete Streik ging nach drei Wochen mit einem Sieg für die Bauarbeiter zu Ende. Die ursprünglichen Forderungen wurden zwar nicht vollumfänglich erfüllt, doch wurde der Taglohn von 3.60 um 10 Prozent erhöht, und der ursprünglich 12stündige Arbeitstag um eine Stunde reduziert. Der Sieg der Bauarbeiter war zugleich ein Sieg der Internationale. Dank der feindseligen Haltung des Bürgertums gewann sie überdies während des Streiks allein in Genf über 1000 Mitglieder.
Der Streik von 1868 wirkte als Signal und war Auftakt für weitere Streiks. In diesen Arbeitskämpfen errang die Arbeiterschaft zuweilen schnelle Erfolge, sie erlebte aber auch schwere Rückschläge.
In diesem Teil ging es vor allem darum, die ersten Reaktionen der Arbeiterschaft auf die negativen Auswirkungen der Industrialisierung zu zeigen: das Erwachen eines Klassenbewusstseins und die Anfänge des Kampfes für die Interessen der Arbeiterschaft. Noch ist die Rolle des Staates nicht dargelegt worden. Davon und vom Kampf um ein Wahlgesetz, das der sozialistischen Minderheit mehr Chancen einräumen sollte, wird der nächste Teil handeln.

Ernst Boetsch:
Wenn ich mich hier nochmals schnell einschalten darf: Bei uns in der Giesserei war das Streiken schwieriger. Unsere Direktion hatte sich gut vorgesehen. Sie erhöhte das Kapital und legte Lagerbestände an, die gegen die Hälfte der Jahresproduktion ausmachten. So konnten sie den Streiks nicht nur getrost entgegensehen, sie durften auch damit rechnen, dass sie gar nicht ausbrachen, weil auch die Arbeiter die grossen Lager kannten und wussten, dass ihnen die Luft ausginge, bevor die Lager aufgebraucht waren.

«Der Revolution ein ewig sicheres Flussbett»
Es darf und wird hier niemals mehr eine Ruhe und Ordnung geben nach dem Herzen der herrschenden Klasse. Ruhe ist Tod, Bewegung ist Leben und die einzig wahre, katastrophenfreie, beglückende, Ordnung ist die permanente Revolution. Für sie muß die Sozialdemokratie leben und streben, auf sie schwören und sich wehren! Die Vernunft, jeden Tag erneuert und verstärkt, hat schon heute ein Theil der gestrigen, als veraltete, zu begraben; sie muß, wie der Morgenthau die Pflanzenwelt, jedtäglich allen Menschengeist erfrischen und verjüngen. (...) Wie viel verwittertes Gerölle ist aber zu ungehemmtem Gange noch aus dem Wege zu schaffen? Wie viel altes Gemäuer noch zu brechen und Schutt hinweg zu räumen, ehe man den Neubau beginnen und frei aufrichten kann? Das giebt noch ein hartes Stück Arbeit, was nicht ohne Stoß und Sturz, ohne Ach und Krach, Streit und Leid vorübergehen wird. Die Gegenwart muß eben die Begehungs- und Unterlassungssünden der Vergangenheit büßen und muß das lebende Geschlecht einmal radikal vorgehen, für alle Zukunft saubern Herd und reine Küche machen – dem Strome der Revolution ein ewig sicheres Flußbett bereiten. (Joh. Phil. Becker im ‹Vorboten›, April 1868).

Asyl für Revolutionäre?
Nach erbitterten Barrikadenkämpfen wurde im Mai 1871 der Aufstand der Pariser Kommune niedergeschlagen. Die Kommune hatte einen föderativen Gemeindesozialismus verwirklichen wollen, die Umwandlung des französischen Einheitsstaates in einen Bund souveräner Gemeinden.
Nach der Niederlage der Kommune rechnete man in der Schweiz mit einer neuen Flüchtlingswelle. Vorsorglich warnte die katholisch-konservative, aber auch die freisinnige Presse aus innenpolitischen Bedenken vor der Aufnahme von Communards, weil diese das revolutionäre Potential in der Schweiz erhöhen würden.

Jean-Claude Favez
(Universität Genf)

Die Industrialisierung der Schweiz – der Stand unserer Kenntnisse

Die industrielle Revolution ist die ganz grosse Angelegenheit des 19. Jahrhunderts und insbesondere der Jahre 1850 bis 1900. Aber es handelt sich zugleich um eine komplexe Erscheinung, die man nicht auf ein oder zwei ihrer vielfachen Faktoren reduzieren kann. Dazu gehören die Maschinen und die Energie, die Unternehmer und die Kapitale, die Preise und die Löhne, die Menschen, ihre Mentalitäten und Ideen.

Die ersten industriellen Entwicklungen, vor allem die Protoindustrie des 18. Jahrhunderts sind stark durch die lokalen Umstände bedingt. Nach 1850 entwickelt sich die industrielle Bewegung, freilich ohne ihre lokalen Eigenheiten zu verlieren, auf dem breiteren Feld des durch den neuen Staat geschaffenen nationalen Marktes. Dank dem sich durchsetzenden Freihandel ist diese Entwicklung – und darin liegt ein ausgesprochenes Charakteristikum der schweizerischen Industrie – zugleich aber auch ein Reflex der internationalen Konjunktur.

Mehrere Werke geben ein Gesamtbild der industriellen Strukturen und der wirtschaftlichen Konjunktur dieser Zeit (vgl. die Werke von Albert Hauser und Jean-François Bergier).

Die industrielle Revolution findet zunächst vor allem im Bereich der Textilverarbeitung, der Maschinenkonstruktion und des Eisenbahnbaus statt. Dazu gibt es eine eingehende Studie von Walter Bodmer. Einige andere Wirtschaftszweige dagegen, wie das Baugewerbe, die Nahrungsmittelverarbeitung und der Tourismus müssen erst noch gründlich erforscht werden. Desgleichen der Bankensektor, der sich mit der Entstehung der grossen Handelsbanken wie der Kreditanstalt den neuen Bedürfnissen anpasst.

Die industrielle Revolution, das ist auch die grosse Stunde des Unternehmers. Die Geschichtsschreibung der Unternehmen steckt trotz der grossen Zahl von Gelegenheitspublikationen in der Schweiz noch in den Anfängen. Wegleitend sind Untersuchungen wie diejenigen von François Jequier.

Der Unternehmer, als Einzelpersönlichkeit wie als Angehöriger einer sozialen Gruppe, würde noch vertiefte Untersuchungen verdienen.

Der Welt der Arbeiter dagegen sind bereits zahlreiche Werke gewidmet worden (vgl. vor allem diejenigen von Erich Gruner und Marc Vuilleumier).

Der soziale und kulturelle Wandel bilden, wie Rudolf Braun für das Zürcher Oberland gezeigt hat, ein neues Untersuchungsfeld.

Die Geschichte der schweizerischen Industrie im 19. Jahrhundert ist auch die eines Zusammenpralls der Interessen, der gegenläufigen Willen und Politiken. Während sich die Arbeiterschaft auf nationaler und internationaler Ebene organisiert, entwickelt die Unternehmerschaft ein Organ, um auf die öffentliche Hand Druck auszuüben (vgl. die Arbeit von Bernhard Wehrli).

Der Staat betritt, durch Krisen gefördert, rückwärts den Weg des Protektionismus und vorwärts den Weg der verbindlichen Regelungen in der Sozialpolitik (vgl. die Arbeit von William Rappard).

Hinweise auf weiterführende Literatur
(*Bergier, Gruner* und *Hauser,* vgl. die allgemeinen Literaturhinweise im Vorwort). *Walter Bodmer,* Schweizerische Industriegeschichte. Die Entwicklung der schweizerischen Textilwirtschaft im Rahmen der übrigen Industrien und Wirtschaftszweige. Zürich 1960. – *François Jéquier,* Une entreprise horlogère du Val-de-Travers: Fleurier Watch and Co. Neuchâtel 1972. – *Marc Vuilleumier,* Quelques jalons sur une historiographie. In: Cahier Wilfredo Pareto 20 1973. – *Rudolf Braun,* vgl. Angaben zu Teil 3) – *Bernhard Wehrli,* Aus der Geschichte des Schweizerischen Handels- und Industrievereins. Zum hundertjährigen Bestehen des Vororts. Zürich 1970. (franz. Ausgabe Neuchâtel 1970). – *William Rappard,* La révolution industrielle et les origines de la protection légale du travail en Suisse. Bern 1914.

Für dieses Kapitel besonders wichtig:
Rudolf Vetterli, Industriearbeit, Arbeiterbewusstsein und gewerkschaftliche Organisation. Dargestellt am Beispiel der Georg Fischer AG 1890–1930. Göttingen 1978.
Elfriede Wiss-Belleville, Pierre Coullery und die Anfänge der Arbeiterbewegung in Bern und La Chaux-de-Fonds. Ein Beitrag zur Geschichte der schweizerischen Frühsozialisten. Diss. Manuskript Basel 1983.

Das Majorzsystem wir durch das Proporzsystem als die gerechtere Umsetzung des Bürgerwillens bei Parlamentswahlen ersetzt, zunächst in einigen Kantonen, schliesslich auch im Bund. Hier eine Postkarte aus dem Abstimmungskampf von 1910. «Gerechtigkeit» soll hier nur unter Männern und für Männer hergestellt werden. In dieser Zeit setzt aber auch der Kampf der Frauen für das Frauenstimmrecht und die Aufhebung sozialer und wirtschaftlicher Benachteiligung ein.

Teil 11

Weitere Anläufe nach 1870

Die weiteren Abschnitte, die uns auf dem Weg zur Gegenwart beschäftigen werden, betreffen drei Gebiete: die staatliche Sozialpolitik, die Revision der Wahlgesetze und die Stellung der Frau. Die Veränderungen in diesen Bereichen haben ihren Anfang im 19. Jahrhundert – ihre Erfüllung findet sich aber erst im Laufe des 20. Jahrhunderts. Es handelt sich eben um *Anläufe*. Drei sind diesen vorangegangen: Die Helvetik als erster Anlauf brachte die politische Gleichberechtigung aller Bürger. Die Regeneration als zweiter Anlauf brachte den liberalen Bundesstaat. Die Demokratische Bewegung als dritter Anlauf brachte die direkte Demokratie.

11.1 **Die Anfänge des Sozialstaates**

Im vorangegangenen Teil haben wir gesehen, wie sich ein Teil der Arbeiterschaft in Gewerkschaften und in der Internationalen Arbeiter-Assoziation zu organisieren begann, um nicht wehrlos den negativen Auswirkungen der Industrialisierung ausgeliefert zu sein. Welche Rolle spielte der Staat in den Arbeitskonflikten, die seit den 60er Jahren häufiger auftraten und sich verschärften?
Für die Behörden waren diese Konflikte, gemäss dem liberalen Staatsverständnis, Privatangelegenheiten, die sich in der staatsfreien Sphäre abspielten. In manchen Fällen konnte der Staat trotzdem nicht unbeteiligt bleiben. Er stellte sich als neutraler Vermittler zur Verfügung oder er setzte im Fall von Streikdemonstrationen seine Sicherheitskräfte ein, Polizei oder Militär, um die Aufrechterhaltung von Ruhe und Ordnung zu gewährleisten. Das liberale Prinzip eines staatsfreien Wirtschaftslebens erfuhr allerdings schon früh eine erste Korrektur.

Das Glarner Fabrikgesetz von 1864

Im August 1864 beschloss die Glarner Landgemeinde ein *Fabrikgesetz*, das ausser der Kinderarbeit auch die Erwachsenenarbeit regelte. Es führte den Normalarbeitstag von 12 Stunden ein, untersagte die Nachtarbeit und sah einen sechswöchigen Urlaub für Wöchnerinnen vor. Im weiteren schuf es ein Inspektorat, das über die Einhaltung der Bestimmungen wachen sollte.

Das imaginäre Interview

Fridolin Schuler, 1832–1903, Arzt in Mollis. 1867 erster kantonaler, seit 1878 erster eidgenössischer Fabrikinspektor, Verfasser zahlreicher Schriften über Gewerbe-, Hygiene-, Wohnungs- und Ernährungsfragen, Krankenkassen- und Versicherungswesen und Sozialpolitik; mehrmals Vertreter der Schweiz an internationalen Kongressen für Hygiene und Arbeiterschutz. Seine Vorfahren waren Landvögte und Offiziere in fremden Diensten.

<u>Herr Dr. Schuler, Sie sind aufgrund dieses Gesetzes Glarner Fabrikinspektor geworden. Worin lag die Bedeutung dieses Gesetzes?</u>
Hier nahm der Staat erstmals die Verantwortung wahr, die er als Gesetzgeber und Überwacher auch im wirtschaftlichen und sozialen Bereich hatte. Das Gesetz legte zudem ein Fundament für die weiteren Massnahmen, die nötig waren.

<u>Was meinen Sie mit Fundament?</u>
Die Fabrikinspektoren hatten die Möglichkeit, die Arbeitsverhältnisse genau zu untersuchen und die Ergebnisse solcher Untersuchungen öffentlich bekannt zu machen. Und das bedeutete schon sehr viel.

<u>Worauf haben Sie denn geachtet bei diesen Untersuchungen?</u>
Der erste Bericht befasste sich mit den Belüftungsverhältnissen in den Fabriken und mit den Heizungen. Dann mit den verwendeten Chemikalien, mit den verschiedenen Unfallursachen und mit den allgemeinen Lebensbedingungen der Arbeiter. In einer späteren Untersuchung stellte ich z. B. fest, dass die Säuglingssterblichkeit bei den Fabrikarbeiterinnen besonders hoch war.

<u>Wie wurde Ihre Arbeit aufgenommen?</u>
Es war eine undankbare Aufgabe. Für die

Fabrikanten war ich ein unerwünschter Eindringling in deren Privatreich, und in den Augen der Arbeiter war ich ein Knecht der Fabrikanten. – Und doch hat sich mein Einsatz gelohnt. Dabei denke ich nicht nur an die Historiker, die sich nachträglich über die zusammengetragene Dokumentation freuen . . . Schon bald wurde in einem revidierten Fabrikgesetz unseren Untersuchungsergebnissen z. T. Rechnung getragen.

Diese Regelungen galten aber nur für den Kanton Glarus?

Ja schon. Das Glarner Fabrikgesetz diente dann aber anderen Kantonen als Vorbild, und auf diese Weise ebnete es auch den Weg zum Schweizerischen Fabrikgesetz von 1877.

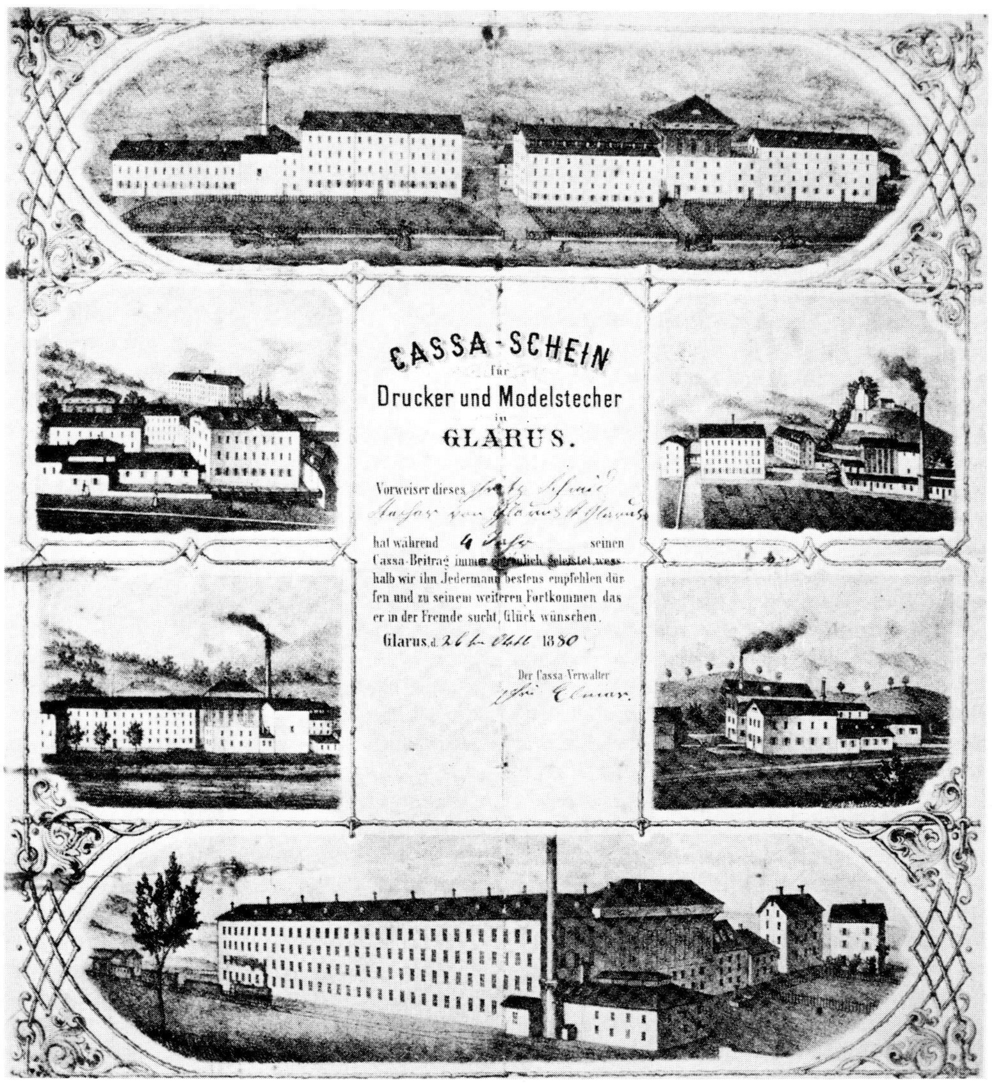

Kassascheine für die Glarner Drucker und Modelstecher, die bei einem Arbeitsplatzwechsel eine Bestätigung dafür haben wollten, dass sie ihren Krankenkassenbeitrag immer ‹getreulich› geleistet hatten (Beispiel aus dem Jahr 1880).

Das eidgenössische Fabrikgesetz von 1877

Im Oktober 1877 wurde ein eidgenössisches Fabrikgesetz von den Stimmbürgern mit 51,5 Prozent Ja-Stimmen knapp angenommen. Die Fabrikanten waren von nun an gesetzlich verpflichtet, bei der Anordnung der Arbeitsverhältnisse auf die Gesundheit der Arbeiter zu achten. Das Gesetz war in Zürich, Appenzell und St. Gallen abgelehnt worden, wo entweder die Heimindustrie immer noch

Eidgenössisches Fabrikgesetz 1877
181 204 Ja
170 857 Nein

Die wichtigsten Bestimmungen des neuen Gesetzes sahen vor:
- *den 11-stündigen Normalarbeitstag*
- *die Haftpflicht der Unternehmer bei Fabrikunfällen*
- *die Bewilligungspflicht für die Fabrikordnungen*
- *die Einführung ständiger Fabrikinspektoren*
- *Bussen bei Zuwiderhandlung*

Die wichtigsten Stationen des Weges zum Sozialstaat

1877 Eidgenössisches Fabrikgesetz
1902 Bundesgesetz über die Militärversicherung
1912 Bundesgesetz über die Kranken- und Unfallversicherung
1918 Schweizerische Unfall-Versicherungsanstalt (SUVA)
1947 Schweizerische Alters- und Hinterlassenenversicherung (AHV)
1960 Schweizerische Invalidenversicherung (IV)
1977 Obligatorische Arbeitslosenversicherung (ALV)
1982 Bundesgesetz über Pensionskassen (Zweite Säule)

Die Entwicklung der Arbeitszeitregelung

1820 15–16 Stunden täglich. 90–96 Stunden in der Woche (keine gesetzliche oder vertragliche Regelung).
1864 Glarnerische Verordnung, die erste Arbeitszeitregelung für erwachsene Männer in Europa; 11–15 Stunden täglich, wöchentlich 66 (Nacht- und Schichtarbeit) bis 84 Stunden (Tagesarbeit).
1877 Erstes Bundesgesetz über die Arbeit in den Fabriken; 11 Stunden täglich, an Samstagen und Tagen vor Feiertagen 10 Stunden, wöchentlich 65 Stunden.
1919 Ergänzung zum Fabrikgesetz; 48-Stunden-Woche.
1964 Arbeitsgesetz; 46-Stunden-Woche für Arbeitnehmer in industriellen Betrieben sowie Büropersonal, technische und andere Angestellte.
1975 Verordnung über Herabsetzung der wöchentlichen Höchstarbeitszeit in industriellen Betrieben auf 45 Stunden. 1975 betrug die durchschnittliche wöchentliche Arbeitszeit in der Industrie 43, im Baugewerbe 47 und in der Landwirtschaft 60 Stunden.
1976 Deutliche Ablehnung der Initiative zur Beschränkung der Arbeitszeit auf 40 Stunden.

Die Kontroverse um das neue Fabrikgesetz

Arbeiter: Die Vorlage geht zwar zu wenig weit, wichtiger ist aber, dass der Staat einmal einen Anfang macht. Weiteres wird später kommen.

Arbeiter: Wie sollen wir aber aufkommen gegen die Propaganda der Fabrikanten, die über unbeschränkte Mittel verfügen?

Arbeiter: Nicht alle Fabrikherren sind im gegnerischen Lager. Der Bally von Schönenwerd zum Beispiel hat sich für das Gesetz ausgesprochen.

Fabrikant: Der vorliegende Gesetzesentwurf stört mich nicht nur wegen der Arbeitszeitbeschränkung. Ich halte es für eine unerhörte Einmischung in unsere Privatangelegenheiten, wenn man von Staates wegen unsere internen Fabrikordnungen examinieren will. Und überhaupt geht es ums Prinzip. Bald wird uns der Staat noch vorschreiben wollen, wieviel Arbeiter und zu welchem Lohn wir sie beschäftigen sollen. Wir müssen diesem ersten Versuch der Staatsgewalt, die freien Bürger zu bevormunden, eine exemplarische Abfuhr erteilen.

Arbeiter: Wie sollen wir aber unsere Kameraden überzeugen? Viele werden gegen das Gesetz stimmen, weil sie empfindliche Lohnkürzungen befürchten.

Arbeiter: Wir müssen auf jeden Fall auch die Katholiken auf unsere Seite bekommen. So aussichtslos ist das nicht, die haben noch manche Rechnung mit dem Freisinn zu begleichen.

Fabrikant: Dieses Gesetz zerstört unsere Konkurrenzfähigkeit, es drückt die verschiedenen Industriezweige in dieselbe Zwangsjacke. Und das ausgerechnet in einem Moment, da wir ums Überleben kämpfen, da die Wirtschaft weltweit in einer Krise steckt, da ausländische Schutzzölle unseren Export erdrosseln wollen. Viele Fabriken werden zugrunde gehen, wenn das Gesetz angenommen wird, und die Arbeiter werden die Leidtragenden sein.

Arbeiter: Von den vielen Vorteilen, die das neue Gesetz bringt, möcht' ich nur noch Art. 10 erwähnen, der bestimmt, dass die Fabrikanten künftig unseren Lohn ausnahmslos in bar ausbezahlen müssen. Jetzt ist endgültig Schluss mit der Nötigung, Esswaren oder Heizmaterial als Lohn anzunehmen. Stimmt für dieses Gesetz! Lasst Euch nicht einschüchtern! Unsere elenden Verhältnisse können nicht ewig andauern.

Fabrikant: Wenn in einzelnen Fällen Fehler begangen wurden, warum denn alle mit diesem Gesetz bestrafen? Der Arbeiter soll selbst bestimmen können, wie lange er arbeiten will. Das Gesetz will ihn aber zum Bürger 2. Klasse machen: Die grosse Zahl der Bürger, die Heimweber, Bauern, Landarbeiter usf., dürfte ihre Arbeitskraft nach Belieben verwenden. Soll dagegen eine Minderzahl von Arbeitern nur eine vorgeschriebene Stundenzahl arbeiten dürfen?

Arbeiter: Die Fabrikanten werden schon bald einsehen, dass eine Verbesserung der Fabrikverhältnisse auch ihnen nützen wird. Die Arbeitsleistungen werden besser werden. Die Schweiz wird den internationalen Konkurrenzkampf bestehen, indem sie Qualitätswaren produziert. Die positiven Auswirkungen einer fortschrittlichen Fabrikgesetzgebung können wir im Kanton Glarus feststellen. Wie es um die Einführung neuer Fabrikgesetze in den Kantonen ging, wehrten sich einige Fabrikanten mit dem Argument, dass dadurch die Produktionsverhältnisse kantonal verschieden würden. Jetzt haben sie Gelegenheit, einer gesamtschweizerischen Lösung zuzustimmen.

Fabrikant: Wir brauchen keine neuen Vögte in der Gestalt von Fabrikinspektoren, keinen Gesslerhut in der Gestalt eines Fabrikgesetzes. Diesen Gesetzesvorschlag haben wir den Sozialisten zu verdanken und der Internationale. Noch leben wir aber in der freien Schweiz.

sehr verbreitet oder die Fabrikindustrie mangelhaft rationalisiert war. Ablehnend reagierte ferner die antizentralistisch eingestellte Wählerschaft in Freiburg, Tessin, Waadt, Wallis und Genf. Die Stimmbeteiligung betrug bloss 55 Prozent. Diese Abstimmung war nötig geworden, weil in Fabrikantenkreisen das *Referendum* gegen das Gesetz ergriffen worden war (das fünfte Referendum seit dessen Einführung drei Jahre zuvor). Der Abstimmung war eine heftige Kampagne vorausgegangen.

Der Weg zum Sozialstaat

Der Abstimmungserfolg von 1877 eröffnete den Weg zum Sozialstaat, zu einer Ordnung, in der ein gemeinschaftliches und verbindliches Instrumentarium zur Bewältigung der elementarsten Existenzprobleme geschaffen wurde. Der Erfolg im Abstimmungskampf um das Fabrikgesetz wurde von einem Teil der Arbeiterbewegung als Beweis dafür verstanden, dass die Möglichkeit bestand, mit dem Wahl- und Abstimmungszettel erfolgreich für die Anliegen der Arbeiterschaft zu kämpfen. Für einen solchen Kampf mussten Gleichgesinnte mobilisiert, mussten *Partei*gänger organisiert werden.

Im Oktober 1888 wurde die Sozialdemokratische Partei der Schweiz gegründet. Es handelte sich um den dritten Versuch, eine gesamtschweizerische Arbeiterpartei zu bilden. Der führende Kopf dieser neuen Partei war der Berner Albert Steck, Sohn einer bürgerlichen Gelehrtenfamilie. Das Parteiprogramm sah die schrittweise Verstaatlichung von Handel, Verkehrswesen, Industrie, Landwirtschaft und Gewerbe vor und wollte das Recht aller Bürger auf Arbeit in der Verfassung verankern.

Der Sozialismus als alteidgenössisches Ideal
(Fürsprecher Albert Steck, 1843–1899) Wir wollen bloss das alteidgenössische Ideal des ‹einzigen Volkes von Brüdern› verwirklichen. Das geht aber nur auf der Basis wirtschaftlicher Gerechtigkeit. Unser sozialdemokratisches Bataillon wird mit den Volksrechten für diese Gerechtigkeit kämpfen. Denn wenn wir nicht auf gesetzlichem *Weg eine neue Gesellschaft herbeiführen, wird die alte Gesellschaft durch gewaltsame Revolution beseitigt werden.*

Trotz ihres eindeutig auf Sozialisierung ausgerichteten Wirtschaftskonzeptes wurde die junge Sozialdemokratie als Verlängerung des demokratischen Flügels der Freisinnigen auf die Arbeiterschaft verstanden: Nach der Einführung der *politischen* Demokratie wollten die Sozialdemokraten nun auch die *wirtschaftliche* Demokratie verwirklichen. Mit einer Volksinitiative versuchten sie einen ersten Schritt in diese Richtung. Im Juni 1894 wurde jedoch die Initiative ‹Recht auf ausreichend lohnende Arbeit› mit 308289 Nein gegen 75880 Ja wuchtig verworfen. Die Initianten verstanden das Recht auf Arbeit als logisches Gegenstück zum Recht auf Eigentum. Das Ergebnis dieses ersten Reformversuches der neuen, sozialistischen Linken war nicht gerade ermutigend. Die Vorlage hatte aber auch innerhalb der Linken Gegner. Die Marxisten unter ihnen vertraten den Standpunkt, dass das Recht auf Arbeit im kapitalistischen Staat gar nicht zu verwirklichen und dass eine Garantie auf Arbeit in einem sozialistischen Staat überflüssig sei.

Das neue Instrument
Seit der Einführung von 1891 wurde zum zweiten Mal vom Initiativrecht Gebrauch gemacht: Der sozialdemokratischen Initiative von 1894 ging die Schächtinitiative *von 1893 voraus.*

Wie man sich das vorstellte
Wenn das Recht auf Arbeit dem Bürger zuerkannt wird, dann steht es nicht mehr im Belieben einzelner Herren, ob der Arbeiter arbeiten darf oder ohne Arbeit hungern soll mit den Seinen. Dann hört auch die Furcht vor den Arbeitsherren auf; denn jeder weiss, dass er immer Arbeit haben kann, wenn nicht bei diesem Herrn, so bei einem anderen, und wenn nicht bei einem andern, so beim Staate. (Flugblatt zur Unterschriftensammlung)

Opposition an der Urne
Die Volksinitiative ist das klassische Instrument der im Parlament nur schwach oder gar nicht vertretenen Opposition. Die Sozialdemokraten hatten damals erst eines von 147 Nationalratsmandaten. Sein Inhaber: Jakob Vogelsanger aus Zürich. Die Arbeiterbewegung benützte weiterhin beides – Stimmzettel und Wahlzettel –, sie versuchte aber auch auf andere Weise, die Massen zu mobilisieren.

Landesparteien
1888 Sozialdemokraten
1894 Freisinnige
1912 Katholisch-Konservative
1913 Liberaldemokraten

Landesverbände
1870 entsteht der Schweizerische *Handels- und Industrieverein*
1879 der Schweizerische *Gewerbeverband*
1880 der Schweizerische *Gewerkschaftsbund*
1897 der Schweizerische *Bauernverband*
1903 der Föderativverband des Personals der öffentlichen Dienste
1908 der Zentralverband schweizerischer *Arbeitgeber-Organisationen*

Ein neues Vehikel
Auch andere Interessengruppierungen sahen sich mehr und mehr veranlasst, sich gesamtschweizerisch zu organisieren. 1883 zum Beispiel wurde in Brügg bei Biel von 41 Radsportpionieren der ‹Schweizerische Velocipedisten-Bund› gegründet. François Reymond, der 1. Zentralpräsident, erklärte: Die Vereinigung wolle das Ansehen des jungen Radsportes fördern und sich dagegen wehren, dass er in der Öffentlichkeit und von gewissen Amtsstellen als störend und gefährlich angesehen werde. Dieser Vereinsgründung war im Vorjahr in Yverdon bereits ein ‹Congrès Vélocipédique› vorausgegangen. Das Hochrad der 70er Jahre, auch *Bicycle* genannt, wurde bereits in den 80er Jahren von Niederrädern, sogenannte *Bicyclettes*, verdrängt. Die anfänglich teuren Räder galten als Spielzeuge des wohlhabenden Bürgertums, und niemand stellte sich vor, dass das Fahrrad einmal das klassische Fortbewegungsmittel des einfachen Mannes würde.

«Papa lässt sich von Frau Gemahlin und Fräulein Töchtern im Velocipede-Fahren unterrichten.» (Postheiri 12. Juni 1869)

Gesamtschweizerische Organisationen

Die Sozialdemokraten waren nicht die einzigen, die sich gegen Ende des Jahrhunderts im gesamtschweizerischen Rahmen organisierten. Die wachsende Bedeutung der Bundespolitik und die ebenfalls wachsende Infragestellung der freisinnigen Vorherrschaft machten die straffere Organisation der parlamentarischen Fraktionen und die Bildung von breit abgestützten Landesparteien nötig. Nachdem sich die Sozialdemokraten als Landespartei konstituiert hatten, fassten auch die Freisinnigen 1894 ihre verschiedenen kantonalen Organisationen zu einer gesamtschweizerischen Partei zusammen. Im Zuge dieser Straffung legte sich der rechte Flügel des Freisinns einen eigenen Namen zu: Es entstand die Gruppe der Liberal-Demokraten. Als Landespartei konstituierten sie sich aber erst 1913. Die Katholisch-Konservativen schlossen sich auf eidgenössischer Ebene ebenfalls vergleichsweise spät, nämlich 1912, zusammen.
Neben den Parteien organisierten sich auch die wirtschaftlichen Interessengruppen auf Bundesebene. Die durchgehende Organisation der Wirtschaftsinteressen hatte zur Folge, dass sich ein Teil der Politik nicht mehr im Parlament abspielte. Die Landesregierung liess diese Organisationen in vorparlamentarischen Vernehmlassungsverfahren am Entscheidungsprozess teilhaben.

Initiativkomitee zur Gründung des Schweizerischen Velocipedisten-Bundes (SVB). Einige von ihnen tragen den typischen Helm der Hochradpioniere.

Postkarten an Gesinnungsfreunde.

Demonstration auf der Strasse
Wie 1889 von der Sozialistischen Internationale beschlossen, gingen die Anhänger der Arbeiterbewegung jeweils am 1. Mai auf die Strasse. Diese symbolischen Streiks demonstrierten zweierlei: 1. dass sich die Proletarier aller Länder tatsächlich vereinigen könnten, und 2. dass die Wirtschaft ohne die Arbeit der Proletarier nicht funktionierte. Natürlich begegneten diese Demonstrationen, zumal wenn sie auf Kosten der Arbeitszeit gingen, dem heftigen Widerstand der Unternehmer. Der 1. Mai musste dem bürgerlichen Kalender abgetrotzt werden.

«**Wir kämpfen weiter!**»
zum 1. Mai (von Hans Huber, Bern)

Meinen Mut laß ich nicht sinken,
Kenn ich auch der Feinde Zahl,
Ihre spitzen, scharfen Waffen,
Ihre List und Kampfeswahl!
Wohl kenn ich der bösen Menschen
Spitze Zungen, Gift und Macht,
Wohl hör ich das Waffenklirren
Im Getümmel wilder Schlacht!
«Waffen nieder?» frag ich heiter,
«Nein, mein Feind, wir kämpfen weiter!»

Fester greift die Hand zur Waffe
Und umklammert Schild und Schwert.
Wer kein' Mut, fürs Recht zu kämpfen,
Ist nicht seines Lebens wert!
Kämpfen, nicht des Ruhmes wegen,
Nicht der Ehre willen Sieg,
Um Mammon nicht, für Menschenrechte
Kämpfen, ist ein heil'ger Krieg!
Frischer Mut beseelt mich! Heiter
Ruf ich: «Auf! Wir kämpfen weiter!»

1. Mai-Umzug in Zürich.

Müssen Minderheiten vollständige Verlierer sein?
Gegen die Einführung des Proporzes wurde eingewendet, Minderheiten müssten verlieren, müssten sich fügen können. Nach dem Prinzip der Demokratie bestimme die Mehrheit. Dieses Prinzip gilt bei Abstimmungen, bei Sachfragen, die mit Ja oder Nein zu beantworten sind, doch selbst bei Abstimmungen wird in der Umsetzung des Abstimmungsergebnisses die Meinung der Minderheit mitberücksichtigt, wenn sie sich als gewichtige Kraft manifestiert hat. Und bei Wahlen, in denen Dutzende von Sitzen zu vergeben sind, kann man ohnehin die Minderheit proportional *berücksichtigen.*

Argumente für und gegen den Proporz
Verbessert man die Erfolgsaussichten der Minderheiten, so verbessert man auch die Wahlbeteiligung. Zudem werden die Minderheiten in das politische System integriert. Gelingt dies nicht, wächst die Gefahr, dass diese den Weg der Gewalt gehen. – Im Proporzwahlrecht geben zuerst die Parteistimmen den Ausschlag. Der Wähler kann sich darum nicht mehr nur für einzelne Persönlichkeiten entscheiden. Werden zuviele kleine Gruppen ins Parlament zugelassen, führt dies zu einer Zersplitterung der Kräfte; man riskiert, schliesslich keine regierungsfähige Mehrheit zu haben.

Ein Volksaufstand?
Die Aufständischen marschierten mit Hochrufen auf die Freiheit zum Regierungsgebäude. Die Regierungsräte wurden als Volksverächter beschimpft und ins Gefängnis – ‹nella galera› – gewünscht. Ihr Anführer, der Advokat Bruni, drohte seinen Leuten, dass er demjenigen den Kopf einschlagen werde (‹gli brucia la cervella›), der ohne seinen Befehl schiessen werde. Dem Staatsrat Gianella rief er zu, er solle ein Blutvergiessen verhindern und dem Volk die Tore öffnen. Der Magistrat erwiderte, dass dieser bewaffnete Haufen nicht das Volk sei. Aus den Reihen der Aufständischen ertönte der Vorschlag, man könne ja durchs Fenster eindringen. Advokat Bruni stellte sich aber auf den Standpunkt, dass das Volk nur durch die Türe und nicht durchs Fenster hineingehen solle – «Il popolo entra per la porta e non per la finestra!»

11.2 Die Einführung des Wahlproporzes

In der Fabrikgesetzgebung ist Glarus der gesamtschweizerischen Entwicklung vorausgegangen, im Proporzwahlrecht ist es das Tessin gewesen. In den Tessiner Grossratswahlen von 1889 trugen die Konservativen einen knappen Sieg davon. Mit 51,5 Prozent der Stimmen erhielten sie aber zwei Drittel aller Grossratssitze. Die Freisinnigen mit ihren 48,7 Prozent dagegen erhielten bloss ein Drittel der Sitze, obwohl sie nur 2,6 Prozent weniger Stimmen erzielt hatten als ihre Gegenspieler. Schuld daran war das *Majorzsystem*, das der jeweiligen Wahlkreismehrheit gleich alle Sitze zusprach, und dies unabhängig davon, wie gross oder wie klein diese Mehrheit war. So fielen beispielsweise im Wahlbezirk Riviera alle vier Sitze an die bloss um 7 Stimmen stärkeren Konservativen, und die nur knapp unterlegenen Freisinnigen gingen völlig leer aus. Die unterlegene Partei, die in diesem Bezirk immerhin 49 Prozent der Stimmen auf sich vereinigt hatte, hätte – nach heutigen Vorstellungen – wenigstens einen der vier Sitze erhalten sollen. Der Majorz konnte natürlich in anderen Bezirken zu Gunsten der anderen Partei wirken. Wenn man eine möglichst gerechte Umsetzung des Wählerwillens wünscht, ist es freilich wenig tröstlich, dass eine Verzerrung allenfalls durch eine andere ausgeglichen wird. Denn: Was tröstete es beispielsweise die Freisinnigen des Bleniotales, die keinen Delegierten in den Grossen Rat schicken konnten, wenn ihre Parteikollegen in Mendrisio zuviele schicken durften?
Im September 1890 kam es, nachdem in der ohnehin gespannten Situation eine Unterschlagungsaffäre zu einer weiteren Erregung der Gemüter geführt hatte, erneut zu gewaltsamen Auseinandersetzungen. Die allgemeine Unzufriedenheit der benachteiligten Minderheit war in offene Revolte umgekippt, als die konservative Regierung eine Reforminitiative der Freisinnigen nicht zum erwarte-

Die Helden des Staatsstreichs.

Noch heute gesungener Hymnus auf den unfreiwilligen Helden der konservativen Partei

Suona la squilla e il richiamo va
suona la squilla e ci ritemprerà
amici in piedi chi per l'idea
che guida e crea ancor si lotterà.

Dritta nel sole la bandiera sta
dritta nel sole vi risplenderà
bandiera azzurra color del cielo
racchiude il pegno della libertà.

La nostra fede ci accompagnerà
e alla vittoria infin ci porterà
amici avanti in fitta schiera
la marcia fiera non si arresterà.

Luigi Rossi a noi davanti sta
Luigi Rossi no ci scorderà
di luce splende la sua ferita
la via ci addita, ognun la seguirà.

ten Zeitpunkt zur Abstimmung vorlegen wollte. Der Aufstand begann in Bellinzona mit der Plünderung des Zeughauses. Nachdem die Aufständischen ein paar Geiseln genommen hatten, marschierten sie mit diesen an der Spitze zum Regierungsgebäude. Die konservative Regierung Respini wurde von dieser Schar aufgebrachter Freisinniger gefangen genommen. Beim Sturm auf den Regierungssitz wurde der junge Staatsrat Luigi Rossi erschossen.

Mit dem gewaltsamen Protest verbanden sich keine konkreten politischen Ziele. Der Schuss, der zufällig den unbescholtenen Luigi Rossi traf, war die Aktion eines Einzelnen. Die von den Freisinnigen gebildete provisorische Regierung wurde vier Tage später durch einen eidgenössischen Kommissar ersetzt, der vom freisinnigen Bundesrat einmal mehr ins Tessin geschickt worden war.

Zwei Wochen später wurde die hängige Reforminitiative der Tessiner Freisinnigen dem Volk zur Abstimmung vorgelegt. Diesmal triumphierten die Freisinnigen. Doch auch ihr Sieg war knapp, wurde doch ihre Initiative nur mit 50,2 Prozent der Stimmen angenommen. Das gesamtkantonale Ergebnis sähe anders aus, wenn 47 Bürger anders gestimmt hätten. Die Abstimmung wurde unter der Oberaufsicht des eidgenössischen Kommissärs, des Aargauer Obersten Arnold Künzli, und in Gegenwart von zwei Berner Bataillonen durchgeführt.

In der Folge kam es bei den etwa gleich starken Parteien zur entscheidenden Einsicht, dass bei knappen Mehrheitsverhältnissen eine gewisse Zusammenarbeit unumgänglich sei und darum eher die Kooperation als die Konfrontation gesucht werden müsse.

Die gestürzte Regierung der Konservativen wurde wiederhergestellt, trat aber sozusagen «freiwillig» 2 der 5 Sitze an die Partei der Aufständischen ab. Die Wahlen des Verfassungsrates und später des Grossen Rates und sogar des Regierungsrates wurden nach dem Proporzsystem durchgeführt. Das heisst: Die Sitze, die in einem Wahlkreis zur Verfügung standen, wurden proportional nach den Stimmenzahlen aufgeteilt, die für die verschiedenen Parteien abgegeben worden waren.

Die definitive Einführung des Proporzwahlsystems 1892 im Kanton Tessin war eine schweizerische Première. Der Kampf um den Proporz hatte aber lange zuvor begonnen und war 1892 noch lange nicht abgeschlossen. Nach dem Tessin gingen in den folgenden Jahren acht weitere Kantone dazu über, ihre Parlamente nach

Luigi Rossi – das Opfer des Staatsstreichs

AL

Popolo Ticinese

Cari Confederati!

I fatti recentemente avvenuti nel Cantone Ticino hanno costretto il Consiglio federale ad intervenire ed a nominarmi quale Commissario federale nel vostro Cantone, conferendomi l'incarico d'assumere provvisoriamente il potere governativo e di mantenere l'ordine pubblico. In tale qualità mi rivolgo a tutti gli uomini di sensi patriottici d'ogni partito, fiducioso che vorranno appoggiarmi con tutte le loro forze nell'esecuzione della mia difficile missione e contribuire colla loro opera ad avviare alla perfine questo bel Ticino verso un'èra di prosperità e di pace.

Aufruf des eidg. Kommissariats.

Reforminitiative der Freisinnigen 1890
11 899 Ja, 11 807 Nein.

Der zeitweise in Genf tätige französische Sozialist Victor Considérant veröffentlichte schon 1846 in Genf die Schrift «De la sincérité du gouvernement représentatif ou Exposition de l'Election véridique».

TI 1890
GE 1892
ZG 1894
SO 1895
SZ 1898
BS 1905
LU 1909
SG 1911

Ausbau der Demokratie
Nach der Einführung der direkten Demokratie die Einführung des Proporzes (Grütlianer zum 1. Mai 1910). Im Hintergrund das 1902 in Betrieb genommene neue Bundeshaus.

Das Parlament als Spiegelbild des Volkes
Wenn die Volksvertretung ein getreues Abbild des Volkes sein sollte, müsste man nicht die Hälfte der Sessel leer lassen, wenn sich nur die Hälfte der Stimmberechtigten an den Wahlen beteiligen?

1908 zählte man schon 7 sozialdemokratische Nationalräte und 1911 sollten es 15 sein. Diese Vertretung entsprach aber bei weitem nicht der Wählerstärke. 1919 mit der Einführung des Proporzes sprang die Zahl der SP-Mandate von 22 auf 41.

dem Proporzsystem wählen zu lassen. Auch in diesem Fall stellte sich die Frage, ob die Neuerung, die sich auf kantonaler Ebene bewährt hatte, auch im Bund eingeführt werden sollte.
Auf Bundesebene stand die Proporzfrage im Zeichen des Gegensatzes zwischen Freisinnigen und Sozialdemokraten. Die einen sahen – zu Recht – ihre Vorherrschaft in Frage gestellt, die anderen erwarteten – ebenfalls zu Recht –, dass die Korrektur zum grössten Teil ihnen zugute käme. Der Kampf um die Einführung des Proporzes auf Bundesebene wurde aber auch von den anderen Parteien mitgetragen – gegen den dominierenden Freisinn, der dank seiner Ratsmehrheit noch immer 6 der 7 Bundesratssitze belegte.
Drei Volksinitiativen waren nötig, bis sich der Proporz auch auf Bundesebene durchsetzte: 1900, 1910 und 1918. Die Einführung

dieses neuen Wahlsystems für die Nationalratswahlen brach dann in der Tat die Alleinherrschaft der Partei, deren Vorgänger 1848 den Bundesstaat gegründet hatten. Diese Reform ermöglichte die Entwicklung zur Vielparteienregierung, wie sie sich in manchen Kantonen bereits eingebürgert hatte und heute als typisch für die schweizerische Demokratie angesehen wird. Es bildete sich die *Konkordanzdemokratie* heraus, in der die Parteien sich untereinander absprechen müssen, wenn sie etwas erreichen wollen.
In dieser Frage ging das 19. Jahrhundert erst 1919 zu Ende. Der Kampf für die Einführung des Proporzes war ein Kampf für eine gerechte Umsetzung des Wählerwillens – jedoch nur des Willens der männlichen Bürgerschaft. Dass es auch einen Willen der Frauen politisch umzusetzen gäbe, das war damals nur am Rande Gegenstand öffentlicher Diskussionen.

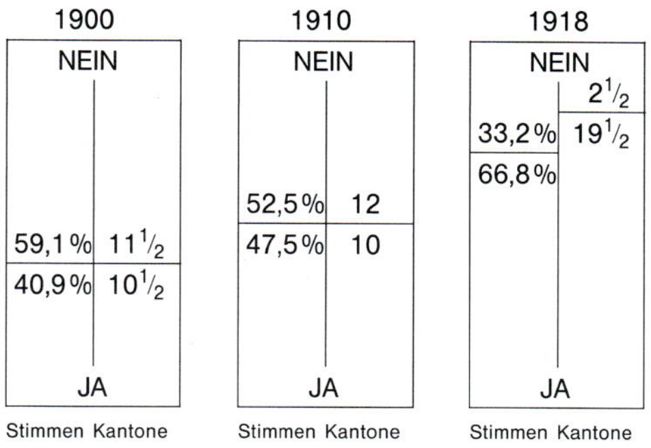

Die drei Anläufe für die Einführung des Proporzwahlrechts (nach Einzel- und Kantonsstimmen)

Darstellung des ‹Neuen Postillion› vom Mai 1896 zum negativen Ausgang der Volksabstimmung vom 1. März 1896 über die proportionale Wahl des Grossen Rates (18111: 29092 Stimmen).

[Der neue Postillion, Mai 1896]

Die bürgerliche Frau in ihrem Reich: Malerei, Musik, Literatur

Die *Frauen des gehobenen Bürgertums* lebten in einem übergepflegten Heimwesen eine von der Öffentlichkeit isolierte Existenz. In vielen Fällen von ihren materiellen Haushaltspflichten durch Dienstboten entlastet, hatten sie ihren gehetzten Männern jenseits von technischem Fortschritt und Wirtschaftskampf ein lebender Beweis für die Realität des Schönen, Guten und Edlen zu sein. Künstlerische Tätigkeit war erwünscht, hatte sich aber auf die Privatsphäre des eigenen Hauses oder des Freundinnenvereins zu beschränken. Arbeit ausserhalb des eigenen Haushaltes war verpönt, soweit sie nicht der allgemeinen Wohltätigkeit (Philanthropie) diente. Die Berufstätigkeit der ehelosen Frauen hatte sich zu beschränken, zum Beispiel auf den Beruf der Lehrerin.

Arbeiterin in Glarner Spinnerei um 1900.

Eine andere Konsequenz erfuhren die meisten *Frauen der Unterschicht*. Sie mussten arbeiten, weil die niedrigen Löhne der Ehemänner oder Familienväter für den Lebensunterhalt nicht ausreichten. Für diese Frauen war jede Tätigkeit gut genug: in Privathaushalten als Wasch- und Putzfrau oder – sofern sie ledig waren – als Dienstmädchen, dann in der Textil- und in der Uhrenindustrie, später in der Bekleidungs- und in der Nahrungsmittelindustrie. Diese Frauenarbeit war schlecht bezahlt und extrem konjunkturabhängig. Die Industrialisierung wirkte sich für die verheirateten Arbeiterinnen als Verdoppelung der Arbeitsbelastung aus. Neben der Heimarbeit oder der Fabrikarbeit hatten sie die ganze Last des Haushaltes und der Kinderversorgung alleine zu tragen. Die junge Sozialgesetzgebung wirkte sich insofern nachteilig aus, als sie den Einkommensverhältnissen nicht Rechnung trug. Wöchnerinnen wollten trotz Arbeitsverbot arbeiten, sie wollten, weil sie mussten.

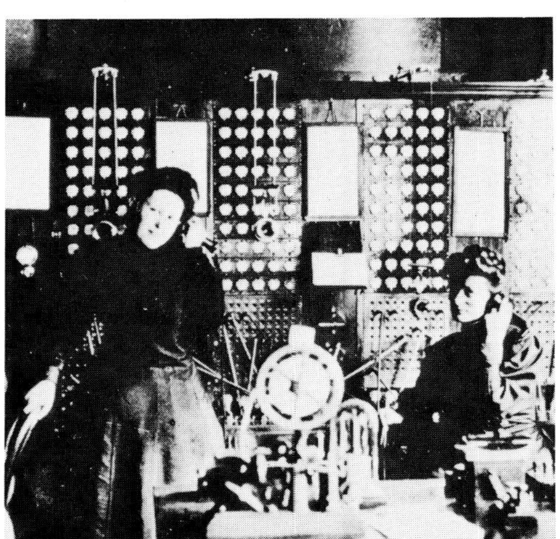

Mittelständische Frauenarbeit z.B. im Telegraphenbüro in Kreuzlingen.

Die *mittelständischen Frauenschicksale* bewegten sich zwischen diesen beiden Extremen. Auch hier war Frauenarbeit aus wirtschaftlicher Notwendigkeit nichts Ausserordentliches. Viele arbeiteten in den zahlreichen kleinen Familienunternehmen, vor allem im Detailhandel. Viele Frauen – man nannte sie Töchter, wenn sie jung, und man nannte sie Jungfern, wenn sie ledig geblieben waren – fanden eine Beschäftigung im stets grösser werdenden Dienstleistungssektor: als Bürolistinnen, als Verkäuferinnen, als Hotelangestellte oder in der Postverwaltung als Telegraphistinnen und nach 1880 auch als Telephonistinnen. In diesen neuen Dienstzweigen konnten die Frauen auf Grund ihrer guten Qualifikationen den Arbeitsmarkt uneingeschränkt für sich beanspruchen. Aber auch hier mussten sie sich mit subalternen Positionen zufriedengeben.

11.3 **Die Anfänge der Frauenbewegung**

Frauen sind in unserem Panorama des 19. Jahrhunderts bisher wenig in Erscheinung getreten. Aber gerade in den letzten Jahrzehnten vor der Jahrhundertwende veränderten sich die Lebensverhältnisse vieler Frauen tiefgreifend.
Die Frauen spürten die Notwendigkeit, ihre Interessen gesamtschweizerisch zu organisieren. 1890 entstand unter der Führung der Zürcherin Verena Conzett der Centralverband Schweizerischer Arbeiterinnenvereine. Eine breitere Bewegung wurde aber von den bürgerlichen Vereinen getragen, die sich für die Rechte der Frauen

Das imaginäre Interview

Helene von Mülinen (1850–1924), Bern, erste Präsidentin des Bundes Schweizerischer Frauenvereine.

Frau von Mülinen, Sie haben in der schweizerischen Frauenbewegung eine führende Rolle gespielt. Welches waren die Ziele dieser Bewegung?
Wir wollten Gleichberechtigung in allen Bereichen, im Bereich der Ausbildung, der Entlöhnung, der politischen Mitbestimmung, der Gesetzgebung, ferner forderten wir Schutz vor Sittlichkeitsdelikten usw.

Haben Sie nicht einfach die ausländischen Bewegungen kopiert, zum Beispiel die englischen Suffragetten?
Zu spüren, dass auch andernorts Frauen für ihre Rechte kämpften, hat uns Mut gemacht. Wir brauchten aber keine äusseren Einflüsse, um die Ungerechtigkeit zu spüren, die wir täglich hier erlebten.

Können Sie uns Beispiele nennen?
Um für einmal nicht von Haushalt, Berufstätigkeit und Mutterschaft zu reden, kann ich ja auf die Umstände hinweisen, wie das Schweizerische Zivilgesetzbuch zustande gekommen ist.

Wann war das?
Vor 1907. Dieses Gesetz ging uns doch sehr direkt an. Es betraf etwa die Frage, inwiefern die Ehemänner über den Lohn und das Vermögen ihrer Frauen sollten verfügen dürfen. Die Frauenorganisationen präsentierten Vorschläge, die auf genauen Daten und konkreten Erfahrungen beruhten, aber man liess uns an den Vorarbeiten nicht teilnehmen. Das Resultat war entsprechend. Unsere Anliegen wurden übergangen. Sowohl die bürgerlichen als auch die oppositionellen Politiker der Linken meinten, keine Rücksicht auf uns nehmen zu müssen. Das bekamen wir auch bei der Verteilung des Zivilgesetzbuches zu spüren. Jeder stimmberechtigte Bürger erhielt ein Exemplar. Die Frauen, für die das Gesetz auch galt, dagegen nicht; auch die unverheirateten, die geschiedenen und verwitweten nicht, obwohl sie über die Hälfte der Frauen ausmachten, und mit ihren Steuern die 300 000 Franken für die an die Männer verteilten Gratisexemplare mitfinanzierten. Und als unsere Vereinigung ebenfalls ein paar Exemplare beziehen wollte, sagte man uns, das käme zu teuer!

Sie haben sich dafür ausgesprochen, dass die Frau auch in der Politik aktiv sein sollte. War das damals nicht ziemlich revolutionär?
Mag sein, doch haben zum Beispiel die Frauen von einigen Tessiner Gemeinden in Abwesenheit ihrer Männer, die als Saisonniers im Ausland waren, in allen Gemeindeangelegenheiten stellvertretend bereits das Stimmrecht ausgeübt. Wie weit war man aber noch 1908 davon entfernt, uns als Vollbürger und nicht nur als Gegenstand der Politik, Verwaltung und Gesetzgebung zu betrachten!

Mit welchen Mitteln haben Sie für die Gleichberechtigung gekämpft?
Das wichtigste war, die Frauen aus ihrer Isolation herauszubekommen, sie zu vereinen, ihnen ein neues Bewusstsein zu geben. Wichtig waren unsere eigenen Zeitungen, und dann vor allem unsere grossen Zusammenkünfte, die den Charakter von eigentlichen Gegenparlamenten hatten. Da wir politisch rechtlos waren, mussten wir uns mit Bittschriften, Petitionen, zufrieden geben. Wir mussten Überzeugungsarbeit leisten.

Ihre Bewegung war aber alles andere als einheitlich.
Ich hatte gehofft, mit der Zeit würden alle Frauenvereinigungen am gleichen Strick

Helene von Mülinen

ziehen. Aber von 1910 an war es den Sozialistinnen verboten, sich neutralen oder bürgerlichen Verbänden anzuschliessen.

Von der bürgerlichen Frauenbewegung wurde gesagt, sie begnüge sich mit Symptombekämpfung, während die Sozialisten in der klassenkämpferischen Phase das ganze Gesellschaftssystem umkrempeln wollten.
Die Herren Sozialisten haben in der Praxis (nicht in der Theorie) die Frauen in der Regel gleich schäbig behandelt. Was unser Vorgehen betrifft: Wir mussten kämpferisch und zugleich geduldig sein. Eine schwierige Kombination. Zu meiner Zeit hat man auch im bürgerlichen Lager den entscheidenden Schritt getan und neben dem um Wohltätigkeit bemühten

SOLIDARITÉ

Association pour la défense des droits de la femme

BULLETIN TRIMESTRIEL

RÉDACTION { 265 Boulevard extérieur, Berne. 25 rue du Mont-Blanc, Genève.

Nr. 1. Schweizer Frauen-Zeitung 1881.

Dritter Jahrgang.

Blätter für den häuslichen Kreis.

St. Gallen. Samstag, den 1. Januar.

Schweizerische

Lehrerinnen-Zeitung

Herausgegeben vom Schweizerischen Lehrerinnen-Verein

Erscheint je am 15. jeden Monats

„Frauenbestrebungen"

Offizielles Organ der „Union für Frauenbestrebungen".

Druck und Verlag: VICTOR SCHMID-STÄGER, ST. GALLEN.

Redaktion: Frau Irma SCHURTER-GOERINGER, Merkurstrasse 45, Zürich V.

LE

Mouvement Féministe

Paraissant le 10 de chaque mois

RÉDACTION et ADMINISTRATION

Mlle Emilie GOURD, Eregny (Genève)

Les articles signés n'engagent que leurs auteurs

Die junge Frauen-Presse

Eine Frau als Bundesrat?
1908 habe ich den etwas verdutzten Berner Studenten die Frage gestellt, wenn die Schweiz eine Maria Theresia hätte, warum sollte nicht auch sie im Bundesrat sitzen? Warum kann sie nur beim Strümpfestopfen oder in der Fabrik beim Schokoladewickeln eingesetzt werden? (H. v. Mülinen).

Am 2. Oktober 1984 wurde mit Elisabeth Kopp die erste Frau in den Bundesrat gewählt.

Engagement auch eine *politische* Aktivität entwickelt. Wir kämpften zunächst um eine gleichberechtigte Mitwirkung in den sozialen und kirchlichen Institutionen und vor allem um eine Vertretung in den Aufsichtskommissionen der Schulen. Von da aus sollte die Gleichberechtigung auf die allgemeine Politik ausgedehnt werden. Es stellte sich die Frage, ob die Einführung des Frauenstimmrechts zuerst auf Kantons- oder auf Bundesebene angegangen werden sollte. Schliesslich ging es auch in dieser Frage wie in anderen so, dass Kantone und Gemeinden als Pioniere vorausgingen.

Die ersten Versuche wurden – zunächst erfolglos – 1920 in Basel und Zürich unternommen. Inzwischen haben wir nun das Frauenstimmrecht – beinahe – in der ganzen Schweiz. Noch eine letzte Frage:

Warum haben Sie sich in der Frauenbewegung engagiert?
Ich habe am eigenen Schicksal erfahren, wie eingeschränkt und gering die Entfaltungsmöglichkeiten der Frau waren. Ein Dilettantenstudium musste genügen, weil meine Mutter das mir angebotene Doktorat für unziemlich hielt. Nicht unziemlich war es dann, dass ich mich ehrenamtlich als Privatlehrerin betätigte. Entscheidend war für mich dann die Teilnahme am ersten Frauenkongress in Genf, wo ich die westschweizerische Frauenbewegung kennenlernte, und die Freundschaft mit der Ärztin Emma Pieczynska-Reichenbach, meiner späteren Lebensgefährtin. Sie begeisterte mich, für die Sache der Frau zu kämpfen. Auch von Pauline Chaponnière-Chaix und vielen anderen habe ich manche Anregung erhalten. Ich war nicht alleine.

Kein Frauenstimmrecht
Sie, meine Herren, können sich keinen Begriff machen von den tausendfältigen Netzen und Hemmnissen, welche uns Frauen umgeben und uns beständig an freier Bewegung hindern. Wie unsere einfältige Gewandung uns zur Fessel dient und jeden Schritt zu einer grössern Kraftentfaltung zwingt, als der Mann sie in seiner zwar hässlichen aber bequemen Kleidung braucht, so sind zahllose feine Fäden in unserm Leben vorhanden, die als nichts erscheinen, die von Ihnen kaum gesehen und gar nicht empfunden werden und die uns doch erschöpfen und schnell matt setzen. Mit einem Teil dieser Netze hat die Neuzeit ja aufgeräumt, die jungen Mädchen dürfen vieles, was ihre Mütter und Grossmütter nie gedurft hätten, die Frau kann studieren, doktorieren, mitunter an höheren Lehranstalten wirken, aber, meine Herren, eines ist ihr fast überall verwehrt, was zum Höchsten gehört – sie kann am Gemeinwohl des Staates fast gar nicht teilnehmen. *Sie sieht den minderwertigsten oder einfältigsten Mann seine Stimme in die Waagschale des Landeswohles legen, Alkoholiker, Sittenlose, Wüstlinge, entlassene Sträflinge, sie alle dürfen stimmen und wählen, Referendum und Initiative ergreifen, uns Frauen aber ist verwehrt, selbst in den Dingen, die ganz speziell uns angehen, in Schule, Kirche, Gemeindeangelegenheiten, von den nationalen Anliegen nicht zu reden, unsere Stimme in die Urne zu werfen.*
(H. v. Mülinen, Frauenstimmrecht, Bern 1908)

Premièren

1919/21	*Erste kantonale Abstimmungen zur Einführung des Frauenstimmrechts (alle abgelehnt).*
1959	*Erste eidgenössische Abstimmung zur Einführung des Frauenstimmrechts (abgelehnt).*
1959	*Waadt: erste Einführung des kantonalen Frauenstimmrechts. Es folgen NE, GE, BS, BL, TI, VS, ZH, LU und...*
1971	*Einführung auf eidgenössischer Ebene.*

Ob bürgerlich oder sozialistisch
«Das Frauenstimmrecht lange Zeit sehnen muss nach künftigen Siegen, so lang die Männerabsätz breit und beide hier am Boden liegen.» (Nebelspalter vom 16. November 1912).

Turnen – eine Männersache?
Für diese Mädchen gibt es keine Turnstunde, obwohl auch das Mädchenturnen – wenigstens auf dem Papier – bereits eingeführt worden ist. Sie sind Zuschauerinnen, müssen artig stillsitzen. Heute wissen wir, wie wichtig Bewegung und Körpererfahrung für das Selbstbewusstsein des Menschen ist.
(Die Turnstunde von Albert Anker, 1880.)

Die Schreibmaschine
In den sechziger Jahren kamen die ersten seriell hergestellten Maschinen auf den Markt. In der Bundesverwaltung wurden sie um die Jahrhundertwende eingeführt. Maschinenschreiben war offenbar von Anfang an Frauensache. Einer der frühen Prospekte verkündete: «Ein junges Mädchen, das vor einer Art Klavier sitzt, läßt seine Finger über die Tasten spielen, deren jede einen Buchstaben trägt: Eine Bewegung genügt, und schon findet sich der Buchstabe auf dem Papier.»

Der ‹Postheiri› machte sich lustig über die Anstellung von Frauen in der Postverwaltung: Neuerdings würden sogar die Leitseile eidgenössischer Postwagen zarten Händen anvertraut (11. Oktober 1873).

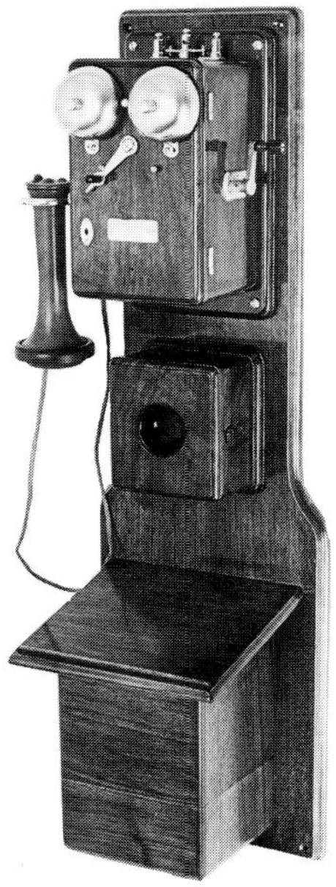

Die Anfänge des Telefons
1878 ging die erste Telefonkonzession der Schweiz an die Waadt für eine Verbindung der Sozialfürsorge in Lausanne mit der Irrenanstalt Cery. Im Oktober 1880 wurde in Zürich von einer Privatgesellschaft ein Telefonnetz eröffnet; Ende Jahr waren von den 200 Anschlüssen bereits 144 belegt. Die Zentralen wurden vor ihrer Automatisierung fast ausschliesslich von Frauen bedient.

«Sie soll ihm untertan sein»
Nachdem der Bundesrat 1909 zwei verheiratete Frauen zu Postdienstchefs in Lausanne und Montreux gewählt hatte, schrieb das Blatt des Schweizerischen Postbeamten-Verbandes:
Es werden demnach künftighin Damen die Vorgesetzten von Männern, von Beamten und Angestellten sein. Stellt sich die Postverwaltung damit nicht in bewußten Gegensatz zum gesamten Volksempfinden? Die gesamte bürgerliche Gesetzgebung weist der Frau überall da, wo sie mit dem Manne in nähere Beziehung tritt, eine untergeordnete Stellung zu. Mit diesen Grundsätzen hat die Postverwaltung gebrochen. Sie setzt sich über die Jahrtausende alten Einrichtungen, über die Forderungen und Grundzüge unserer Gesetze mit einem Sprung kühn hinweg und verwandelt den alten Spruch: ‹Sie soll ihm untertan sein› in sein Gegenteil: ‹Er soll ihr untertan sein›. Glaubt die Verwaltung, daß es angesichts dieser tatsächlichen Verhältnisse überhaupt für eine Frau möglich ist, eine geordnete Autorität und Disziplin zu wahren?

einsetzten. Im März 1900 schlossen sich vier Frauenorganisationen zum *Bund Schweizerischer Frauenvereine* zusammen. Die neue Dachorganisation war bestrebt, weitere Frauenvereine aufzunehmen.
Diesem Zusammenschluss waren bereits andere gesamtschweizerische Unternehmen vorausgegangen. So wurde 1888 der *Schweizerische Gemeinnützige Frauenverein* gegründet und 1896 in Genf ein schweizerischer Kongress für die Interessen der Frau durchgeführt.
Die Zielsetzungen auch dieser Bewegung erfüllten sich nicht mehr im 19. Jahrhundert. Ja, die Frauen mussten noch lange – bis zum Jahr 1971 – warten, bis man ihnen wenigstens die formale Gleichberechtigung in der Politik gewährte.
Der 1848 geschaffene Bundesstaat war kein perfektes Gebilde, die Totalrevision von 1874 kein abschliessender Umbau. Weitere Anläufe fassten neue Ziele ins Auge. Die drei wichtigsten sind in diesem Teil vorgestellt worden.

Ein Gespräch unter Postangestellten

(1897, auf Grund eines tatsächlichen Falles)

Sie: Es ist skandalös. Neuerdings sollen Frauen, wenn sie als Commisen 1. oder 2. Klasse eingestuft sind und länger als 15 Jahre gearbeitet haben, 400 Franken weniger verdienen als ihre männlichen Kollegen. Das macht mehr als ein Zehntel des Salärs aus. Das hat uns sicher Eure Gewerkschaft eingebrockt.

Er: Uns kann man eben bei der Bahnpost und im Nachtdienst einsetzen.

Sie: Viele männliche Postangestellte leisten ebenfalls keinen Bahnpost- und keinen Nachtdienst und erhalten doch den Männerlohn, der 400 Franken höher liegt als der unsrige. Ist unsere Arbeit etwa schlechter?

Er: Das will ich nicht behaupten.

Sie: Wir haben schliesslich die gleiche Ausbildung und die gleichen Prüfungen gemacht.

Er: Aber ihr seid häufiger krank!

Sie: Das ist ein anderes Problem. Zudem, wenn wir pro Jahr 3–4 Krankheitstage mehr haben, ist das noch lange kein Grund, uns eine Lohnsumme vorzuenthalten, die über 30 Arbeitstage ausmacht.

Er: Aber ihr habt in den meisten Fällen keine Familie zu ernähren!

Sie: Das ist erstens nicht wahr und zweitens als Argument gerade von Dir unannehmbar. Du und andere Kollegen haben auch keine Familie, und das spielt überhaupt keine Rolle für Euren Lohn. Hier wird Frauenarbeit wieder einmal im vorneherein als minderwertig taxiert. Der Staat müsste eigentlich mit dem guten Beispiel vorangehen. Wir wollen gleichen Lohn für gleiche Arbeit. Unsere *Union für Frauenbestrebungen* wird sich nun aber an den Nationalrat wenden.

Weder der Nationalrat noch der Bundesrat lassen die Einwände gelten. Die Zurücksetzung der Frau entspricht den damaligen Wirtschaftsbedürfnissen, den gesellschaftlichen Normen und den Konkurrenzängsten der Männer. Eine andere Form der Zurücksetzung besteht darin, dass die höheren Chargen den Frauen in der Regel vorenthalten werden. Als gegen diese Regel 1909 zwei Frauen doch zu Postdienstchefinnen gemacht wurden, löste dies heftigen Protest aus. Auch diesmal erhielt der Bundesrat eine Eingabe von Seiten der Männer, auch diesmal wurden die Proteste zurückgewiesen – künftig wurden aber auch keine Dienstchefinnen mehr ernannt.

Verlagerung der Arbeitsorte
In dem Masse, wie die Frauen ausserhalb des Hauses einer Arbeit nachgingen, stieg der Bedarf an bereits verarbeiteten Nahrungsmitteln. Die Nahrungsmittelindustrie expandierte – und weitere Arbeitsplätze für Frauen entstanden, was den Bedarf an bereits verarbeiteten Nahrungsmitteln weiter erhöhte.

Regina Wecker
(Universität Basel)

Frauen: die grossen Unbekannten der Geschichtswissenschaft

Frauen sind zwar die Hälfte der Menschheit, sie kommen aber in der Geschichtsschreibung kaum vor. Diese Feststellung erstaunte und erschreckte Frauen, die in den sechziger und siebziger Jahren von der eigenen Diskriminierung ausgehend, nach den historischen Ursachen der Behinderung von Frauen suchten. Die Gründe für dieses erstaunliche Faktum waren fast banal zu nennen und doch schwer zu durchschauen. Als ‹Geschichte› wurden nur die Bereiche bezeichnet, in denen Frauen aufgrund der sozialen Bedingungen ihres Geschlechts nichts zu suchen hatten: die Zentren der politischen Macht und Entscheidungen, kriegerische oder diplomatische Auseinandersetzungen, Wissenschaft, Erfindungen und Entdeckungen. Wo aber Frauen schon rein äusserlich zu gleichen Teilen ‹dabei› waren, wurden sie durch die Verwendung von Kollektivbegriffen, die sicher nicht zufällig männlich waren, unsichtbar gemacht: man sprach von den Bauern, den Arbeitern, den Schülern etc. Frauengeschichte, die dieses Defizit der allgemeinen Geschichtsschreibung ausgleichen wollte, fügte zunächst zu den traditionellen Zentren der Macht die ‹vergessenen› Frauen hinzu. So entstanden Studien über den Kampf der Frauen um ihre politische Gleichberechtigung, über den weiblichen Beitrag in Wissenschaft, Kunst und der Erwerbswelt. Darüber hinaus wurden Bereiche für die Geschichtswissenschaft relevant, obwohl (oder gerade weil) sie überwiegend Frauenbereiche sind: Hausarbeit, Schattenarbeit, Erziehung, Geburt und Abtreibung, um nur einige wichtige Themen zu nennen. Dabei wird deutlich, dass Geschichte auch als Geschichte der Beziehungen zwischen den Geschlechtern begriffen werden muss und dass menschliches (männliches und weibliches) Handeln nicht zuletzt von der geschlechtlichen Erziehung und Zugehörigkeit abhängig ist. Eine Geschichtswissenschaft, die menschliches Handeln analysiert, muss also bereit sein, ‹Geschlecht› als ebenso wichtige soziale Kategorie wie z.B. Schicht, Klasse oder Religion in die Analyse mit einzubeziehen. So fordert die Frauengeschichte heute mehr als nur die Addition der ‹fehlenden› Frauen, mehr als nur das Bekanntmachen der ‹grossen Unbekannten›: sie beinhaltet eine neue Interpretation auch der (Männer)Geschichte.

Hinweise auf weiterführende Literatur

Andrea Ghiringhelli, L'evoluzione politica ticinese dalla ‹Rivoluzione› del 1890 all'inizio del nuovo secolo. Liz.-Arbeit Universität Freiburg 1973. – *Patrizio T. Malaguerra,* La crisi politica ticinese 1889–1891 e l'insurrezione di 1890. Liz.-Arbeit Universität Freiburg 1973.

Frauen. Zur Geschichte weiblicher Arbeits- und Lebensbedingungen in der Schweiz. Hrsg. v. *Regina Wecker* und *Brigitte Schnegg.* Sonderheft der Schweizerischen Zeitschrift für Geschichte Vol. 34, 1984. – *Nora Escher,* Entwicklungstendenzen der Frauenbewegung in der deutschen Schweiz 1850–1918/19. Diss. Zürich 1985. – *Regina Wecker,* Frauen in der Schweiz: von den Problemen einer Mehrheit. Zug 1983. – *Susanne Woodtli,* Gleichberechtigung. Der Kampf um die politischen Rechte der Frau in der Schweiz. Frauenfeld 1975.

Wann geht das 19. Jahrhundert zu Ende?

Die Frage nach Epocheneinteilungen ist eine Frage nach den Dominanten, die einen bestimmten Zeitraum prägen. Das 19. Jahrhundert lässt sich nicht auf einen Nenner bringen. Prägende Dominanten sind die industrielle Revolution und das damit verbundene bürgerliche Fortschrittsdenken. Letzteres erlebte durch den Ersten Weltkrieg eine tiefe Erschütterung. Das Selbstverständnis der bürgerlichen Gesellschaft wurde allerdings bereits vor 1914 in zunehmendem Mass in Frage gestellt. Andererseits wirkt es als Teilkraft auch über die Zäsur von 1914–1918 hinaus. – Emil Cardinaux' Plakat zur Landesausstellung von 1914 barg, wenn man so sagen kann, beide Zeiten in sich: die alte, die an eine bewältigbare und darum auch real abbildbare Welt glaubte; und die neue, die eine skeptische Distanz zu der in manchem unbewältigten Umwelt einnahm. Das farblich verfremdete Pferd löste da und dort Befremden aus, so dass auch andere Plakatvarianten ausgehängt werden mussten.

Teil 12

Die nationale Schweiz
1900–1914

In den Jahren vor dem Ersten Weltkrieg sah sich die Schweiz starken Spannungen ausgesetzt und durch innere wie äussere Gegensätze sogar als Nation in Frage gestellt. Die Spannungen hatten ihre vordergründigen Ursachen im damals ausserordentlich hohen Ausländeranteil und den zahlreichen Arbeitskonflikten sowie in der Verschärfung des ‹germanisch-romanischen› Gegensatzes. Die tieferen Ursachen lagen in der beschleunigten Modernisierung, der die Gesellschaft in jenen Jahren ausgesetzt war. Die damit verbundene Entfremdung löste – im Sinne einer Gegenreaktion – da und dort eine starke Betonung des Heimatlichen und des Nationalen aus.

12.1 **Die Ausländerfrage**

Im August 1902 kam es in Arbon zu grösseren Ausschreitungen gegen italienische Arbeiter. Die Unruhen begannen, als sich ein Italiener nach Streitereien in einem Wirtshaus der Verhaftung widersetzte. Der Zwischenfall weitete sich zu einem dreitägigen, gegen die Fremden gerichteten Krawall aus. Der Aufruhr konnte nur dank dem energischen Eingreifen von Polizei und Feuerwehr beigelegt werden. Es handelte sich um die grösste Ausschreitung seit den Strassenschlachten, die 1896 im Zürcher Aussersihl gegen Italiener geführt worden waren. Damals konnte die Ordnung nur durch ein kantonales Truppenaufgebot wiederhergestellt werden.
Die Schweiz wurde in der zweiten Hälfte des 19. Jahrhunderts für zahlreiche Italiener und Deutsche zu einem Einwanderungsland. Der Ausländeranteil stieg in diesen Jahrzehnten um das Fünffache. 1914 wies die Schweiz mit einem Durchschnitt von über 15 Prozent die grösste Ausländerquote Europas auf. In bestimmten Regionen war der Ausländeranteil besonders hoch, vor allem in den Städten und den Grenzgebieten. In Arbon, wo 1902 die Unruhen ausbrachen, betrug der Anteil 46 Prozent. Die ausländischen Arbeitskräfte verteilten sich mit unterschiedlicher Dichte auf die verschiedenen Wirtschaftszweige. Besonders hoch war der Ausländeranteil im Eisenbahnbau mit 90 Prozent. Die Landwirtschaft hingegen kam noch weitgehend mit einheimischen Kräften aus.
Die relativ kleine Zahl französischer Ausländer fiel nicht ins Gewicht, wohnten sie doch zum grössten Teil in der französischen Schweiz. Die Ausländer wurden vor allem dort als Problem empfunden, wo sie in fremden Kulturräumen lebten: Die Italiener in der deutschen Schweiz und die Deutschen in der französischen

Ausländeranteile um 1910

Eisenbahnbau	*90%*
Bergbau	*42%*
Baugewerbe	*30%*
Gastgewerbe	*24%*
Landwirtschaft	*3%*

Ausländeranteile 1850–1914

1850	*71970*	*3,0%*
1860	*114983*	*4,6%*
1870	*150907*	*5,7%*
1880	*211035*	*7,4%*
1888	*229650*	*7,9%*
1900	*383424*	*11,6%*
1910	*552011*	*14,7%*
1914 (Schätzung)	*600000*	*15,4%*

Italienische Arbeiter beim Bau des Simplontunnels 1898–1905. Explosive Arbeitsbedingungen.

und italienischen Schweiz. Die meisten, die damals zur Ausländerfrage Stellung nahmen, äusserten sich besorgt.
Wir könnten noch zahlreiche weitere Stimmen dieser Art zitieren. Die Zahl derjenigen, die gegen die Überfremdungsfurcht Stellung

Dr. C. A. Schmid, Armensekretär (1910)
Die Schweiz wird unter dem Einfluss der Ausländerkolonien auseinanderfallen, und ihre Sprachgebiete werden sich den grossen Nationalstaaten anschliessen. Dies wird in spätestens 50 Jahren eintreten. Daran ist nichts mehr zu ändern. Zu der Zeit, da wir dies noch hätten vermeiden können, haben wir geträumt.

Nationalrat Jakob Lutz (1911)
Die Ansprüche der Italiener an unsere Sozialeinrichtungen haben etwas Beutezugähnliches und erregen im Volk zurecht Unwillen und Entrüstung.

Ch. Gabriel Margot, Fürsorgesekretär (1911)
Da wir an der Wegkreuzung mehrerer grosser Staaten liegen, sind wir stärker als andere der Überflutung durch aller Art von Leuten ausgesetzt. Gewiss, das Elend sollte keine Grenzen kennen, wir müssen aber unsere Hilfe in erster Linie unseren Mitbürgern reservieren und in zweiter Linie denjenigen, die unserer Fürsorge wirklich würdig sind.

Prof. Dr. med. Eugen Bleuler (1909)
Man mischt sich unbedenklich. Das ist eine langsame Art des Selbstmordes. Wir sollten schleunigst wieder dem Grundgesetz Geltung verschaffen, dass Mischung mit anderem Blute eine Sünde ist, die durch die schärfsten Bestimmungen geradezu unmöglich gemacht werden sollte.

Albert Picot, Advokat (1914)
Das Bestehen starker Ausländerkolonien bedeutet eine dauernde politische Gefahr. In Krisenmomenten könnte es auswärtigen Mächten den Vorwand für eine Intervention liefern. In Genf ist die Lage besonders schlimm. Da haben wir 40 000 Franzosen und 25 000 Italiener auf insgesamt 150 000 Einwohner. Fast jeder zweite ist Ausländer.

Nationalrat Romeo Manzoni (1909)
Im Namen der auf den natürlichen Gesetzen beruhenden Gerechtigkeit wollen wir das Prinzip verteidigen, dass das Tessin den Tessinern gehören soll, jetzt und inskünftig.

Gonzague de Reynold, Prof. ès lettres (1910)
Wir werden von äusseren Einflüssen überschwemmt. Eine Welle des Materialismus bedroht unsere wirklichen Interessen. Das beste Heilsmittel wird die nationale und moralische Erziehung des Volkes sein.

nahmen, war dagegen wesentlich kleiner. Für sie soll hier *Ernest Bovet, Prof. ès lettres (1909)*, zu Wort kommen: «Wer in Europa von der Rassenfrage spricht, hat nichts vom europäischen Gedanken begriffen, der über die Nation als Zwischenstation auf dem Weg zur allgemeinen Brüderlichkeit ist. Die Rassendenker appellieren an wilde Instinkte gegen das menschliche Bewusstsein.» Bovet war zwar ebenfalls der Meinung, dass man die Heimat schützen müsse, dies war für ihn aber keine biologische, sondern eine geistige Frage. Und in diesem Punkt unterschied er sich kaum beispielsweise von einem Gonzague de Reynold.

12.2 Die Arbeitskonflikte

Die Schweiz erlebte wie die anderen Länder in den Jahren vor dem Ersten Weltkrieg zahlreiche Arbeitskonflikte, die in Massenstreiks mündeten und zu deren Bekämpfung in vielen Fällen Militär aufgeboten wurde. Die harte Haltung des Bürgertums wirkte nicht etwa dämpfend, sondern gab in der Arbeiterbewegung den radikalen Kräften Auftrieb, die den Umsturz der bestehenden Gesellschaftsordnung mit Hilfe von Generalstreiks predigten.
Die Anwesenheit der vielen ausländischen Arbeiter, nicht nur der Italiener, auch der Deutschen, bedeutete eine Erhöhung des revolutionären Potentials. Kam es zu Streiks, so wurden diese

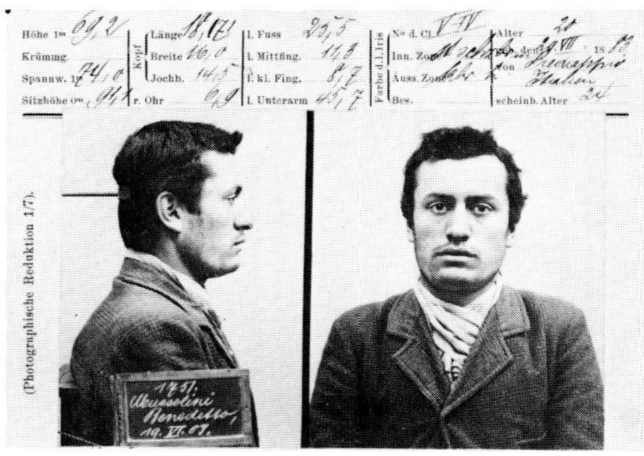

Polizeifoto Mussolinis, aufgenommen 1903 im Berner Untersuchungsgefängnis.

Ausländer durch andere Ausländer, importierte Streikbrecher, ersetzt, und die Rädelsführer der Streikenden an die Grenze gestellt, 1903 zum Beispiel ein gewisser Benito Mussolini. Schweizerische Aktivisten konnten nicht ausgewiesen werden. Sie wurden aus den Betrieben entlassen, auf Schwarze Listen gesetzt, praktisch mit einem Berufsverbot belegt. Obwohl manche Einheimische die fremden Arbeiter als Lohndrücker empfanden, bemühten sich die schweizerischen Arbeiterorganisationen um eine Zusammenarbeit mit diesen Ausländern. Dies machte es ihren Gegnern leichter, die Bewegung als unschweizerisch zu diskreditieren.

Imaginärer Disput

zwischen Dr. Eduard Sulzer-Ziegler (1854–1913), Unternehmer und Nationalrat, und Jean Sigg (1865–1922), Arbeitersekretär der französischen Schweiz und Nationalrat.

Sulzer: Wir haben es eben immer wieder erlebt, dass die ausländischen Elemente grosse Unruhe in unsere schweizerische Arbeiterschaft gebracht haben. Der Winterthurer Maurerstreik zum Beispiel war doch von Drahtziehern in Italien ausgegangen. Die produzierten im eigenen Land zu kleinsten Löhnen, und bei uns sollten ihre Landsleute ihre Arbeitskraft möglichst teuer verkaufen. Die Arbeit am Simplon-Tunnel war ebenfalls immer wieder von italienischen Agitatoren sabotiert worden.

Sigg: Da habe ich eine andere Auffassung. Die Arbeitsbedingungen am Simplon – man denke nur an die mörderische Hitze im Tunnel – waren so miserabel, dass es keine besondere Agitation brauchte, um den Protest der Arbeiter zu wecken. Selbst der Oberingenieur der Jura-Simplon-Bahn war der Meinung, dass die Streikursache in den Arbeitsbedingungen, beziehungsweise dem Verhalten der Bauleitung lag. Im Juli 1901 traten rund 1500 Arbeiter in Streik, weil sie 50 Rp. mehr im Tag und insbesondere eine Anrechnung des Arbeitsweges wollten, der mit dem Vordringen nach der Tunnelmitte immer länger wurde. Was war die Antwort? Die Bauleitung liess Polizei und Militär kommen, den Arbeitern war es nicht einmal gestattet, Versammlungen abzuhalten. Schliesslich wurden rund 240 Aktivisten wie Schwerverbrecher gefangen gesetzt und nach Italien abgeschoben.

Sulzer: Eine krasse Verzeichnung der Situation! Was haben wir nicht alles getan für die Arbeiter! Ich erinnere nur an die Kleiderwäscherei, die medizinische Versorgung, die Gratisprämien für Kranken- und Unfallversicherung, die Schulen für die Arbeiterkinder . . . Wäre die Unzufriedenheit nicht von externen Wühlern geschürt worden, wir hätten in Ruhe arbeiten können. Nicht alle Agitatoren stammten aus Italien. Zum Teil kamen sie

1913 wurde Mussolini in Zürich als 1. Mai-Redner angekündigt.

Arbeiten am Simplontunnel

Sulzers Waschanlage für die Bergarbeiter. Die Arbeitskleider wurden abgelegt und an einer speziellen Hängevorrichtung untergebracht.

Militäreinsatz beim Generalstreik in Genf 1902. Das Velo eines Militärradfahrers wurde in die Rhone geworfen. Die Fahne der Mechaniker-Gewerkschaft wurde zerrissen, die der Schneider-Gewerkschaft konfisziert.

auch aus den schweizerischen Gewerkschaftszentralen. Sie, Herr Sigg, waren als Beamter zur Korrektheit verpflichtet, meinten aber, sich ebenfalls auf die Seite der Streikenden stellen zu müssen.

Sigg: Es ist mir sehr recht, wenn Sie die Kampfbereitschaft, die damals auf vielen Arbeitsplätzen herrschte, nicht als ausschliessliche Importware darstellen. Wir hatten uns in der Tat bemüht, auch unsere ausländischen Genossen zu organisieren, was keineswegs einfach war. Ich war aber – und das müssen Sie, Herr Sulzer, wissen – gegen die ‹action directe› des französischen Anarcho-Syndikalismus. Ich war für die indirekte Aktion durch Arbeiterdelegierte und für diszipliniertes Vorgehen . . .

Sulzer: Disziplin! Das Wort passt schlecht zu Ihren Taten. Jedenfalls hat das wenig mit Disziplin zu tun, wenn man den Militärdienst verweigert.

Streikstatistik
(Hans Hirter, BE)
Bezirke mit mindestens 15 Streiks in den Jahren 1880–1914

Bezirk	*Anzahl Streiks*	*Streikende*
Zürich	*345*	*43 100*
Basel	*157*	*26 790*
Bern	*136*	*11 310*
Genf-Kanton	*115*	*23 440*
St. Gallen + Tablat	*98*	*8 100*
Lausanne	*93*	*13 170*
Vevey	*83*	*9 230*
Luzern	*71*	*3 650*
La Chaux-de-Fonds	*59*	*6 780*
Solothurn + Lebern	*51*	*7 080*
Winterthur	*50*	*3 030*
Arbon	*42*	*5 330*
Biel	*41*	*3 010*
Courtelary	*41*	*3 750*
Rorschach	*38*	*4 470*
Schaffhausen	*31*	*1 310*
Horgen	*30*	*3 810*
Oberlandquart	*28*	*1 720*
Plessur	*28*	*2 130*
Neuenburg	*27*	*2 330*
Pruntrut	*23*	*1 390*
Lugano	*23*	*3 190*
Leventina + Riviera	*23*	*8 760*
Orbe	*22*	*2 630*
Unterrheintal	*21*	*1 040*
Interlaken	*20*	*1 540*
Baden	*20*	*2 290*
Moutier	*19*	*2 120*
Zug	*19*	*400*
Saane	*19*	*1 650*
Aarau	*18*	*1 380*
Val-de-Travers	*18*	*870*
Untertoggenburg	*17*	*680*
Kreuzlingen	*17*	*1 160*
Weinfelden	*17*	*1 280*
Mendrisio	*17*	*1 490*
Le Locle	*17*	*1 050*
Olten + Goesgen	*15*	*3 650*

Streikunruhen beim Bau des Gotthardtunnels 1875. Eine freiwillige Bürgerwehr schoss in Göschenen auf italienische Arbeiter. Der Zwischenfall forderte vier Tote.

39 Einsätze der Armee bei Streiks oder bei Demonstrationen im Zusammenhang mit Streiks in den Jahren 1880–1914

1880 Massagno
1889 Bern
1889 Basel
1896 La Chaux-de-Fonds
1897 Luzern
1897 Deutschschweiz
1898 Genf
1899 Brig
1899 Brig
1901 Bellinzona
1901 Lugano
1901 Biasca
1901 Chexbres

1901 Brig
1902 Genf
1903 Basel
1903 Biasca
1904 Rorschach
1904 Rickentunnel
1904 La Chaux-de-Fonds
1905 Rorschach
1905 Locarno
1906 Zürich
1907 Hochdorf
1907 Lichtensteig
1907 St. Moritz

1907 Chur
1907 Lausanne
1907 Orbe
1907 Montreux
1907 Vevey
1907 Yverdon
1911 Zürich
1911 Montreux
1912 Zürich
1913 Moutier
1913 Grenchen
1913 Basel
1914 Grenchen

In je 8 Fällen beschränkte sich der Einsatz auf Pikettstellungen und Bewachungen, in 4 von 23 durchgeführten Einsätzen wurde von der Schusswaffe Gebrauch gemacht.

Generalstreik in Lausanne 1907. Das Tivoli wurde militärisch besetzt.

Wie der ‹Neue Postillon› vom Januar 1896 die Arbeitsmarkt-Verhältnisse darstellte.

12.3 Die Bauernpolitik

Wir haben viel von der Industrie und der Arbeiterschaft gesprochen. Noch aber gab es auch Bauern in der Schweiz: Im Oktober 1906 fanden sich in Lutry gegen 1000 Weinbauern zu einer imposanten Volksversammlung zusammen, um gegen den Import von billigem Wein aus Spanien zu protestieren. Die aufgebrachten Waadtländer Bauern erwarteten, dass die eidgenössischen Räte den Handelsvertrag mit Spanien nicht ratifizierten. Andernfalls drohten sie mit einer Volksinitiative, die eine künftige Genehmigung aller Handelsverträge durch das Volk vorsah.
1897 waren der Schweizerische Bauernverband und das Bauernsekretariat gegründet worden. Diese Gründung hatte sich aufgedrängt, nachdem sich auf der einen Seite die industrielle und gewerbliche Unternehmerschaft und auf der anderen Seite die Arbeiterschaft gesamtschweizerisch organisiert hatten und deren Organisationen aus der Bundeskasse Subventionen beziehen konnten. Innert kürzester Zeit gelang es dem Bauernsekretariat, sich an der Basis eine gut organisierte Gefolgschaft aufzubauen und den bäuerlichen Interessen auf der Bundesebene Geltung zu verschaffen. Die Bauernvertretung gab sich gegen aussen allerdings geschlossener, als die inneren Verhältnisse tatsächlich waren. Die wenigsten Bauern wurden Politiker, und dennoch erstarkte die Bauernschaft in den Jahren vor dem Ersten Weltkrieg zu einer

Sigg: Zu diesem wohlbedachten Entschluss stehe ich heute noch. Ich habe am Simplon erlebt, wie unsere braven Soldaten als Wachhunde des Kapitals eingesetzt wurden. Und als man uns 1902 im Genfer Generalstreik gegen die Arbeiter einsetzen wollte, da habe ich in der Tat mit 300 anderen dem Aufgebot keine Folge geleistet . . .

Sulzer: Und dafür völlig zu Recht ein paar Monate Gefängnis erhalten.

Sigg: Die Klassenjustiz ging noch weiter. Sie entzog mir und anderen Arbeiterführern vorübergehend das Aktivbürgerrecht und glaubte, auf diese Weise die Arbeiterbewegung lähmen zu können. Ein Jahr lang konnte ich mein Amt nicht mehr ausüben, weil der hohe Bundesrat dem Arbeitersekretariat die Subventionen zu entziehen drohte, wenn es jemanden beschäftige, dem das Aktivbürgerrecht aberkannt worden ist.

Sulzer: Man muss sich eben entscheiden, auf welche Seite man gehört.

Sigg: Dabei war diese Dienstverweigerung, wohlgemerkt, keine Absage an die militärische Landesverteidigung, obwohl wir in unseren Reihen Genossen wie Charles Naine hatten, die grundsätzliche Antimilitaristen waren. 1906 haben wir in der Sozialdemokratischen Partei den formellen Aufruf erlassen, den Militärdienst zu verweigern, wenn befohlen wird, streikende Arbeiter anzugreifen oder gegen sie die Waffe zu gebrauchen.

Sulzer: Man könnte ja meinen, die Streikenden wären die bravsten Lämmer gewesen. In Wirklichkeit hatten sie sich nicht gescheut, gegen diejenigen, welche dem Unternehmer die Treue halten wollten, gewalttätig zu werden.

Lutry um 1900

Kartoffelnsetzen im Prätigau (GR).

Vater und Sohn bei der Getreideernte im Bernbiet.

Die Bauern - Jungbrunnen der Nation
Alle Völker haben auf der Höhe ihres Glücks, geblendet von der Blüte ihrer Industrie, den Bauernstand ruiniert. Auch bei uns ist der Bauernstand ernsthaft gefährdet, der Jungbrunnen der Nation, die Quelle der Vaterlandsliebe und der Verteidigungsbereitschaft. Auch bei uns vermehrt sich in einem gefährlichen Mass das Fremde, die Zahl der sozialdemokratisch gefärbten Stadt- und Arbeiterbevölkerung. Schweizerische Volkskraft, das Erbe der Väter wird dem momentanen Profit geopfert. Aber noch ist Zeit, diese verhängnisvolle Entwicklung aufzuhalten. Der wirtschaftlichen Zurücksetzung der echt schweizerisch denkenden Bevölkerung muss ein Ende bereitet werden. Hie Bauernstand, hie Vaterland! (Ernst Laur).

gewichtigen politischen Kraft. Die Resultate der Volkszählung von 1900 verstärkten in der Landbevölkerung das Gefühl, durch die fortschreitende Industrialisierung gefährdet zu sein. Der sich bedroht fühlende Bauernstand reagierte mit einer ideologischen Vision, welche die Erhaltung des Bauernstandes für nötig erklärte – nicht nur aus egoistischen Standesinteressen, sondern aus nationalen Interessen.

Viele Bauern erlebten die Moderne als *industrielle* Überfremdung. In der französischen und italienischen Schweiz fühlten sich breite Bevölkerungskreise durch einen weiteren Faktor bedroht: durch die starke Zunahme des *deutschsprachigen Bevölkerungsteils*.

Bauern bei der Stimmabgabe an der Urne.

«Der Dienst fürs Vaterland ist des Bauern Stolz.» Bauer aus Bois-Bougy (VD) mit seinen Söhnen.

Das imaginäre Interview

Ernst Laur, 1871–1964, Landwirtschaftsstudium an der ETH, Lehrer an der landwirtschaftlichen Winterschule in Brugg, Dr. phil. in Leipzig, seit 1897 Leiter des Schweizerischen Bauernsekretariates, seit 1903 Delegierter des Bundesrates für Handelsverträge, seit 1908 Professor für Wirtschaftswissenschaften und Landbau an der ETH.

Zunächst eine Frage zu den Vorgängen in Lutry: Wie stellten Sie sich als bundesrätlicher Delegierter zum Handelsvertrag mit Spanien?

Normalerweise wurde ich zu den Handelsvertragsverhandlungen beigezogen. In diesem Fall verlangten die Spanier aber, dass man auf meine Teilnahme verzichte. Am Schluss mussten wir feststellen, dass unsere Unterhändler, namentlich der Vertreter des Vororts, d. h., des Handels- und Industrievereins, auf Kosten der Landwirtschaft gute Bedingungen für ihre Exportindustrie herausgeholt hatten.

Sie standen also auf der Seite der Weinbauern?

Natürlich. Diese unerfreuliche Situation hatte immerhin auch eine gute Seite: Sie zeigte den Bauern mit wünschbarer Deutlichkeit, wie notwendig es war, zusammenzustehen. Die Weinbauern neigten nämlich dazu, unser Bauernsekretariat bloss als Vertretung der Getreidebauern und Viehzüchter zu verstehen.

Alles in allem wussten die Bauern aber sich zu wehren. Sie entwickelten sehr schnell eine starke und einflussreiche Organisation.
Wichtig war, sich auf die eigene Kraft zu besinnen, ein selbständiger Faktor in der Politik zu werden und nicht einfach ein Anhängsel einer Partei, zum Beispiel der Freisinnigen, zu sein. Ich möchte nur daran erinnern, dass die Bauern vor wenig mehr als 100 Jahren noch Untertanen waren.

Wollte Ihre Bewegung also eine eigene Partei sein?
Nein, unser Verband wollte über den Parteien stehen. Wir verstanden uns als parteipolitisch neutral. Darum habe ich mich auch nicht in das eidgenössische Parlament wählen lassen. In der niederen Parteipolitik wären die bäuerlichen Interessen nach Konfessionen, Sprachen und politischen Doktrinen auseinandergefallen.

Wie konnten Sie denn den Einfluss gewinnen auf das politische Geschehen?
Wir sicherten uns den nötigen Einfluss in den eidgenössischen Räten. Die eigentliche Bauernvertretung war dort zwar schwach, wir haben aber im sogenannten ‹Landwirtschaftlichen Club› eine grosse Zahl von Parlamentariern eingebunden, die sich für unsere Anliegen einsetzten und dafür mit unserer Wahlhilfe rechnen konnten.

Wie war vor 1914 das Verhältnis zu den übrigen politischen Kräften?
Die bürgerlichen Parteien hatten zunächst natürlich keine Freude an Verselbständigung; dann lernten sie uns schätzen, aber auch fürchten. 1902 musste man bei der Gestaltung des Zolltarifs auf unsere Forderungen eingehen, nachher haben wir dafür der Vorlage in der Abstimmung zum Sieg verholfen. 1907 haben wir der von der Linken bekämpften Militärorganisation ebenfalls die entscheidende Unterstützung gebracht.

Ich schliesse daraus, dass sich der Bauernverband in der Polarisierung zwischen Bürgertum und Arbeiterschaft auf die Seite der Bürgerlichen stellte.
Nach unserem Selbstverständnis hatten wir mit dem Klassenkampf von links und rechts nichts zu tun. Wir haben uns gleichermaßen gegen die goldene Internationale der Kapitalisten und gegen die rote Internationale der Sozialisten gewandt. Wir Bauern waren (und sind es auch heute noch) eine nationale Kraft!

... die sich aber an deutschem Vorbild orientierte!
Man hat mir immer wieder übertriebene Deutschfreundlichkeit vorgeworfen. Im deutschen Reich waren sie eben etwas weiter. Warum sollten wir nicht die gleichen Wege gehen wie der ‹Bund deutscher Landwirte›, wenn das der schweizerischen Bauernsame (Bauernschaft) die nötige Kraft gab?

12.4 **Im Tessin**

100 Jahre später ein neuer Tunnel mit altem Effekt
1985 – fünf Jahre nach Eröffnung des Gotthard-Strassentunnels – stellte man im Tessin wiederum fest, dass durch diese zusätzliche Verbindung die Lebenshaltungskosten und die Grundstückspreise gewaltig gestiegen waren. Zudem hatte die einheimische Milchproduktion durch die grossen deutschschweizerischen Milchgenossenschaften eine scharfe Konkurrenz erhalten.

Der 1882 eröffnete Eisenbahntunnel durch den Gotthard brachte den Tessinern nicht die Vorteile, die sie sich von der Verbesserung des Verbindungsweges versprochen hatten. Im Gegenteil, das Tessin sah sich vermehrt dem Druck der wirtschaftlich überlegenen deutschen Schweiz ausgesetzt, die sich nun dank dem Tunnel leicht einen neuen Markt erschliessen konnte. Die einheimische Industrie hatte (abgesehen von der Granitgewinnung, etwas Schokoladeproduktion und der Tabakindustrie) diesem Potential wenig entgegenzusetzen und war zudem durch höhere Frachtpreise (die Bergtaxen) benachteiligt. Das Tessin aber hatte 4 Mio. Franken an den Tunnel bezahlt; das finanzstarke Zürich zum Beispiel steuerte 1,5 Mio. bei, Bern, Luzern, Uri und Schwyz je 0,5 Mio. Franken.
Mit den Waren kamen auch die Menschen, die Zahl der Deutschschweizer und der Deutschen nahm rapide zu. Hatten um 1880 rund 700 Deutschschweizer im Tessin gelebt, waren es 1919 rund

3000. Im gleichen Zeitraum stieg die Zahl der Deutschen und Österreicher von rund 700 auf rund 1600. 1850 hatten die Einheimischen noch 93 Prozent der Bevölkerung ausgemacht, 1919 waren es nur noch 68,4 Prozent, darunter eine stattliche Zahl naturalisierter Italiener. Im Gegensatz zu den deutschsprachigen Zuwanderern wurden die vielen eingewanderten Italiener hier gerne gesehen. Sie verstärkten die bedrohte Italianità des Tessins. Viele Einheimische fühlten sich überfremdet. Tessiner Eisenbahnangestellte beklagten sich darüber, dass bei der Vergebung der Bahnhofsvorstandsposten die in Luzern domizilierte Kreisdirektion

‹Deutsches Gasthaus› in Chiasso um 1900.

Locarno um 1900. Neuerdings Photochrom für Postkartengrüsse.

Zur Verteidigung der Italianità Deutsch lernen
Unsere Hotels sind voll von deutschen Kellnern, Gepäckträgern, Sekretären und Direktoren, weil 80 Prozent ihrer Gäste Deutsche sind. Das Valle di Blenio dagegen ist voll von unbeschäftigten Kellnern, die nicht Deutsch können und nach London strömen, weil sie offenbar Englisch können. Die Geschäfte und Büros in Lugano sind voll von jungen Deutschen, weil deren Inhaber Angestellte mit Deutschkenntnissen benötigen. Derweil geht der Tessiner, wenn er nicht Deutsch kann, nach Argentinien, oder er fügt sich ins Schicksal. Man sollte unsere jungen Leute Deutsch lehren. Denn, sollte diese Entwicklung noch zwanzig Jahre anhalten, wäre die Italianità des Tessins völlig überdeckt. Will das Tessin die Italianità verteidigen, muss es in der Lage sein, der Konkurrenz standzuhalten (Azione vom 23. Februar 1909).

Warum investiert Zürich in Italien und nicht im Tessin?
Einen von Tessinern getragenen Irredentismus gibt es nicht im Tessin. Noch denkt niemand ernsthaft daran, sich mit Italien zu vereinigen. Dagegen gibt es eine wachsende Unzufriedenheit, und diese hat ihre Wurzeln mehr im Wirtschaftlichen als im Politischen. Gewiss hat die Sympathie für die moderne italienische Kultur, für die Lombardei und ihre beeindruckende Entwicklung in den letzten Jahren zugenommen. Auch leben wir eher im Einflussbereich von Milano, der kaum durch Bern und auch nicht durch Zürich ausgeglichen wird. Das ist aber die Schuld der Miteidgenossen. Die Lombardei wurde zum grossen Teil durch Zürcher Geld und die schweizerische Grossindustrie reich gemacht. Ihnen verdankt sie ihre Expansionskraft. Und jetzt gibt man sich empört und empfindet es als unpatriotisch, wenn wir mit einfühlsamem Neid nach diesen blühenden Gegenden blicken (Il Dovere vom 11. November 1911).

Eine besonders auffällige deutsche Kolonie entstand auf dem Monte Verità *bei Ascona, wo sich in diesen Jahren eine Idealkommune zusammenfand, um neue Lebensformen zu entwickeln und zu verwirklichen.*

Tessiner Musikanten als ‹fröhliches Völklein›.

Eine eigenständige Kultur
Wenn Francesco Chiesa und andere die Eigenart der italienischen Schweiz betonten, dann nahmen sie eine doppelte Abgrenzung vor: gegenüber der übrigen, das heisst vor allem der deutschen Schweiz und noch stärker gegenüber Italien:
‹Ausstellung der Kunst der italienischen Schweiz› heisst, dass eine Sammlung von Werken ausgestellt werden soll, die der künstlerischen Tradition unseres Landes entstammen. Damit soll auch gezeigt werden, dass nicht nur in der Sprache, der Kleidung und der Geschichte, sondern auch in der Kunst die italienische Schweiz eine unverwechselbare Ausdrucksweise hat. In der Kunst erscheinen Vereinigungen und Verbände als verwerflich, die bloss auf einer abstrakten Idee, einer gemeinsamen Technik oder der gemeinsamen Verehrung für einen bestimmten Meister beruhen. Jeder Künstler muss auf seine Weise glauben, lieben, schaffen. Hingegen bestimmen Natur und Leben die äusseren Verhältnisse derart, dass sie die gleichen Auswirkungen auf die verschiedenartigsten Menschen haben. Diese finden sich darum unbewusst durch eine einzige Kraft vereinigt, die auf alle wirkt. Söhne der gleichen Erde zu sein, die gleiche Luft eingeatmet zu haben, die gleichen Berge gesehen zu haben, im dunklen Unbewussten des Geistes gewisse gemeinsame Grundlagen aufzubewahren, dies alles ist stark genug, um zwischen Künstlern, die zwar unterschiedlich von Geburt und Bildung sind, eine wirkliche Verwandtschaft zu schaffen. (Rede in Lugano vom 10. September 1913).

Deutschschweizer bevorzuge. Sie sahen darin die Folge eines rassistischen Vorurteils, das Tessiner wie Italiener als unzuverlässig abqualifiziere und die erforderliche Disziplin nur dem «deutschen Menschen» zuspreche. Das Denken dieser Jahre war stark von rassistischen Ideen geprägt, von Vorstellungen, was die Eigenschaften des germanischen und des romanischen Typus seien. Dabei verstanden sich die Angehörigen der germanischen Rasse als mit den besseren Eigenschaften ausgestattet. Die Tessiner wurden im besten Fall als lustiges Naturvölkchen betrachtet.
Die Zunahme des deutschen Einflusses löste eine Gegenbewegung aus, welche das Tessin gegen die Germanisierung und das Kulturgemisch (‹l'intedeschimento et l'imbastardimento culturale›) verteidigen wollte. 1909 gründeten prominente Tessiner eine schweizerische Sektion der *Società Dante Alighieri*, eine Vereinigung zur Pflege der italienischen Kultur, wie es in Italien schon viele gab. Diese Gründung trug den Verteidigern der Italianità sogleich den Vorwurf ein, sie würden sich zu stark an Italien anlehnen und den *Irredentismus* (der das Tessin mit Italien vereinigen wollte) begünstigen. Manche Tessiner, auch der bekannte Schriftsteller *Francesco Chiesa*, schwenkten darum auf einen nationalen Kurs ein, setzten sich von Italien ab und entwickelten den Kult der ‹piccola patria›.

1911 wurde Giuseppe Motta (Airolo) in den Bundesrat gewählt. Diese Wahl hatte auch die Funktion, die Verbindung zwischen dem Tessin und der übrigen Schweiz zu stärken. Seit Giovanni Battista Pioda, der als Nachfolger Franscinis 1857–1864 dem Bundesrat angehört hatte, war kein Tessiner mehr Mitglied der obersten Landesbehörde gewesen.

Aus dem Gründungsmanifest der schweizerischen Sektion der ‹Dante Alighieri›:

Wenn sich ein Volk den Gebrauch seiner Sprache entziehen lässt, ist das ein Zeichen dafür, dass es früher oder später kein Volk mehr sein wird, sondern ein Haufen von Menschen, die sich selbst und den anderen fremd sind.

12.5 **Ein Kaiserbesuch**

Auch die französische Schweiz fühlte sich von der deutschen Kultur bedroht. Auch sie reagierte mit einer Betonung des lokalen Patriotismus. Dessen Wortführer war *Gonzague de Reynold*. Er predigte die Besinnung auf den ‹esprit suisse› und wurde zur treibenden Kraft einer Bewegung, die sich ‹Helvetismus› nannte. In der deutschen Schweiz dagegen war man über die eigene Dominanz und über den starken Einfluss, der vom Deutschen Reich ausging, ziemlich unbesorgt.

Der Besuch, den der deutsche Kaiser Wilhelm II. im September 1912 der Schweiz abstattete, wurde von manchen als Ausdruck einer fatalen Deutschlandhörigkeit verstanden, beziehungsweise missverstanden. Die meisten Romands nahmen diesem Ereignis gegenüber eine reservierte, ja ablehnende Haltung ein. Der Grund

Kaiser Wilhelm II. mit dem schweizerischen Bundespräsidenten Jonas Furrer vor dem Zürcher Hauptbahnhof.

Kaiser Wilhelm II. mit Theophil Sprecher von Bernegg, Chef der Generalstabsabteilung, und Ulrich Wille, der als Kommandant des 3. Armeekorps die Manöver bei Wil leitete (in der Mitte).

Höhepunkt des Kaiserbesuchs war der zweitägige Besuch der Herbstmanöver im Gelände von Wil. Der Kaiser äusserte sich mehrfach sehr lobend über den Ausbildungsstand und die Ausrüstung der Truppe, zuletzt nochmals während des Banketts im Bernerhof: «Seit uralter Zeit sind die Bewohner der Schweizergebirge tüchtige und kernige Kämpfer gewesen. Dass die jetzigen Eidgenossen als tüchtige Soldaten in den Fussstapfen ihrer Vorfahren wandeln, das zu sehen, hat meinem Soldatenherzen wohlgetan.» Nach dem Bankett durfte die jüngste Tochter von Bundesrat Arthur Hoffmann dem Kaiser mit folgenden Worten einen Blumenstrauss überreichen: «Eurer Majestät hoher Besuch gereicht dem ganzen Schweizervolk zu großer Ehre und jedes einzelne Herz schlägt höher bei dem Gedanken, Eure Majestät im eigenen Vaterlande willkommen heißen zu dürfen. Mit dem aufrichtigen Wunsche, unser liebes Land, leider nur auf Augenblicke vom langersehnten Sonnenglanze verklärt, möge bei unserem hohen Gaste nur freundliche Eindrücke hinterlassen.»

dafür lag zu einem grossen Teil in der Gotthardkonvention von 1909, in der die Schweiz beim Rückkauf der mit deutscher und italienischer Beteiligung gebauten Gotthardbahn dem deutschen Reich wesentliche Vergünstigungen auf dem schweizerischen Eisenbahnnetz zugestanden hatte.

Republikanischer Spott
Der Kaiser besuchte auch den Bärengraben. Der ‹Nebelspalter› liess Kaiserliche Hoheit bemerken: «Ihre Bären erinnern mich lebhaft an das Berliner Wappentier – haben bloss nicht die grosse Schnauze!» (7. September 1912).

An den deutschen Kaiser Wilhelm II.

Wir sind kein Volk von Kunst und Dichtern,
Wir sind ein harter Arbeitsschlag,
Es spielt die Pflicht mit scharfen Lichtern
Durch unsern schweren Werkeltag.

Doch heute leuchten Blumenreiser
An jedem Berg, an jedem Strand.
Willkomm' vieledler deutscher Kaiser!
Die Freude geht durchs Schweizerland.

Wir grüßen dich mit offnen Stirnen,
Doch inniglich so Greis wie Kind,
Wir alle, die im Schein der Firnen
Des Hochlands schlichte Söhne sind.

Und blühen wird in Bergesrunde
Die Schweiz, ein Eigenspiel der Welt,
Wenn uns in gut' und böser Stunde
Der deutsche Kaiser Freundschaft hält.

J. C. Heer.

Propagandakarte gegen die Gotthardkonvention von 1909.

12.6 Der Natur- und Heimatschutz

Das im Jahrzehnt vor 1914 anschwellende Nationalgefühl ist als doppelte Reaktion zu verstehen: Erstens als Reaktion auf die sich verschärfenden Nationalismen in den Nachbarstaaten und auf deren Bemühen, die Schweiz unter ihren Einfluss zu bringen, und zweitens als Reaktion auf die Entfremdung, welche die Zeitgenossen infolge der zivilisatorischen Veränderungen erlebten. Im Zuge dieser Entwicklung wurde kurz vor der Jahrhundertwende der 1. August eingeführt, damit auch die Schweizer einen Tag hatten, den sie als nationalen Tag feiern konnten.
Der neue Patriotismus wandte sich vor allem gegen die wirtschaftliche Ausbeutung des schweizerischen Hochgebirges. 1907 protestierten 68000 besorgte Bürger mit einer Petition gegen den geplanten Bau einer Matterhornbahn und traten für den allgemeinen Grundsatz ein: «Die Gipfel unserer Hochalpen sind das ideale Eigentum des ganzen Schweizervolkes und somit unverkäuflich.» An vorderster Front kämpfte Ernest Bovet für die Unversehrtheit des Hochgebirges.

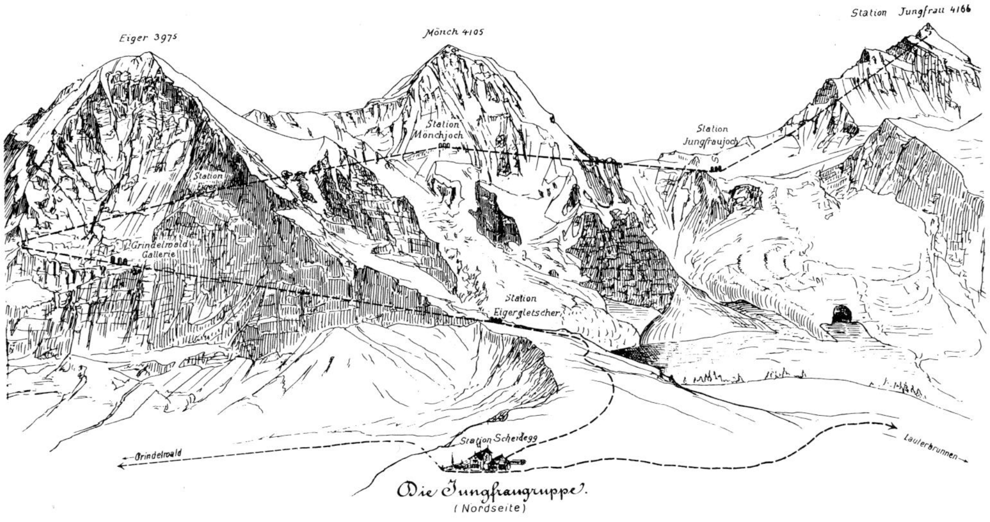

Der dem Konzessionsgesuch von 1893 beigelegte Plan der Linienführung.

Betriebseröffnungen der wichtigsten schweizerischen Bergbahnen

1871 Vitznau-Rigi
1873 Arth-Rigi
1875 Ütliberg
1883 Territet-Glion
1887 Biel-Magglingen
1888 Brünig
Bürgenstock
1889 Pilatus
Beatenberg
1890 Berner Oberland-Bahnen
Visp-Zermatt
Monte Generoso
Lugano-Monte S. Salvatore
1891 Lauterbrunnen-Grütschalp
Grütschalp-Mürren
1892 Brienzer-Rothorn
Glion-Rochers de Naye
1893 Schynige Platte
Wengernalp
Stanserhorn
1898 Bex-Gryon-Villars-Chesières
Stansstad-Engelberg
Gornergrat
Jungfrau (Kleine Scheidegg-Eismeer)
1899 Davos-Schatzalp
Gurten
1900 Aigle-Leysin
Vevey-Chardonne-Mont-Pélerin
1903 St.-Imier-Mont Soleil
1905 Brunnen-Morschach
1906 Martigny-Châtelard
Heimwehfluh
Locarno-Madonna del Sasso
1907 Linthal-Braunwald
Muottas-Muraigl
1908 Interlaken-Harder
Monthey-Champéry
Cassarate-Monte Brè
1910 Neuchâtel-Chaumont
Niesen
Les Avants-Sonloup

Imaginärer Disput

zwischen Ernest Bovet, Literaturprofessor an der Universität Zürich, und Adolf Guyer-Zeller, Unternehmer aus Neutal (ZH).

Bovet: Die höchsten Gipfel will man zu Türmen von Babel machen. Begierde nach Gold und rohem Genuss ruft Börsenleute aus Paris und Berlin ins Land, Arbeiter aus Italien und reiche Gaffer aus der ganzen Welt. Die teuren Bergbahnen können sich nur die Reichen leisten, während die einheimischen Bergsteiger, die aus allen Schichten stammen, vertrieben werden. Ein hoher Wert wird zu vulgärem Zeitvertreib degradiert und dabei vernichtet. Man zeigt sich ausserstande, den Splügentunnel zu bauen, aber auf die Jungfrau wird in jahrelanger Arbeit ein Tunnel gebohrt.

Guyer-Zeller: Ich habe die Jungfraujoch-Bahn bauen lassen. Mein Grundsatz lautete: «Wollen heisst können.» Ich habe Tausenden von Menschen die Schönheit unseres Hochgebirges nähergebracht. Das war mein Patriotismus. Diese unrealistischen Schwärmer: Zuerst reklamierten sie wegen der hässlichen Standseilbahnen, die sichtbar die Landschaft zerschneiden. Und wenn wir umweltfreundliche Tunnellösungen wählen, ist es auch nicht recht.

Zukunftsvisionen des ‹Nebelspalter›, 1. Februar 1890.

Bovet: Ihre Tunnellösungen verhinderten nicht die Ansichtskarten-Kiosks und die geschwätzigen Touristen in einer Welt, wo sie nichts zu suchen haben. Ihre Profanierung verletzt ein tiefes und edles Gefühl aller Patrioten. Dann halten Sie sich sicher zugute, dass Ihre Bahn als erste mit Elektrizität – mit weisser Kohle – betrieben wurde. Das ging aber nicht ohne Kraftwerke, was eine andere Form kapitalistischer Ausbeutung der Natur ist und in diesem Fall zu einer hässlichen Kanalisierung der Lütschine geführt hat. Unsere Heimatliebe darf übrigens nicht als fremdenfeindlicher Nationalismus missverstanden werden. Je grösser die Liebe zur Heimat, desto grösser der Respekt vor anderen Nationen. Geldfragen trennen die Menschen in feindliche Völker und Klassen, die Natur aber verbindet die Menschen.

Die ganze Schweiz ein einzig Hotel
(Postheiri vom 5. April 1877, eine Zukunftsvision für das Jahr 1899.)

«... in der Nähe des Himmels»
Man kennt den Schweizer Schriftsteller J. C. Heer als Autor des 1900 erschienenen Romans ‹Der König der Bernina› und als Verfasser eines Hymnus auf den deutschen Kaiser. 1892–1898 war er Feuilletonredaktor der NZZ, und in dieser Eigenschaft berichtete er enthusiastisch über eine Reise auf das Jungfraujoch:
Die merkwürdigen Felsenstationen und geräumigen Aussichtsgalerien, die für die Bahn geplant sind, sollen etwas so Eigenartiges wie die berühmten indischen Felsentempel von Elora werden, einen reichen bildnerischen Schmuck in naturgewachsenem Stein und von Glasgemälden erhalten, die in das Täfelwerk eingefügt durch elektrische Lampen, welche in den Gängen zwischen dem Fels und den Aufenthaltssälen brennen, in Transparenz gesetzt werden.
Die furchtbare Tour auf den Eiger soll durch die Bahn auf einen Marsch von anderthalb Stunden abgekürzt werden, ähnlich die auf den Mönch. An beiden Bergen will man Felsenwege und Galerien zum Aufstieg anlegen, ja es ist in Aussicht genommen in dem Fall, daß die Rendite der Bahn eine gewisse Höhe erreicht, im Innern des Mönchs und des Eigers Elevatoren nach den Spitzen zu errichten, was allerdings wieder Millionenunternehmungen sein werden. Von der Station im Innern des Jungfraugipfels will man Stollen nach der Außenseite des Berges anlegen, so daß man z.B. am einen Ende eines solchen das schimmernde Matterhorn, am entgegengesetzten den dunkeln Schwarzwald sähe, ein anderer die beiden Gegenstücke des weißen Montblancdomes und des grünen schweizerischen Mittellandes böte.
Welch ein Leben wird da einst herrschen! Unter die Gäste aus aller Welt mischen sich die ernsten Männer der Wissenschaft, die da oben in Kongressen tagen werden, und des Nachts werden in den Aussichtsfelsenfenstern die gewaltigen Instrumente der berühmtesten Astronomen thätig sein, die begünstigt von der wunderbar reinen Luft der Höhe mit Vorliebe auf der Jungfrau jene Forschung pflegen werden, die die Wunder in den Tiefen des Weltalls erschließen.
Die Kraft der Aussicht liegt in ihrer großartigen, packenden Totalität, in dem Gefühl von der Weite und Größe der Welt, der Nähe des Himmels, des ringsum flutenden Lichtmeers, in den Allgemeinerscheinungen, die impulsiv wie Offenbarungen auf die Sinne gehen und die Seele in Andacht und Wonne versetzen.
Man muß es an sich selbst erfahren haben, um zu wissen, was für ein seliges, unvergeßliches Erlebnis das ist, und weil die Jungfraubahn Tausende zu einem Hochgenuß führt, der bis jetzt nur verhältnismäßig wenigen Menschen zu teil geworden ist, sympathisiere ich mit dem Unternehmen – es wird seinen Gästen eine Stunde unbeschreiblichen Glückes bringen – und was Glück in die Welt bringt, sollen wir es nicht mit offenen Armen empfangen?

Rund 60 Bergbahnen wurden in den Jahren 1870–1910 gebaut. Sie transportierten um die Jahrhundertwende etwa 6 Mio. Passagiere im Jahr. Dies war nur *ein* Aspekt eines blühenden Wirtschaftszweiges, der mit über 100000 Fremdenbetten gegen 9 Mio. Logiernächte verkaufte und *Fremdenindustrie* genannt wurde. Mit wachsender Nutzung der Natur wuchs auch der Widerstand gegen diese Nutzung. 1905 wurde die Schweizerische Vereinigung für Heimatschutz gegründet, 1909 der Schweizerische Bund für Naturschutz, 1914 wurde der schweizerische Nationalpark im Engadin geschaffen. Der Heimatschutz wehrte sich auch gegen die grossen Hotelbauten, die Pseudopaläste, in denen die neue Geldaristokratie sich selbst zur Schau stellte. Als besonders verheerend wurde der Hotelboom in Montreux empfunden. In jüngster Zeit haben die Kunsthistoriker allerdings den Reiz auch dieser Architektur entdeckt (rechts oben Caux und Montreux).

Damals mussten 1. Klass-Hotels Schlösser sein

1884 Maloja Palace
1897 St. Moritz Palace
1902 Caux Palace
1906 Montreux Palace
1911 Pontresina Schlosshotel
1913 Gstaad Palace
1914 Villars Palace

Aufruf zur Bildung eines Schweizerischen Bundes für Naturschutz

Der fortschreitenden Kultur, deren Siege wir bewundern, unterliegt die Naturwelt mit ihrem stillen Wirken, das Gewebe dieser feinen Weberin wird durch die Gewaltsamkeit der nur nach Ausnutzung fragenden Technik roh zerrissen, der liebliche, geistig so gehaltvolle Schmuck auch der einsamsten Berge und Täler wird durch frevle Hand geraubt, durch barbarische Rücksichtslosigkeit zermalmt.

Zweckbestimmung der Schweizerischen Vereinigung für Heimatschutz

Der Zweck des S. V.f.H. ist, die Schweiz in ihrer naturlichen und geschichtlich gewordenen Eigenart zu schützen.
Die Vereinigung stellt sich namentlich folgende Aufgaben:

a) Schutz der landschaftlichen Naturschönheiten vor jeder Art von Entstellung und gewinnsüchtiger Ausbeutung.
b) Pflege der überlieferten ländlichen und bürgerlichen Bauweise; Schutz und Erhaltung charakteristischer Bauten.
c) Förderung einer harmonischen Bauentwicklung.
d) Erhaltung der heimischen Gebräuche und Trachten, Mundarten und Volkslieder.
e) Belebung der einheimischen Kunstgewerbetätigkeit.
f) Schutz der einheimischen Tier- und Pflanzenwelt vor Ausrottung.

Ein Schweizer Dreibund – ein neues Rütli
(Nebelspalter vom 8. Oktober 1910)

Sonderpavillons der Nahrungsmittelindustrie an der Landesausstellung von 1914.

Milchfabrik in Cham (ZG), 1867 und 1883.

12.7 **Eine Landesausstellung**

Beides, Heimat- und Naturschutz einerseits und Hotellerie anderseits, erhielt seinen Platz in der III. Landesausstellung, die 1914 in Bern eine umfassende Darstellung schweizerischen Schaffens geben wollte. Im Kurzporträt, das abschliessend dieser Ausstellung gewidmet wird, soll aber noch ein anderer Bereich vorgestellt werden, der – neben dem Käse und den Bergen – das Bild der Schweiz in hohem Mass geprägt hatte: der *Nahrungs- und Genussmittelindustrie*. Nach der Textil- und der Maschinenindustrie war es der dritte Industriesektor, der für die schweizerische Volkswirtschaft grössere Bedeutung erlangte. Ihrer hervorragenden Bedeutung gemäss war die Schokoladeindustrie in dieser Ausstellung in einem eigenen Tempel im Zentrum des Ausstellungsgeländes untergebracht. In unmittelbarer Nachbarschaft befand sich der Maggi-Pavillon. Wie das meiste in der Schweiz hatte auch diese Branche klein angefangen. Und wie oft in der Schweiz hatten am Anfang unternehmungsfreudige Ausländer gestanden. Zum Beispiel Henri Nestlé aus Frankfurt, der sich in Vevey niederliess, oder der Amerikaner Charles Page, der im Zugerischen Cham eine Kondensmilchfabrik einrichtete, oder Julius Maggi, Sohn eines eingewanderten Italieners, der die ersten Suppenkonzentrate herstellte. Solange es noch keine Auslandsniederlassungen gab, war der grösste Teil der schweizerischen Produktion für den Export bestimmt. Die Auslandslieferungen der an sich schon begehrten Schokolade erlebten eine weitere Zunahme durch den Burenkrieg und den japanisch-russischen Krieg. Denn wegen ihres grossen Nährwerts und geringen Gewichts wurde die Schokolade auch als Truppenverpflegung verwendet. Auch die Milchindustrie konnte in den letzten Jahren einen grossen Teil des Weltmarktes erobern. Für Kondensmilch bestand ein Bedarf vor allem auf langen Überseefahrten und in Grossstädten, wo die Frischmilchversorgung schwierig war.

Wirtschaftliche Zusammenschlüsse und Preisabsprachen
Nach anfänglichen Konkurrenzkämpfen gaben die Unternehmen die ruinösen Rivalitäten auf. Der Geschäftsaufschwung rief nach höheren Investitionen, und diese riefen nach vermehrter Zusammenarbeit. Manche Unternehmen fusionierten, und alle grossen verbanden sich zu einem Kartell, das wenigstens die Preise auf dem inländischen Markt regulierte.
Die kollektive Ausstellungsweise von 1914 war eine Veranschaulichung dafür, dass der wirtschaftliche Individualismus der Pionierzeit des Liberalismus in vielen Bereichen der Vergangenheit angehörte und mächtige Grossorganisationen nun das Wirtschaftsleben beherrschten. Andere Fusionen der Schokoladenbranche: Suchard (1826) mit Tobler (1869) und Sprüngli (1845) mit Lindt (1879) und Grison (1893).

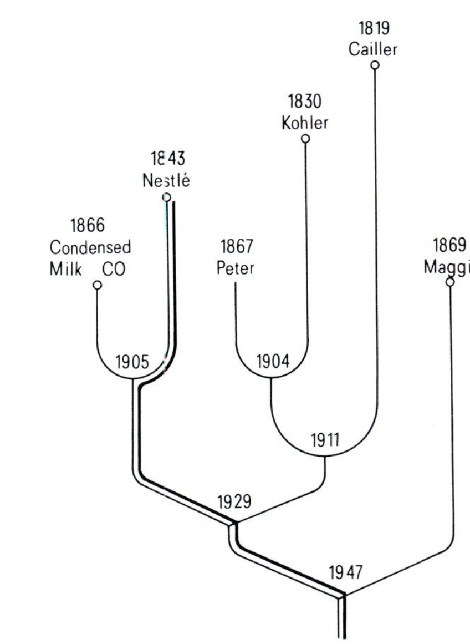

Markenbewusster Umschlag der ersten Tafel Milchschokolade: «Toute autre marque est une imitation.»

Die Schokolade-Schweiz
Schöne Bilder der Schweiz sollten im Ausland den Absatz der Schokolade fördern. Umgekehrt nährte der weltweite Verkauf der Schweizer Schokolade den Mythos einer Schweiz, die nur aus Alpen bestehe und nur von Älplern (und Kühen) bewohnt sei.

Die Hotel-Schweiz
Hotelier-Verein, Wirteverein und Verkehrsvereine hatten mit vereinten Kräften dieses Musterhotel errichtet und damit, nach eigenen Worten, den besten Teil der schweizerischen Eigenart veranschaulicht: den zähen, betriebsamen und genügsamen Fleiss unseres Landes, den Hausfrauensinn der Schweizerin, die Pflichttreue des Personals, die Selbstdisziplin und Tüchtigkeit der Direktion.

Eine andere Dimension der schweizerischen Identität
Der Pavillon der Internationalen Organisation rief den Besuchern der Landesausstellung in Erinnerung, dass die Schweiz gewissermassen auch eine internationale Institution sei, war sie doch in den letzten Jahrzehnten zum Sitz verschiedener internationaler Organisationen bestimmt worden.

1863 Internat. Komitee vom Roten Kreuz
1865 Telegraphenunion
1875 Weltpostverein
1883 Internat. Büro für gewerbliches und geistiges Eigentum
1893 Zentralamt für internationalen Eisenbahntransport

Automobile
Nachdem Ende der achtziger Jahre das Fahrrad aufgekommen war, kamen um die Jahrhundertwende die ersten Motorwagen in Gebrauch. Die Kantone erklärten das Halten solcher rascher und gefährlicher Fahrzeuge für bewilligungspflichtig und regelten 1904 in einem Konkordat die Vorschriften für die Verkehrsbewilligung (Nummernschilder, Alarmapparate, Bremsen etc.). In der Landesausstellung von 1914 wurde in einer grossen Halle das reichhaltige Angebot der schweizerischen Automobilindustrie vorgestellt. Wegen des zu kleinen Inlandmarktes konnte sich dieser Industriezweig nach hoffnungsvollen Anfängen allerdings nicht halten.

August 1914
Die Bahnhöfe der grösseren Städte waren überfüllt. Nicht nur die einrückenden Schweizer Wehrmänner, auch die ausländischen Stellungspflichtigen folgten dem Ruf ihres Vaterlandes. Sie wollten mit den zahlreichen Touristen, die den Sommer in der Schweiz verbracht hatten, das Land möglichst schnell verlassen. In Basel waren gegen 12000 Italiener zusammengeströmt und warteten auf den Abtransport in ihre Heimat. Während die einen abreisten, kamen andere an. Zahlreich waren die Auslandschweizer, die in diesen Tagen in die Heimat zurückkehrten, um dem Ruf der Fahne zu folgen.

Am 1. August 1914 sah sich auch die Schweiz mit der Tatsache konfrontiert, dass nun doch der Krieg ausgebrochen war, von dem man seit Jahren gesprochen, mit dem aber im Moment seines Ausbruchs doch die wenigsten ernsthaft gerechnet hatten. Nachdem in den Nachbarländern die Truppen mobilisiert worden waren, beschloss der Bundesrat ebenfalls die allgemeine Mobilmachung der Armee.
Die Landesausstellung blieb weiterhin geöffnet. Gesellige und sportliche Veranstaltungen wurden allerdings vorläufig keine mehr durchgeführt. Die Ausstellungshalle der Armee war weitgehend geräumt worden. Die Feldgeschütze standen nun an der Grenze. 1914 ging in Europa und in der Schweiz mit diesem Sommer etwas «verspätet», doch ziemlich abrupt das 19. Jahrhundert zu Ende. Es machte – wenn auch nicht vollständig – dem neuen, dem 20. Jahrhundert Platz.

Armeepavillon der Landesausstellung von 1914.

Hektischer Verkehr am Basler Bahnhof bei Kriegsausbruch 1914.

An der deutschen Grenze bei Basel in Empfang genommen, wurden die italienischen Abwanderer zum Bundesbahnhof geführt, wo sie auf den Abtransport warteten.

Erich Gruner
(Universität Bern)

Eine neue Sicht der ‹nationalen› Jahre vor 1914

Im Teil 12 wird ein gut durchforschter Nationalismus mit all seinen bekannten Begleiterscheinungen erklärt aus dem Reflex auf Überfremdung und Internationalisierung auf dem Kapital- und Arbeitsmarkt. Diese Sicht wird verdeutlicht durch eine Wirtschaftsgeschichte, die nach Investitions- und Konjunkturzyklen fragt. Nach ihr zeigt sich von 1885 an der Aufstieg der Schweiz zur wirtschaftlichen Grossmacht mit ihrer wechselseitigen Ankurbelung von Export und Binnenwirtschaft. Die Sozialgeschichte versucht das Gegenbild der Klassenspaltung zu differenzieren und als circulus vitiosus verständlich zu machen: Abgrenzung der neuen Angestelltenschaft von der Arbeiterschaft trotz sozialer Heterogenität. Durch Fremdarbeiterzuzug verdoppelt und proletarisiert, wird sie durch Segregation und Streiks klassenbewusst. Industriell angebotsorientiert, drängen Export und Binnenwirtschaft auf Tiefhaltung der Lohnkosten. Sie verschleppen deshalb Sozialversicherung und Arbeiterschutz. Die politische Ohnmacht der Arbeiterschaft erklärt die Partei- und Wahlgeschichte aus der politischen Rechtlosigkeit der Fremdarbeiter und der künstlichen Aufrechterhaltung des Wahlsystems, das die freisinnige Hegemonie stützt. So verschiebt sich das politische Schwergewicht von der Partei auf die den Fremden offenen Gewerkschaften. Die neue Forschung, die das Selbstverständnis der Gewerkschaften und der Bauernschaft mitberücksichtigt, erkennt auch hier Zwangsläufigkeiten: Auf der einen Seite wurde die Macht einer bewusst nur verbandsmässig organisierten Bauernschaft zum national verstärkenden zentralen Einflussfaktor im Bürgerblock. Denn sie konnte ihm dank ihrem Abstimmungspotential das Gesetz diktieren. Sie zwang Industrie und Staat zur Preisgabe der bisherigen Politik billiger Preise, sicherte sich bäuerliche Einkommenssteigerung und zwang die inflationsbetroffene Arbeiterschaft, soziale Besserstellung primär durch Arbeitskämpfe zu suchen. Die Ausartung der Streiks in bürgerkriegsähnliche Massenerscheinungen ergab sich ausser aus dem Einfluss der Italiener, die einheimische Kampfformen importierten, aus der Unvereinbarkeit gewerkschaftlicher Disziplinierung im Arbeitskampf (Streikposten) mit einer Arbeitsfreiheit, die als Axiom liberaler Wirtschaftsfreiheit unantastbar war. Der Einsatz der Truppen bei Streiks schwächte bei den Arbeitern den bisher noch vorhandenen Glauben an die Nation und machte sie offen für internationale Einflüsse. Doch kann der revolutionäre Syndikalismus mit seiner Neigung zum Generalstreik nicht mehr als Ableger eines französischen Apolitismus, sondern muss als Import aus Italien und Deutschland erklärt werden. Falsch ist auch das in einem Reprint in Übereinstimmung mit der Bundespolizei festgehaltene Bild der Anarchisten als Drahtzieher. Als Zentralfiguren erscheinen Leute wie Robert Grimm. In der von ihm vertretenen Massenstreikidee gipfelt die Hoffnung, eine spontan agierende Masse werde als Werkzeug eines in den revolutionären Geschichtsverlauf eingeweihten Führungskerns den Kapitalismus zum Sturz bringen.

Hinweise auf weiterführende Literatur

Virgilio Gilardoni, Italianità ed elvetismo nel Canton Ticinese negli anni precedenti la prima guerra mondiale 1909–1914. In: Archivio Storico Ticinese 45/46 1971. – Derselbe: Le immagini folcloriche del ‹popolo allegro› nella prima età del turismo ferroviario. Archivio Storico Ticinese 88/1981 – *Verena Gurtner,* Jungfrau express. Zürich 1978. – *Hans Hirter,* Die Arbeitskämpfe in der Schweiz von 1880 bis 1914. Diss. Bern. (Manuskript, soll 1988 erscheinen). – *Marc Perrenoud,* La grève des maçons et manœuvres en 1904 à La Chaux-de-Fonds. In: Musée Neuchâtelois 1985. – *Remigio Ratti,* La posizione concorrenziale del San Gottardo e il ruolo della Svizzera tra il primo traforo e la prospettata nuova linea ferroviaria. In: Bolletino Storico 1982. – *Il San Gottardo e l'Europa.* Genesi di una ferrovia alpina 1882-1982 (atti d'un convegno). Bellinzona 1983. – *Klaus Urner,* Die Deutschen in der Schweiz. Von den Anfängen der Kolonienbildung bis zum Ausbruch des Ersten Weltkrieges. Frauenfeld 1976.

1

2

3

4

5

1 Heiner Gautschi, Präsentator der deutschsprachigen Fassung.
2 Der Freiheitsbaum von 1798.
3 Verkündung der liberalen Forderungen, Balsthal 1830.
4 Marco Blaser, Präsentator der italienischsprachigen Fassung.
5 Gaston Nicole, Präsentator der französischsprachigen Fassung.
6 Studiointerview mit historischen Zeitgenossen (Revolutionär F. C. de la Harpe und Taglöhner Emmenegger).
7 Realisator Paul Siegrist bei den Dreharbeiten.

6

7

Geschichte in Bildern

Bilder haben für die Vermittlung von Geschichte schon immer eine wichtige Rolle gespielt. Zunächst als Symbolbilder, welche zwar, wie der Rütlischwur oder Winkelrieds Opfertat, auf der Ereignisebene angesiedelt waren, aber Einblick in die tieferen Schichten des Geschehens gewähren wollten. Später erfuhr der Illustrationsanteil historischer Darstellungen mit dem Aufkommen der Fotografie und der Vereinfachung der Reproduktionstechniken eine starke Erweiterung. Vor allem Volksausgaben wie die dreibändige Schweizergeschichte von Drack/Schib, Widmer und Spiess (Benziger Einsiedeln 1958) und die zweibändige Schweizergeschichte von Dürrenmatt (Verlagshaus Zürich 1976[2]) schöpften diese Möglichkeiten aus. In akademischen Kreisen dagegen herrschte, sofern es sich nicht um kunsthistorische Darstellungen handelte, lange Zeit eine überhebliche Geringschätzung des Bildes. In ihm wurde bloss ein illustrierendes Anhängsel zu Einsichten erblickt, die man aus schriftlichen Quellen zu gewinnen hatte. In jüngerer Zeit hat das Bild in der Geschichtswissenschaft nun doch die nötige Aufwertung erfahren und den Rang einer eigenständigen historischen Quelle erlangt.
Der verfügbare Bilderschatz zur Schweizergeschichte hat durch die verdienstvollen Bemühungen insbesondere von Peter Keckeis (Küsnacht), Niklaus Flüeler (Zürich), Nicolas Bouvier (Genf), Franz Bächtiger und François de Capitani (Bern) in den letzten Jahren eine erfreuliche Erweiterung erfahren. Der vorliegende Band profitiert von diesen Leistungen und steuert seinerseits eine grössere Zahl ‹neuer› Bilder bei. Man findet aber auch bekannte Abbildungen, weil es entweder die besten zum jeweiligen Thema sind oder weil man die längst eingeführten Bilder unter einem neuen Blickwinkel betrachten kann. Aus technischen Gründen ist es nicht möglich, die Herkunft der Illustrationen im einzelnen nachzuweisen. Manches stammt aus der Landesbibliothek Bern, der Zentralbibliothek Zürich, dem Historischen Museum Bern und anderen kantonalen Museen und Archiven. Einiges konnte auch Büchern entnommen werden.
Zum Auftrag, das Drehbuch für eine Fernsehserie über die Schweiz im 19. Jahrhundert zu schreiben, gehörte neben der Auswahl und Bearbeitung der Themen und der Entwicklung geeigneter Vermittlungsformen natürlich auch das Zusammenstellen einer umfassenden Bilddokumentation. Dies bedeutete freilich nicht, dass die gesammelten Bilder ausschliesslich als Originaldokumente hätten eingesetzt werden müssen. Zum Teil dienten sie auch nur als Vorlagen für Spielfilmszenen und Zeichnungen. Im vorliegenden Band erhalten nun aber die Originalbilder wie auch manche Originaltexte, die ebenfalls die Grundlage für gewisse Dramatisierungen bildeten, wieder den Vorzug. So könnte ein Vergleich

zwischen Buchfassung und Fernsehfassung zeigen, aus welchen Materialien gewisse Partien des Filmes entstanden sind.
Bei der filmischen Umsetzung boten sich vor allem zwei grundsätzlich unterschiedliche Möglichkeiten an: der *Dokumentarfilm*, der mit Hilfe von Relikten (Schriftstücken, Bildern, Gebrauchsgegenständen, architektonischen Denkmälern, Schauplätzen) Geschichte sichtbar macht; und der *Spielfilm*, der die Vergangenheit in einer Mischung von Authentischem und Fiktivem szenisch einfängt. Eine dritte, eher traditionelle, aber keineswegs veraltete Variante ist die *persönliche Erzählung*, die den Verlauf der Geschichte verbal rekonstruiert.
Die Serie über die Schweiz im 19. Jahrhundert kombiniert diese drei Grundformen und präsentiert die Geschichte als *Aktualitätenmagazin.* Bekannte Präsentatoren schildern, kommentieren und erklären in bekannten Präsentationsformen unbekannte oder nur halbbekannte Vorgänge aus der Schweizergeschichte. Mit Nachrichten- und Reportageteilen wird der Zuschauer in die Vergangenheit zurückversetzt, und mit Studiodebatten und Erläuterungen durch den Moderator wird Vergangenes in die Gegenwart geholt. Diese Mischform gestattet es, Teile dieser Geschichte in illusionärer Nähe zu erleben und andere oder auch gleiche Teile aus kritischer Distanz zu verfolgen. Die Kombination stellt allerdings erhöhte Anforderungen an die Aufnahmebereitschaft des Zuschauers. Nicht nur wegen der zuweilen schwierigen Kombination der beiden Betrachtungsweisen, sondern weil von ihm erwartet wird, dass er die als ‹News› vermittelten Realitätsfragmente auch dann aufzunehmen in der Lage ist, wenn sie nicht gleichzeitig oder gar im voraus durch den Präsentator lehrhaft in einen Verständniszusammenhang eingeordnet werden.
Diese Präsentationsform stösst dort allerdings an ihre Grenzen, wo der Zuschauer, der es akzeptiert, wenn in den wirklichen Tagesnachrichten ein durch die Willkür der Aktualität zustandegekommenes buntes Gemisch serviert wird, von der imitierenden Kunstform erwartet, dass sie die einzelnen Nachrichtenteile in einen logischen, das heisst an einem übergeordneten Gedanken nachvollziehbaren Zusammenhang bringt.
Das Aktualitätenmagazin ist darum eine besonders adäquate Präsentationsform, weil es einerseits dem fernsehspezifischen Hang zur Vermittlung hochgradiger Realitäten, andererseits dem Zwang zur Beschränkung entspricht. Mit dem Hang zur hochgradigen Realität ist die Tendenz gemeint, vollständig ausgestattete Wirklichkeiten zeigen zu wollen, zuweilen mit einem Aufwand, der – gemessen am Wesenskern der Botschaft – oft umgekehrt proportional zur Wichtigkeit des Gezeigten ist. Nur ausnahmsweise kamen Stilisierungen zum Zug, Reduktionen und Verdichtungen der Wirklichkeit, wie das Theater sie (sehr zum Vorteil der Botschaft) vermittelt. Das Fernsehgemälde dagegen will totale Realität sein, mit der Uhr, die im Hintergrund tickt; mit Menschen, welche die richtigen Hüte auf dem Kopf tragen und zeitgemäss trinken, essen, rauchen; mit den richtigen Landschaften, ohne moderne Verkehrssignalisation, ohne Starkstromleitungen und Fluglärm, ohne falsche

Vegetation. Der Zwang zur Realrekonstruktion konfrontiert den Historiker mit Fragen, die er leicht vernachlässigt, obwohl sie zuweilen nicht unwichtig sind: Mit den Fragen etwa, zu welcher Jahreszeit sich ein Vorgang abspielte, ob Frauen an dieser oder jener Versammlung teilgenommen hatten oder wie alt die Gesprächspartner waren. Obwohl man bestrebt war, möglichst vieles direkt wahrnehmbar zu machen, kam man nicht darum herum, manches statt zu zeigen lediglich verbal zu erörtern. Da bekanntlich das Gezeigte besser im Gedächtnis haften bleibt als das Gesprochene, wäre es ideal gewesen, man hätte je nach Wichtigkeit eher die eine oder die andere Vermittlungsform wählen können. Die berühmten Sachzwänge gestatteten aber nicht immer die Berücksichtigung dieser Regel.

Die Veranschaulichung von Geschichte mit Hilfe von Realitätsfragmenten gestattet wohl eine hohe Informationsdichte, sie erforderte aber vom Autor wie vom Produzenten einen enormen Aufwand ohne entsprechende Auswertungsmöglichkeiten, sind doch die Investitionen an Recherchen und Ausstattung etwa gleich gross, ob es sich um zweiminütige Sequenzen oder um längere Szenenfolgen handelt. Natürlich wurde auch die Frage geprüft, ob die Serie nicht als reiner Spielfilm mit einer durchgehenden Familiensaga gestaltet werden sollte. Auf den Kleinbauern des ersten Teils hätte dessen Sohn folgen können, der in die Stadt abwanderte, dort Fabrikarbeiter wurde etc. Gegen eine solche Lösung sprachen jedoch viele Gründe. Vor allem hätte sie sich nicht mit der übergeordneten Zielsetzung vereinbaren lassen, die Geschichte an verschiedenen – real identifizierbaren – Teilen des Landes spielen zu lassen. Zwischen dem Luzerner Kleinbauern, dem Zürcher Handweber, dem Waadtländer Revolutionsführer, dem Appenzeller Söldner, der Glarner Auswandererin, dem Genfer Bauarbeiter, dem Freiburger Literaten, dem Schaffhauser Industrieunternehmer, der Berner Frauenrechtlerin und der Tessiner Lehrerfamilie liessen sich schlecht gemeinsame Familienbande knüpfen.

Das Aktualitätenmagazin entspricht, wie gesagt, auch dem Zwang zur Beschränkung. Sie trägt bereits in der Präsentationsform der Tatsache Rechnung, dass nicht alles gezeigt werden kann und eine Auswahl getroffen werden muss. Das Ausgewählte ist als elementare Information zu verstehen und soll dazu anregen, in den Partien, die als wichtig erachtet werden, sich etwas eingehender mit dem Gezeigten zu beschäftigen – mit Hilfe des vorliegenden Buches und darüber hinaus mit anderen, reichlich vorhandenen Auskunftsmöglichkeiten.

G. K.

Personenregister

Ortsregister